国际电气工程先进技术译丛

电力电子变换器：PWM 策略与电流控制技术

[法] 艾瑞克·孟麦森（Eric Monmasson） 主编

冬 雷 译

机 械 工 业 出 版 社

Eric Monmasson 编写的这本书中，系统地介绍了现代电力电子变换装置及其 PWM 控制策略，具有内容系统全面、范例丰富详尽、原理深入浅出、理论与实际紧密结合等特点。

第 1～9 章主要关注脉宽调制技术；第 10～16 章主要关注电流控制技术。其中，第 1 章和第 2 章讲述两种基本的 PWM 控制策略；第 3 章介绍 PWM 控制中的三相逆变器的过调制问题；第 4～6 章是对不同 PWM 控制方法的详细介绍；第 7 章介绍了 PWM 控制中的电磁干扰问题；第 8 章和第 9 章讲述了多重与多相功率变换器的 PWM 控制策略；第 10～15 章分别以同步电机和直流电源为例详细介绍了各种不同的电流控制方法；第 16 章介绍了多电平变换器的电流控制方法。

本书可以作为高等院校相关专业学生的教材和参考书，也可以作为相关技术人员的参考用书。

译 者 序

目前，随着智能电网和能源互联网的不断发展，推动电力电子变换器的应用日益广泛，并对电力电子行业的发展起到了相当重要的核心作用。同时，随着新型电力电子器件、电力电子技术、控制理论与控制方法、微处理器与数字控制技术的飞速发展，电力电子变换器无论从器件、拓扑及控制策略方面都呈现出迅猛发展之势。

在以上技术发展背景下，原书作者对电力电子变换器的控制基础核心 PWM 控制技术进行了全面的整理，涵盖了 PWM 控制技术的各个方面，并给出了详细的应用实例，对于电气工程、机电工程、自动化、新能源等相关专业的人员来说是一本难得的技术参考书，也可以作为相关专业的教材或者参考书使用。

本书内容的系统性很强，首先对 PWM 的基础理论进行了详细介绍，另外对交流（单相、三相）、直流、多重、多相变换器的 PWM 控制策略和控制方法均有分析，并通过不同功率变换器的电流控制给出了详细的应用范例。

限于译者的水平，本书可能存在一些翻译不当之处，欢迎读者提出宝贵的修改意见和建议。

冬 雷

2016 年 1 月

引　言

由于现代社会对石油的依赖所产生的弊端，因此人们正在考虑更多地利用可替代、可再生能源，这使得电能在未来具有极其重要的地位，并且可以有效降低对环境的影响。

在过去的 30 年中，电能变换是一个不断发展的领域。这个发展主要得益于功率开关速度的不断提高，而且其功率等级也持续增加。同时，由于数字控制系统的使用更加容易且功能更加丰富，从而使之能够成为电力电子装置的控制器。

因此，对于现代功率变换装置，静止变流器及其相关的控制器就变得非常关键。这使得控制器的设计者更加注重变换器的电气输出（电压、电流），因为它们能够影响更高一级的控制变量，例如转矩和转速，或者并网发电装置的有功、无功等。

这一现象自然地使设计者将他们的控制器按不同层次进行组织和安排。最底层为电流或电压控制器。这个控制器的内环确保变换器的电气输出量能够被准确调节，这就确保了变换器的上游能源到下游负载之间能量的高质量变换。高一级的控制与内环控制器同时作用。第二层通常称为"算法控制"，因为这通常在一个微处理器中执行（DSP、RISC 等）。这些更先进的器件主要用于控制与最终应用相关的变量（电动机转速等）。由此产生的伺服回路被称为外环控制器，它们的控制量用作内环控制器的参考值。

静止变流器的电流—电压控制是一项重要的技术问题，因为它对于整个能量变换系统的准确控制来说是至关重要的。

动态特性需要一个相当大的范围，指标也需要紧跟技术的发展。因此，不论是工业界还是在大学，都需要在这个研究方向上投入巨大的努力，这正是本书想要概括的研究工作，不仅在于控制算法，还要讨论这一领域的最新发展方向。

在本书中静止变流器的电流和电压控制方面，我们将着重于以下两个主题：

第 1~9 章主要关注脉宽调制技术（Pulse Width Modulation，PWM），该技术使静止变流器可以连续输出变化的电压脉冲，使得输出瞬态电压幅值和频率的平均值可控。

第 10~16 章主要关注电流控制技术。

为了更好地介绍 PWM 技术，我们将回顾一下几个电力电子器件的特性。这些器件作为理想器件，它们仅工作在完全阻断状态（电流为零）或者完全导通状态（电压为零）。从阻断状态到导通状态或者反过来的瞬态过程作为电力电子器件的开关状态。

　　然而，这个能源变换的开关方法只能产生一个数量有限的不同电压等级脉冲，换句话说，这是一个离散化的变换。为了得到足够准确的电压波形幅值和频率，必须调节功率开关门极所施加的电压脉冲宽度。

　　当开关频率提高时，调制会更加有效。然而，调制频率的提高是有限度的，否则会引起无法接受的开关损耗。另外一个影响开关频率提高的因素是传导和发射干扰，并造成静止变流器周围设备的损坏，这是一个电磁兼容问题。

　　因此，必须在提高频率和所带来的问题之间做出折中，从而使得研究人员开发出一系列调制技术。

　　一个 PWM 系统的质量标准通常包括电流总谐波畸变率最小化，基波电压线性范围最大化，转矩谐波（电动机控制系统）最小化，静止变流器损耗的降低，以及产生的共模电压最小化。

　　本书前 9 章编写的主要目的在于介绍各种不同 PWM 技术的种类和方法。将以电压源型逆变器为主，因为它在工业应用中具有重要地位。

　　第 1 章和第 2 章作为参考章节，深入讨论两个主要的 PWM 策略家族，分别是基于载波的 PWM 策略和空间矢量 PWM 策略。在这两个策略中，我们都将研究一个两电平电压源型逆变器控制三相异步电动机的负载。本书中将着重分析两种方法的相似性，尽管它们的实现方法不同。通过在调制电压中加入零序分量所引入的自由度，使我们面临一系列挑战（例如线性区最大化和损耗限制等）。

　　第 3 章为三相逆变器的过调制问题，这在调速系统应用中是一个非常重要的模态。本书将讨论当需要电压接近或者大于可能的电压最大值时的调制策略，其主要目的就是在低频谐波含量约束条件下将总功率最大化。

　　第 4 章讨论调制频率必须受到约束的大功率系统。这里的想法是调制频率与基波同步，并且通过仔细分配准确的开关时刻来优化谐波的成分。我们也会考虑三电平逆变器，同时还会提供一个采用有源滤波的多电平电源的基本配置，该配置采用两个两电平逆变器（一个提供电源；另外一个作为有源滤波器）。这种结构可以使电源的谐波成分得到优化。

　　第 5 章介绍德尔塔—西格玛调制策略。这种调制的主要优点是其具有鲁棒性、开关频率和调制频率比率降低的可能性，以及固定开关频率和变化开关频率的可能性。

　　第 6 章介绍随机调制方法。该调制方法的主要优点是可以拓宽调制信号的频谱，从而降低电磁和可闻噪声。本章的结尾会对该课题进行详细的讨论。

　　第 7 章是前面章节的继续。本章主要关注并分析利用电压源型逆变器驱动电机时所产生的传导电磁干扰。

　　第 8 章和第 9 章介绍分布式供电系统中电能变换器的调制策略。最近关于多电平、多绕组电能变换器结构的研究非常热门。这个结构必然会比传统的用于三相电动机驱动的两电平逆变器复杂得多。利用这些结构可以开发出容错系统，并能够在这样的系统中得到冗余结构；它们也可以用于多个模块之间的能量传递，从而降低功率开关的应力并增加设备的寿命。

第8章介绍利用线性代数形式对空间矢量PWM技术的一个扩展，并用于多相系统。

第9章提供了关于PWM应用于通用多电平变换器拓扑的一般性讨论。特别要注意的是，本书还介绍了如何利用冗余电压矢量来优化额外的目标，例如飞跨电容的电压平衡。

第10～16章主要关注电流控制技术。这里需要回顾一下如何利用适当的系统方法来设计静止变流器的内环控制器。其主要目标就是确保对瞬态电流波形的准确控制，保护静止变流器不会过电流，避免由于负载引起的扰动，对变换器参数变化和非线性化具有鲁棒性，并能够提供出色的动态控制。从量化的角度看就是最小化静态误差，最大化带宽，并提供一个优化的调制深度和最小化畸变。

电流调节的基本要求经常伴随着其他额外控制要求，例如基于滞环控制的开关频率控制，多单元变换器的内部电压平衡等。

在本书的这个部分，电流控制结构也与应用紧密结合。正是由于这个原因，尽管没有详细介绍，但仍给出了一系列研究案例。这些案例将包括电压型逆变器和电动机的结合，这是一个非常流行的案例并且可以看到该案例中有相当多关于电流控制方面的实验研究。不仅如此，电流控制技术也带来了其他相关应用，诸如高性能"功率在环"仿真，并网和离网的发电控制，DC-DC电能传输，以及基于多电平变换器的大功率应用。

按照工作原理，静态变流器的电流调节方法可以分为两个主要类别：

（1）直接控制，也称为幅值控制，电流调节器的输出直接控制相关静态变流器，这些控制策略全部属于非线性。它们的主要优点是在参数变化及系统模型不确定的情况下可以保证较好的系统动态特性。其主要缺点就是开关频率不确定及在稳态时会出现极限环。

（2）间接控制，也称为PWM控制，电流调节器的输出作为PWM调节器的输入（1～9章）。这些控制策略可以是线性的或者是非线性的，可以控制变换器工作在一个固定的频率，这样可以避免极限环出现的风险。但是其动态特性无法与直接控制相比。

第10～12章讨论由一个三相电压型逆变器供电的同步电动机电流控制的应用。对于这个控制，对电流的控制等效于对转矩的控制。第10章讨论在旋转坐标系中利用PI调节器直接控制。控制量在稳态时是常数，这使得这些量的伺服控制变得容易。第一个控制方法是线性的并被作为一个参考方法，因为它被广泛应用于工业领域。

第 11 章讨论直接和间接预测控制，控制原理包括在每个采样周期计算出最适合的电压矢量。这种控制策略对计算时间要求较高，但是可以利用平行算法实现。因此它特别适合在 FPGA 中执行。

第 12 章介绍了直接和间接滑模控制。在介绍了这两种滑模控制方法之后，详细描述了设计原理及在动态和准确性方面的对比优势。

第 13 章讨论滞环控制。主要目的是利用为非线性系统研究所开发的理论工具来说明这种控制方法的基本原理。本章并不针对某个具体应用，而是提供一个关于这种直接控制方法的品质的不同视角，主要是关于调制的滞环控制概念，并结合动态性能优良的滞环控制和固定频率控制。

第 14 章讨论利用自振荡调节电流与电压控制，即自振荡电流控制（Self-Oscillating Curren Control，SOCC）和自振荡电压控制（Self-Oscillating Voltage Control，SOVC）。这项新发明的直接控制技术受到专利保护，它依赖于控制环内部的自振荡，与此同时一个固定的工作频率保障了系统在动态和鲁棒性方面具有较好的性能。这里介绍的应用领域为电气负载的"功率在环"仿真。

第 15 章介绍固定频率下的谐振控制原理。这种控制使得在一个精确的已知频率中加入一个无限制的增益成为可能，它既可以消除这个特定频率下的跟踪误差，又可以消除畸变。这个控制策略是一种调节的敏感形式，而且非常具有前途，因为它非常适合用于分布式发电系统。这里作者利用一个风力发电系统能够工作于并网状态和离网状态来说明这种谐振调节器的性能。这是一种直接的线性控制。

最后，第 16 章介绍最新的多模块变换器的电流控制。这种变换器结构的自由度数量也适用于多目标电流控制研究（既跟踪电流参考值，又平衡内部电压）。主要应用领域为大功率设备。本书也将介绍如何将前面所提出的控制原理应用到多电平变换器中。

Eric Monmasson
2011 年 2 月

目　　录

第1章 用于两电平三相电压型逆变器的载波脉宽调制

1.1 引言

两电平三相电压型逆变器广泛应用于交流电动机,并对其输入电压的幅值和频率进行控制。而且在可控整流方面的应用也逐步增加。早前的专著[LAB 04]中专门有一章从仿真的角度介绍了这个主题。图1.1所示为一个利用两电平三相逆变器向一个三相平衡负载供电的配置,负载为星形接法,并且没有中线,该图介绍了本书将应用的标记,输入参考电压的参考点为直流母线的中点。

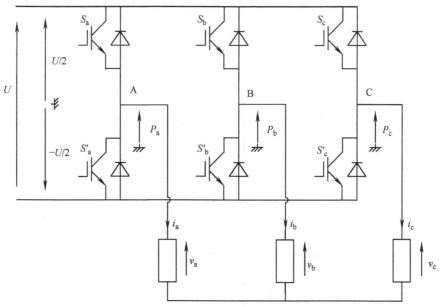

图1.1 所使用的参数参考方向图

可以通过 PWM 的以下过程来提出控制问题:

(1) 开始在负载的不同相施加参考电压 $v_{a\,ref}$、$v_{b\,ref}$、$v_{c\,ref}$,第一步确定由逆变器桥臂所产生的电压 P_a、P_b、P_c,为了保证准确输出电压 P_a、P_b、P_c,需要适当的参考值 $P_{a\,ref}$、$P_{b\,ref}$、$P_{c\,ref}$,从而得到期望的电压 v_a、v_b、v_c。

(2) 下一步是将参考信号 $P_{a\,ref}$、$P_{b\,ref}$、$P_{c\,ref}$ 转换为二进制信号（或 PWM 信号）$x_j \in [0, 1]$，$j \in [a, b, c]$，对应于开关 S_j 导通（如果 $x_j = 1$）或者 S_j' 导通（如果 $x_j = 0$），所产生的电压 P_j，$j \in [a, b, c]$，其值为 $+U/2$ 或者 $-U/2$，这要取决于 $x_j = 1$ 还是 $x_j = 0$。然后将时间周期 $[t_{k-1}, t_k]$，$k \in N$ 分成两部分，在每个时间周期内，一部分时间 P_j 为 $+U/2$，而另外一部分时间 P_j 为 $-U/2$，这样每个周期交替出现，使得每个周期 P_j 的平均值 $\langle P_j \rangle$ 等于 $P_{j\,ref}$ 的值。

关于本章主题载波调制，从参考信号 $P_{j\,ref}$ 到二进制信号 x_j 的变换是通过这些信号与载波 v_p（锯齿波或者三角波）进行比较实现的，其频率决定了控制周期，使得 $\langle P_j \rangle$ 等于 $P_{j\,ref}$，如图 1.2 所示。有 x_j 等于 1，则

$$当 \ P_{j\,ref} > v_p \ 时，\ P_j = U/2$$

相反，有 x_j 等于 0，则

$$当 \ P_{j\,ref} < v_p \ 时，\ P_j = -U/2$$

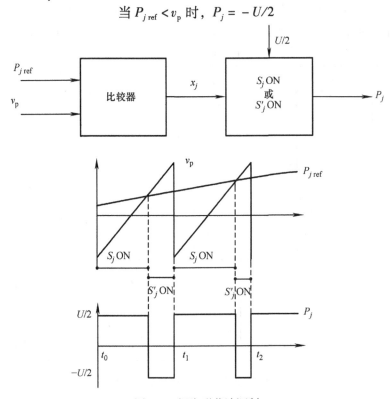

图 1.2　锯齿形载波调制

载波调制也指任何一种如前所述的，利用微处理器或者 FPGA[MON 08] 等，通过计算模仿载波与参考信号进行交叉比较，产生出一段时间 x_j 等于 1，一段时间 x_j 等于 0 的调制方法。

本章将展示如何得到施加在负载上的参考电压 $v_{a\,ref}$、$v_{b\,ref}$、$v_{c\,ref}$，以及接下来

如何将这些电压转换为每个桥臂的参考电压 $P_{a\,ref}$、$P_{b\,ref}$、$P_{c\,ref}$，最后说明如何将这些电压转换为二进制信号（PWM 信号）给功率开关。我们将看到：

（1）推导出文献中所提到的各种交叉比较调制策略（正弦—三角波调制、亚优化调制、中心调制、平顶与平底调制）。

（2）建立起一定的交叉比较调制方法与其他调制策略，诸如空间矢量调制之间的相似关系。

1.2 参考电压 $v_{a\,ref}$、$v_{b\,ref}$、$v_{c\,ref}$

假设逆变器向一个三相平衡负载供电，负载为星形接法，并且没有中线，这种连接方法对电流的约束为 $i_a + i_b + i_c = 0$，这导致一个对电压的等价约束 $v_a + v_b + v_c = 0$。因为 $v_{a\,ref}$、$v_{b\,ref}$、$v_{c\,ref}$ 是电压 v_a、v_b、v_c 的期望值，所以可以很方便地得到相同的约束 $v_{a\,ref} + v_{b\,ref} + v_{c\,ref} = 0$，这意味着仅有两个自由度来确定需要的参考值。

传统上讲，当讨论交叉比较 PWM 时[KAS 91, LAB 95, MOH 89, SEG 04]，会假设参考值有以下形式：

$$\begin{pmatrix} v_{a\,ref} \\ v_{b\,ref} \\ v_{c\,ref} \end{pmatrix} = \begin{pmatrix} V_{ref}\sin\theta_{ref} \\ V_{ref}\sin(\theta_{ref} - 2\pi/3) \\ V_{ref}\sin(\theta_{ref} - 4\pi/3) \end{pmatrix} \tag{1.1}$$

其中，V_{ref} 是期望的电压幅值，而 θ_{ref} 是由期望的参考电压矢量转速的积分得到的坐标角度。

$$\theta_{ref} = \int_0^t \omega_{ref} \mathrm{d}t \tag{1.2}$$

引入旋转矩阵 $P(\theta)$ 和 Clarke 子阵 C_{32}[SEM 04]

$$P(\theta) = \begin{pmatrix} \cos\theta & -\sin\theta \\ \sin\theta & \cos\theta \end{pmatrix}$$

$$C_{32} = \begin{pmatrix} 1 & 0 \\ -1/2 & +\sqrt{3}/2 \\ -1/2 & -\sqrt{3}/2 \end{pmatrix}$$

式（1.1）可以写为

$$\begin{pmatrix} v_{a\,ref} \\ v_{b\,ref} \\ v_{c\,ref} \end{pmatrix} = V_{ref}C_{32}P(\theta_{ref})\begin{pmatrix} 0 \\ -1 \end{pmatrix} = C_{32}P(\theta_{ref})\begin{pmatrix} 0 \\ -V_{ref} \end{pmatrix} \tag{1.3}$$

或者用框图表示，如图 1.3 所示。

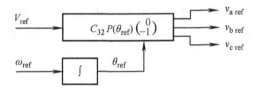

图 1.3 从期望的幅值 V_{ref} 和转速 ω_{ref} 得到参考波形 $v_{a\,ref}$、$v_{b\,ref}$、$v_{c\,ref}$

可以考虑用 V_{ref} 和 θ_{ref} 代表一个矢量 $\vec{V}_{ref}$ 以速度 ω_{ref} 旋转，并且其在三个互差 $2\pi/3$ 的坐标轴上的投影为参考电压 $v_{a\,ref}$、$v_{b\,ref}$、$v_{c\,ref}$，如图 1.4 所示。

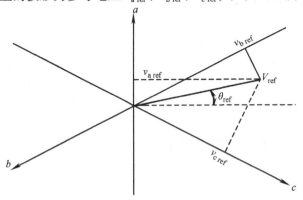

图 1.4 产生参考波形 $v_{a\,ref}$、$v_{b\,ref}$、$v_{c\,ref}$ 的"矢量"

稳态情况下，V_{ref} 和 ω_{ref} 均为定值，而在瞬态过程它们会按照一个时间函数变化。

这种经典方法利用两个自由度，即它们的幅值 V_{ref} 和角速度 ω_{ref}（参考频率 f_{ref} 的 2π 倍）得到固定的参考电压 v_a、v_b、v_c。

然而很多应用负载是有源的，并且包含脉动的 ω_0 的源。在这种情况下，ω_{ref} 必须等于稳态时的 ω_0，以及瞬态时与 ω_0 的差 $[\Delta\omega_{ref} = (\omega_{ref} - \omega_0)]$，积分以后从 ω_{ref} 得到 θ_{ref}，相当于角度 θ_0 加上一个相移 φ_{ref}：

$$\theta_0 = \int_0^t \omega_0 \mathrm{d}t \tag{1.4}$$

如图 1.5a 所示，这等效于

$$\theta_{ref} = \int_0^t \omega_0 \mathrm{d}t + \int_0^t (\omega_{ref} - \omega_0)\mathrm{d}t = \theta_0 + \varphi_{ref} \tag{1.5}$$

这对将 V_{ref} 和 φ_{ref} 作为控制参数考虑是更有帮助的，如图 1.5b 所示，因为相比 $\Delta\omega_{ref}$，φ_{ref} 在稳态不需要为零，仅需要有一个常数即可。

由图 1.5b 可以得到

$$\begin{pmatrix} v_{a\,ref} \\ v_{b\,ref} \\ v_{c\,ref} \end{pmatrix} = V_{ref}C_{32}P(\theta_{ref})\begin{pmatrix} 0 \\ -1 \end{pmatrix} = V_{ref}C_{32}P(\theta_0)P(\varphi_{ref})\begin{pmatrix} 0 \\ -1 \end{pmatrix} \tag{1.6}$$

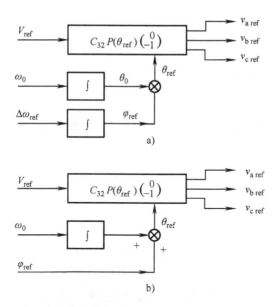

图 1.5 当稳态转速由负载确定时产生参考波形 $v_{a\,ref}$、$v_{b\,ref}$、$v_{c\,ref}$
a) 式(1.4) b) 式(1.5)

因为旋转角度 $\theta_{ref}=\theta_0+\varphi_{ref}$ 等于先旋转角度 θ_0 再旋转角度 φ_{ref}。
所以式(1.6)可以改写为

$$\begin{pmatrix} v_{a\,ref} \\ v_{b\,ref} \\ v_{c\,ref} \end{pmatrix} = C_{32}P(\theta_0)\begin{pmatrix} +V_{ref}\sin\varphi_{ref} \\ -V_{ref}\cos\varphi_{ref} \end{pmatrix} = C_{32}P(\theta_0)\begin{pmatrix} v_{d\,ref} \\ v_{q\,ref} \end{pmatrix} \tag{1.7}$$

因此最终可以得到

$$\begin{pmatrix} v_{a\,ref} \\ v_{b\,ref} \\ v_{c\,ref} \end{pmatrix} = \begin{pmatrix} V_{ref}\cos\varphi_{ref}\sin\theta_0 + V_{ref}\sin\varphi_{ref}\cos\theta_0 \\ V_{ref}\cos\varphi_{ref}\sin(\theta_0-2\pi/3) + V_{ref}\sin\varphi_{ref}\cos(\theta_0-2\pi/3) \\ V_{ref}\cos\varphi_{ref}\sin(\theta_0-4\pi/3) + V_{ref}\sin\varphi_{ref}\cos(\theta_0-4\pi/3) \end{pmatrix} \tag{1.8}$$

式(1.7)可以从图1.6中观察得到，参考量为

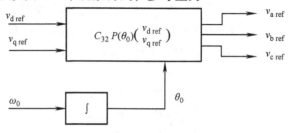

图 1.6 由 dq 分量产生参考波形 $v_{a\,ref}$、$v_{b\,ref}$、$v_{c\,ref}$

$$v_{d\,ref} = V_{ref}\sin\varphi_{ref}$$

$$v_{q\,ref} = -V_{ref}\cos\varphi_{ref}$$

代换 V_{ref} 和 φ_{ref}，因为

$$C_{32}^T C_{32} = \frac{3}{2}I$$

其中，I 为 2×2 单位矩阵，电压 $v_{d\,ref}$ 和 $v_{q\,ref}$ 可以利用期望电压 $v_{a\,ref}$、$v_{b\,ref}$、$v_{c\,ref}$ 确定，如果我们用下式左乘式(1.7)的两边

$$\frac{2}{3}P^{-1}(\theta_0)C_{32}^T$$

有

$$\begin{pmatrix} v_{d\,ref} \\ v_{q\,ref} \end{pmatrix} = \frac{2}{3}P^{-1}(\theta_0)C_{32}^T \begin{pmatrix} v_{a\,ref} \\ v_{b\,ref} \\ v_{c\,ref} \end{pmatrix} \tag{1.9}$$

利用式(1.9)中所给出的值，将 $v_{d\,ref} = V_{ref}\sin\varphi_{ref}$ 和 $v_{q\,ref} = -V_{ref}\cos\varphi_{ref}$ 代入式(1.7)，得到式(1.10)

$$\begin{pmatrix} v_{a\,ref} \\ v_{b\,ref} \\ v_{c\,ref} \end{pmatrix} = \frac{2}{3}C_{32}C_{32}^T \begin{pmatrix} v_{a\,ref} \\ v_{b\,ref} \\ v_{c\,ref} \end{pmatrix} \tag{1.10}$$

可以得到以下矩阵：

$$\frac{2}{3}C_{32}C_{32}^T = \begin{pmatrix} 2/3 & -1/3 & -1/3 \\ -1/3 & 2/3 & -1/3 \\ -1/3 & -1/3 & 2/3 \end{pmatrix}$$

将单位矩阵作用在矢量 $v_{a\,ref}$、$v_{b\,ref}$、$v_{c\,ref}$ 上，使得约束条件 $v_{a\,ref} + v_{b\,ref} + v_{c\,ref} = 0$ 得以满足(零序分量为零)。

1.3　参考电压 $P_{a\,ref}$、$P_{b\,ref}$、$P_{c\,ref}$

与电压 $v_{a\,ref}$、$v_{b\,ref}$、$v_{c\,ref}$ 相比，$P_{a\,ref}$、$P_{b\,ref}$、$P_{c\,ref}$ 不需要和为零。因此有三个自由度来定义这些电压。如果引入 $P_{a\,ref}$、$P_{b\,ref}$、$P_{c\,ref}$ 的零序分量

$$P_{0\,ref} = (P_{a\,ref} + P_{b\,ref} + P_{c\,ref})/3$$

则有

$$P_{a\,ref} - P_{0\,ref} = P_{a-h\,ref}$$

$$P_{b\,ref} - P_{0\,ref} = P_{b-h\,ref}$$

$$P_{c\,ref} - P_{0\,ref} = P_{c-h\,ref}$$

其和为零，就像电压 $v_{a\,ref}$、$v_{b\,ref}$、$v_{c\,ref}$ 一样。利用定义的 $P_{0\,ref}$，可以得到

$$\begin{pmatrix} P_{\text{a-h ref}} \\ P_{\text{b-h ref}} \\ P_{\text{c-h ref}} \end{pmatrix} = \begin{pmatrix} 2/3 & -1/3 & -1/3 \\ -1/3 & 2/3 & -1/3 \\ -1/3 & -1/3 & 2/3 \end{pmatrix} \begin{pmatrix} P_{\text{a ref}} \\ P_{\text{b ref}} \\ P_{\text{c ref}} \end{pmatrix} = \frac{2}{3} C_{32} C_{32}^{\text{T}} \begin{pmatrix} P_{\text{a ref}} \\ P_{\text{b ref}} \\ P_{\text{c ref}} \end{pmatrix} \quad (1.11)$$

矩阵 $2/3 C_{32} C_{32}^{\text{T}}$ 作为一个单位矩阵，代表三个量之和为零[式(1.10)]，当三个量之和不为零时，该矩阵用于消除零序分量。利用一个类似 $v_{\text{a ref}}$、$v_{\text{b ref}}$、$v_{\text{c ref}}$ 的处理过程，可以利用两个参考量 $P_{\text{d ref}}$ 和 $P_{\text{q ref}}$ 表示 $P_{\text{a ref}}$、$P_{\text{b ref}}$、$P_{\text{c ref}}$，如图1.7 所示。

$$\begin{pmatrix} P_{\text{a-h ref}} \\ P_{\text{b-h ref}} \\ P_{\text{c-h ref}} \end{pmatrix} = C_{32} P(\theta_0) \begin{pmatrix} P_{\text{d ref}} \\ P_{\text{q ref}} \end{pmatrix} \quad (1.12)$$

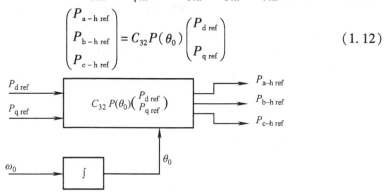

图 1.7　由 dq 分量产生参考波形 $P_{\text{a-h ref}}$、$P_{\text{b-h ref}}$、$P_{\text{c-h ref}}$

定义矩阵

$$C_{31} = \begin{pmatrix} 1 \\ 1 \\ 1 \end{pmatrix} \quad (1.13)$$

可以将参考量 $P_{\text{a ref}}$、$P_{\text{b ref}}$、$P_{\text{c ref}}$ 表示为参考量的 $P_{\text{d ref}}$、$P_{\text{q ref}}$、$P_{\text{0 ref}}$ 的一个函数，如图1.18 所示。

$$\begin{pmatrix} P_{\text{a ref}} \\ P_{\text{b ref}} \\ P_{\text{c ref}} \end{pmatrix} = C_{32} P(\theta_0) \begin{pmatrix} P_{\text{d ref}} \\ P_{\text{q ref}} \end{pmatrix} + C_{31} P_{\text{0 ref}} \quad (1.14)$$

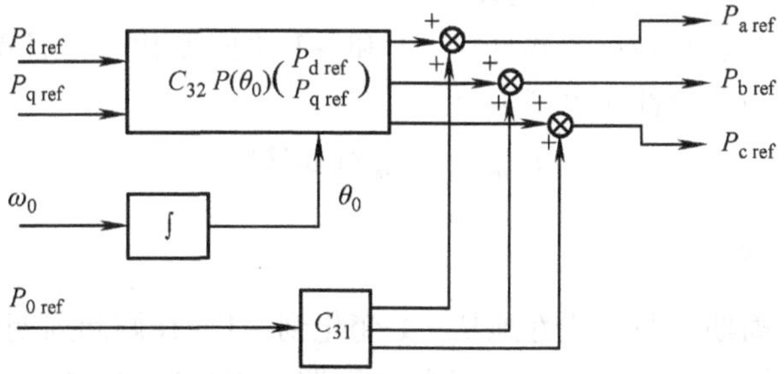

图 1.8　由 d-q-0 分量产生参考波形 $P_{\text{a ref}}$、$P_{\text{b ref}}$、$P_{\text{c ref}}$

1.4 v_a、v_b、v_c 与 P_a、P_b、P_c 之间的联系

按照图 1.1 的参考方向可以得到

$$P_a - P_b = v_a - v_b$$

$$P_a - P_c = v_a - v_c$$

如果将这两个公式合并，则可以得到 $2P_a - P_b - P_c = 2v_a - v_b - v_c = 3v_a$，最终量反映出 $v_a + v_b + v_c = 0$。同样地，可以得到 v_b、v_c 作为 P_a、P_b、P_c 的函数，因此有

$$\begin{pmatrix} v_a \\ v_b \\ v_c \end{pmatrix} = \begin{pmatrix} 2/3 & -1/3 & -1/3 \\ -1/3 & 2/3 & -1/3 \\ -1/3 & -1/3 & 2/3 \end{pmatrix} \begin{pmatrix} P_a \\ P_b \\ P_c \end{pmatrix} = \frac{2}{3} C_{32} C_{32}^{T} \begin{pmatrix} P_a \\ P_b \\ P_c \end{pmatrix} \tag{1.15}$$

式(1.15)说明电压 v_a、v_b、v_c 与 P_a、P_b、P_c 减去零序分量 $P_0 = (P_a + P_b + P_c)/3$ 相对应。这样可以得到

$$v_a = P_a - P_0$$

$$v_b = P_b - P_0$$

$$v_c = P_c - P_0 \tag{1.16}$$

因此，v_j 和 P_j 的主要区别在于零序分量：P_j 包含零序分量，而 v_j 不包含零序分量。

1.5 PWM 信号的产生

为了从参考波形 $P_{j\,ref}$ 确定每个桥臂的开关状态 x_j，$j \in [a, b, c]$，需要考虑以下情况：

1）这些波形与反锯齿形载波比较；

2）这些波形与传统的锯齿形载波比较；

3）这些波形与三角形载波比较。

假设这些载波是归一化的并且在 -1 和 $+1$ 之间变化，并且参考波也以同样的方式变化，因为它们都除以了 $U/2$。

$$P_{j\,ref,n} = P_{j\,ref}/(U/2) \tag{1.17}$$

1.5.1 反锯齿波

在每个调制周期，载波线性地从 $+1$ 变化到 -1。在调制周期结束时从 -1 返回 $+1$ 并开始下一个周期。如果 T_p 是载波周期，则在第 $(k+1)$ 个调制周期[从 $t_k = kT_p$ 到 $t_{k+1} = (k+1)T_p$]，所有开关 S_j' 将在 t_k 时刻导通，这是因为此时载波的

值为 +1，大于所有参考波形的值，也就是说 x_a、x_b、x_c 将为零。

接下来在 t_{jk} 时刻，当参考波形 $P_{j\,ref,n}$ 与载波波形相交且参考波的值大于载波的值时，该桥臂的功率开关从 S'_j 导通变为 S_j 导通，如图 1.9 所示。

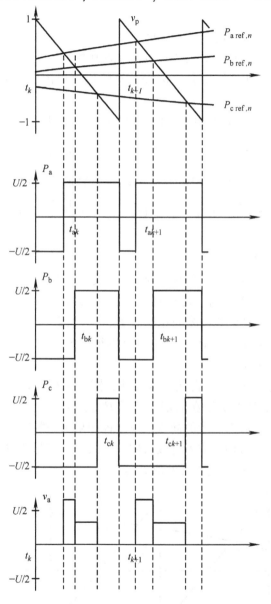

图 1.9　反锯齿形载波调制

开关换相的次序取决于载波与参考波相交的顺序。

有 6 个可能的顺序：a，b，c；a，c，b；b，c，a；b，a，c；c，a，b；c，

b，a。

每次换相会导致矢量$(x_a，x_b，x_c)$中的一个变量从0变为1；矢量在调制周期开始时刻的初始值为$(0，0，0)$，对应S_a'，S_b'，S_c'都导通；在调制周期结束时刻的值为$(1，1，1)$。

电压P_j，$j\in(a，b，c)$的值在区间$[t_k，t_{jk}]$，$k=1$，2，……是$-U/2$，其中x_j为0并且S_j'导通。电压P_j，$j\in(a，b，c)$的值在区间$[t_{jk}，t_{k+1}]$是$+U/2$，其中x_j为1并且S_j导通。电压v_j，$j\in(a，b，c)$的值可以由电压P_j通过式(1.15)确定。

t_{jk}时刻，即$P_{j\,\text{ref},n}$与载波相交点是得到式(1.18)的基础

$$P_{j\,\text{ref},n}(t_{jk})=1-2\frac{t_{jk}-t_k}{T_p}，\quad j\in(a，b，c)\tag{1.18}$$

则可以得到P_j在整个调制周期$(t_{k+1}=t_k+T_p)$的平均值$\langle P_j\rangle_k$

$$\langle P_j\rangle_k=\frac{1}{T_p}\frac{U}{2}\left[(t_{k+1}-t_{jk})-(t_{jk}-t_k)\right]=\frac{1}{T_p}\frac{U}{2}\left[2(t_k-t_{jk})+T_p\right]$$

$$=\frac{U}{2}P_{j\,\text{ref},n}(t_{jk})=P_{j\,\text{ref}}(t_{jk})\tag{1.19}$$

[注：$P_{j\,\text{ref},n}$是利用式(1.17)进行标幺化的]。式(1.19)表明PWM脉冲通过P_j取得$-U/2$然后是$+U/2$的值，使得在某一点处整个调制周期P_j的平均值等于$P_{j\,\text{ref}}$：这个点就是载波与参考波的相交点$P_{j\,\text{ref},n}$。如果参考波在整个调制周期的变化很小，则一系列采样值$P_{j\,\text{ref},n}(t_{jk})$将可以很好地代表参考波形。同样平均值$\langle P_j\rangle_k$也可以代表电压$P_j$。

为了代替上述的P_j波形自然采样方法，同步采样方法是一个可选的方案，每个周期中$P_{j\,\text{ref},n}$的值取决于在周期开始时$P_{j\,\text{ref},nk}=P_{j\,\text{ref},n}(kT_p)$的值，如图1.10所示。可以看出这种参考波形的同步采样过程如果利用数字方法通过一个微处理器计算交叉点会非常方便，或者可以采用一个采样周期与载波周期同步的计算单元输出给数-模转换器以得到参考波形$P_{j\,\text{ref},n}$。

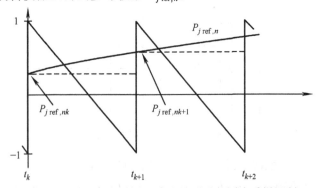

图1.10　利用反锯齿波对参考波形进行同步采样调制

下面假设参考波形在每个调制周期的起始点采样，则有

$$
\begin{pmatrix} <P_\mathrm{a}>_k \\ <P_\mathrm{b}>_k \\ <P_\mathrm{c}>_k \end{pmatrix} = \frac{U}{2} \begin{pmatrix} P_{\mathrm{a\ ref},nk} \\ P_{\mathrm{b\ ref},nk} \\ P_{\mathrm{c\ ref},nk} \end{pmatrix} = \begin{pmatrix} P_{\mathrm{a\ ref}\,k} \\ P_{\mathrm{b\ ref}\,k} \\ P_{\mathrm{c\ ref}\,k} \end{pmatrix}, \quad k=1,\ 2,\ \cdots \tag{1.20}
$$

利用式(1.14)可以得到

$$
\begin{pmatrix} P_{\mathrm{a\ ref}\,k} \\ P_{\mathrm{b\ ref}\,k} \\ P_{\mathrm{c\ ref}\,k} \end{pmatrix} = C_{32} P(\theta_{0k}) \begin{pmatrix} P_{\mathrm{d\ ref}\,k} \\ P_{\mathrm{q\ ref}\,k} \end{pmatrix} + C_{31} P_{0\ \mathrm{ref}\,k} \tag{1.21}
$$

其中 $P(\theta_{0k})$、$P_{\mathrm{d\ ref}\,k}$、$P_{\mathrm{q\ ref}\,k}$ 是在相应时刻的值。将式(1.21)代入式(1.20)可以得到

$$
\begin{pmatrix} <P_\mathrm{a}>_k \\ <P_\mathrm{b}>_k \\ <P_\mathrm{c}>_k \end{pmatrix} = C_{32} P(\theta_{0k}) \begin{pmatrix} P_{\mathrm{d\ ref}\,k} \\ P_{\mathrm{q\ ref}\,k} \end{pmatrix} + C_{31} P_{0\ \mathrm{ref}\,k} \tag{1.22}
$$

式(1.15)给出了电压 v_a、v_b、v_c 和电压 P_a、P_b、P_c 瞬时值的关系，也可以用于计算每个调制周期的平均值。因此有

$$
\begin{pmatrix} <v_\mathrm{a}>_k \\ <v_\mathrm{b}>_k \\ <v_\mathrm{c}>_k \end{pmatrix} = \frac{2}{3} C_{32} C_{32}^\mathrm{T} \begin{pmatrix} <P_\mathrm{a}>_k \\ <P_\mathrm{b}>_k \\ <P_\mathrm{c}>_k \end{pmatrix} \tag{1.23}
$$

将式(1.22)代入式(1.23)可以得到

$$
\begin{pmatrix} <v_\mathrm{a}>_k \\ <v_\mathrm{b}>_k \\ <v_\mathrm{c}>_k \end{pmatrix} = C_{32} P(\theta_{0k}) \begin{pmatrix} P_{\mathrm{d\ ref}\,k} \\ P_{\mathrm{q\ ref}\,k} \end{pmatrix}, \tag{1.24}
$$

已知

$C_{32}^\mathrm{T} C_{32} = \dfrac{3}{2} I$，其中，$I$ 是 2×2 单位矩阵，即

$C_{32} C_{32}^\mathrm{T} C_{31} = (0,\ 0,\ 0)^\mathrm{T}$

1.5.2　传统锯齿形载波

在每个调制周期载波从 -1 线性变化到 $+1$，然后在与下一个周期衔接的边缘从 $+1$ 返回 -1。第 $k+1$ 个调制周期是从

$$
t_k = kT_\mathrm{p}
$$

到

$$
t_{k+1} = (k+1)T_\mathrm{p}
$$

每个开关 S_j 将在 t_k 时刻导通，因为此时载波值为 -1，比所有参考波的值都小，也就是说 x_a、x_b、x_c 等于1。

在 t_{jk} 时刻，当参考波形 $P_{j\,ref,n}$ 与载波 v_p 相交时，每个桥臂从 S_j 导通状态变为 S_j' 导通，如图 1.11 所示。每个瞬态过程导致矢量 (x_a, x_b, x_c) 中的一个分量从1变为0，周期的开始时刻 t_k 值为 $(1,1,1)$，到周期结束时变为 $(0,0,0)$。

电压 P_j，$j \in (a, b, c)$ 的值在 t_k 到 t_{jk} 区间为 $+U/2$，在该区间 x_j 为1并且 S_j 导通。该电压的值在 t_{jk} 到 t_{jk+1} 区间为 $-U/2$，在该区间 x_j 为0并且 S_j' 导通。电压 v_j，$j \in (a, b, c)$ 的值可以由电压 P_j 通过式 (1.15) 确定。

时刻 t_{jk}，即 $P_{j\,ref,n}$ 与载波相交点可以得到式 (1.25)

$$P_{j\,ref\,n}(t_{jk}) = -1 + \frac{2(t_{jk} - t_k)}{T_p}, \quad j \in (a, b, c) \tag{1.25}$$

则 P_j 在整个第 $k+1$ 个调制周期中的平均值可以得到

$$<P_j>_k = \frac{1}{T_p} \frac{U}{2} [(t_{jk} - t_k) - (t_{k+1} - t_{jk})] = \frac{1}{T_p} \frac{U}{2} [-T_p + 2(t_{jk} - t_k)]$$

$$= \frac{U}{2} P_{j\,ref\,n}(t_{jk}) = P_{j\,ref}(t_{jk}) \tag{1.26}$$

如果采用同步采样方法，则可以得到

$$<P_j>_k = P_{j\,ref\,k} = P_{j\,ref}(kT_p), \quad k = 1, 2, \cdots \tag{1.27}$$

1.5.3 三角形载波

利用三角形载波进行调制可以等效为一个重复调制，先采用反锯齿波，再采用传统锯齿波。

载波的周期为2倍 $T_p/2$，即由两个斜坡（先增高再降低）组成连续的载波，如图 1.12 所示。

如果从下降斜坡作为调制的起始点，则调制周期开始时所有开关 S_j' 将导通，因为此时载波的值大于所有参考波。

当相应的参考波与载波相交时，每个桥臂的开关从 S_j' 导通变为 S_j 导通，在下降斜坡底部的所有开关 S_j 均导通。

在上升斜坡阶段每个桥臂的开关从 S_j 导通变为 S_j' 导通，在上升斜坡的顶部所有开关 S_j' 再次全部导通。

在两个锯齿波连接点处所有的桥臂不再同时换相。

可以从以下两个时刻进行参考波形采样：

1）在调制周期的起始时刻，如图 1.13 所示；

2）在载波中每个锯齿波的开始点采样，即波形 P_j 与每半个调制周期的参考波形 $P_{j\,ref}$ 相匹配，如图 1.14 所示。

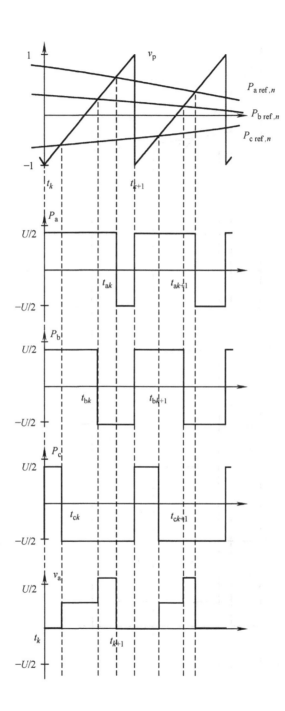

图 1.11 利用传统锯齿形载波调制

14

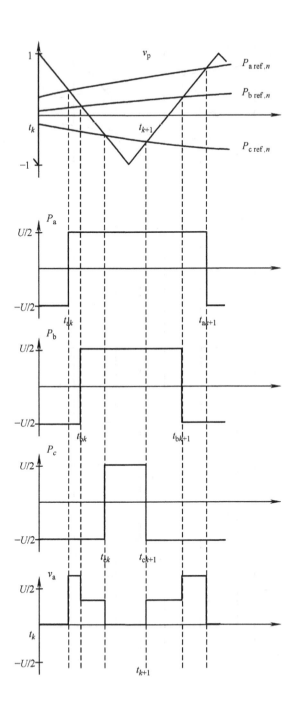

图 1.12 三角形载波调制

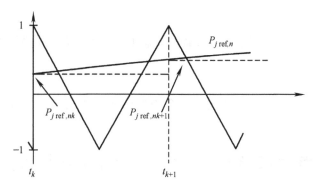

图 1.13　三角形载波调制，在载波周期起始点同步参考波形采样

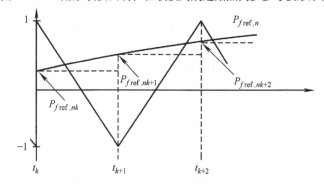

图 1.14　三角形载波调制，在每半个载波周期起始点同步参考波形采样

根据采样方式，可以得到

$$<P_j>_k = P_{j\,ref\,k} = P_{j\,ref}[kT_p] \tag{1.28}$$

$$<P_j>_k = P_{j\,ref\,k} = P_{j\,ref}[kT_p/2] \tag{1.29}$$

在每半个载波周期，对于锯齿形载波，根据半周期中 $P_{a\,ref\,k}$、$P_{b\,ref\,k}$、$P_{c\,ref\,k}$值的不同，有 6 个可能的开关顺序。

在下降斜坡的半个周期中，从 S_j' 导通到 S_j 导通的瞬态过程首先发生在参考电压最大的桥臂，然后是参考电压中间的桥臂，最后是参考电压最小的桥臂。这样，如果 $P_{a\,ref\,k} > P_{b\,ref\,k} > P_{c\,ref\,k}$，则首先是 a 桥臂换相，然后是 b 桥臂，最终是 c 桥臂。代表每个桥臂开关状态(S_j'导通 $x_j=0$，S_j 导通 $x_j=1$)的矢量(x_a, x_b, x_c)从(0, 0, 0)到(1, 0, 0)，再到(1, 1, 0)，最后到(1, 1, 1)。同样过程可以用来确定其他 5 种情况下矢量(x_a, x_b, x_c)的值的序列以及开关状态。

在上升斜坡的半个周期中，矢量(x_a, x_b, x_c)从(1, 1, 1)逐步到(0, 0, 0)，同时从 S_j 导通到 S_j'导通的瞬态过程首先发生在参考电压最小的桥臂，最后是参考电压最大的桥臂。

上述定义的 12 个开关顺序与利用空间矢量调制方法所得到的一致(第 2 章和

16

参考文献[LAB 98])。

在开关顺序方面,利用三角形载波调制的特性与空间矢量调制完全一致。

1.5.4 说明

有时也会用到随机载波调制,每个周期的传统锯齿波或反锯齿波是不确定的。

1.6 通过参考波形 $v_{a\,ref\,k}$、$v_{b\,ref\,k}$、$v_{c\,ref\,k}$ 确定 $P_{a\,ref\,k}$、$P_{b\,ref\,k}$、$P_{c\,ref\,k}$

如 1.5 节所述,对于 PWM,P_j 只在一个给定的调制周期取平均值才等于 $P_{j\,ref}$。涉及参考波形 $v_{a\,ref}$、$v_{b\,ref}$、$v_{c\,ref}$,对电压 v_a、v_b、v_c 也是一样的。

同样地,为了确定每个调制周期的值(或者这些波形的分量 $P_{d\,ref\,k}$、$P_{q\,ref\,k}$、$P_{0\,ref\,k}$)可以得到

$$\begin{pmatrix} <v_a>_k \\ <v_b>_k \\ <v_c>_k \end{pmatrix} = \begin{pmatrix} V_{a\,ref\,k} \\ V_{b\,ref\,k} \\ V_{c\,ref\,k} \end{pmatrix} \tag{1.30}$$

将式(1.30)代入式(1.24)可以得到每相电压参考值与每个桥臂电压 dq 分量参考值的关系

$$\begin{pmatrix} V_{a\,ref\,k} \\ V_{b\,ref\,k} \\ V_{c\,ref\,k} \end{pmatrix} = C_{32}P(\theta_{0k}) \begin{pmatrix} P_{d\,ref\,k} \\ P_{q\,ref\,k} \end{pmatrix} \tag{1.31}$$

如果在式(1.31)两边乘以 $\frac{2}{3}P^{-1}(\theta_0 k)C_{32}^{\mathrm{T}}$。

则可以得到

$$\begin{pmatrix} P_{d\,ref\,k} \\ P_{q\,ref\,k} \end{pmatrix} = \frac{2}{3}P^{-1}(\theta_0 k)C_{32}^{\mathrm{T}} \begin{pmatrix} V_{a\,ref\,k} \\ V_{b\,ref\,k} \\ V_{c\,ref\,k} \end{pmatrix} \tag{1.32}$$

那么可以将式(1.32)代入式(1.21),得到

$$\begin{pmatrix} P_{a\,ref\,k} \\ P_{b\,ref\,k} \\ P_{c\,ref\,k} \end{pmatrix} = \frac{2}{3}C_{32}C_{32}^{\mathrm{T}} \begin{pmatrix} V_{a\,ref\,k} \\ V_{b\,ref\,k} \\ V_{c\,ref\,k} \end{pmatrix} + C_{31}P_{0\,ref\,k} \tag{1.33}$$

因为 $2/3C_{32}C_{32}^{\mathrm{T}}$ 等于一个单位矩阵,$v_{a\,ref\,k}$、$v_{b\,ref\,k}$、$v_{c\,ref\,k}$ 的和为 0,所以式(1.33)可以推导出

$$\begin{pmatrix} P_{a\,ref\,k} \\ P_{b\,ref\,k} \\ P_{c\,ref\,k} \end{pmatrix} = \begin{pmatrix} V_{a\,ref\,k} \\ V_{b\,ref\,k} \\ V_{c\,ref\,k} \end{pmatrix} + C_{31}P_{0\,ref\,k} \tag{1.34}$$

式(1.34)表明参考值 $v_{a\,ref\,k}$、$v_{b\,ref\,k}$、$v_{c\,ref\,k}$ 确定了除零序分量 $P_{0\,ref\,k}$ 之后 $P_{a\,ref\,k}$、$P_{b\,ref\,k}$、$P_{c\,ref\,k}$ 的值，零序分量是余下的一个自由度，它可以用来优化调制以满足一些期望的品质标准。这个结果与 1.4 节结尾时的描述是一致的。

1.6.1 "正弦"调制

如果在式(1.34)中使参考波形 $P_{j\,ref}$ 的零序分量 $P_{0\,ref}$ 为 0 就可以得到"正弦"调制，并使这些波形与参考波形 $v_{j\,ref}$ 相等

$$\begin{pmatrix} P_{a\,ref\,k} \\ P_{b\,ref\,k} \\ P_{c\,ref\,k} \end{pmatrix} = \begin{pmatrix} V_{a\,ref\,k} \\ V_{b\,ref\,k} \\ V_{c\,ref\,k} \end{pmatrix} \tag{1.35}$$

稳态时 $P_{j\,ref}$ 波形组成一个三相平衡的正弦电压系统，如同 $v_{j\,ref}$ 波形一样，因此称之为"正弦"调制，如图 1.15 所示。

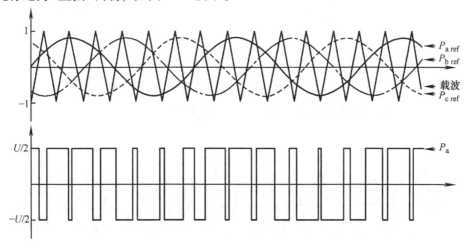

图 1.15 采用三角形载波的正弦调制

波形 $P_{j\,ref}$ 的幅值，也就是正弦波的幅值，可以在稳态的三相负载端得到，如果希望避免出现过调制现象，那么它就不能超过 $U/2^{\ominus}$。

⊖ 这个影响表示在一个或多个调制周期内不会产生载波和参考波相交的情况，因为参考波的值大于载波的最大值(或者小于载波的最小值)，所以在整个周期电压 P_j 都等于 $+U/2$ 或者 $-U/2$。当出现过调制时，等式 $\langle P_j \rangle_k = P_{j\,ref\,k}$ 不成立。详细的过调制分析见第 3 章。

与全波控制进行比较，即在三相的负载端施加电压，其基波分量的幅值是 $2U/\pi$，"正弦"调制引起的幅值衰减为

$$\frac{U/2}{2U/\pi} = \pi/4 \qquad (1.36)$$

或者是21%的衰减。电压的这个衰减被称之为"由于脉宽调制的电压降"[LAB 95]。

1.6.2 "居中"调制

"居中"调制是指式(1.34)中零序分量的值等于减去 $v_{a\,ref\,k}$、$v_{b\,ref\,k}$、$v_{c\,ref\,k}$ 参考波形最大值与最小值和的一半。

如果 $\max(v_{j\,ref\,k})$ 表示选取参考波形 $v_{a\,ref\,k}$、$v_{b\,ref\,k}$、$v_{c\,ref\,k}$ 的最大值，$\min(v_{j\,ref\,k})$ 表示选取参考波形的最小值，则可以得到

$$\begin{pmatrix} P_{a\,ref\,k} \\ P_{b\,ref\,k} \\ P_{c\,ref\,k} \end{pmatrix} = \begin{pmatrix} V_{a\,ref\,k} \\ V_{b\,ref\,k} \\ V_{c\,ref\,k} \end{pmatrix} - \frac{1}{2}C_{31}\left[\max(P_{j\,ref\,k}) + \min(P_{j\,ref\,k})\right] \qquad (1.37)$$

可以看出零序分量的值使得最大和最小参考波形 $P_{j\,ref\,k}$ 对称位于水平轴的两边，因此可以得到"居中"这个概念。这样，参考波形 $v_{j\,ref}$ 利用幅值 V 和角速度 ω 可以组成一个三相平衡系统

$$v_{a\,ref} = V_{ref}\sin\omega_{ref}t$$
$$v_{b\,ref} = V_{ref}\sin(\omega_{ref}t - 2\pi/3)$$
$$v_{c\,ref} = V_{ref}\sin(\omega_{ref}t - 4\pi/3)$$

式(1.37)给出以下电压 $P_{j\,ref}$ 的值，如图1.16所示。

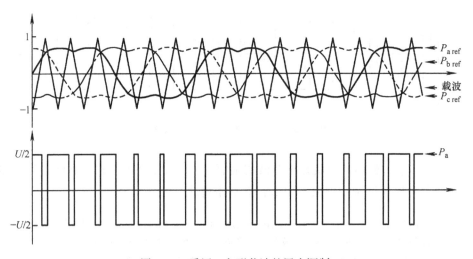

图1.16 采用三角形载波的居中调制

（1）在 $\omega_{ref}t = -\pi/6$ 与 $\omega_{ref}t = \pi/6$ 之间，电压 $v_{c\,ref}$ 是正的最大值，$v_{b\,ref}$ 是负的最大值，因此有

$$P_{a\,ref} = v_{a\,ref} - \frac{1}{2}(v_{b\,ref} + v_{c\,ref}) = \frac{3}{2}V_{ref}\sin\omega_{ref}t$$

$$P_{b\,ref} = v_{b\,ref} - \frac{1}{2}(v_{b\,ref} + v_{c\,ref}) = -\frac{\sqrt{3}}{2}V_{ref}\cos\omega_{ref}t$$

$$P_{c\,ref} = v_{c\,ref} - \frac{1}{2}(v_{b\,ref} + v_{c\,ref}) = +\frac{\sqrt{3}}{2}V_{ref}\cos\omega_{ref}t$$

（2）在 $\omega_{ref}t = \pi/6$ 与 $\omega_{ref}t = \pi/2$ 之间，电压 $v_{a\,ref}$ 是正的最大值，$v_{b\,ref}$ 是负的最大值，因此有

$$P_{a\,ref} = v_{a\,ref} - \frac{1}{2}(v_{a\,ref} + v_{b\,ref}) = \frac{\sqrt{3}}{2}V_{ref}\cos(\omega_{ref}t - \pi/3)$$

$$P_{b\,ref} = v_{b\,ref} - \frac{1}{2}(v_{a\,ref} + v_{b\,ref}) = -\frac{\sqrt{3}}{2}V_{ref}\cos(\omega_{ref}t - \pi/3)$$

$$P_{c\,ref} = v_{c\,ref} - \frac{1}{2}(v_{a\,ref} + v_{b\,ref}) = -\frac{\sqrt{3}}{2}V_{ref}\sin(\omega_{ref}t - \pi/3)$$

等。

如果下式成立，则参考波形 $P_{a\,ref\,k}$、$P_{b\,ref\,k}$、$P_{c\,ref\,k}$ 的幅值不会超过 $U/2$，而且也不会产生饱和现象：

$$\frac{\sqrt{3}}{2}V_{ref} < \frac{U}{2}$$

或者下式成立时：

$$V_{ref} < \frac{U}{\sqrt{3}}$$

电压降不会多于 9% [LAB 95]。注意到 V_{ref} 的幅值相对于 $U/2$ 的增加与采用同样技术的空间矢量调制是相同的 [LAB 98]。

另外，对于参考波形的同步采样，居中化处理（对于锯齿形载波的每个周期或者三角形载波的每半个周期）给出相同的持续时间，在这个持续时间内矢量 (x_a, x_b, x_c) 从 $(0, 0, 0)$ 到 $(1, 1, 1)$，换句话说，就是所有的 S_j' 导通时间和 S_j 导通时间。

居中调制利用一个三角形载波，在每半个周期对参考波形同步采样，与一个两电平三相电压逆变器的空间矢量调制几乎是完全一样的 [LAB 98]。

1.6.3 "亚优化"调制

这个方法能够产生一个与居中调制接近的结果，当它们构成一个平衡的三相

正弦电压系统时，可以使参考波的幅值最大化。它使 $P_{j\,ref}$ 电压的零序分量成为一个幅值为 $0.09U$ 的正弦波，其角速度为参考波的 3 倍[LAB 95]，如图 1.17 所示。

$$\begin{pmatrix} P_{a\,ref} \\ P_{b\,ref} \\ P_{c\,ref} \end{pmatrix} = \begin{pmatrix} V_{ref}\sin\omega_{ref}t \\ V_{ref}\sin(\omega_{ref}t - 2\pi/3) \\ V_{ref}\sin(\omega_{ref}t - 4\pi/3) \end{pmatrix} + C_{31} \cdot 0.09 \cdot U\sin3\omega_{ref}t \qquad (1.38)$$

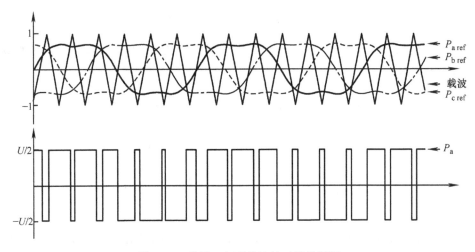

图 1.17 采用三角形载波的亚优化调制

因此，V_{ref} 的幅值最高可以达到 $1.15U/2$，而且不会引入任何过调制影响[LAB 95]。

1.6.4 "平顶"和"平底"调制

平顶调制通过将零序分量的值等于式(1.39)，使得参考波 $P_{j\,ref}$ 的最大幅值达到 1

$$P_{0\,ref} = 1 - \max(P_{j\,ref}) \qquad (1.39)$$

这一策略试图通过避开参考电压 $P_{j\,ref\,n}$ 最大桥臂上的任何开关动作来降低开关损耗，如图 1.18 所示。

这个区间将电压 $P_{j\,ref\,n}$ 设置为 1，相当于 S_j 持续导通，因为有

$$P_j = \frac{U}{2}P_{j\,ref\,n} = \frac{U}{2}$$

类似地，平底调制将负的最大参考波 $P_{j\,ref}$ 设置等于 -1，则需要将零序分量设为

$$P_{0\,ref} = -1 - \min(P_{j\,ref}), \qquad (1.40)$$

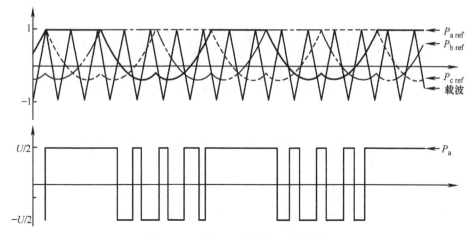

图 1.18　采用三角形载波的平顶调制

这意味着每个桥臂在 $P_{j\,\text{ref}}$ 为负的最大值期间 S_j' 始终保持导通，如图 1.19 所示。

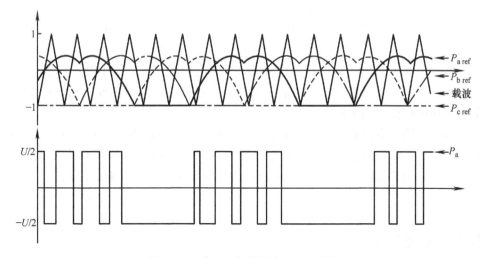

图 1.19　采用三角形载波的平底调制

平顶调制（或平底调制）说明在每个桥臂的两个开关中电流分布不均匀，因为在一个平衡的正弦波三相系统中，电流流过开关 S_j（或 S_j'）的时间等于参考波形 $P_{j\,\text{ref}}$ 周期的三分之一。

这个缺点可以通过将以下两种调制方式相结合来解决：当参考波形 $P_{j\,\text{ref}}$ 大于另外两个参考波形时设为 1，当参考波形 $P_{j\,\text{ref}}$ 小于另外两个参考波形时设为 -1，如图 1.20 所示。

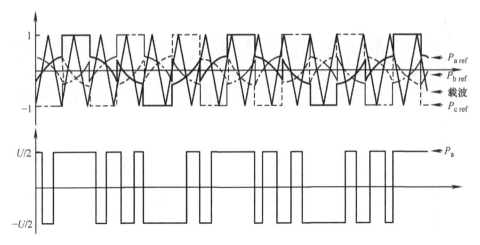

图 1.20 平顶与平底相结合的调制

1.7 总结

本章推导了在两电平三相电压型逆变器为一个平衡的三相星形接法负载供电情况下，当桥臂用基于载波 PWM 控制时，利用桥臂电压参考值得到期望参考值的公式。

特别说明了利用三角形载波的居中 PWM 与空间矢量 PWM 没有显著区别，而且平顶和平底策略避免在桥臂的一定期间进行开关转换，因此在给定的 PWM 频率下能够降低开关损耗。

有些问题本章没有考虑，诸如利用这些技术所产生的电压谐波含量，以及所选择的调制方式（正弦、居中、亚优化或平顶—平底）或使用的载波[⊖]（传统或反锯齿波，三角波或随机波）所产生的谐波含量的影响。这些问题的讨论需要专门的章节来完成。

1.8 参考文献

[BOO 88] BOOST M.A., ZIOGAS P.D., "State-of-the-art carrier PWM techniques: a critical evaluation", *IEEE Trans. Ind. Appl.*, 24(2), 271–280, 1988.

[HAU 99] HAUTIER J.P., CARON J.P., *Convertisseurs statiques: méthodologie causale de modélisation et de commande*, Edition Technip, Paris, 1999.

[HOL 93] HOLZ J., "On the Performance of optimal pulse width modulation technique", *EPE Journal*, 3, (1), 17–6, 1993.

⊖ 本章所有例子均采用三角形载波。

[HOU 84] HOULDSWORTH J.A., GRANT D.A., "The use of harmonic distorsion to increase the output of a three-phase PWM inverter", *IEEE Trans. Ind. Appl.*, 20(5), 1224-1228, 1984.

[KAS 91] KASSAKIAN J.G., SLECHT M.F., VERGHESE G.C., *Principles of Power Electronics*, Addison Wesley, Reading, MA, 1991.

[KAZ 94] KAZMIERKOWSKI M.P., DZIENAKOWSKI M.A., "Review of Current Regulation technique for three-phase PWM Inverter", *IEEE-IECON*, Bologne, vol. 1, p. 567–575, 1994.

[LAB 95] LABRIQUE F., BAUSIÈRE R., SÉGUIER G., *Les convertisseurs de l'électronique de puissance 4: la conversion continu-continu*, Lavoisier, Paris, 1995.

[LAB 98] LABRIQUE F., SÉGUIER G., BUYSE H., BAUSIÈRE R., *Les convertisseurs de l'électronique de puissance 5*, Lavoisier, Paris, 1998.

[LAB 04] LABRIQUE F., LOUIS J.P., Modélisation des onduleurs de tension en vue de leur commande en MLI, Chapter 4. In: LOUIS J.P. (ed.), *Modèles pour la commande des actionneurs électriques*, p. 185–213, Hermès, Paris, 2004.

[LOU 04a] LOUIS J.P. (ed.), *Modélisation des machines électriques en vue de leur commande: Concepts généraux*, Hermes, Paris, 2004.

[LOU 04b] LOUIS J.P. (ed.), *Modèles pour la commande des actionneurs électriques*, Hermes, Paris, 2004.

[LOU 95] LOUIS J.P., BERGMANN C., "Commande numérique des ensembles convertisseurs-machines, (1) Convertisseur-moteur à courant continu", *Techniques de l'ingénieur*, D 3641 and D 3644, 1995, "(2) Systèmes triphasés : régime permanent", *Techniques de l'ingénieur*, D 3642, 1996, "(3) Régimes intermédiaires et transitoires", *Techniques de l'ingénieur*, D 3643 and D 3648, 1997.

[MOH 89] MOHAN N., UNDELAND T., ROBBINS W., *Power Electronics*, John Wiley & Sons, Chichester, 1989.

[MON 93] MONMASSON E., HAPIOT J.C., GRANDPIERRE M., "A digitalc Control system based on field programmable gate array for AC drives", *EPE Journal*, vol. 3, n° 4, p. 227–234, 1993.

[MON 08] MONMASSON E., CIRSTEA M.N., "FPGA Design Methodology for Industrial Control Systems-A Review", *IEEE Transactions on Industrial Electronics*, vol. 54, n° 4, p. 1824–1842, 2007.

[SEG 04] SÉGUIER G., BAUSIÈRE R., LABRIQUE F., *Electronique de puissance*, 8th edition, Dunod, Paris, 2004.

[SEM 04] SEMAIL E., LOUIS J.P., Propriétés vectorielles des systèmes électriques triphasés, chapitre 4. In: LOUIS J.P. (ed.), *Modélisation des machines électriques en vue de leur commande: Concepts généraux*, p. 181–246, Hermes, Paris, 2004.

第2章 空间矢量调制策略

2.1 逆变器和空间矢量 PWM

2.1.1 问题描述

在调速控制中，逆变器的目标是控制开关周期 T_d 内的平均功率，并传递给（同步或者异步）电动机。这种变换器的结构如图 2.1 所示。

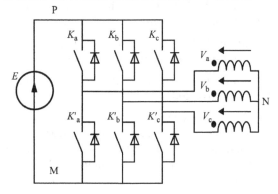

图 2.1 三相电压源型逆变器结构图

可以明显看出这种结构与利用全桥斩波器给直流电动机供电的结构很相似，这个结构的直流母线（电压源）作为输入端，电动机（吸收电流）作为输出端。

为了研究这种结构，做如下假设：

1）直流电压母线是理想电压源（零阻抗，电压 E = 常数）；

2）假设开关是理想的；

3）假设负载是平衡的，即不会产生零序分量（$v_{os} = v_a + v_b + v_c = 0$）。

2.1.2 逆变器模型

2.1.2.1 基本公式

传统研究这种逆变器的方法主要包括引入与逆变器每个桥臂相关联的连接方程[LAB 04]。

连接桥臂 $i(i \in \{a, b, c\})$ 的连接方程如下：

$c_i = 0$，如果 K_i 断开，则 K_i' 导通；

$c_i = 1$，如果 K_i 导通，则 K_i' 断开。

则

$$v_i = E \cdot c_i \tag{2.1}$$

令 $(v_a,\ v_b,\ v_c)^T = (\mathbf{v}_{3s})$，以及 $(c_a,\ c_b,\ c_c)^T = (C)$，则有

$$(\mathbf{v}_{3s}) = E.(C) \tag{2.2}$$

可以利用 c_a，c_b 和 c_c 的方程表示线电压

$$\begin{pmatrix} v_a - v_b \\ v_b - v_c \\ v_c - v_a \end{pmatrix} = E \cdot \underbrace{\begin{pmatrix} c_a - c_b \\ c_b - c_c \\ c_c - c_a \end{pmatrix}}_{Q} \tag{2.3}$$

这个系统可以写成矩阵形式 $H \cdot (\mathbf{v}_{3s}) = Q$，其中

$$H = \begin{pmatrix} 1 & -1 & 0 \\ 0 & 1 & -1 \\ -1 & 0 & 1 \end{pmatrix}$$

很容易得到 $\det(H) = 0$。该系统不包含三个独立的方程(只有两个方程独立)。因此需要引入一个额外的方程到该系统中，从而得到唯一的解。这个方程由负载(同步电动机)提供，假设它自己不会产生任何零序分量。于是可以得到

$$v_a + v_b + v_c = 0 \tag{2.4}$$

因此可以将初始系统式(2.3)中的第 3 个方程由式(2.4)代替。得到这样一个方程：

$$M.(\mathbf{v}_{3s}) = R \tag{2.5}$$

其中

$$M = \begin{pmatrix} 1 & -1 & 0 \\ 0 & 1 & -1 \\ 1 & 1 & 1 \end{pmatrix} 并且 R = \begin{pmatrix} c_a - c_b \\ c_b - c_c \\ 0 \end{pmatrix}$$

这个系统可以做逆变换 $[\det(A) = 3 \Rightarrow (\mathbf{v}_{3s}) = A^{-1} \cdot Q]$ 得到

$$(\mathbf{v}_{3s}) = \frac{E}{3} \cdot \begin{pmatrix} 2 & -1 & -1 \\ -1 & 2 & -1 \\ -1 & -1 & 2 \end{pmatrix} \cdot (C) \tag{2.6}$$

2.1.2.2 3/2 变换

2.1.2.2.1 性质

本节将利用矩阵 T_{32} 的如下性质：

$$T_{32} \cdot T_{32}^{\mathrm{T}} = \frac{1}{3} \cdot \begin{pmatrix} 2 & -1 & -1 \\ -1 & 2 & -1 \\ -1 & -1 & 2 \end{pmatrix} \qquad (2.7)$$

2.1.2.2.2 应用

描述$(\mathbf{v}_{3s})$的式(2.6)可以写成如下形式：

$$(\mathbf{v}_{3s}) = E \cdot T_{32} \cdot T_{32}^{\mathrm{T}} \cdot (C) \qquad (2.8)$$

现在可以通过 Concordia 变换将式(2.8)变换到(α, β)坐标

$$(\mathbf{v}_{3s}) = T_{31} \cdot \mathbf{v}_{0s} + T_{32} \cdot (\mathbf{v}_{2s}) \qquad (2.9)$$

其中

$$(\mathbf{v}_{2s}) = \begin{pmatrix} v_{\alpha s} \\ v_{\beta s} \end{pmatrix}$$

假设零序分量为零，则可以将式(2.9)化简为

$$(\mathbf{v}_{3s}) = T_{32} \cdot (\mathbf{v}_{2s}) \qquad (2.10)$$

可以利用式(2.8)代替$(\mathbf{v}_{3s})$

$$T_{32} \cdot (\mathbf{v}_{2s}) = E \cdot T_{32} \cdot T_{32}^{\mathrm{T}} \cdot (C) \qquad (2.11)$$

因此

$$(\mathbf{v}_{2s}) = E \cdot T_{32}^{\mathrm{T}} \cdot (C) \qquad (2.12)$$

表 2.1　标幺化的电压矢量 $\alpha\beta$ 与逆变器状态的函数关系

$\underline{V}_x$	C_c	C_b	C_a	$\dfrac{v_\alpha}{\sqrt{\dfrac{2}{3}} \cdot E}$	$\dfrac{v_\beta}{\sqrt{\dfrac{2}{3}} \cdot E}$
$\underline{V}_0$	0	0	0	0	0
$\underline{V}_1$	0	0	1	1	0
$\underline{V}_2$	0	1	1	1/2	$\sqrt{3}/2$
$\underline{V}_3$	0	1	0	$-1/2$	$\sqrt{3}/2$
$\underline{V}_4$	1	1	0	-1	0
$\underline{V}_5$	1	0	0	$-1/2$	$-\sqrt{3}/2$
$\underline{V}_6$	1	0	1	1/2	$-\sqrt{3}/2$
$\underline{V}_7$	1	1	1	0	0

利用这个公式计算任意给定时刻逆变器所产生的电压 v_α 和 v_β 的值。这些在表 2.1 中列出的值(标幺化)是可能的开关状态的组合(也就是连接方程 c_i)。

3 个连接方程的 8 种可能的组合在(v_α, v_β)平面可以得到 7 个能够达到的点，如图 2.2 所示。

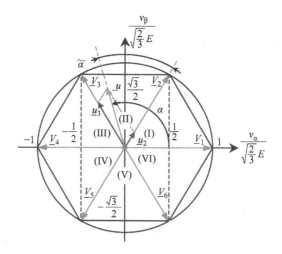

图 2.2   在 (v_α, v_β) 平面的矢量点结构

只有这 7 个点是能够直接得到的。我们希望在电动机端得到"连续"的可变电压。为此就需要 PWM，在下面章节将详细讨论。

2.1.3   空间矢量调制

2.1.3.1   PWM 的作用

任何一种 PWM 的作用都是在一个开关周期(高频，HF)内产生一个平均电压，而且针对控制信号是连续变化的、线性的。

这个系统的正确运行取决于负载对开关不"敏感"，并且尽管电压波形中含有丰富的谐波(在高频会衰减)，但电流波形在多数情况下仅取决于电压的基波分量，这得益于电动机(感性负载)的滤波效果。

2.1.3.2   矢量调制原理

本小节将描述在 2.1.3.1 节中讨论的 PWM，特别适用于早前所描述的逆变器建模。这一技术与载波比较 PWM 截然不同，非常适合在 (α, β) 坐标利用数字化实现。这一技术特别适合在 (d, q) 坐标进行同步电动机或异步电动机的矢量控制[CAN 00]。这种控制所产生的信号是 v_d 和 v_q 信号。因此要应用以下变换：

$$(v_{2s}) = P(-p\theta) \cdot (v_{dq})$$

利用"空间矢量 PWM 调制"得到 v_α 和 v_β 信号(P 为旋转矩阵)。

这一系统的操作可以概括为以下几个步骤：

1) 获得当前开关周期的指令 (v_{2s})；

2) 确定包含这个矢量 (v_{2s}) 的扇区 (i)；

3) 将矢量 (v_{2s}) 分解为这个扇区 (i) 的两个边界矢量 $\underline{V}_i$ 和 $\underline{V}_{i+1}$；

28

4）确定发送给逆变器开关的开关序列。

"空间矢量 PWM"就是一个准确的调制，该调制控制一个逆变器在(v_α, v_β)平面产生一个指令矢量(v_{2s})，这个矢量是通过在逆变器能够"立即"发出的有效矢量上进行投影来获得的。这个指令值的获得不需要特别说明，所以直接给出这个方法的关键：确定含有指令矢量的扇区(i)。然而需要说明的是因为逆变器的期望输出电压是 PWM 模块的输入量，并且逆变器输出这些电压的电平，所以 PWM 可以视作逆变器的逆模型。因为逆变器是一个非线性设备，但是考虑到严格的输入/输出关系影响[HAU 99]，所以这个逆变换可以开环进行。

2.1.3.2.1　确定正确的扇区

为了计算合适的投影，必须确定基本矢量。为此，必须确定当前的矢量 U 属于哪个扇区(i)，将要使用的基本矢量构成这个扇区。这部分将用复数形式表示一个矢量$(v_{2s}) = (v_\alpha \quad v_\beta)^T$，这样复数 $\underline{V}_s$ 表示为

$$\begin{cases} v_\alpha = \text{Re}(\underline{V}_s) \\ v_\beta = \text{Im}(\underline{V}_s) \end{cases} \tag{2.13}$$

利用矢量构成一个如图 2.2 所示的结构有如下形式：

$$\underline{V}_k = \sqrt{\frac{2}{3}} \cdot E \cdot \exp\left[\frac{j(k-1)\pi}{3}\right], \ 1 \leqslant k \leqslant 6 \tag{2.14}$$

代表$(v_2)_k$ 的矢量可以（用矩阵形式）表示为

$$(v_2)_k = \sqrt{\frac{2}{3}} \cdot E \cdot P\left[\frac{(k-1)\pi}{3}\right] \cdot \begin{pmatrix} 1 \\ 0 \end{pmatrix} \tag{2.15}$$

定义符号 $A = \text{Arg}(\underline{V}_s)$，可以利用如下的算法确定标志$(i)$代表扇区：

如果 $A >= 0$ 并且 $A < \pi/3$，则 $i = 1$；
如果 $A >= \pi/3$ 并且 $A < 2\pi/3$，则 $i = 2$；
如果 $A >= 2\pi/3$ 并且 $A < \pi$，则 $i = 3$；
如果 $A >= \pi$ 并且 $A < 4\pi/3$，则 $i = 4$；
如果 $A >= 4\pi/3$ 并且 $A < 5\pi/3$，则 $i = 5$；
如果 $A >= 5\pi/3$ 并且 $A < 2\pi$，则 $i = 6$。

注：这个算法相当简单，但是需要 $\underline{V}_s$ 辐角⊖来计算。另外一个可选的算法可以在参考文献[LOU 97]中找到。这个算法的实现将取决于目标平台，这部分的考虑将在2.3节深入讨论。

⊖　本章的其他部分将使用 α 代表 $\underline{V}_s$ 的辐角。

2.1.3.2.2 投影

根据前面的观察，空间矢量 PWM 包括指令矢量（通常无法立即得到）在两个基本矢量上的投影。它可以分解到两个如前定义的扇区(i)的边界矢量$^{\ominus}$，然后需要将 $\underline{V}_s$ 写成如下形式：

$$\underline{V}_s = \lambda_i \cdot \underline{V}_i + \lambda_{i+1} \cdot \underline{V}_{i+1} \tag{2.16}$$

或者写成矢量形式

$$(\mathbf{v}_{2s}) = \lambda_i \cdot (\mathbf{v}_2)_i + \lambda_{i+1} \cdot (\mathbf{v}_2)_{i+1} \tag{2.17}$$

在定义矢量(v_{2s})的坐标 λ_i 和 λ_{i+1} 之前，角度必须被分解（就像图2.2中所示的矢量$\underline{u}$）。

$$\alpha = \frac{(i-1)\pi}{3} + \tilde{\alpha} \tag{2.18}$$

接下来可以利用式(2.18)代替 α 表示($\mathbf{v}_{2s}$)

$$(\mathbf{v}_{2s}) = V \cdot P\left[\frac{(i-1)\pi}{3} + \tilde{\alpha}\right] \cdot \begin{pmatrix} 1 \\ 0 \end{pmatrix} \tag{2.19}$$

然后将式(2.17)和式(2.19)合并，给出两个未知量(λ_i 和 λ_{i+1})的方程

$$\begin{cases} \lambda_i + \dfrac{\lambda_{i+1}}{2} = \dfrac{V}{\sqrt{\dfrac{2}{3}} \cdot E} \cdot \cos\tilde{\alpha} \\ \dfrac{\sqrt{3}}{2} \cdot \lambda_{i+1} = \dfrac{V}{\sqrt{\dfrac{2}{3}} \cdot E} \cdot \sin\tilde{\alpha} \end{cases} \tag{2.20}$$

该系统可以写成 $U \cdot \Lambda = V$ 这种形式，其中
$$\Lambda = (\lambda_i, \ \lambda_{i+1})^{\mathrm{T}\ominus}$$
$$U = \begin{pmatrix} 1 & 1/2 \\ 0 & \sqrt{3}/2 \end{pmatrix}$$
$$V = \frac{V}{\sqrt{\dfrac{2}{3}}E} \cdot \begin{pmatrix} \sin\left(\dfrac{\pi}{3} - \tilde{\alpha}\right) \\ \sin\tilde{\alpha} \end{pmatrix}$$

⊖ 扇区(i)的边界矢量的分解不是唯一的。其实，如果以矢量为例可以看出，它不仅可以分解为$\underline{V}_2$ 和 $\underline{V}_3$，而且可以分解为$\underline{V}_2$ 和 $\underline{V}_4$，或者$\underline{V}_1$ 和 $\underline{V}_3$。

⊖ 可以看出坐标(λ_i, λ_{i+1})^{T} 是无量纲的，因为它是给出量纲（电压）的矢量。

解得

$$\Lambda = U^{-1} \cdot V = \sqrt{2} \cdot \frac{V}{E} \cdot \begin{pmatrix} \sin(\frac{\pi}{3} - \tilde{\alpha}) \\ \sin\tilde{\alpha} \end{pmatrix} \qquad (2.21)$$

这些坐标在最后一步用来确定指令序列。每个坐标代表开关周期的一部分时间，即相应的基本矢量的作用时间。

2.1.3.2.3　确定开关序列

每个周期的开关序列持续时间

已经确定了相关基本矢量$(\mathbf{v}_2)_i$和$(\mathbf{v}_2)_{i+1}$的坐标λ_i和λ_{i+1}。这两个基本矢量将在开关周期T_d中持续部分时间。

矢量$(\mathbf{v}_2)_i$的作用时间τ_i可以确定为

$$\tau_i = \lambda_i \cdot T_d \qquad (2.22)$$

同样地，可以确定矢量$(\mathbf{v}_2)_{i+1}$的作用时间τ_{i+1}为

$$\tau_{i+1} = \lambda_{i+1} \cdot T_d \qquad (2.23)$$

所有持续时间不能大于T_d，因此分量λ_i和λ_{i+1}必须满足以下不等式：

$$\lambda_i + \lambda_{i+1} \leqslant 1 \qquad (2.24)$$

周期T_d中没有利用的部分，既不是$(\mathbf{v}_2)_i$发生作用，也不是$(\mathbf{v}_2)_{i+1}$发生作用，被插入了零矢量，也就是逆变器开关的两个相应的特别状态。例如两个特殊状态$(\mathbf{v}_2)_0$和$(\mathbf{v}_2)_7$（V_0和V_7）。

开关序列表

开关序列可以作用一定的时间，这些可以变化的时间组成了不同开关周期，但是开关序列的数目是有限的。其实对于传统的空间矢量PWM，只有6个不同的序列(忽略每个开关周期中开关序列的持续时间差别)，对应图2.2所示的6个扇区。一般而言，与扇区(i)相关的通用开关序列形式如下：

1) 矢量$\underline{V}_0$作用；
2) 矢量$\underline{V}_i$作用；
3) 矢量$\underline{V}_{i+1}$作用；
4) 矢量$\underline{V}_7$作用；
5) 矢量$\underline{V}_{i+1}$作用；
6) 矢量$\underline{V}_i$作用；
7) 矢量$\underline{V}_0$作用；

这6种开关序列概括为如图2.3所示。

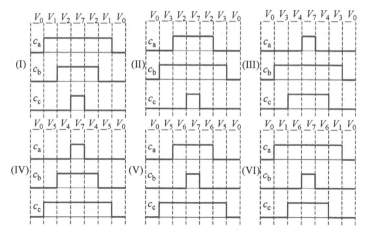

图 2.3　每个扇区的开关序列

限制条件

在 (v_α, v_β) 平面利用逆变器平均输出值可以达到的点在图 2.2 所示的六边形之内。连接矢量 $\underline{V}_1$、$\underline{V}_2$、$\cdots$、$\underline{V}_6$ 顶点的线段有 $\lambda_i + \lambda_{i+1} = 1$。矢量移动到六边形以外会使得开关序列持续时间之和超过最大持续时间 T_d（无效结果）。

控制量

矢量 $\underline{V}_k$ 的持续时间无法被逆变器直接用于控制。在实际控制中，要考虑在整个开关周期中连接方程 c_a、c_b 和 c_c 等于 1 的持续时间 T_a、T_b 和 T_c。

如果将 $\boldsymbol{C}[\underline{V}_k]$ 作为联系矢量 $\underline{V}_k$ 与之相对应的矢量 (C) 的方程，则矢量 $(T) = (T_a、T_b、T_c)$ 可以被写为如下形式：

$$(T) = \sum_{k=0}^{k=7} \lambda_k \cdot T_d \cdot \boldsymbol{C}[\underline{V}_k] \qquad (2.25)$$

其中，λ_0 和 λ_7 是矢量 $\underline{V}_0$ 和 $\underline{V}_7$（在每个开关序列出现）作用的持续时间，其中，对于扇区 (i) 的开关序列有 $\lambda_0 = \lambda_7 = \dfrac{1 - \lambda_i - \lambda_{i+1}}{2}$。

算法实现

这里所提到的空间矢量 PWM 通常利用数字化方法实现。与之前所提到的（连续可调电压）相比，这个调制方法是与 (v_α, v_β) 平面中可能达到的离散状态相关联的。考虑一个具体的例子来检验这个影响是否会像"静止变流器—电动机"系统的动作一样。

为此，利用开关周期的 $\dfrac{T_d}{510}$ 来进行量化。可以控制开关序列的持续时间如图

2.3 所示。由于这些序列关于 $\dfrac{T_d}{2}$ 对称,控制量将限制在半个周期内(周期 T_d 的 255 个细分量化单位),因此可以按照 $N_b = 8$ 对周期中"$c_i = 1$"(桥臂 i)的持续时间进行编码:

$00000000_B \Rightarrow c_i = 0$ 持续整个周期;

$11111111_B \Rightarrow c_i = 1$ 持续整个周期。

从编码值可以确定可能的开关序列数目

$$N_s = (2^{N_b})^3 \tag{2.26}$$

但是在本例中有 $N_s = 2^{24} = 16.777 \times 10^6$,或者对于 $N_b = 4$,注意到 $N_s = 4096$。只是利用这个结果来说明序列 N_s 的数目与在平面(v_α, v_β)上能够得到的点 N_p 无法相比。事实上,N_p 可以用 N_b 的函数来表示

$$N_p = (2^{N_b+1} - 1)^2 - 2^{2N_b} + 2^{N_b} \tag{2.27}$$

这样,对于 $N_b = 4$ 时有 $N_p = 721$ 个点,如图 2.4 所示。

不去证明式(2.27),但是可以看出 $N_p < N_s$。为此,将对 c_a、c_b 和 c_c 使用相同的开关序列形式,这样有 256 种不同的开关序列,并且这些开关序列仍然包含 2 种零矢量 $\underline{V}_0$ 和 $\underline{V}_7$。这就是重叠现象引起的开关序列的"丢失":多种编码方式会有相同的矢量结果。

图 2.5 所示的曲线给出了矢量点 N_p 的数目与编码时数字变量字长 N_b 的函数关系。图 2.5 在纵轴上使用了指数标尺。图 2.5 中需要说明的是,在图 2.4 中的分布点的数目曲线是连续的,忽略了字长 N_b 离散化的影响。

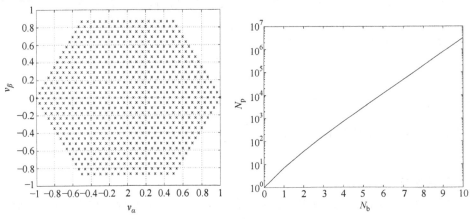

图 2.4 $N_b = 4$ 时可获得的
矢量点的分布

图 2.5 矢量点 N_p 的数目与编码时数字
变量字长 N_b 的函数关系

然而,结果表明离散化的影响比较小,并且编码中的字长不是关键性的。因此从系统(控制系统和电动机)的其他元件来看,使用 8 位(甚至更少)编码进行

调制处理是足够的。

2.2　通用方法

2.2.1　自由度

从控制的角度来看，当按照整个开关周期进行平均时，逆变器有 3 个输入对应 3 个桥臂的连接方程平均值$^{\ominus}$。这个系统能够被控制的范围可以用几何的方式，利用一个立方体来表示，该立方体的三个轴定义的单位边长与相应的指令相关。这样，之前得到的结论可以用于这里，即零序分量被平衡的逆变器/负载消除了。

因此确定控制位置是非常有用的，这个控制位置是与零序分量的消除严格相关的。为此可以立即指定一个原点作为定义的基准：O 点的坐标（0.5，0.5，0.5）在"控制立方体"的中心。为了确定一个指令的零序分量为零，可以设想一个逆变器由直流母线 E 分解为两个串联的 $E/2$ 供电。如果确定这个系统的重点是 $O^{\ominus}$，则可以很容易利用连接方程来确定电压 v_{a0}、v_{b0} 和 v_{c0}。

$$\begin{cases} v_{a0} = E/2 \cdot (2c_a - 1) \\ v_{b0} = E/2 \cdot (2c_b - 1) \\ v_{c0} = E/2 \cdot (2c_c - 1) \end{cases}$$

或者对于 $(\mathbf{v}_{30}) = (v_{a0}, v_{b0}, v_{c0})^T$，表示为矩阵形式如下：

$$(\mathbf{v}_{30}) = E \cdot (C) - \frac{E}{2}\begin{pmatrix} 1 \\ 1 \\ 1 \end{pmatrix}$$

在控制立方体中，电压之和为零的位置可以描述如下：

$$2c_a + 2c_b + 2c_c - 3 = 0$$

或者表示为

$$c_a + c_b + c_c = \frac{3}{2} \qquad (2.28)$$

对于这个方程（决定了一个平面）会有如下约束：

$$c_i \in [0, 1]$$

这构成了控制立方体。式(2.28)所确定的平面与立方体相交为一个六边形，如图 2.6 所示。

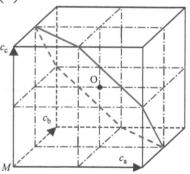

图 2.6　指令域与两相平面

$\ominus$　这些量通常称为占空比，但是还暗指 c_a、c_b 和 c_c，尽管在这章的其他部分将其作为整个开关周期的平均值。

$\ominus$　与控制立方体中心相对应的等电位点。

2.2.2　全指令域的拓展

考虑到逆变器的全指令域可以生成一个以 O 为原点的空间矢量 $\vec{V}_0$，这个矢量的顶端在立方体的内部。这个矢量 $\vec{V}_0$ 代表系统电压(v_{3o})。但是需要控制的不是这个系统，相反，希望三相负载电压系统的零序分量为零。这样可以将与图 2.7 所示负载相关的空间矢量 $\vec{V}_{ch}$ 视为在式(2.28)所确定的两相平面中的正交投影矢量 $\vec{V}_0$，而垂直分量 $\vec{V}_N$ 代表逆变器 O 点与负载中性点之间所测量的零序分量。

因此，考虑在两相平面中的矢量 $\vec{V}_0$ 能否被利用，或者是否可以利用全指令域产生优化的负载电压。

为此，把两相平面(α，β)和控制立方体的交线与整个立方体在该平面的正交投影相比较。为了计算出投影，需要利用图 2.8 所定义的基 $R(M；c_a，c_b，c_d)$ 写出立方体顶点坐标，并且注意到参考点 O 点的坐标为(0.5，0.5，0.5)。

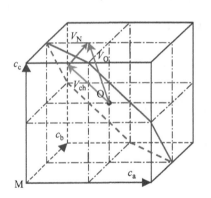

图 2.7　两相平面、逆变器和负载

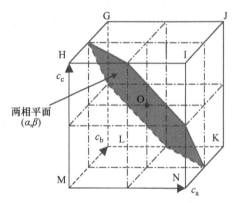

图 2.8　两相平面与立方体的交线

表 2.2　立方体顶点(符号与坐标)

G	(0, 1, 1)	K	(1, 1, 0)
H	(0, 0, 1)	L	(0, 1, 0)
I	(1, 0, 1)	M	(0, 0, 0)
J	(1, 1, 1)	N	(1, 0, 0)

可以发现立方体在两相平面的投影比图 2.8 中的六边形大，图 2.9 显示出这个六边形在一个星形区域的内部。在图 2.9 中，在两相平面上任意定义两个正交坐标轴 α 和 β，其方向向量定义为

$$\boldsymbol{e}_\alpha = \sqrt{2}\begin{pmatrix} 1/2 \\ 0 \\ -1/2 \end{pmatrix}; \quad \boldsymbol{e}_\beta = \sqrt{2}\begin{pmatrix} 1/2 \\ -1 \\ 1/2 \end{pmatrix}$$

注：矢量 $\boldsymbol{e}_\alpha$ 和 $\boldsymbol{e}_\beta$ 是归一化的，为了使后面的投影计算能更加简化。

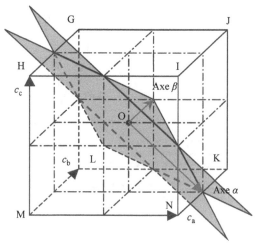

图 2.9　两相平面在立方体外部的扩展

为了研究投影，先计算立方体顶点的坐标来确定投影轮廓，然后再连接每个顶点的投影来得到投影的多边形[注]。

为了使讨论更加简便，将不去计算顶点 M 和 J(O 点)的投影，这些顶点对立方体的投影的确定没有帮助。这样将得到的多边形是一个六边形，因为仅需要计算剩余 6 个立方体顶点的投影。由于投影的对称性，仅演示一个投影(顶点 I)的计算。矢量 $\overrightarrow{OI}$ 的坐标可以写为

$$\overrightarrow{OI} = \begin{pmatrix} 1/2 \\ -1/2 \\ 1/2 \end{pmatrix}$$

将该矢量投影到两相平面的基矢量$(\boldsymbol{e}_\alpha, \boldsymbol{e}_\beta)$上，可以将 $\overrightarrow{OI}$ 分解为三个分量

$$\overrightarrow{OI} = \lambda_\alpha \cdot \boldsymbol{e}_\alpha + \lambda_\beta \cdot \boldsymbol{e}_\beta + \overrightarrow{OI}_\perp$$

其中，$\overrightarrow{OI}_\perp$ 是垂直两相平面的分量，系数 λ_α 和 λ_β 是两相平面坐标，通过如下定标得到：

$$\begin{cases} \lambda_\alpha = \langle \overrightarrow{OI}, \ \boldsymbol{e}_\alpha \rangle = 0 \\ \lambda_\beta = \langle \overrightarrow{OI}, \ \boldsymbol{e}_\beta \rangle = \sqrt{\dfrac{2}{3}} \approx 0.81650 \end{cases}$$

⊖　在最初的六边形投影的外面。

从图 2.10 中可以看出初始的六边形(黑色轮廓)在立方体投影六边形(灰色轮廓)内部。

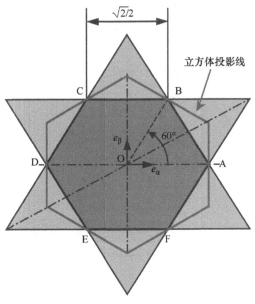

图 2.10 立方体在两相平面的投影

从逆变器的容量可以清楚地看出:如果想产生一个平衡的三相电压系统(正向旋转或反向旋转),则两相矢量必须沿着一个圆形轨迹运行。最大半径(也就是最大幅值)是这个六边形的内切圆。由于内切圆所在的六边形代表"立方体/两相平面"交线,半径 R_0 等于 $\sqrt{2}/2\cos(\pi/6) = 1/2\ \sqrt{3/2}$,因此立方体在两相平面上(垂直)投影得到的六边形的内切圆的直径 R_1 等于 $\sqrt{2}/2$,比 R_0 增加 15.5%,并且可以使逆变器更加优化地利用电压[○]。

2.2.3　空间矢量调制

现在看一个前面介绍的空间矢量调制例子,并研究一下它在指令立方体中的轨迹。一个 MATLAB 仿真结果如图 2.11 所示,可以看到 PWM 工作得非常好,观察所得到的电压[○](第 5 个图)与指令值(第 1 个图)匹配得非常好,但最重要的是,从第 3、4 幅图中可以看出指令(即电压 v_{x0})不是正弦。这说明其中含有零序分量,当然可以通过逆变器/负载系统消除掉。考虑到指令轨迹,这点可以被确

○　事实上,优化是指最大的调制比。

○　这里我们指在一个开关周期中的平均值,瞬时的波形如图 2.13 所示。

认，显然这个指令轨迹没有被完全限制在两相平面之内。尽管这个轨迹不在一个平面内，但这幅图可以从 3 维(3D)图中两相平面的垂直方向进行观察(换句话说，从零序分量的轴向观察)。这幅图如图 2.12 所示。

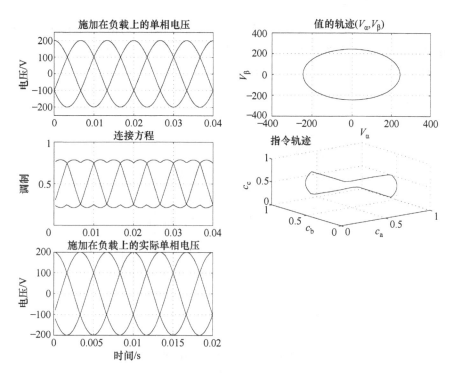

图 2.11   "空间矢量"PWM 仿真结果

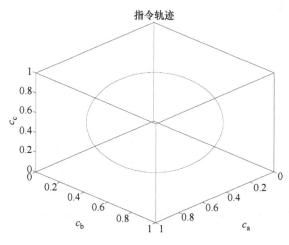

图 2.12   沿零序分量轴方向观察的指令轨迹

尽管图2.12中这个对齐方向只是近似的，但可以看出指令轨迹的投影（在图2.11中看不是圆形）确实是一个圆形，因此指令可以被采用。

2.2.4　PWM 频谱

在图2.11的波形中，仅给出了每个开关周期的平均值。为了进行完整的PWM分析，本节将检测施加在负载上的单相电压波形（见图 2.13），并利用MATLAB的 FFT 计算频谱（见图 2.14）。

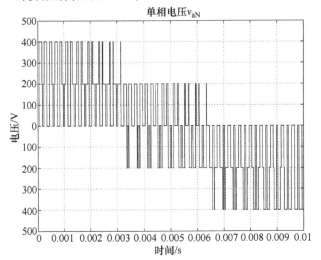

图 2.13　单相电压 v_{aN} 波形

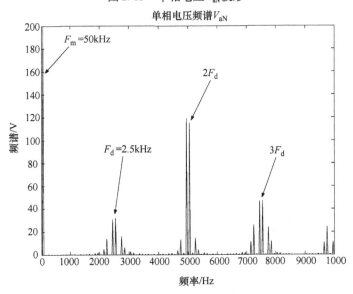

图 2.14　单相电压频谱

为了显示清晰，图 2.13 只显示出半个周期的调制波形（$F_m = 50\text{Hz}$）。在这个尺度下开关波形可以很清楚地看出来（这里的频率 F_d 为 2.5kHz），这个波形看起来与通过载波进行比较得到的 PWM 波形类似。通过图 2.14 中的频谱可以证明这一点，其中与调制频率相对应的谱线，还有集中在谐波频率的周围的谱线簇（F_d，$2F_d$，$\cdots$，nF_d）可以明显被看到。

本书所关心的非平衡空间矢量 PWM（即由 $\lambda_0 = 0$ 得到的）如图 2.15 所示。可以看出靠近载波（开关频率 F_d）的谱线簇幅值比平衡的 PWM 更高，这个是从直观上可以看出的。

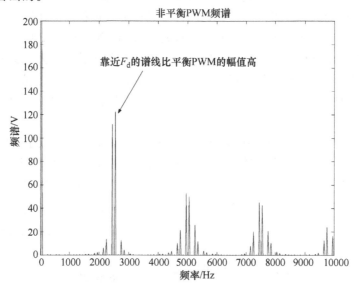

图 2.15　非平衡 PWM 频谱

2.3　空间矢量 PWM 与实现

2.3.1　实现所需硬件及通用结构

2.3.1.1　实现所需硬件

矢量 PWM 可以在不同的物理平台上实现例如单片机、DSP、FPGA 等，模拟实现方式也是可行的，但是使用得越来越少[HOL 03]。单片机比 DSP 更加常用，DSP 有更多的专用功能适用于特殊的应用，并有更强大的计算能力（单时钟周期的 16 位或 32 位乘累加运算）[ANA00, MOT02和YUZ99]。现代单片机也具有一些专用模块，但是计算能力受到更多限制（8 位）[PAR05]。

FPGA 是一个最近出现的可选的执行平台[MON97, MON99]。可编程逻辑处理器因其不断降低的价格和不断增加的功能而随着电器工程应用逐步流行，并且在处理速度方面非常具有竞争力。FPGA 是 DSP 一个简单的替代品，因为它没有提高任何性能并且需要完全不同的设计方法，广泛应用于通用或者工业计算。编写一个 PLD(可编程逻辑器件)需要考虑并行执行能力，并且开发编程 PLD 需要特殊的了解并行执行特性的经验，包括相关的高级语言 VDHL 或 Verilog 标准的使用经验。关于电气工程的 FPGA 模块库可以参考文献[MON04]。

在工业应用(对技术价值比较敏感的应用)中一个重要的性能是智能保护功能：一旦一个程序开发出来之后，除非解除保护功能，否则不允许拷贝。FPGA 设计者允许访问部分硬件范围，并且软件工具保护防止程序被拷贝。

当实现算法需要考虑高度的并行处理时，采用 FPGA 比 DSP 更合适，因为这种情况下 FPGA 会有更好的性能。相反，DSP 能够为复杂的算法提供更强大的计算能力。因此没有一种硬件选择可以适合所有的控制系统设计，混合系统中使用各种不同的技术是可行的。为此，选用适合的各种器件实现一种或几种任务[LAN00,LAN04]。

值得一提的是 dSpace DS110x 系列可快速搭建实验样机的板子，以及同是该制造商的微型自控系统实验箱[DSP00]。这些产品在嵌入式应用中很流行，特别是在自动化工业应用中。这些开发板集成了通用微处理器(IBM PowerPC)及专用的 DSP 外设(PWM 输出，旋转编码器输入)。基于以上原因，本节将主要关注 DSP 平台，尽管很多方法和说明也可以用于其他平台。

2.3.1.2 实现一个空间矢量 PWM 的通用结构

空间矢量 PWM 的实现需要一系列步骤。图 2.16 所示为一个 DSP 开关周期内步骤的例子。获得需要输出矢量(v_{3ref})的分量之后，这些分量可以被用来确定这个矢量所在的扇区，这个过程将在下一节讨论。接下来，有效矢量的作用时间必须确定。对于传统的空间矢量，PWM 仅利用相邻的矢量以便限制同时进行开关动作的数量。这样需要利用式(2.21)从 λ_i 和 λ_{i+1} 计算出 τ_i 和 τ_{i+1}。

零矢量将被用于填充在剩余的时间补

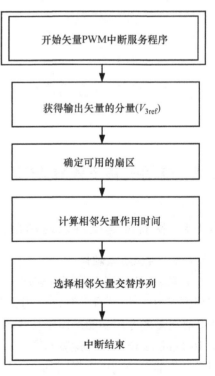

图 2.16 PWM 开关算法

足开关周期 T_d。利用半开关周期的对称性在相邻的矢量之间交替开关，如图 2.3 所示。对于传统的空间矢量，PWM 中心矢量是零矢量 $\underline{V}_7$，而零矢量 $\underline{V}_0$ 被用于开关周期的开始和结尾。所设计的两个有效矢量的开关顺序用来限制开关动作的次数。图 2.17 所示为每个扇区的开关方向，而且是必须按照这个顺序执行（对于开始的半周期）。这种传统的空间矢量，PWM 的结果如图 2.18 所示。上下两个波形是经过滤波的三相中的两相 PWM 输出（显示出这种 PWM 随时间变化的波形），中间的波形是这两相相减得到的波形，为完美的正弦波电压。

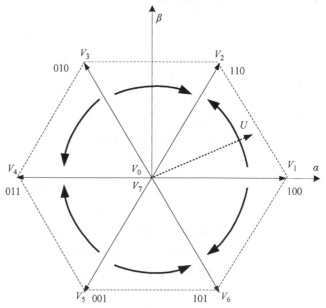

图 2.17　为了限制开关频率的开关转换方向

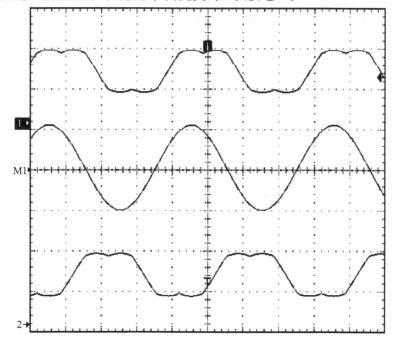

图 2.18　经过滤波后的传统空间矢量 PWM

2.3.2 工作扇区的确定

工作扇区的确定是一个关键的步骤，可以使用多种方法。输出矢量(v_{3ref})的分量可以用极坐标或者笛卡尔坐标表示。极坐标中的可用扇区可以很容易地根据矢量变量用2.1.3.2.1节中所介绍的方法确定。然而空间矢量PWM特别适用于利用直角坐标系对两相参数进行控制。这种极坐标情况下变量无法直接获得，重新计算也不合适(反正切公式需要较多的计算时间，超过10个时钟周期)。直接利用v_α和v_β的解决办法是可行的。参考文献[YUZ99]所推荐的方法需要计算如下的三个量：

$$\begin{cases} v_{ref1} = v_\beta \\ v_{ref2} = \sin60 \times v_\alpha - \sin30 \times v_\beta \\ v_{ref3} = -\sin60 \times v_\alpha - \sin30 \times v_\beta \end{cases} \tag{2.29}$$

一旦这几个量被确定，利用式(2.30)就可以得到N

$$N = \text{sign}(v_{ref1}) + 2 \times \text{sign}(v_{ref2}) + 4 \times \text{sign}(v_{ref3}) \tag{2.30}$$

最后，表2.3将N的值与工作矢量v_α和v_β所在的扇区号相对应。

表2.3 工作矢量扇区与N的关系表

N	1	2	3	4	5	6
扇区	1	5	0	3	2	4

另外一种确定扇区的方法如图2.19所示[LOU 97]。这种确定扇区标号的算法在DSP平台比较有效。仅需要做三次比较，一次乘法和一次加法或减法。

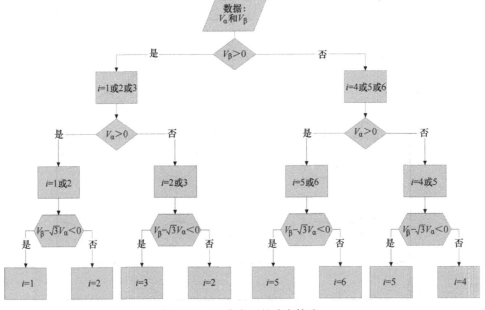

图2.19　工作扇区的确定算法

2.3.3 空间矢量 PWM 的一些变种

用与第 2.3.1.2 节中的相同原理，可以利用零矢量作为自由度对调制方式做一些变形。第一种变形为相阻塞（即该相在整个开关周期内保持上管导通或者下管导通不变），在一个基波频率中有三次相阻塞（一个周期分成 6 段阻塞 2 次）。这种变形可以降低开关损耗，这种调制方法称为非连续空间矢量 PWM。

空间矢量 PWM 通过改变开关频率可以很容易实现随机 PWM，但是也可以利用固定的开关频率实现。随机地改变每个脉冲在开关周期中的位置可以实现随机 PWM。其他的方法在这里不做讨论，但是在这里所讨论的实现方法有一些共同的特性。

2.3.3.1 非连续空间矢量 PWM

为了实现非连续 PWM，其中一相必须在整个开关周期停止开关动作（这种方法有一个别名叫两相 PWM）。这种情况只使用一种零矢量，使得零矢量在 PWM 波形的中间位置持续 T_0 时间。每个扇区有两种可用的选择。例如，如果扇区 1 选择中间零矢量为 V_7，则扇区 2 将使用 V_0 等，如图 2.20 所示。相邻的矢

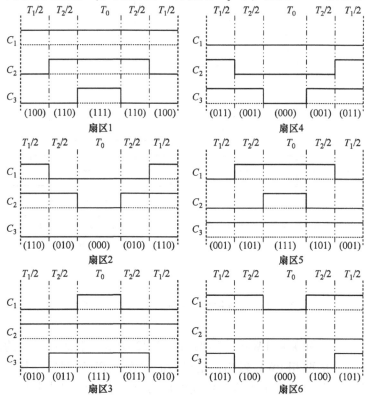

图 2.20 非连续空间矢量 PWM（0 型序列）

量总是交替使用以便限制开关动作的数量，即只有一种可能的零矢量配置方法。因此，如果在扇区1选择 V_0 作为零矢量，则另外一种限制开关动作数量的 PWM 扇区序列如图 2.21 所示。

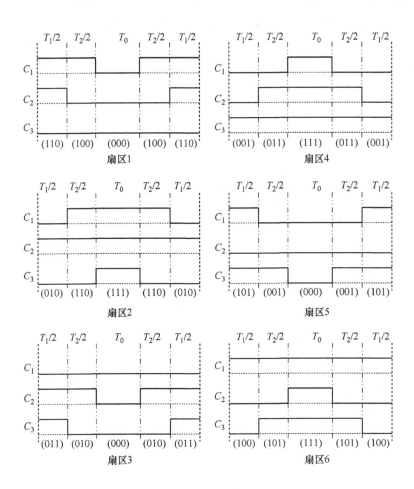

图 2.21　非连续空间矢量 PWM（1 型序列）

这种非连续空间矢量 PWM 的结果如图 2.22 所示。上面和下面的波形是经过滤波后三相中的两相 PWM 输出，是典型的非连续 PWM 时间结构，波形中占基波六分之二部分的参考值不变。中间波形为所显示的两相波形相减得到的结果，显示出完美的正弦波合成电压。

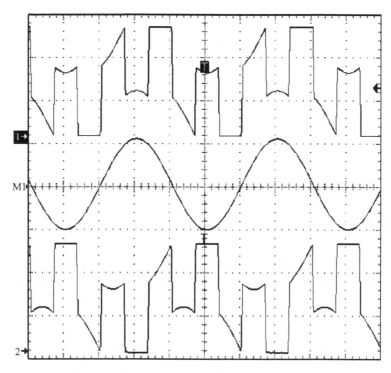

图 2.22　非连续 PWM 滤波后的输出

2.3.3.2　随机空间矢量 PWM

　　只要平台能够支持的话，实现随机空间矢量 PWM 最简单的方法就是改变开关频率，如图 2.23 所示。有效矢量和零矢量的持续时间可以利用传统的方法进行计算，但是与当前的开关频率相关。

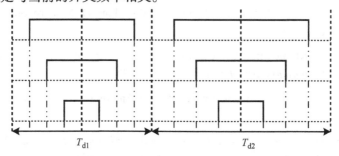

图 2.23　随机开关频率的矢量 PWM 序列

　　另外一个不同的方法，即利用固定的开关频率实现随机空间矢量 PWM 也是可行的，其中脉冲位置随机改变。有效矢量和中心零矢量不变。然而其他用于起始和结束部分的零矢量所持续的时间不是均分的，其分配符合随机变化，其结果造成脉冲的中心对开关周期中心有一个 dT 的偏移，如图 2.24 所示。

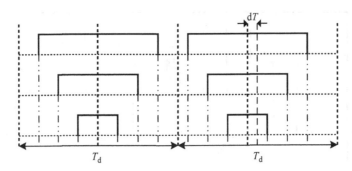

图 2.24 随机脉冲位置的矢量 PWM 序列

2.4 总结

用于传统空间矢量 PWM 的策略将应用的零矢量在 V_0 和 V_7 之间等分，虽然有些主观随意，但是可以通过控制矢量超出两相平面来优化逆变器的控制。这样可以很简单地得到期望的电压等级，否则无法得到所需电压，与此同时还保持了实现策略的简单性。

另外，几何方法可以用于说明文中所讨论的模拟调制技术：可以从图 2.11 中的波形看出这等效于在命令序列（占空比）中注入了三次谐波。

不仅如此，还可以利用不同形式的零矢量产生其他类型的空间矢量 PWM，诸如限制开关次数的非连续 PWM 和宽频谱技术的随机 PWM。

2.5 参考文献

[ANA 00] ANALOG DEVICE INC. ADSP-2106x sharc DSP microcomputer family. Datasheet, 2000.

[CAN 00] CANUDAS DE WIT C., *Modélisation, contrôle vectoriel et DTC, Commande des moteurs asynchrones 1*. Hermes 2000.

[DSP 00] DSPACE. www.dspace.fr/ww/fr/fra/home/products/hw/singbord.cfm. Website.

[HAU 99] HAUTIER J.-P., CARON J.-P., *Convertisseurs statiques, Méthodologie causale de modélisation et de commande, Technip*, 1999.

[HOL 03] HOLMES D.G., LIPO T.A., *Pulse Width Modulation for Power Converter, Principles and Practice*. IEEE Press, Wiley-Interscience, 2005.

[LAB 04] LABRIQUE F., LOUIS J.-P., "Modélisation des onduleurs de tension en vue de leur commande en MLI", Chapter 4 in *Modèles pour la commande des actionneurs électriques*, LOUIS J.-P. (ed.), Hermes, Paris, 2004.

[LAN 00] LANFRANCHI V., DEPERNET D., GOELDEL C.; "Mitigation of induction motors constraints in ASD applications", *IEEE Industry Applications Society annual meeting, IAS'2000 Proceedings*, Rome, Italy. 2000.

[LAN 04] LANFRANCHI V., DEPERNET D., "Amélioration de la commande des machines asynchrones en vitesse variable. Conception d'une méthode de Filtrage Actif Optimisé", *Revue Internationale de Génie Electrique*, Vol. 7, n° 1-2, pages 133 à 162, Hermes, Paris, 2004.

[LOU 97] LOUIS J.-P., BERGMANN C., "Commande numérique : régimes intermédiaires et transitoires", *Techniques de l'ingénieur*. Article D3643. 1997.

[MON 97] MONMASSON E., FAUCHER J. "Projet pédagogique autour de la MLI vectorielle destinée au pilotage d'un onduleur triphasé (1 and 2)", *Revue 3EI*, n° 8 and 10, Edition SEE, Paris, 1997.

[MON 99] MONMASSON E., ECHELARD H., LOUIS J.-P., "Dynamically reconfigurable architecture dedicated to the test of PWM algorithms", *EPE'99 Conference proceedings*, Lausanne, Switzerland. 1999.

[MON 04] MONMASSON E., CHARAABI L., *www.u-cergy.fr/etud/ufr/composan/iupge/IP_cores*. Website.

[MOT 02] MOTOROLA. DSP56F801 16 bit digital signal processor. Datasheet. 2002.

[PAR 05] PAREKH R., VF control of 3-phase induction motor using space vector modulation. AN955, PIC18FXX31 solutions, Technical documentation, Microchip technology Inc., 2005.

[YUZ 99] YU Z., Space vector PWM with TMS320C-F24x. Digital signal processing solutions, Application report, Technical documentation, Texas Instrument. 1999.

第3章 三相电压型逆变器的过调制

3.1 背景

当控制一个三相电压型逆变器时，重要的是脉宽调制(Pulse Width Modulation，PWM)的目的是为三相负载提供三相电压，其平均值连续变化，而由功率半导体开关组成的电力电子变换器工作在开关状态并提供"全电压或者无电压"，换句话说，只有通和断两种状态。其结果是，为负载提供的瞬时电压只能得到离散值。

如果开关频率足够高，则负载将得到施加电压的平均值(从"滑动"时间窗的意义上说)。这个平均值可以控制在一定范围内连续输出给逆变器，这个范围是由电源电压 V_{dc} 确定的(假设这个方法中电源电压严格恒定)。因此计算电压范围的边界对描述一个调制方法的效率非常有用。一个给定的电源电压经常被视作一个特性参数，因为它的目的是在没有饱和效应的情况下给负载提供可能电压的最大能力。尽管如此，当把逆变器真正地推向极限时，逆变器接近"全波"调制⊖，这个饱和是必然的。本章将从线性调制过渡到这种极端模式：在逆变器控制中的过调制。

3.2 调制策略的比较

3.2.1 引言

为了比较不同调制策略，找到一个参考技术是非常有用的。传统的选择是"全波"调制，其产生命令给逆变器的三个桥臂，相互的相位差为120°，占空比为50%，其频率与施加在负载上的基波电压频率相同。"调制"这个词不完全正确，因为产生的波形非常接近基波分量，对注入负载的电流质量有影响。不仅如此，这个技术还广泛应用在高速电动机驱动，基波频率很高时无法用更高频率的开关进行调制，因为那样会引入无法接受的高开关损耗。

有必要回顾一下直流母线电压 V_{dc} 和输出到负载的电压之间的关系(相电压

⊖ 电压矢量为六边形轨迹——译者注。

v_a、v_b、v_c 或者合成电压 u_{ab}、u_{bc}、u_{ca}），以及用于控制逆变器桥臂的连接方程 c_a、c_b、c_c。为此可以参考图3.1，有矩阵形式

$$\begin{pmatrix} v_a \\ v_b \\ v_c \end{pmatrix} = \frac{V_{dc}}{3} \begin{pmatrix} 2 & -1 & -1 \\ -1 & 2 & -1 \\ -1 & -1 & 2 \end{pmatrix} \cdot \begin{pmatrix} c_a \\ c_b \\ c_c \end{pmatrix} \qquad (3.1)$$

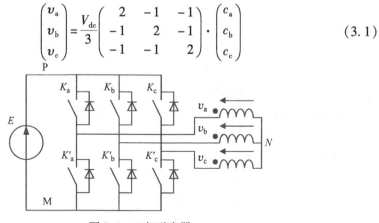

图 3.1　三相逆变器

3.2.2　"全波"调制

式(3.1)的矩阵用于获得"全波"调制下如图3.2所示的波形。这些可以用于确定所产生波形的傅里叶分解级数。然而，这里不关心输出给负载电压的频谱组成，只关心基波分量的幅值，即从开关容量的观点来看此控制策略的电压利用率特性(设计参数)。

可以看出 V_{1FWmax}，基波分量的"最大"幅值满足

$$V_{1FWmax} = \frac{2V_{dc}}{\pi} \simeq 0.637 V_{dc} \qquad (3.2)$$

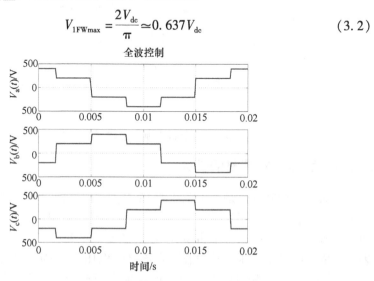

图 3.2　"全波"调制波形

这个值可以作为评价调制策略的参考，本章的其余部分指的是"调制系数 k_m <1"，调制系数的定义为利用所选的调制技术获取的相电压最大幅值与"全波"调制获取的最大幅值 V_{1FWmax} 之比

$$k_m \triangleq \frac{V_{1max}}{V_{1FWmax}} \quad (3.3)$$

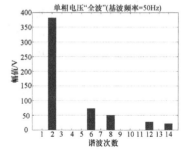

记住这个基本电压最大幅值的获得需要付出低频谐波含量的代价如图 3.3 所示，尽管低频谐波的幅值较低，但是在一定场合的应用中会导致一些问题，这一点很重要。

过调制用于处理线性 PWM 和全波调制之间的转换。从观察到的波形来说，PWM 控制器的"饱和"就是在一定的时间内没有开关的变化。

图 3.3 采用"全波"调制的相电压谐波含量

这个可以从图 3.4 中看出，其中与调制频率相比，较低的开关频率是有意选择的。

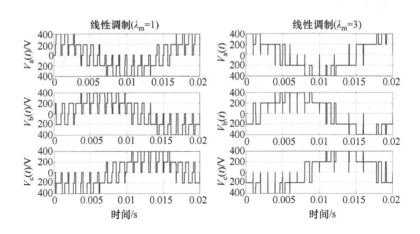

图 3.4 标准调制与过调制波形的比较

3.2.3 标准调制策略的性能

最简单的调制方式是基于载波的 PWM 使用三相平衡的调制波。考虑到一个三角波(锯齿波)载波的频率 F_d 和周期 $T_d = 1/F_d$，可以引入一个开关周期内的滑动平均概念，并且引入一个占空比 α_i 给逆变器的每个桥臂，$i \in \{a, b, c\}$，代表每个桥臂的输出电压，其中假设直流母线电压 V_{dc} 恒定。在稳态正弦调制阶段(调制波的周期 T_m 相对比 T_d 大)，可以确定与逆变器每个桥臂相关的三相占空比的表达式如下：

$$\begin{cases} \alpha_a(t) = 1/2\left(1 + \lambda_m \cdot \cos\left(\dfrac{2\pi t}{T_m}\right)\right) \\ \alpha_a(t) = 1/2\left(1 + \lambda_m \cdot \cos\left(\dfrac{2\pi t}{T_m} - \dfrac{2\pi}{3}\right)\right) \\ \alpha_a(t) = 1/2\left(1 + \lambda_m \cdot \cos\left(\dfrac{2\pi t}{T_m} + \dfrac{2\pi}{3}\right)\right) \end{cases} \tag{3.4}$$

其中，λ_m 是调制系数（当调制器工作在线性区时取值在 $0 \sim 1$），在矩阵形式中，将 3 个占空比合并为一个矢量 $A(t) = (\alpha_a(t), \alpha_b(t), \alpha_c(t))^T$，则可以得到

$$A(t) = 1/2\left(\sqrt{3}T_{31} + \lambda_m \cdot \sqrt{\dfrac{3}{2}}T_{32} \cdot P\left(\dfrac{2\pi t}{T_m}\right) \cdot \begin{pmatrix} 1 \\ 0 \end{pmatrix}\right) \tag{3.5}$$

其中，T_{31} 和 T_{32} 是 Concordia 矩阵 T_3 的零序分量和两相分量；$P(\cdot)$ 是 2×2 旋转矩阵。它们的定义为

$$T_{31} = \dfrac{1}{\sqrt{3}}\begin{pmatrix} 1 \\ 1 \\ 1 \end{pmatrix}; \quad T_{32} = \sqrt{\dfrac{2}{3}}\begin{pmatrix} 1 & 0 \\ -1/2 & \sqrt{3}/2 \\ -1/2 & -\sqrt{3}/2 \end{pmatrix} \tag{3.6}$$

以及

$$P(\alpha) = \begin{pmatrix} \cos(\alpha) & -\sin(\alpha) \\ \sin(\alpha) & \cos(\alpha) \end{pmatrix} \tag{3.7}$$

接下来，在式(3.1)引入 T_{32} 得

$$\begin{pmatrix} v_a \\ v_b \\ v_c \end{pmatrix} = V_{dc} T_{32} \cdot T_{32}^T \cdot \begin{pmatrix} c_a \\ c_b \\ c_c \end{pmatrix} \tag{3.8}$$

通过将这些等式按照一个开关周期取平均，可以得到平均的相电压（v_i^{BF}）和逆变器三个桥臂的占空比 α_i

$$\begin{pmatrix} v_a^{BF} \\ v_b^{BF} \\ v_c^{BF} \end{pmatrix} = V_{dc} T_{32} \cdot T_{32}^T \cdot \begin{pmatrix} \alpha_a \\ \alpha_b \\ \alpha_c \end{pmatrix} \tag{3.9}$$

接下来在表达式中，必须用式(3.5)所给出的占空比向量进行代换。利用矩阵 T_{31} 和 T_{32} 的特性可以得到

$$\begin{pmatrix} v_a^{BF} \\ v_b^{BF} \\ v_c^{BF} \end{pmatrix} = V_{dc} \dfrac{\lambda_m}{2}\sqrt{\dfrac{3}{2}}T_{32} \cdot P\left(\dfrac{2\pi t}{T_m}\right) \cdot \begin{pmatrix} 1 \\ 0 \end{pmatrix} \tag{3.10}$$

其中，$\lambda_m = 1$（线性调制策略的极限），可以得到一个单相电压系统，其幅值等于 $0.5V_{dc}$，可以与前面得到的"全波"结果进行比较。这里所得到的调制系数命名为 k_{m0}，有如下值：

$$k_{m0} = \frac{\pi}{4} = 0.785 \qquad (3.11)$$

这是一个很强的限制，很明显正弦 PWM 利用一个三相平衡的调制系统最高只能得到 78.5% 的全波调制可达到的最大幅值。还可以看出后一种方法与高度饱和的正弦 PWM 等效。事实上，如果基于载波比较的 PWM 方法，使用一个幅值比载波大很多的调制波则会使开关不动作，如图 3.4 所示，因为调制波超过载波上下限的时间大于开关周期。其结果是当调制波为正时占空比为 1，调制波为负时占空比为 0。在三相正弦调制波相位互差 120° 的情况下，可以恢复如图 3.2 所示的全波调制的波形。

这个结果不太令人满意，但是向调制波中注入一个三次谐波是一项可以拓展逆变器线性范围的技术。然而，这项技术不能形象化地了解其结果，就像空间矢量调制那样（2.1.3 节所述）。

事实上，空间矢量调制是一种说明逆变器控制的完美方法：逆变器在三维空间中由三个控制量驱动（在瞬时模型中指连接方程，在滑动平均模型中指开关周期内的占空比）。可以考虑一个正交基，其逆变器的工作点可以表示为：

1）在一个给定的时刻，工作点在立方体的一个顶点（如果考虑连接方程则其边长为 1，或者考虑逆变器每个桥臂输出的电压 v_{iM}，则其边长为 V_{dc}）；

2）对于滑动平均，在这个立方体的内部。

因为式（3.1）假设一个对称负载，换句话说，零序电压为 0，即 $v_a + v_b + v_c = 0$，这对于表示这个在特殊基下的子空间很有用，这个特殊的基代表逆变器的状态。而这个子空间是一个如前所述与立方体有六边形交线的平面。这个六边形代表没有引入零序分量的逆变器的所有状态，这与前面提到的正弦 PWM 等效。然而，事实上负载端部不含有零序分量不代表逆变器不能产生零序分量，整个立方体对于逆变器的控制仍然是有用的。

如果逆变器的状态引入一个零序分量，则逆变器的状态矢量可以分解为两个矢量：

1）位于两相平面内的矢量（即两相矢量），与负载相对应；

2）垂直于平面的矢量，与零序分量相对应。

接下来需要研究利用整个立方体是否能够产生一个两相矢量，其幅值高于逆变器的状态限制在负载的两相平面内的结果。为了回答这个问题，只需要考虑整个立方体的垂直投影，这个投影为六边形（Ⅱ），它将整个最初的六边形（Ⅰ）包围在内部，这个最初的六边形（Ⅰ）表示立方体与两相平面的交线。其结果是可以产生一个空间矢量,它的两相分量的幅值大于之前所得到的。这个简单的几何表示方法可以用于表示逆变器在严格线性调制时所能产生的单相电压的最大幅值。六边形(Ⅱ)的内切圆的半径等于$V_{dc}/\sqrt{3}$(两相坐标系下的幅值,代表施加在负载上的相电压的实际幅值),给出如下调制系数:

$$k_{m1} = \frac{k_{m0}}{\cos\left(\dfrac{\pi}{6}\right)} = 0.907 \qquad (3.12)$$

这是线性调制的上限。超过此限制,换句话为了获得$k_m = 1$(即全波调制),调制器将必然会发生饱和,参见下一个小节。

3.3 调制器的饱和

现在要分析正弦 PWM 和空间矢量 PWM 的饱和行为。对于后一个,将利用向载波 PWM 注入实时计算的零序分量(三次谐波)的方法来实现。

$$V_0 = \frac{1}{2}\begin{cases} v_a \ \mathrm{si}\ |v_a| = \min(|v_a|,\ |v_b|,\ |v_c|) \\ v_b \ \mathrm{si}\ |v_b| = \min(|v_a|,\ |v_b|,\ |v_c|) \\ v_c \ \mathrm{si}\ |v_c| = \min(|v_a|,\ |v_b|,\ |v_c|) \end{cases} \qquad (3.13)$$

可以利用与这个评价相同直流母线电压 600V 时的两种 PWM,并通过评价逆变器输出的合成电压中低频谐波的含量来比较两种 PWM。

采用的开关频率为 10kHz,远高于 50Hz 基波频率,这意味着可以忽略在所关心的频带中(50~1000Hz)因开关引入的干扰。利用不同的调制系数λ_m(0~10)进行仿真,饱和影响可以直接从平均电压或者每个桥臂的占空比中观察到,如图 3.5 所示。

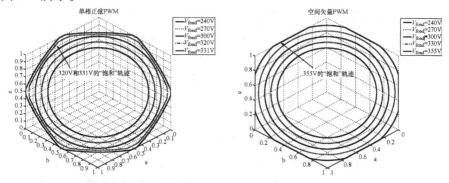

图 3.5   相电压的空间轨迹(正弦 PWM 和空间矢量 PWM)

还可以看出,调节器的饱和可以使提供给负载的电压增加,它必须在这个几何方法表示的输出中加入零序分量(即使是正弦 PWM),而在线性调制策略中是完全不存在零序分量的。这种饱和致使在空间矢量 PWM 中插入零序分量。然而注意到这种有用的零序分量，使得两相分量达到比线性范围更高的绝对值，它伴随着一个寄生的两相分量引入了"低频"谐波畸变，稍后会介绍。

　　图 3.6 所示为一定范围内的调制幅值系数不同占空比的轨迹。注意从 3 维图上所选取的观察视角看线性轨迹(在两相平面中 $\lambda_m \leqslant 1$) 表现为一条直线(如图中斜的粗实线)。注意其他曲线，对应饱和现象($\lambda_m > 1$)不在两相平面内，因此在提供给负载的电压中引入了零序分量。

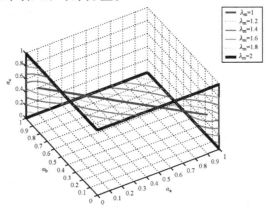

图 3.6　正弦和零序分量 PWM 的饱和

　　下面将对一个相电压进行频率分析，其结果如图 3.7 所示。频谱分析表明，低于 $\lambda_m = 1$ 时，基于载波的 PWM 和空间矢量 PWM 都没有谐波，这是完全可以预料到的，因为两个调制器都没有饱和。可以看出基于载波的 PWM 直到 $\lambda_m = 2$ 时才开始产生明显的谐波(仅有 15 次谐波，更高次的谐波出现得更晚)。对于空间矢量 PWM，谐波似乎出现得较早，并且在 $\lambda_m = 1.5$ 之前就明显出现了。这与之前的理论分析，即利用空间矢量 PWM 可以增加线性区域相矛盾。事实上，这是由于所选频谱图的水平轴变量不合适，系数 λ_m 的值是变的$^{\ominus}$且不是之前所关心的，我们对利用这个量所产生的基波频率的幅值更感兴趣。这就是为什么图 3.8 没有表示频谱与 λ_m 的关系，而是考虑了逆变器所输出的相电压基波幅值。

　　可以看出，空间矢量 PWM 确实将谐波向一个电压范围移动，这个电压范围非常接近全波 PWM 的极限$[(600(2/\pi) = 382V)]$。事实上，当相电压基波达到 350V 时出现了一个较低的谐波，直到基波电压达到 370V 时谐波才变得比较显著。

　　$\ominus$　两个调制共用的这个量，只是正弦 PWM 的含义。对于空间矢量 PWM，线性的极限不是 $\lambda_m = 1$ 而是 $\lambda_m = 1.155$。

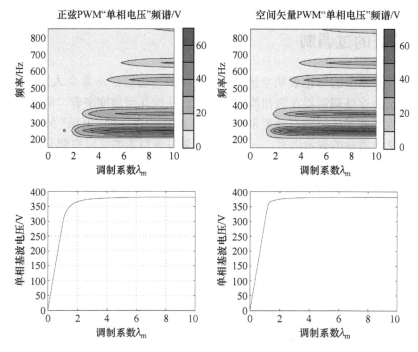

图 3.7　正弦 PWM 和空间矢量 PWM 的基本频谱分析

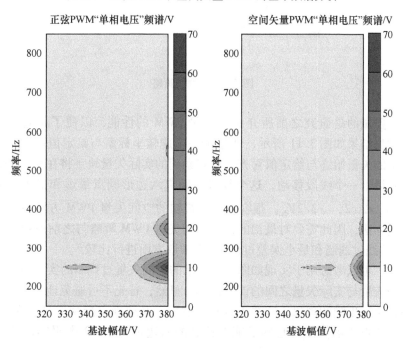

图 3.8　正弦 PWM 和标准空间矢量 PWM 的基本频谱分析

3.4 改进的过调制

前面几个章节的结论表明空间矢量 PWM 的性能已经非常令人满意。然而，人们仍然努力改进调制器在饱和调制的性能。从纯几何角度来看，假定知道需要的值由于太高而无法得到。就要问什么是要选择的合适的"电压"矢量。这个问题在图 3.9 中清楚的表示出来。一个空间矢量过调制策略可以举例来说明产生一个与给定值共线的值（共线过调制），或者另外一个选择，产生一个矢量使给定值与逆变器实际产生的矢量之间的误差最小（最小误差过调制）。显然，这个选择会导致两种不同的指令值。

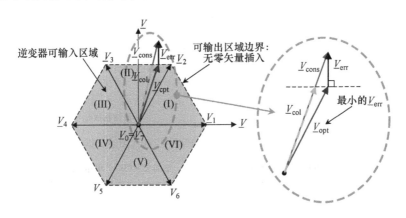

图 3.9　过调制策略

首先要做的是研究之前所介绍的矢量 PWM 的性能，以便了解它的实际特性，其仿真结果如图 3.11 所示，使用了一个旋转坐标系与给定值同步。这种情况下产生的矢量始终与给定值对齐，所观察到的实际矢量轨迹将在旋转坐标系的轴上，并沿着一个线段移动，这个线段由距离六边形圆点最远和最近两个点确定，即 $3V_{dc}/2\sqrt{2}$，$\sqrt{3/2}V_{dc}$。很容易看出最初的空间矢量 PWM 方法没有给出正确的解决办法，因此需要对最初的饱和空间矢量 PWM 策略与之前所提出的两种过调制（共线过调制和最小误差过调制）在频谱方面进行比较[注]。

其次，可以考虑用于实现如图 3.9 所示的空间矢量过调制的实际方法，使设定的指令矢量与实际矢量之间的误差最小。显然，首先不可避免地必须建立过调制，并且会发生饱和现象，这并不困难。然后，必须确定指令矢量所在的扇区，因为这个矢量的幅值使得它到了能够达到的六边形（图 3.9 中阴影部分）之外，

比较可取的方法是利用复矢量 V_{cmd} 来计算并确定这个矢量位于哪个区间，从而确定标志 i，即所在的相关扇区：

1) 扇区（Ⅰ）：标志 $i=1$，当 $\varphi \in [0;\ \pi/3)$；

2) 扇区（Ⅱ）：标志 $i=2$，当 $\varphi \in [\pi/3;\ 2\pi/3)$；

3) 扇区（Ⅲ）：标志 $i=3$，当 $\varphi \in [2\pi/3;\ \pi)$；

4) 扇区（Ⅳ）：标志 $i=4$，当 $\varphi \in [\pi;\ 4\pi/3)$；

5) 扇区（Ⅴ）：标志 $i=5$，当 $\varphi \in [4\pi/3;\ 5\pi/3)$；

6) 扇区（Ⅵ）：标志 $i=6$，当 $\varphi \in [5\pi/3;\ 2\pi)$。

现在在经过 Concordia 变换（第 2 章）的两相平面 α、β 中进行一些几何观察。记得等边三角形的尺寸组成了线性调制的空间矢量 PWM 可以达到的六边形：每个边的长度为 $\sqrt{3/2}V_{dc}$，而三角形的高等于 $\cos(\pi/6)\sqrt{3/2}V_{dc} = \dfrac{3V_{dc}}{2\sqrt{2}}$。由于过调制依赖于确定指令值所在的扇区，因此可以选择一个与所关心的扇区相关的坐标系（从几何角度来看），如图 3.10 所示。因而，引入两个与扇区有关的角度以及指令值 θ_i 和 ψ_i。

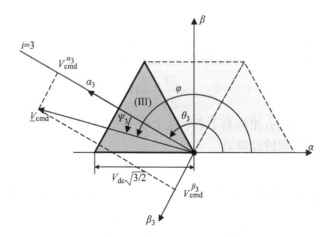

图 3.10　坐标系变化到一个相关的当前扇区

角度 θ_i 是扇区 i 的对称轴和初始坐标系 $\alpha\beta$ 的 α 轴的夹角。换句话就是

1) 扇区（Ⅰ），当 $i=1$ 时，$\theta_i = \dfrac{\pi}{6}$；

2) 扇区（Ⅱ），当 $i=2$ 时，$\theta_i = \dfrac{\pi}{2}$；

3) 扇区（Ⅲ），当 $i=3$ 时，$\theta_i = \dfrac{5\pi}{6}$；

4）扇区（Ⅳ），当 $i=4$ 时，$\theta_i = \dfrac{7\pi}{6}$；

5）扇区（Ⅴ），当 $i=5$ 时，$\theta_i = \dfrac{3\pi}{2}$；

6）扇区（Ⅵ），当 $i=6$ 时，$\theta_i = \dfrac{11\pi}{6}$。

而角度 ψ_i 是由 θ_i 和初始坐标系中矢量 $\underline{V}_{cmd}$ 的参数 φ 确定的

$$\psi_i = \varphi - \theta_i \tag{3.14}$$

接下来在新的坐标系 $\alpha_i\beta_i$ 上进行处理，可以确定矢量 $\underline{V}_{cmd}$（其模为 V_{cmd}）的分量在新的坐标系中的值，记为 $V^{\beta_i}_{cmd}$ 和 $V^{\alpha_i}_{cmd}$

$$\begin{cases} V^{\alpha_i}_{cmd} = V_{cmd} \cdot \cos\psi_i \\ V^{\beta_i}_{cmd} = V_{cmd} \cdot \sin\psi_i \end{cases} \tag{3.15}$$

利用这种分解方法，可以选择矢量 $\underline{V}_{opt}$，该矢量可以利用逆变器输出，并且可以使该矢量与指令值 $\underline{V}_{cmd}$ 的误差 $\underline{V}_{err}$ 最小。为此必须区别几种情况：

1）如果 $\underline{V}^{\beta_i}_{cmd} > \dfrac{V_{dc}}{2}\sqrt{\dfrac{3}{2}}$，那么最佳的矢量是当前扇区 i 的边界瞬时矢量 V_i 或 V_{i+1}；

2）其他情况，需要全部利用当前扇区三角形的高 $3V_{dc}/2\sqrt{2}$ 来增加这个分量的长度，以便在扇区 i 的坐标系 R_i 下达到最佳电压矢量 $\underline{V}_{opt/R_i}$

$$\underline{V}_{opt/R_i} = \dfrac{3V_{dc}}{2\sqrt{2}} + jV^{\beta_i}_{cmd}$$

下一步，必须在 $\alpha\beta$ 坐标系下表示这个电压矢量，以便可以应用标准的矢量 PWM 产生这个预处理的过调制

$$\underline{V}_{opt} = \underline{V}_{opt/R_i} \cdot e^{j\theta_i} \tag{3.16}$$

注意，在这个情况下共线过调制的电压在扇区 i 的坐标系 R_i 下表示为

$$\underline{V}_{col/R_i} = \dfrac{3V_{dc}}{2\sqrt{2}} + jV^{\beta_i}_{cmd} \cdot \dfrac{3V_{dc}}{2V^{\alpha_i}_{cons}\sqrt{2}} \tag{3.17}$$

然后将矢量 $\underline{V}_{opt/R_i}$ 变换到 $\alpha\beta$ 坐标系下

$$\underline{V}_{col} = \underline{V}_{col/R_i} \cdot e^{j\theta_i} \tag{3.18}$$

不必进行任何计算，可以看到这两种调制所产生的不同电压瞬时值，但是它们在 $\alpha\beta$ 坐标系下的轨迹不同。为了区别它们波形的不同，可以在与"指令电压"同步旋转的 dq 坐标系下进行观察，其中的 d 轴与指令电压平行。这种情况下可以看到共线过调制电压矢量的轨迹是在 d 轴上的一个线段。而最小误差过调制，将出现 q 轴分量，并且随着"指令电压"矢量的幅值而变化，如图 3.11 所示。

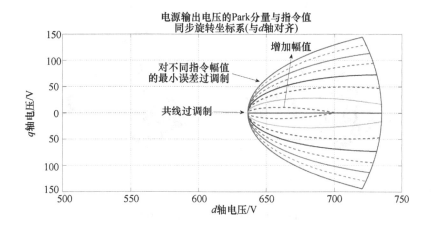

图 3.11　由共线过调制和最小误差过调制产生的电压矢量

也可以研究一下这两种过调制所带来的谐波分布,看看最小误差过调制所产生的谐波是否更丰富,这一结果如图 3.12 所示。

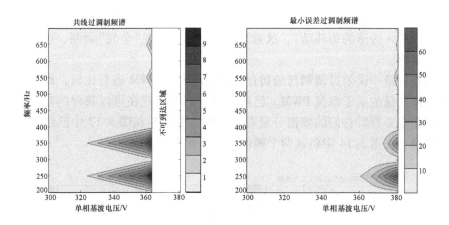

图 3.12　两种调制技术的单相基波电压幅值在一定范围内的频谱比较

最后发现最小误差过调制的频谱比共线过调制要好。不仅如此,共线过调制得到的电压幅值不能大于 360V(直流母线电压 600V),而最小误差过调制可以达到 381V。这说明不能使用共线方式进行空间矢量 PWM 调制,因为这种方法是次优的。产生这个可达幅值区别的原因是最小误差过调制趋向于全波极限(换句话,它的波形确实趋近于全波波形),而共线过调制则没有这个特性,如图 3.13 所示。

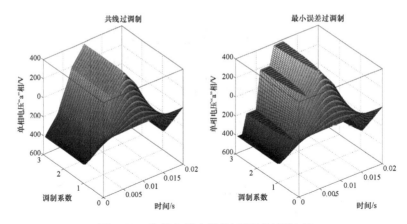

图 3.13　共线和最小误差过调制波形比较

有个方法是可以利用图 3.10 进行说明。可以看出利用最小误差过调制，当指令幅值大于六边形可获取的幅值时，输出矢量的区域取决于到两个端点的边线（指令矢量与六边形交点到六边形顶点的距离）将会随着指令幅值的增加而越来越小。如果考虑瞬时值即有效矢量，则这个矢量的有效时间会越来越短，这就使输出更加接近"全波"调制（而对于共线过调制，无论指令幅值是什么，控制器都将连续沿着六边形的边移动），这意味着永远不会实现"全波"调制，也不会产生其基波幅值。

现在对最小误差过调制与最初介绍的空间矢量 PWM 进行比较，即实时计算插入零序分量的基于载波 PWM。已经看到它们的性能在可以获得的幅值方面类似，但是也要看看它们的频谱分量有何区别。图 3.8 和图 3.12 中已经显示了它们的频谱，在图 3.14 中将这两个频谱放在一起比较。

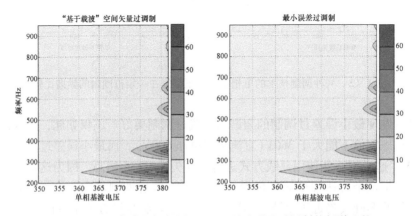

图 3.14　基于载波空间矢量 PWM 和最小误差过调制的频谱比较

现在可以看出它们的频谱成分非常相似(两个频谱无法通过肉眼观察出其中的差别)。这两种过调制的区别依赖于它们的执行方式:

(1) 基于载波的 PWM 依赖于准模拟的方法,有一个固定的结构,对线性工作模式和饱和工作模式是一样的。

(2) 最小误差空间矢量 PWM 是一种基本的数字方法,在其指令作图法中,是真正的基于矢量的方法。执行时要考虑两种不同的情况;①非常简单的线性调制,指令可以直接应用;②饱和调制(如前所述)计算指令矢量在本地坐标系的投影,该坐标系依赖于指令值所在的六边形扇区。

首先这些技术可以很容易地在数字环境中实现,可以通过对 DSP 或者 FPGA 的编程很简单地完成。对施加给负载的电压的谐波含量进行关注很有趣但是并不简单。这不仅是过调制的负面影响,因为它也会影响到驱动的电动机,还可以简单地从图 3.10 所示的旋转坐标系下的电压预见到。这里,可以看出最佳过调制策略引入了一个瞬时的相移,这个相移在指令电压的 d 轴分量(期望得到一个电动机给负载的设定转矩或者速度值)与逆变器提供给负载的实际电压之间。这个影响也可以在一个 3 维图中表示出角度误差 ξ,作为一个"指令电压"矢量参数的函数,如图 3.15 所示。

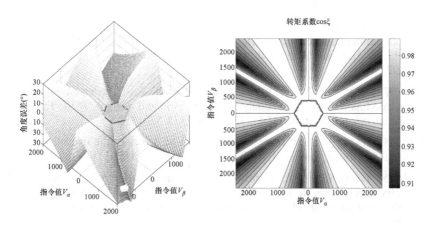

图 3.15　最佳过调制的相误差脉动和转矩波动

图 3.15 所示的误差在线性六边形内部($\alpha\beta$ 平面)当然是零,当指令电压参数取不同值时误差有时为正值有时为负值。当指令电压矢量以角速度 ω 变化时,误差按照 6ω 的频率波动,如前所述,这个误差的幅值随着指令电压幅值的增加而增加。这个波动的误差是电动机输出给负载的转矩波动的一个潜在原因。

在一个简单的情形下,对于一个非饱和的同步电动机,由电刷集电环提供磁通势，在空间呈正弦分布，与指令电压角度（即与旋转坐标系 d 轴的夹角）相关的电压矢量角度波动，会使这个电动机产生转矩波动，在拉普拉斯域中由式(3.19)确定

$$C(s) = k \cdot I_q(s) = k \frac{V_q(s)}{R_s + L_s \cdot s} \tag{3.19}$$

然而绕组，其时间常数 L_s/R_s，能够将驱动电压的 V_q 分量变化所造成的影响降低，但是剩余的转矩谐波也有可能激励电动机振动模态并产生噪声或者系统的早期失效。为了说明这个情况，在图 3.15 的右侧给出了一个特殊的转矩权系数（$\cos\xi$）。

最后，注意到这个最佳调制基于载波的空间矢量 PWM 的基波分量没有任何区别，因为两个方法在强饱和情况下有相同的特性，即全波调制。

3.5　参考文献

[BAK 00] BAKSHAI A., JOOS G., JAIN P., JIN H., *Incorporating the Over-modulation Range in Space Vector Pattern Generators Using a Classification Algorithm in PWM Inverters*, IEEE Transactions on Power Electronics, Vol. 15, n° 1, pp. 83-91, 2000.

[HAV 97a] HAVA A. M., SUL S.-K., KERKMAN R. J., LIPO T. A., "Dynamic over-modulation characteristics of triangle intersection PWM methods", *in Proc. IEEE Industry Applications Society Annual Meeting*, New Orleans, Louisiana, USA, 1997.

[HAV 97b] HAVA A. M., KERKMAN R. J., LIPO T. A., "Carrier-based PWM-VSI overmodulation strategies: analysis, comparison and design", *IEEE Transactions on Industry Applications*, Vol. 33, n° 2, pp. 525-530, 1997.

[HAV 98] HAVA A. M., Carrier-based PWM-VSI drives in the overmodulation region, PhD thesis, University of Wisconsin, Madison, USA, 1998.

[HOB 05] HOBRAICHE J., Contribution à l'optimisation d'une stratégie MLI triphasée vis-à-vis de l'ensemble onduleur/machine/bus continu. Application à l'alterno-démarreur, PhD thesis, Compiègne University of Technology, France, 2005.

[HOL 93] HOLTZ J., LOTZKAT W., KHAMBADKONE A. M., "On continuous control of PWM inverters in the overmodulation range including the six-step mode", *IEEE Transactions on Power Electronics*, Vol. 8, n° 4, pp. 546-553, 1993.

[LEE 98] LEE D.-C., LEE G.-M., "A novel overmodulation technique for space-vector PMW inverters", *IEEE Transactions on Power Electronics*, Vol. 13, n° 6, pp. 1144-1151, 1998.

[MON 98] MONMASSON E., FAUCHER J., "Projet pédagogique autour de la MLI vectorielle destinée au pilotage d'un onduleur triphasé", *Review 3EI*, n° 8, pp. 23-63, 1998.

[NAR 02] NARAYANAN G., RANGANATHAN V. T., "Extension of operation of space PWM strategies with low switching frequencies using different overmodulation algorithms", *IEEE Transactions on Power Electronics*, Vol. 17, n° 5, pp. 788-798, 2002.

[NHO 07] NHO N. V., LEE H. H., "Linear overmodulation control in multiphase multilevel inverters for unbalance DC voltages", *The 7th IEEE International Conference on Power Electronics and Drive Systems PEDS'07*, Bangkok, Thailand, 2007.

第4章 脉冲宽度调制的计算与优化策略

4.1 程式化 PWM 简介

就平均电压而言，所有种类脉宽调制（PWM）的共同目的是为离散化的开关系统提供一个连续的控制。尽管由电压型逆变器供电的负载通常表现为"低通滤波器"，但就其产生的电流波形的品质而言，这个变换器的非连续特性是限制其输出性能的一个因素。在小功率系统中，很容易使系统工作在足够高的频率，从而解决这些问题，但是在大功率系统中这种解决方式不切实际。

大功率系统开关频率的确定要在电力电子器件的开关频率和开关过程引起的失调间加以折中。有文献表明特殊的调制技术被广泛地研究，以便以最有效的方式得出这个折中。本章将讨论在大功率应用中研究最多的方法[DHE 94,OWE 98]是程式化 PWM。

程式化 PWM 广泛应用于工业领域，特别是轨道交通和船舶推进方面。从典型 PWM 意义上讲，这是同步调制策略，如第 2 章所讨论的。这个策略包括产生一个 PWM 信号，其中换相角度在给负载的电压波形的基波周期中已经预先固定。

其结果是在可以获得的自由度中开关损耗最小，开关次数被预先设定（不是实时计算，这也说明了这项技术的名称），这种方式消除了逆变器输出电压的特定频谱成分。

如前所述，程式化 PWM 技术是由于大功率应用时电压波形的基波频率与开关频率相比无法忽略而产生的。这种工作模式通常应用于所驱动的电动机的加速阶段，在基于载波的 PWM 技术（第 2 章）过渡到六边形输出之间的阶段。

这种 PWM 在给负载的基波电压周期内引入开关，使用固定的换相角度，开关次数预先计算并存储在嵌入式控制电路的存储器中。程式化 PWM 可以划分为两个类别：

1）用于谐波消除；

2）用于优化频谱满足给定标准。

一类在本书中称为程式化谐波消除 PWM（4.3 节）；另外一类称为优化 PWM（4.4 节）。不论程式化 PWM 是什么种类（谐波消除或优化），截止频率的上下限必须仔细考虑以便对换相角进行优化选择，可以作为期望的频率范围的函数(4.2 节)。

4.2　PWM 的有效频率范围

功率开关有一些限制，诸如两个开关动作之间的最小时间，以及开关频率限制 $F_{c\,max}$，其值会随着不同应用而变化。另外，为了避免波形中特别有害的频谱成分，平均开关频率必须高于设定的限制值 $F_{c\,min}$。这样，平均开关频率的界限为

$$F_{c\,min} \leqslant F_{com} \leqslant F_{c\,max} \qquad (4.1)$$

引入最小开关频率 $F_{c\,min}$ 是为了限制波形质量损失，同时避免对信号频率范围过强的限制。这样每个 PWM 信号可以应用于一定的负载控制频率范围，利用这个范围可以在四分之一周期内建立一个有关最高开关频率和换相次数的函数。

一个 PWM 信号的特征可以简单地以 NC 来表示，即每个周期中开关动作的次数。然而，为了降低谐波成分，根据对称性可以利用前四分之一周期的开关次数 C 来定义一个波形

$$NC = 4C + 2 \qquad (4.2)$$

为了确定适当的频率范围，需要建立开关频率作为电动机频率 F 和每个四分之一周期换相次数的函数。开关频率是由电动机频率与一个周期内的脉冲数决定的

$$NI = \frac{NC}{2} = 2C + 1 \qquad (4.3)$$

这样开关频率可以表示为如下形式：

$$F_{com} = (2C + 1) \cdot F \qquad (4.4)$$

式(4.4)可以用于改写定义一系列电动机频率范围的不等式。这样控制频率遵守下面不等式，从而使之利用四分之一周期的开关次数 C 限制 PWM 信号的开关频率

$$\frac{F_{c\,min}}{2C+1} \leqslant F \leqslant \frac{F_{c\,max}}{2C+1} \qquad (4.5)$$

图 4.1 所示为一个 PWM 信号的可用范围作为每四分之一周期开关动作次数函数的例子。

所画的这些适用的频率范围遵守以下开关限制：$F_{c\,min} = 270\mathrm{Hz}$ 和 $F_{c\,max} = 540\mathrm{Hz}$。这些值适合非常大功率的逆变器，诸如用于舰船推进，其限制非常严格。可以注意到适用的频率范围使得即使控制频率在 100Hz 时，每四分之一周期的开关次数也会大于 1 次。

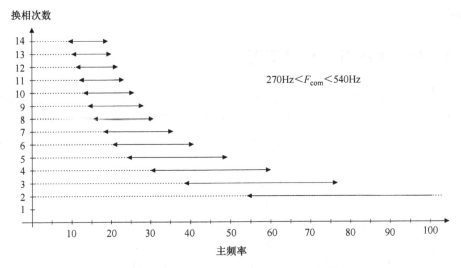

图 4.1　信号适用的频率范围作为 C 的函数

4.3　程式化谐波消除 PWM

对于这种 PWM，其目的是推导出一个公式表示获得的波形，以便确定其傅里叶分解。这个技术在参考文献[LOU 96，PAT 73，PAT 74]中进行了讨论。

基于图 4.2 所示的逆变器原理图，可以利用公式表示在每个桥臂和直流母线中点(O 表示)之间的电压波形。

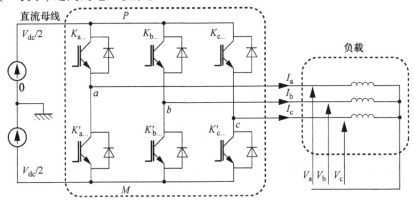

图 4.2　三相电压型逆变器原理图

通常情况每四分之一周期的换相角数目，由角度 α_i(其中 $1 \leqslant i \leqslant C$)来定义，可由式(4.6)表示电压

$$V_{aO}(\theta) = \sum_{k=0}^{\infty} V_k \cdot \cos(k\theta + \phi_k) \tag{4.6}$$

其中，系数可以表示为傅里叶级数

$$V_k = (\pm 1)\frac{4}{k\pi}\cdot\frac{V_{dc}}{2}\cdot\left[1 + 2\sum_{i=1}^{c}(-1)^i\sin(k\cdot\alpha_i)\right] \tag{4.7}$$

需要讨论施加在负载上的电压和前面所介绍的电压 v_{x0} 之间的联系。通过观察，看出组成三相系统的三个电压波形角度相差 $2\pi/3$，可以引入一个谐波 Clarke 变换 C_{32k}，以便将矢量 $(v_{3O}) = (v_{aO}, v_{bO}, v_{cO})^T$ 分解为谐波坐标系下的旋转矢量 $(\sin k\theta, \cos k\theta)^T$

$$(v_{3O}) = \sum_{k=1}^{\infty}V_k\cdot C_{32k}\cdot\begin{pmatrix}\sin(k\theta)\\\cos(k\theta)\end{pmatrix} \tag{4.8}$$

其中

$$C_{32k} = \begin{pmatrix} 1 & 0 \\ \cos\left(\frac{2k\pi}{3}\right) & \sin\left(\frac{2k\pi}{3}\right) \\ \cos\left(\frac{2k\pi}{3}\right) & -\sin\left(\frac{2k\pi}{3}\right) \end{pmatrix} \tag{4.9}$$

施加在负载上的电压可以统一表示为电压 v_{x0}，但是 3 和 3 的倍数次谐波为零。同样在图 4.3 所示的偶对称信号中偶次谐波也为零。

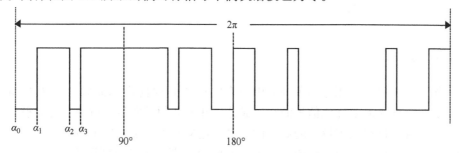

图 4.3　消除偶次谐波的 PWM 对称结构

通过一个简单的例子可以说明这个概念，假设 $C = 2$。这种情况下，希望固定基波幅值并消除 5 次谐波（在负载端观察 5 次谐波为零）。这个问题可以推导出式(4.10)：

$$\begin{cases} V_{max}^1 = \frac{4}{\pi}\frac{V_{dc}}{2}(2\cos\alpha_1 - 2\cos\alpha_2 + 1) \\ V_{max}^5 = 0 = \frac{4}{\pi}\frac{V_{dc}}{2}\frac{1}{5}(2\cos5\alpha_1 - 2\cos5\alpha_2 + 1) \end{cases} \tag{4.10}$$

实际应用中，这个非线性公式无法利用逆变器的 CPU 实时计算。但可以利用离线计算获得开关角度的值，存储在存储器中以便控制器能容易地获取。

然而开关角度的选择不仅用于消除指定次谐波，而且也会给出基波成分一定的幅值。这意味着如果想精确地覆盖全部值可能的范围，则需要更高的存储空间。为了说明这个，从参考文献[DEL 90]引用一个表格，给出在 $C=4$ 时不同基波幅值所需开关角度的值，其中基波幅值利用电压 V_{dc} 进行标幺化，见表4.1。

表4.1 消除5、7和11次谐波

V_1/V_{dc}	0.294	0.352	0.411	0.470	0.528	0.587
α_1 (in°)	12.10	12.13	11.86	12.05	11.54	1.88
α_2 (in°)	23.82	22.77	20.24	18.26	15.25	3.00
α_3 (in°)	57.36	60.04	63.33	67.26	70.91	75.22
α_4 (in°)	66.54	67.06	68.38	71.56	75.28	80.51

选择消除指定次谐波会给其他谐波带来负面影响，因为实际上一个谐波的衰减会引起其他谐波幅值的增加，因此需要对这个技术进行改进。其中一个改进方法的目标不是为了完全精确消除特定次数的谐波，而是为了使整体谐波含量值最小。例如，可以衰减一组谐波，或者更常用的是衰减依赖于给定频率范围的那些谐波，使得与程式化谐波消除 PWM 相比，电流波形的畸变量得到显著降低。

4.4 优化 PWM

4.4.1 简介

作为主要目的，用于计算 PWM 角度的算法必须提供基波频率作为控制指令，除此之外还需要优化信号的频谱成分，并考虑频谱质量。就可实现的潜在改进内容来说，这提供了较大的灵活性。可以定义一个数学判据来表达一个或多个目标。优化包括求函数极小值（一个数学判据），即表示品质判据的函数[BOW 87]。

这个判据在一个预设的频率范围内将是极小的。基于梯度下的降算法目前是最流行的。MATLAB 工具箱提供了一个使用方便的序列二次规划（Sequential Quadratic Programming，SQP）优化算法。然而，梯度下降算法可能收敛到局部最优点，因此需要采用一定范围的初始状态，分别使用该算法以便能够达到全局最优。需要注意的是将判据最小化会导致谐波消除，如果最小化的判据是这些谐波幅值总和的函数，则这些谐波有可能被消除，也使得开关次数足够多。

4.4.2 最小化判据

可能的判据的个数仅仅受到用户想象力和谐波模型准确性的限制。然而，谐波电流的最小化无疑是最常用的判据。这个判据既简单又有效，作为采用 PWM 信号谐波品质特性的表示方法。其他判据基于一个 PWM 信号的傅里叶级数分解在控制电动机时更加有用,例如对转矩谐波的影响。

4.4.2.1 谐波电流

谐波电流可以用于评估叠加在相电流基波上的寄生电流信号。它代表了电流波形的谐波成分并且可以利用式(4.11)表示,其中,I_{eff}是相电流的有效值而I_1是基波分量

$$I_{harm}^2 = I_{eff}^2 - I_1^2 \qquad (4.11)$$

然而,这个谐波电流的定义依赖于负载的状态,而优化算法并不知道,例如负载是一个电动机。这种情况下更适合采用总谐波畸变(Total Harmonic Distortion,THD),来表示电流的谐波部分。这个量的表示方法必须修改以便使之不再依赖负载状态:

$$THD = \frac{\sqrt{\sum_{k=2}^{\infty} I_k^2}}{I_1} \qquad (4.12)$$

选择判据 τ 用于评估不依赖于负载状态的电流的谐波成分,取代基波电流 I_1,I_d 为脉动频率为 ω 的起动电流

$$\tau = \sqrt{\sum_{k=2}^{\infty} \left(\frac{I_k}{I_d}\right)^2} \qquad (4.13)$$

其中,电动机的谐波模型被简化为一个简单的电感

$$I_d = V_1/L_h\omega$$

则电流畸变的水平可以用电压谐波幅值的函数来表示

$$\tau = \frac{1}{V_1}\sqrt{\sum_{k=2}^{\infty}\left(\frac{V_k}{k}\right)^2} \qquad (4.14)$$

这个判据的函数所考虑的谐波数量必须受到限制,以便能够快速计算而不会带来明显的畸变水平评估误差。连接到电压型逆变器输出端的负载一般为感性,因此具有滤除高频电流的特性。

这样,只有发展对负载谐波模型的认识,才能够客观地限制谐波范围,这些谐波会对所计算的 THD 有重大影响。

4.4.2.2 脉动转矩

由于 PWM 信号的对称特性,转矩谐波的频率为基波电流频率的 6 倍。一个 $6n$ 次转矩脉动是由一对 $6n \pm 1$ 次电流谐波引起的。降低转矩脉动的方法包括优先降低那些能够引起转矩脉动增加的谐波幅值。然而,如果不同时最小化电流谐波获取高品质的 PWM 波形,则最小化转矩脉动就不可能实现。这个方法可以通过最小化式(4.15)的 THD 权重来实现

$$\tau_{c2} = \frac{1}{V_1^2} \cdot \sum_{k=5,7\cdots}^{\infty} \sigma_k \cdot \left(\frac{V_k}{k}\right)^2 \qquad (4.15)$$

通过选择适当的能够增加转矩脉动的 $6n \pm 1$ 次谐波权重来最小化这个判据，能够同时降低电流谐波和一个或多个转矩脉动。在一定情况下，这类判据也可以帮助降低由逆变器驱动的电动机中的谐波所产生的径向力激励的机械振动问题。

当施加一个非常强的约束时，更复杂的混合判据可以用于完全消除一个或多个转矩脉动，同时最小化电流总谐波畸变率[DEP 95]。

4.4.3 优化结果应用

4.4.3.1 开关角度轨迹

本节讨论的结果是对 4.4.2 节定义的谐波电流最小化得出的。图 4.4 所示为开关角度作为调制比函数的轨迹。可以达到的最小畸变率 τ 作为调制比的函数被画在了同一幅图上。

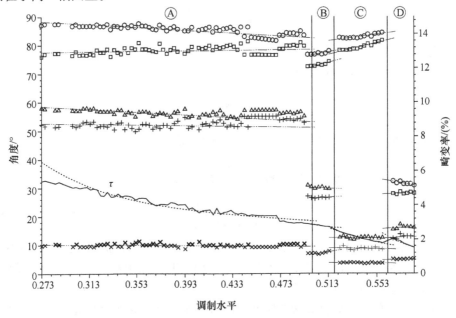

图 4.4 开关角度轨迹和最小谐波电流时的畸变率

图 4.4 所示的 PWM 序列每四分之一周期由 5 个换相角组成，在这里显示出全部有效频率范围（一个波形例子如图 4.5 所示）。角度的轨迹在一定的调制频率区域内是连续的。然而，更好品质波形的出现，或者变化到一种不再满足约束条件的状态，会导致开关角度轨迹发生一些变化。

对于一个给定的换相角度个数 C，可以看出电流畸变的水平将随着调制比的提高而降低，因为这个相当于开关频率的增加。也可以看出尽管波形中有变化，但畸变率 τ 在全部范围内保持不变。这个最小化处理结果可以由一个一定频率范围的多项式表示。至于谐波消除，这些角度也可以用同样的方式进行处理。

多项式平滑用于确定频率范围，其开关角可以用多项式表示。这个方法有两个优点，一是确保了在给定频率范围内真正的连续性，二是显著降低了产生控制信号所需的数据量。其结果是不需要使用巨大的可编程表格在整个电压范围内给出开关角度。这使得该方法应用非常灵活。多项式的阶数可以根据需要选取，但是如果得到的多项式阶数较低，则更容易用于实时计算开关角度。事实上，角度轨迹通常近似线性。在图 4.4 所示的情况下，一阶平滑多项式可以用于获取直线的公式，但是会导致有效 PWM 序列范围内的分段。

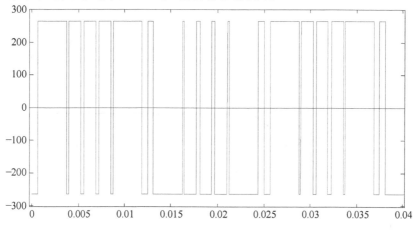

图 4.5 波形举例 $m = 0.47$ 且 $C = 5$

对于每个平滑区段，必须注意保证调制比保持不变，以便保持正确的电动机控制律。它也会对最小化的判据有一点影响。在前面图示的例子中，忽略了利用近似直线计算的调制比和没有经过平滑信号所计算出的调制比之间的差别。另外，利用多项式（点线）计算的畸变率与直接从最小化方法（实线）获得的畸变率在调制范围的大部分都非常接近。两条曲线在起始部分所观察到的差异，如果采用另外一个更加优化的信号则是可以避免的。不仅如此，对于程式化角度变化范围对性能影响的研究，特别是"死区"对性能影响的研究，可以被用于支持或者放弃对信号的选择[DEP 95]。

4.4.3.2 对于电动机可用的全部范围内的连续控制

平滑处理被用于所有 PWM 序列，以便覆盖所有电动机频率范围。每个PWM 序列分段连续，因为它是按照分段利用多项式来平滑的。如果不同的序列用一个连续的方法连接起来，则可以实现整个电动机工作范围的完全连续控制。

如上所述，不同 PWM 信号的可用范围相互重叠，也可以在相同的频率下比较不同信号的性能。在所给出的例子中，第一部分不会在实际中应用，因为每四分之一周期 6 次开关的信号在相同调制比时有更好的结果。

图 4.6 所示为异步电动机标量控制采用恒 U/F，直到额定频率控制方法所得到的调制比(实线)和电流畸变率(虚线)。PWM 序列覆盖了从 17Hz 一直到最高频率。利用优化角度的平滑多项式计算出调制比和畸变率，描述了将要实施产生的信号("忽略"死区")。

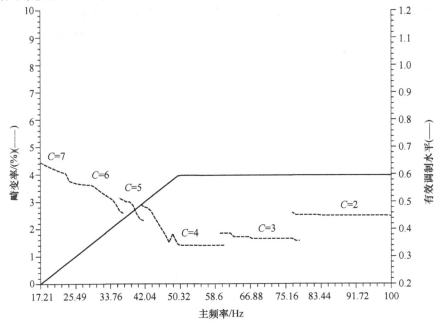

图 4.6　优化信号的调制比与畸变率

可以看出有效的调制比严格遵循 U/F 电动机的控制率。电流畸变率按照 0 ~ 2.5kHz 范围计算。超过这个频率，电动机的滤波效应使电流谐波可以忽略。

基本频率较低时非同步载波调制技术的应用是合理的，可以使逆变器驱动转速趋于零时具有较高频或者无限的脉动值。另外，通过优化得到的谐波性能改进在低于一定频率后会比较小，所以程式化 PWM 的应用就不再合理。

4.4.4　实时生成原理

角度轨迹的多项式表示方法作为调制比方程使之避免在存储器中存储大量角度程式化的值。用于产生优化的 PWM 指令的算法由 C 语言编写，可以通过多项式平滑算法自动产生，并且包括适当的公式用于计算开关角度。

然而，还需要确定系统的动态分辨率，换句话说，频率(和电压)指令的持续时间保持常数。如图 4.7 所示为将优化的 PWM 信号基波周期分为 6 个周期的原理。

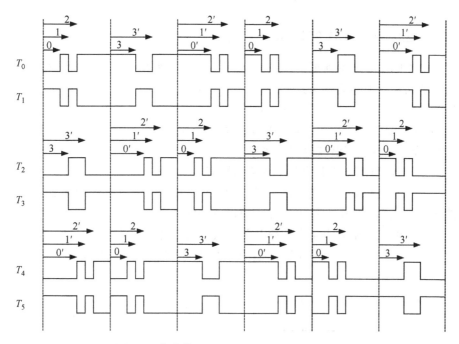

图 4.7 优化信号的分割以及开关角度的编码

选择这个策略允许在指令值中进行修改，并因此可以在优化的 PWM 信号中修改，以便使响应足够快。面对惯性影响，快速的动态响应可以被实现，这通常在大功率应用中比较重要。利用优化 PWM 方法进行逆变器驱动，在最低频率时其响应时间最低。

开关角度编码对于 π/2 对称确定了 6 个逆变器开关在虚拟载波周期的开关时刻顺序，其虚拟载波周期等价于基波周期的 6 等分。每个不同的 PWM 信号结构都有一个相应的编码和相应的多项式，使得控制器用于产生需要的指令。

4.5 多电平 PWM 的计算

4.5.1 简介

要进一步改进谐波含量或者达到极高电压的一个有效解决方案是在三电平或 N 电平逆变器上使用优化 PWM[GOL 98]。这个在 4.5.2 节中将深入地介绍细节，可以见参考文献[BOD 98，DEP 95]。本书的讨论将限于相同结构的电平数，但是不同结构的多电平信号也可以，如 4.5.3 节所描述的，在小功率逆变器上使用有源滤波器。

4.5.2 三电平 PWM 的计算

三电平电压型逆变器最早出现在 1990 年。其主要用于大功率应用（>1MW）中高性能功率变换器的解决方案。对于给定的功率，它可以大幅降低两电平电压型逆变器所遇到的尺寸限制问题。它的主要优点有：

1）在一定的开关频率下降低功率开关的损耗；

2）降低负载电流谐波畸变的水平；

3）降低施加在负载上的电压变化的幅值。

然而，三电平电压型逆变器也可以用于小功率应用，这些应用需要最小损耗和热效应，比如高速电动机工作在密封设备中的场合。

逆变器的每个桥臂由 4 个功率开关组成，每个开关反并联二极管，两个二极管可以将负载连接到由电容桥臂产生的中点电位，如图 4.8a 所示。

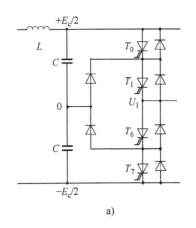

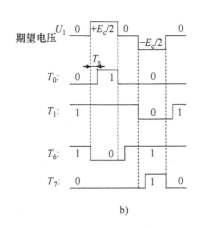

a)   b)

图 4.8

a）三电平逆变器桥臂 b）控制序列

图 4.8b 所示为控制序列用于获得期望的电压 U_1。图 4.9 所示为两电平和三电平电压型逆变器正弦调制和典型开关频率下的输出电压波形的比较。

由于"死区"和低载波频率下非同步调制所引起的逆变器控制的不对称，会导致中点电位的波动[LIU 95,OLE 02]。优化的同步 PWM 是降低这一风险的方法。

对三电平电压型逆变器的 PWM，信号优化是非常有用的，特别是因为调制深度较低而引起的负载电流畸变较为严重时。这需要在开关频率必须比较低（几百 Hz）的情况下，以便限制功率器件的损耗（例如舰船推进），或者当基波频率比较高时（例如飞轮系统[LUK 08]）。

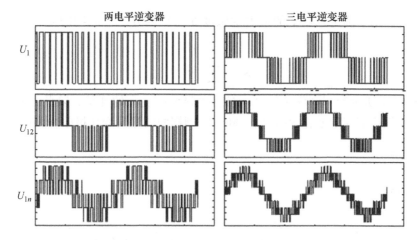

图 4.9　两电平和三电平逆变器输出电压比较

所有前面所描述的用于两电平 PWM 信号优化设计方法均可以直接用于三电平信号。唯一的变化是信号分解为傅里叶级数的电压谐波公式。优化的 PWM 信号具有跟以前相同的对称特性，如图 4.10 所示。

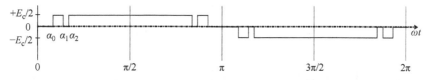

图 4.10　三电平对称 PWM 信号，每四分之一周期 3 次开关动作

每四分之一周期具有 C 个换相角的对称信号电压谐波幅值由式(4.16)给出：

$$V_k = \frac{4}{k\pi} \cdot \sum_{i=0}^{C-1} (V_{i+1} - V_i) \cdot \cos(k\alpha_i) \tag{4.16}$$

其中，V_i 表示与期望电压信号相邻的电压值，并且可能的值为 0，$-E_c/2$，$E_c/2$。

选择完所研究的应用中合适的最小化判据并确定整个工作范围内的开关角度（优化信号要用的）之后，敏感度研究可以用于核实特定参数的性能，因为角度会在理论值基础上做轻微的改变。

主要原因是因为逆变器的输出电压将与理论值有所差异，这个差异是"死区时间"引起的。相比之下，计算机所产生的控制信号与准确值之间的误差通常被忽略。对于一个判据 T 对角度 α_i 的误差的敏感系数可以写为

$$S_{\alpha_i} = \frac{\frac{\Delta T}{T}}{\frac{\Delta \alpha_i}{2\pi}} \tag{4.17}$$

这可以用于确定判据 T 的最大敏感度 S 与每四分之一周期的 C 个换相角的关系

$$S = \sum_{i=0}^{C-1} |S_{\alpha_i}| \qquad (4.18)$$

图 4.11 所示为不同优化信号(实线)的谐波畸变率的评估,除此之外,当开关角度在优化值周围变化 $30\mu s$ 时,随着在判据中的最大变化极限(虚线)。

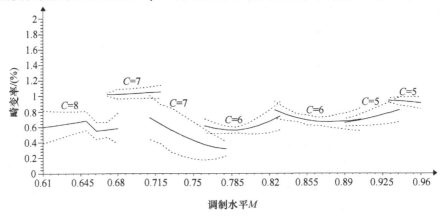

图 4.11 畸变率对 $30\mu s$ 开关角度误差的敏感度

这些被认为很重要的可量化品质的敏感度是一个额外的优化信号品质系数,它在进行决定性选择时需要考虑。图 4.12 所示的柱状图比较了不同三电平调制方法的性能,所有调制方法的开关频率均相同。它展示了总开关损耗,相关电流尖峰幅值,当逆变器给异步电动机供电时的转子损耗,以及电流谐波。这些结果是通过对一个由三电平 GTO 逆变器供电的 1MVA 驱动系统进行仿真得到的($E_c = 4600V$,$V_{1nom} = 1910V_{eff}$,$I_o = 430A$)。

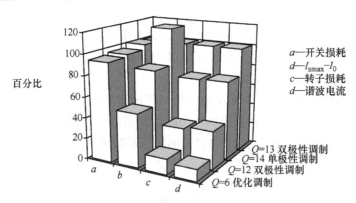

图 4.12 不同调制方法对性能的影响

大多数明显的影响是由针对诸如转子损耗和电流尖峰等判据优化调制所获得的显著的性能改进，这在确定滤波器件和系统寿命等参数时具有非常重要的作用。

4.5.3 独立的多电平 PWM 的计算

由被称为有源滤波器（受到电路中有源滤波技术的启发[MAC 95,NAS 94,OGA 98]）的小功率逆变器组成相互独立的多电平设备产生多电平信号注入低电平电压如图4.13 所示。有源滤波器的控制信号由基本逆变器的电流信号计算得到。由发送给基本逆变器的 PWM 信号可知，一种计算 PWM 的方法被用于有源滤波器以便确保整个系统的最佳谐波特性[LAN 00a,LAN 00b,LAN 04]。

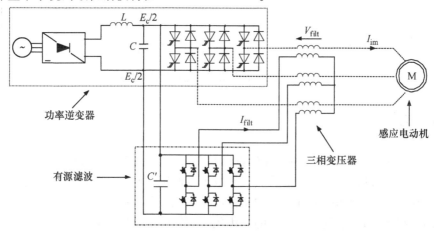

图 4.13　利用有源滤波器提供多电平的系统配置

两个逆变器开关的控制电路使用的是 DSP 与 FPGA 混合结构。DSP 板实际上是 320C-32 开发板的最小系统，配有一个 TMS320C32 DSP，它与两个 FPGA 接口对接（每个逆变器一个 FPGA）。指令的产生是从 DSP 传递给 FPGA。它们也引入了一个存有优化的 PWM 信号产生方法的电路板使之能够传递给所有种类的处理器，特别是 DSP，这样可以使更多的先进实时处理算法得以应用。嵌入 FPGA 的结构是 80C196KC 单片机的高速输出（HSO）结构。

图 4.14 所示为一个由优化的有源滤波器产生的九电平电压波形的例子。

有源滤波器独立工作并使逆变器可以在不同工况下得到优化。最有趣的是这个谐波补偿方法可以使已经安装的两电平逆变器得到一个性能提升。有源滤波器的参数确定比较容易，因为首先，它只传递用于补偿谐波的功率，其次，它的开关频率总是与需要补偿的频率相同，这得益于优化原理的应用。

无论主逆变器利用载波非同步 PWM 控制还是用优化 PWM 控制，补偿都是

78

相同的。在后一种情况下，逆变器和滤波器的优化判据被选择用于确保两个补偿工作一起改进整个系统性能。

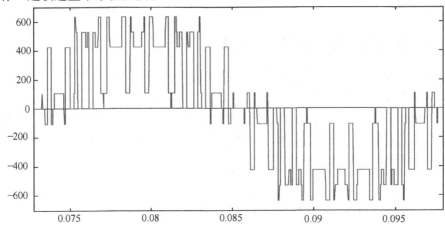

图 4.14　由优化的有源滤波器产生的电压波形

4.6　总结

PWM 驱动的电压源型逆变器的性能优化是一个低成本的解决方案，可以对一个已经安装设备中非常灵活的需求参数进行确定，解决振动问题，并降低负载上的谐波影响。当功率器件开关频率接近输出电流基波频率时，对于基于载波或空间矢量调制的性能提升是最大的。优化 PWM 的应用非常适合于功率开关的频率比较低的大功率应用场合，或者基波输出频率较高的场合。

总的来说，优化 PWM 信号利用一定的特殊判据获得，通常是基于输出谐波成分，并且根据不依赖于逆变器结构的标准来确定它。从这种意义上讲优化问题是一个一般性问题。应用的特性和期望的性能决定了最适合的变换器结构，不论是两电平系统、多电平系统，还是有源滤波器。这一选择决定了施加在负载上的电压信号的可能形式，而谐波分解的公式是关于 PWM 信号开关操作时序的函数。则优化判据为这些谐波表达式的函数，并且这些判据的最小化使得 PWM 波形具有优化性能。

尽管是基于傅里叶分解级数的计算，假设其基波频率是固定的，但优化的 PWM 信号通常用于在较宽的工作范围内变化的频率。优化的程式化 PWM 信号需要实时生成方法实现，使得 PWM 序列能够容易生成，并且使不同的波形能够正确同步而不会引入不需要的瞬态影响。另外，将这个信号分成不同的载波周期的方式必须符合所需的动态性能。

4.7 参考文献

[BOD 98] BODEL C., DELARUE P., BAUSSIERE R., "Contribution à l'étude des convertisseurs très forte puissance, exploitation des techniques multiniveaux", p. 365–370, *EPF 98 Conference Proceedings*, Belfort, France, 1998.

[BOW 87] BOWES S.R., BULLOUGH R..I., "Harmonic minimisation in microprocessor controlled current fed PWM inverter drives", *IEE Proc*, vol. 134, n° 1, p. 25–41, 1987.

[DEL 90] DELOIZY M., Commande de machines asynchrones par un onduleur à thyristors GTO. Optimisation-Simulation-Implantation, PhD thesis, University of Reims Champagne-Ardenne, France, 1990.

[DEP 94] DEPERNET D., DELOIZY M., GOELDEL C., "Recherche de commandes MLI optimales pour onduleurs de tension de moyenne et grande puissance", *Journées FIRELEC,* Grenoble, France, 1994.

[DEP 95] DEPERNET D., Optimisation de la commande d'un onduleur MLI à trois niveaux de tension pour machine asynchrone, PhD thesis, University of Reims Champagne-Ardenne, France, 1995.

[DHE 94] DHERS J., "Les ensembles grosses machines électriques, convertisseurs et commande : applications industrielles", *RGE*, n° 8, p. 17–26, 1994.

[FAU 93] FAUCHER J., "Quelques aspects de la modulation de largeur d'impulsions", *Journées de l'enseignement de l'électrotechnique,* organized by SEE and MAFPEN, Ecole supérieure d'électricité, Gif-sur-Yvette, France, 1993.

[GOD 90] GODFROID H., MATUSZAK D., MIRZAIAN A., "La modulation de largeur d'impulsions, applications industrielles. Algorithmes optimises pour MLI et contrôle vectoriel de moteurs asynchrones de moyenne et grande puissance", *Journées SEE*, Lille, France, 1990.

[GOL 98] GOLLENTZ B., POULIQUEN J., BAERD H., "Intérêt industriel des convertisseurs multiniveaux.", *EPF 98*, p. 399–404, Belfort, France, 1998.

[LAN 00a] LANFRANCHI V., DEPERNET D., GOELDEL C., "Mitigation of induction motors constraints in ASD applications", *35th IEEE Industry Applications Society Annual Meeting*, IEEE IAS 2000, proceedings published on CD-ROM, Rome, Italy, 2000.

[LAN 00b] LANFRANCHI V., Optimisation de la commande en vitesse variable des machines asynchrones. Conception d'une méthode de filtrage actif optimisé, PhD thesis, University of Reims Champagne-Ardenne, 2000.

[LAN 04] LANFRANCHI V., DEPERNET D., "Amélioration de la commande des machines asynchrones en vitesse variable. Conception d'une méthode de filtrage actif optimisé", *Revue internationale de génie électrique*, vol. 7, n° 1–2/2004, p. 133–162, 2004.

[LIU 95] LIU H.L., CHO G.H., PARK S.S., "Optimal PWM design for high power three-level inverter through comparative studies", *IEEE Trans. Power Electron.*, vol. 10, n° 1, p. 38–47, 1995.

[LOU 96] LOUIS J.P., BERGMANN C., "Commande numérique des machines – Systèmes triphasés : régime permanent", *Techniques de l'ingénieur*, D3642, 1996.

[LUK 08] LUKIC S.M., CAO J., BANSAL R.C., RODRIGUEZ F., EMADI A., "Energy Storage Systems for Automotive Applications", *IEEE Trans. Ind. Electron.*, vol. 55, n° 6, p. 2258–2267, 2008.

[MAC 95] MACHMOUM M., BRUYANT N., LE DOEUFF S., "A practical approach to harmonic current compensation by a single-phase active filter", *EPE 95*, vol. 2, p. 505–510, Seville, Spain, 1995.

[NAS 94] NASTRAN J., CAJHEN R., SELIGER M., JEREB P., "Active power filter for nonlinear AC loads", *IEEE Trans on Power Elec*, vol. 9, n° 1, p. 92–96, 1994.

[OGA 98] OGASAWARA S., AYANO H., AKAGI H., "An active circuit for cancellation of common-mode voltage generated by a PWM inverter", *IEEE Trans. on Power Elec.*, vol. 13, n° 5, p. 835–841, 1998.

[OLE 02] OLESCHUK V., BLAABJERG F., "Three-level inverters with common mode voltage cancellation based on synchronous pulsewidth modulation", *IEEE PESC 02*, vol. 2, p. 863–868, 2002.

[OWE 98] OWEN E.L., "A history of harmonics in power systems", *IEEE Ind Appl Magazine*, vol. 4, n° 1, p. 6–12, 1998.

[PAT 73] PATEL H.S., HOFT R.G., "Generalized techniques of harmonic elimination and voltage control in thyristor inverters: Part 1 - harmonic elimination", *IEEE Trans on Ind Appl*, vol. IA-9, n° 3, p. 310–317, 1973.

[PAT 74] PATEL H.S., HOFT R.G., "Generalized techniques of harmonic elimination and voltage control in thyristor inverters: Part 2 - voltage control techniques", *IEEE Trans on Ind. Appl*, vol. IA-10, n° 5, p. 666–673, 1974.

第 5 章 Δ-Σ 调制

5.1 引言

Δ-Σ 调制（DSM）是一种电压控制策略，可以用于任何种类的 DC-DC 或 DC-AC 变换器（斩波器、单相逆变器或三相逆变器）的开环或闭环模式，它用起来比较容易且可靠。

它的基本原理是"非同步"，换句话说就是基于一个变化的开关频率，但是变化是在一个固定的开关频率附近进行的。对于三相逆变器，它特别适合基于矢量的控制。

这个 Δ-Σ 策略最初出现在电信应用领域，并得益于 ASIC VLSI 集成电路的发展。

在电力电子领域，该策略在单相和三相变换器获得了各种研究[KHE 88,MER 92,UHR 95,VIL 90]，它也与谐振变换器的发展联系在一起。

5.2 单相 Δ-Σ 调制原理

在"砰砰"电流控制（也称为"滞环控制"）中，一个参考电流值 $i^*(t)$ 与从负载中检测到的实际电流 $i(t)$ 进行比较，如图 5.1 所示。电流误差值 $\delta i(t)$ 被用作一个"滞环控制"比较器的输入，其输出为变换器的开关给出指令信号。

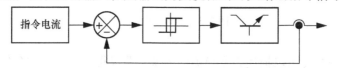

图 5.1 "砰砰"电流控制原理

电流误差被比较器及其"滞环"限制在两个固定的门限之间。负载不可避免的感性特性引入了一个"积分效应"并限制了开关频率，如图 5.2 所示。

对于电压控制，完全一样的方法不能够工作，因为参考电压 $V^*(t)$ 连续变化，而变换器所产生的电压 $V_S(t)$ 只能是离散值（例如在两电平逆变器中为 $+U$ 和 $-U$），如图 5.4 所示。瞬时电压误差 $\Delta = V^* - V_S$ 将永远不会等于零。为了获得与滞环电流控制类似的特性，必须模仿"积分效应"的负载。

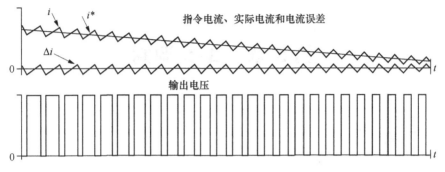

图 5.2　用于说明"砰砰"电流控制的波形

这点可以比较简单地通过利用积分电路获得。瞬时电压误差 Δ 永远不能被消除但是累积误差可以得到限制，即通过确保误差 Δ 的积分 Σ 保持非常接近零来实现，这便引入了 Δ-Σ 策略。

式(5.1)给出了算法

$$\Sigma = \frac{1}{\tau} \int_0^t \Delta \cdot \mathrm{d}t = \frac{1}{\tau} \int_0^t (V^* - V_S) \cdot \mathrm{d}t \qquad (5.1)$$

其值通过滞环比较器保持在两个门限 $+/-S$ 之间。

5.2.1　开环或闭环操作

这里所描述的 DSM 是一个使输出电压跟踪输入参考信号的方法。它工作在闭环模式，如图 5.3 所示。

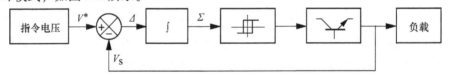

图 5.3　闭环 DSM 原理

一个开环配置可以描述为变换器的模型，假设得到的参考指令信号是完全反映在真实的输出电压上的。

这种方法的控制框图如图 5.5 所示。

5.2.2　频率特性

考虑到一个逆变器的两个电平 $+U$ 或 $-U$，假设比较器的转换门限是 $\pm S$，积分时间常数为 τ，并且参考电压 V^* 为恒值。

如果在 $t=0$ 时刻，输出 V_S 为 $-U$，则误差 Δ 为 $(V^* + U)$，并且积分值 Σ 增加，如图 5.6 所示。

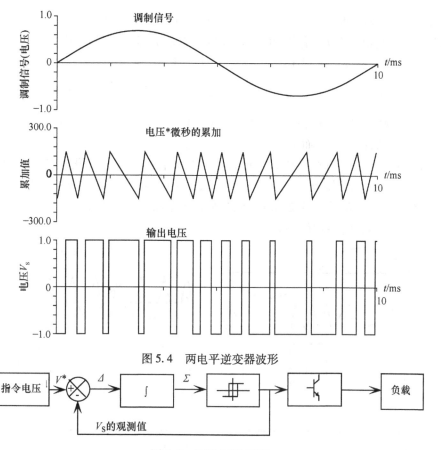

图 5.4　两电平逆变器波形

图 5.5　开环 DSM 原理

当积分 Σ 达到门限 S 时，输出 V_S 切换到 U 使得 Σ 值下降。非常容易确定输出电压为 U 的持续时间 t_+ 和输出电压为 $-U$ 的持续时间 t_-。

进一步在输出电压上的开关动作将在误差积分值达到 $-S$ 时发生，记为

$$(V^* - U)\frac{t_+}{\tau} = -2S \qquad (5.2)$$

以及

$$(V^* + U)\frac{t_-}{\tau} = 2S \qquad (5.3)$$

由此可以推出开关频率

$$F_c = \frac{1}{t_+ + t_-} = \frac{U}{4\tau S}\left(1 - \frac{V^{*2}}{U^2}\right) = F_0(1 - M_m^2)$$

$$(5.4)$$

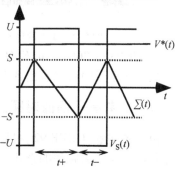

图 5.6　DSM 波形

84

其中，$F_0 = U/(4\tau S)$ 是参考电压 $V^* = 0$ 时的开关频率；$M_m = V^*/U$ 是"调制深度"。瞬时换相频率 F_c 是参考电压的函数。它从 F_0 到 0 之间变化。

当控制信号按正弦规律缓慢变化时（$M_m = M\sin(\omega t)$，$0 \leqslant M \leqslant 1$）

$$F_c(t) = F_0(1 - M^2 \cdot \sin^2(\omega t)) = F_0\left(1 - \frac{M^2}{2} - \frac{M^2}{2}\cos^2(2\omega t)\right) \quad (5.5)$$

开关频率在参考信号的一个周期的平均值为 $F_{cavg} = F_0 \cdot (1 - M^2/2)$。它会随着参考信号的幅值增加而下降。

F_c 在一个周期内不是常数，它会在一个显著的范围内变化，其结果是它的频谱在 DSM 中比传统基于载波的 PWM（通常所说的自然采样 PWM）更宽。

图 5.7 所示为利用 Δ-Σ 策略和自然采样方法得到的电压 V_S 的频谱，$M = 0.7^{\ominus}$，开关频率的平均值相等。

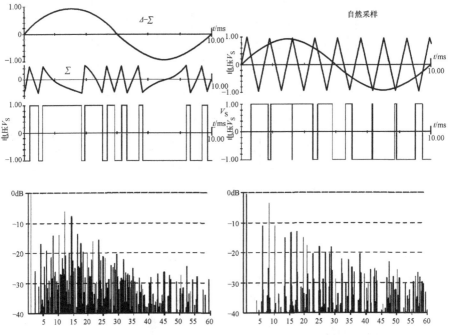

图 5.7　Δ-Σ 策略和自然采样方法得到的电压 V_S 的频谱比较
（$M = 0.93S = 206V \cdot \mu s F_c/F_m = 8.31$）

从这些结果中可以看出 Δ-Σ 策略导致了更宽的频谱。

5.2.3　参考信号幅值对频谱的影响

由参考文献[GREE 92]可以看出频谱特性是由许多条直线表示的，这些直线是整数与平均开关频率的乘积。当参考幅值增加时，平均频率减小但是瞬时频率

$\ominus$　应为 0.93。

变化的范围变大。其结果是显著的边频带的范围和幅值增加。因此不同平均频率乘积的边频带会产生重叠。

5.2.4　指令信号频率对频谱成分的影响

由参考文献[FRI 85，FRI 87，RAP 93，VIL 90、VIL 93]可以看出当变换器的开关频率受到限制时，Δ-Σ策略特别有效。众所周知，当利用自然采样或者规则采样策略时，调制波频率与载波频率之间的波比 R 必须高于 10 以避免出现具有拍频效应的子谐波。在这个限制以下，载波和调制波必须同步以使这个效应最小化。如果使用同样性能的非同步 Δ-Σ 策略，则该系统的平均开关频率将非常低。

图 5.8 所示为利用两种策略（Δ-Σ 策略和自然采样策略）作为平均开关频率的函数，对不同的调制深度 M 获得的不同谐波（权值为 $1/n$）比值。

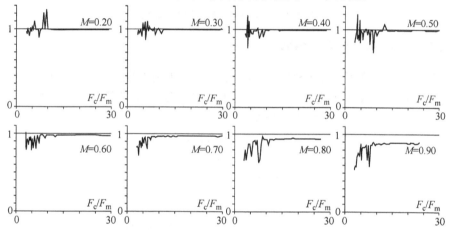

图 5.8　Δ-Σ 策略和自然采样策略获得的谐波（权值为 $1/n$）比值

可以看出这个比值提供了支持 Δ-Σ 策略的证据，特别是对于大调制深度 M 和低开关频率。

5.2.5　窄脉冲的缺失

Δ-Σ 策略有个有趣的优点，即两个开关操作的间隔不会低于最小值，该值由所选的门限值 S 确定。

因此不会遇到由于发出窄脉冲所发生的相关问题，这些问题与一些部件的低开关速度不协调。

5.2.6　决策要素

在 Δ-Σ 策略原理的讨论中，假设滞环比较器的使用可以使 Σ 接近零。或多或少复杂性的其他解法可以被构想出来用于处理基于当前 Σ 值的变换器开关决策。一个比较通行的描述是"决策要素"。

例如，在单相三电平调制器中，如图 5.9 所示的决策要素可以被使用。

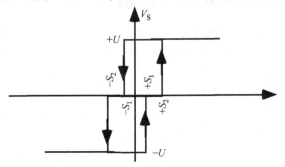

图 5.9　三电平逆变器的决策函数

5.2.7　非对称与对称 DSM

我们已经见到了单相 DSM 与基于载波的 PWM 频谱特性的不同。平均开关频率可以随滞环门限而变化，它依赖于决策要素的复杂程度[FRI 86]，并将随参考信号幅值变化，这被称为"非同步 DSM"。

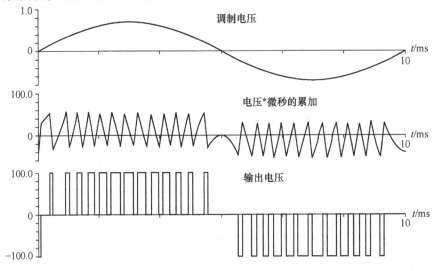

图 5.10　三电平逆变器相关波形图

有些变种其换相是同步的以便能够使开关频率固定[CHR 88, GRE 88]。这被称为"同步"DSM。

有一个同步方法的例子，如图 5.11 所示，在误差信号中加入方波载波，可以被用于人为地增加或者降低误差的幅值，这个改变导致输出电压幅值的变化，并强迫开关动作。

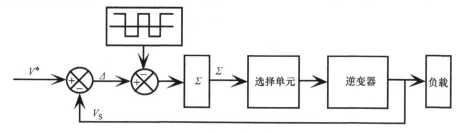

图 5.11　DSM 的同步

这个额外的成分相当于在积分之后加入了一个三角载波，因此可以形成一个闭环调制策略，如图 5.12 所示。

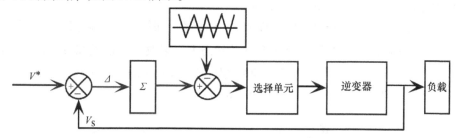

图 5.12　等价的 PWM 调制

5.3　三相情况：矢量 DSM

在一个三相逆变器中，三相电压 v_R、v_S 和 v_T 显然可以被单独控制，利用三个指令 v_R^*、v_S^* 和 v_T^*，通过前面所描述的 Δ-Σ 策略轮流控制每个电压。

一个更加通用的空间矢量方法使三个开关单元之间更加协调。

考虑到三桥臂逆变器的情况，将同时驱动三个桥臂，当使用空间矢量调制时，用 6 个有效矢量和 2 个零矢量，如图 5.13 所示。实现这一策略包括产生一个矢量 $\vec{V}_S$ 代表 8 个可能位置并且将"接近"指令矢量 $\vec{V}^*$。

DSM 扩展到这个矢量的方法包括用电压指令矢量 $\vec{V}^*$ 和输出电压矢量 $\vec{V}_S$ 的概念代替指令和输出电压。这个方法称为"矢量 DSM"，如图 5.14 所示。

在每个计算的时间步长中，换句话说就是在每个采样周期 t_n 中，电压指令矢量 $\vec{V}^*$ 与输出电压矢量 $\vec{V}_S$

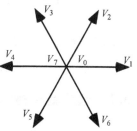

图 5.13　空间矢量

88

相比较。

令 $\vec{\Delta} = \vec{V}^* - \vec{V}_S$ 为电压误差矢量并且 $\vec{\Sigma}$ 是关于时间的积分

$$\vec{\Sigma} = \frac{1}{\tau}\int_0^t \vec{\Delta} \cdot \mathrm{d}t = \frac{1}{\tau}\int_0^t (\vec{V}^* - \vec{V}_S) \cdot \mathrm{d}t \tag{5.6}$$

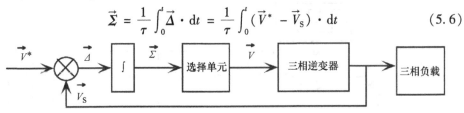

图 5.14 矢量 DSM

我们将用 $\vec{V}_{Sn}$、$\vec{\Delta}_n$ 和 $\vec{\Sigma}_n$ 表示 t_n 时刻的 $\vec{V}_S$、$\vec{\Delta}$ 和 $\vec{\Sigma}$。

当 $\vec{\Sigma}$ 的模增加时，它表明系统的误差得到了累加。这个策略的目的是确保累加误差保持尽量小，如图 5.15 所示。

因此需要为 $\|\vec{\Sigma}\|$ 选择最大的允许值 S。如果在 t_n 时刻，$\|\vec{\Sigma}\|$ 超过这个门限 S，则矢量 $\vec{V}_S$ 被从前一个状态 $\vec{V}_n$ 切换到新的状态 $\vec{V}_{n+1}$ 以改变 $\vec{\Delta}$ 的模和方向，因此它的积分 $\vec{\Sigma}$ 的模将减小。由于有对 $\vec{\Sigma}$ 的模的限制，因此它的顶点将在一个圆(C)的内部运动，其半径等于门限 S，如图 5.16 所示。

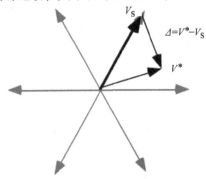

图 5.15　指令矢量 $\vec{V}^*$ 和
误差矢量 $\vec{\Delta}$

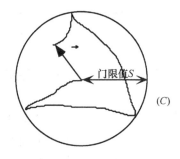

图 5.16　在参考圆(C)内的矢量
$\vec{\Sigma}$ 顶点的运动

此时仍然需要定义一个适当的策略从可用的电压矢量 $\vec{V}_i(0 \leqslant i \leqslant 7) \neq \vec{V}_n$ 中选择新的状态 $\vec{V}_{n+1}$，以便保证 $\vec{\Sigma}$ 的顶点在(C)的内部。

5.3.1　选择新矢量的判据

如果目标是降低开关频率，则最好选择 $\vec{V}_i$ 使误差积分矢量 $\vec{\Sigma}$ 的顶点在参考圆(C)中移动得越慢越好。

考虑采样时刻 t_n，$\|\vec{\Sigma}\|$ 刚移动到 S 外。矢量 $\vec{\Sigma}$ 的顶点被观测到在圆(C)外的 M_n 点，如图 5.17a 所示。

对每个可能的状态，$\vec{V}_{n+1} = \vec{V}_i$ 的误差矢量 $\vec{\Delta}_i$ 可以进行计算，如图 5.17b 所示。很明显不是所有的可选状态都将 $\vec{\Sigma}$ 带回参考圆之内。为了带回圆内，标量积 $\vec{\Delta}_i \cdot \vec{\Sigma}_n$ 必须为负。

为了计算从 t_n 到下次开关动作时刻 t_m 之间的间隔 Δt，需要知道指令信号将如何变化。对于一个输出正弦波电压的逆变器，$\vec{V}^*$ 的演化是已知的，它的模和它的角速率是常数。这样就可以准确计算 $\Delta t = t_m - t_n$。在多数情况下，特别是对于利用矢量控制异步电动机的变换器，根本不知道矢量如何演化并且只能进行大概的计算，即假设指令电压 $\vec{V}^*$ 将与 t_n 时刻的值相同($\vec{V}_n^*$ 除非进一步说明)。

如果做出这一假设，误差 $\vec{\Delta}_i$ 是常数并且 $\vec{\Sigma}$ 的顶点沿直线轨迹运动，则当选择矢量 $\vec{V}_6$ 时这个直线在 M_m 点穿过参考圆，如图 5.17c 所示。

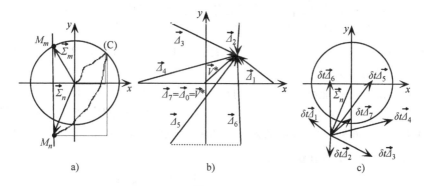

图 5.17

a) 误差矢量的位置　b) 所有可能的误差矢量的确定　c) 误差积分矢量的估计

矢量 $\vec{\Sigma}_n$ 和 $\vec{\Delta}_i$ 的组成为

$$\vec{\Sigma}_n = \begin{pmatrix} \sigma_{nx} \\ \sigma_{ny} \end{pmatrix} \tag{5.7}$$

以及

$$\vec{\Delta}_i = \begin{pmatrix} \partial_{ix} \\ \partial_{iy} \end{pmatrix} = \begin{pmatrix} V_{nx}^* - V_{ix} \\ V_{ny}^* - V_{iy} \end{pmatrix} \tag{5.8}$$

因此可以写出

$$\vec{\Sigma}_m = \vec{\Sigma}_n + \int_{t_n}^{t_m} \vec{\Delta} \cdot \mathrm{d}t = \vec{\Sigma}_n + \vec{\Delta} \cdot \Delta t \tag{5.9}$$

但是在 t_m 时刻

$$t_m, \quad \|\vec{\Sigma}\| = S \tag{5.10}$$

这得出了如下的二阶方程：

$$S^2 = (\sigma_{nx} + \partial_{ix}\Delta t)^2 + (\sigma_{ny} + \partial_{iy}\Delta t) \tag{5.11}$$

其唯一的解具有以下形式：

$$\Delta t = \frac{-\vec{\Delta}_i \cdot \vec{\Sigma}_n + \sqrt{D_{iS}}}{\|\vec{\Delta}_i\|^2} \tag{5.12}$$

其中，D_{iS} 是该方程的判别式：

$$D_{iS} = S^2 \cdot (\partial_{ix}^2 + \partial_{iy}^2) - (\sigma_{nx} \cdot \partial_{iy} - \sigma_{ny} \cdot \partial_{ix})^2 \tag{5.13}$$

当然，只有 $D_{iS} \geqslant 0$ 时解才存在。当解不存在时，说明直线 D 没有穿过圆(C)。总结一下，有两个不等式：

1）$\vec{\Delta}_i \cdot \vec{\Sigma}_n < 0$ 确保 M 的方向将指向圆心而不是圆外；

2）$D_{iS} > 0$ 确保 M 将进入圆的内部。

在所有可能的状态 $\vec{V}_{n+1} = \vec{V}_i$ 中考虑能够导致返回圆(C)的状态，并且选择状态相关的 Δt_i 值最大时的那个 Δt 状态。

有些情况没有新的状态能够使 M 指向返回圆(C)的内部，换句话说是由于 $D_{iS} < 0$ 等式没有实数解。

这种情况下选择能够将 M 点移动到圆附近的状态也是可以接受的。

目标不是使 Δt 最大，而是使期望误差在下一时间周期内最小，换句话说即最小化 $\|\vec{\Sigma}_{n+1}\|$（如图 5.18 所示的例子，没有状态能够将 M 带回参考圆内部，但是矢量 $\vec{\Delta}_3$ 可以将 M 带到距离圆最近）。

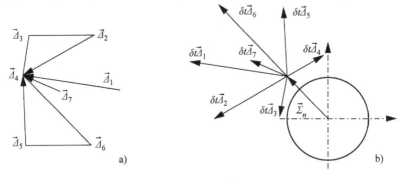

图 5.18　在一步之内不能回到圆内部的情况

a）确定所有可能的误差矢量　b）在一步之内不能回到圆内部的情况

用于确定逆变器状态的算法如下：

如果 $\|\vec{\Sigma}_n\| \geqslant S$，则：

1）对所有状态从 $i = 0$ 到 7，检测是否 $\vec{\Delta}_i \cdot \vec{\Sigma}_n < 0$；

2）所有的状态适合 $D_{iS} > 0$，选择一个 Δt 最大的状态；

3）如果没有状态满足 $D_{iS} > 0$，则选择一个 $\|\vec{\Sigma}_{n+1}\|$ 最小的状态。

在图 5.19 所示的例子中，负载是一个三相平衡三角形接法的 RL 负载，其时间常数是 3ms，控制频率是 50Hz。

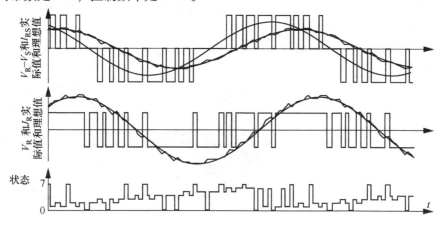

图 5.19　利用矢量 Δ-Σ 策略获得的波形

图 5.19 显示了：

1）逆变器输出一个单相电压 V_R；

2）一个合成线电压 $V_{RS} = V_R - V_S$；

3）一个负载中的相电流 I_{RS}；

4）一个线电流 J_R；

5）逆变器的连续状态 0~7。

仿真的准确状态在图中已经详细给出。这个基本算法中的多个变量可以分析出来。这里有几个例子：

1）当估计 Δt 时，可以假设指令信号保持静止或者按照正弦变化；

2）当决策需要改变状态时，可能要等待直到门限被穿越或者可以预测它，换句话说就是预测出如果不改变状态就会超过门限。如果在这种情况下，则确定逆变器的新状态的算法被用于保持矢量 $\vec{\Sigma}$ 的顶端在参考圆内；

3）当必须选择零矢量作为新状态时，有两种可能，状态 $0(0, 0, 0)$ 或者状态 $7(U, U, U)$。这个可以用来调整平均电压或者中点电压。这个额外的自由度特别适用于三电平逆变器；

4）当选择一个新矢量时，要考虑所有可能的状态，或者选择与电流矢量相邻的矢量，或者选择只需要改变一个桥臂开关状态的矢量。

对于这里的每一个波形，都叠加了系统产生的实际值和理想值，即如果可以输出连续变化的电压并准确跟踪参考值所得到的波形。

将矢量参数可视化后这个策略的优点变得更加明显。

矢量 $\vec{\Sigma}$ 的模(见图 5.20b)确实并不总是在门限 S 之下。实际电流矢量 $\vec{I}$(见图 5.20a)非常接近其理想值。图 5.20c 非常有趣，因为它显示了 $1/\tau \int_0^\tau \vec{V} \cdot \mathrm{d}t$ 等效电动机磁链。这就是一个变换器驱动的电动机中磁链矢量的旋转情况。图 5.21 所示为负载是一个异步电动机的星形接法。

这些图显示了实际的和理想的线电压 $V_{RS} = V_R - V_S$，一个电动机的相电压 $U_R = V_R - V_N$，相电流和转矩。

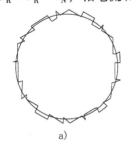
a)

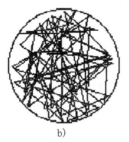
b)

c)

图 5.20

a) 实际和理想电流矢量演化轨迹

b) 实际和理想 $\vec{\Sigma} = \dfrac{1}{\tau}\int_0^\tau \vec{\Delta}\mathrm{d}t = \dfrac{1}{\tau}\int_0^\tau [\vec{V}^* - \vec{V}_S]\mathrm{d}t$ 值演化轨迹

c) 实际和理想 $\vec{\Phi} = \dfrac{1}{\tau}\int_0^\tau \vec{V} \cdot \mathrm{d}t$ 值演化轨迹

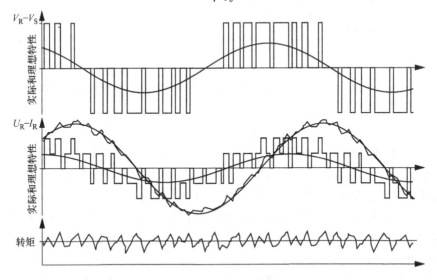

图 5.21 异步电动机波形

转矩变化比较小，如图 5.22 所示。它们非常依赖于电动机参数，当然不能完全由参数确定，但是可以与不同的策略进行比较。矢量值的演化轨迹与前面的情况类似。

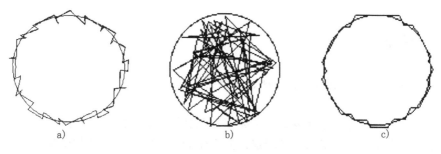

图　5.22

a）实际和理想电流矢量演化轨迹　b）实际和理想 $\vec{\Sigma}$ 矢量演化轨迹

c）实际和理想 $\vec{\Phi} = \dfrac{1}{\tau} \int_0^\tau \vec{V} \cdot \mathrm{d}t$ 值演化轨迹

5.3.2　三电平三相逆变器

本章所描述的矢量 DSM 的原理同样可以扩展到多电平逆变器中。

图 5.23 所示为三电平逆变器的情况，其中 V_S 矢量的可能数量为 27。

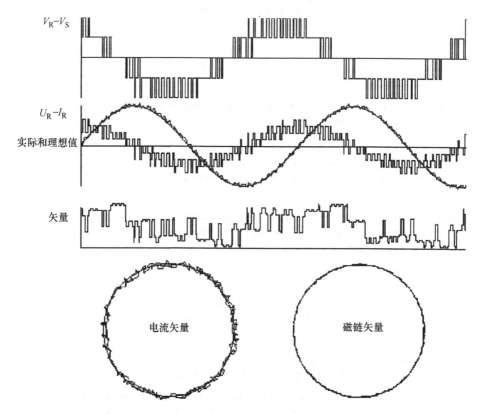

图 5.23　用于三电平电压型逆变器的 Δ-Σ 策略

5.4　总结

Δ-Σ 策略是一个电压控制方法，主要特性是：

1）鲁棒性；

2）适用于主要目标是限制开关频率和调制信号频率之比的情况；

3）开关频率可以变化或者固定，而变化的开关频率可以使频谱加宽；

4）可以工作在闭环或者开环模式；

5）适应一系列变换器（斩波器、单相逆变器、两电平或多电平三相逆变器等）的电压控制。

5.5　参考文献

[CHR 88] CHRISTIANSEN C.F., VALLA M.I., RIVETTA C.H., "A synchronization technique for static delta-modulated PWM inverters", *IEEE Transactions on Industrials Electronics*, vol. IE-35, n° 4, 1988.

[FRI 85] FRIEDRICH G., VILAIN J.P., "Conception de convertisseurs électroniques de puissance ; possibilité de l'amplificateur à découpage utilisant les transistors bipolaires", *Journées d'études : l'électronique de puissance du futur. In Proc.*, vol. 11, p. 1–11, Grenoble, France, 1985.

[FRI 86] FRIEDRICH G., Stratégies à retour instantané, PhD thesis, Compiègne University of Technology, France, 1986.

[FRI 87] FRIEDRICH G., VILAIN J.P., "A comparison between two PWM strategies : natural sampling and instantaneous feedback", *Proceeding of Second European Conference on Power Electronics and Applications*, vol. 1, p. 281, Grenoble, France, 1987.

[GRE 88] GREEN T.C., SALMON J.C., WILLIAMS B.W., "Investigation of delta modulation spectra and of sub-harmonic elimination techniques", *IEEE PESC Conf. Rec.*, p. 290–297, Kyoto, Japan, 1988.

[HOB 04a] HOBRAICHE J., VILAIN J.P., CHEMIN M., "A comparison between pulse width modulation strategies in terms of power losses in a three-phased inverter - application to a starter generator. European power electronics", *Power Electronics and Motion Control 2004*, Riga, Latvia, 2004.

[HOB 04b] HOBRAICHE J., VILAIN J.P., PLASSE C., "Offline optimized pulse pattern with a view to reducing DC-link capacitor - application to a starter generator", *IEEE Power Electronics Specialists Conference 2004*, Aachen, Germany, 2004.

[HOB 06] HOBRAICHE J., VILAIN J.P., "Increasing reliability and compactness of an inverter dedicated to a starter generator application by the PWM strategy.MIT/ Industry", *Consortium on Advanced Automotive Electrical/Electronic*

Components and Systems Meeting, Paris, France, 2006.

[KHE 88] KHERALUWALA M.H., DIVAN D.M., "Optimal discrete pulse modulation for resonant link inverters", *IEEE-PESC Conference Record*, p. 567–574, 1988.

[LES 95] VILAIN J.P., LESBROUSSART C., "Une nouvelle stratégie de Modulation du Vecteur d'Espace pour un onduleur de tension triphasé : la modulation Delta-Sigma vectorielle", *Journal de physique III*, p. 1075–1088, 1995.

[LES 96] VILAIN J.P., LESBROUSSART C., "Criteria for the evaluation of three-phase PWM strategies in the case of vectorial approach", *Conf of PEMC'96, 7th International Power Electronics and Motion Control Conference and Exhibition*, Budapest, Hungary, 1996.

[LES 97] LESBROUSSART C., Etude d'une nouvelle stratégie de modulation de largeur d'impulsions pour un onduleur de tension à deux ou trois niveaux : la modulation Delta-Sigma vectorielle, Thesis, Compiègne University of Technology, 1997.

[MER 92] MERTENS A., "Performance analysis of three phase inverters controlled by synchronous delta modulation systems", *IEEE-IAS Conference Record*, p. 779–788, Houston, Texas, USA, 1992.

[RAP 93] Study report for Bouyer Ltd, Procédé de commande d'un onduleur de tension polyphasé, Patent n° 87-09861, 1993.

[UHR 95] UHRIN R., PROFUMO F., "Analysis of spectral performance of resonant DC link inverter controlled by Delta-Sigma modulation", *Proc. EPE'95*, vol. 3, p. 760–764, Seville, Spain, 1995.

[VIL 90] VILAIN J.P., FRIEDRICH G., "Stratégie de modulation de largeur d'impulsions à faible fréquence de commutation et générant peu d'harmoniques de rang faible", *Revue scientifique et technique de la défense*, 1990.

[VIL 93] VILAIN J.P., FRIEDRICH G., Patent N_87-09 861: Procédé et dispositif de modulation d'impulsions, 1993.

第 6 章　随机调制策略

6.1　引言

前几章所介绍的所有脉宽调制(PWM)策略都是确定的,它们有固定的载波频率(或者开关频率 F_d),并且占空比被计算出来,用于得到施加给负载的电压在开关周期 $T_d = 1/F_d$ 的平均值,使这个平均电压能够匹配控制器(例如同步电动机或者异步电动机矢量控制的转矩/转速控制环)输出的参考值。在正弦工作的稳态情况下,即控制一台电动机转速恒定时,可以计算出这些调制方式的精确频谱。然而,这些谱线出现在整数与开关频率乘积附近,对一些应用来说会产生干扰问题。开关所产生的问题可以分为两类[BEC 00]:

1)与传导或辐射相关的电磁干扰,这是电磁兼容性(Electro Magnetic Compatibility, EMC)的两个方面;

2)机械扰动问题,诸如转矩脉动和由静止变流器所引起的振动干扰。

这两类麻烦的问题有一个共同的根源:施加给电动机的电压波形的频谱。需要注意的是 EMC 不受电动机在电和磁领域需要考虑的限制,但它可以影响电动机的机械寿命。的确,传导干扰的传播,由变换器传给电动机称为"共模干扰",主要产生于支撑电动机旋转的轴承,这些电流会损坏轴承中的滚珠并导致过早的电动机机械磨损[LAN 00, MAC 99]。

随机调制策略通过所谓的"展布频谱"效应降低了这些干扰。有各种随机PWM 技术产生这种展布频谱效应。本章将说明这些技术在变换器控制电动机中使用的声振效果。这将能够描述最新技术,讨论适当的判据比较,找出文献中各种随机调制方法的相似处。

6.2　展布频谱技术及其应用

展布频谱技术最早出现在第二次世界大战之前,主要用于通信应用领域[BAT 88],在一些特殊的军事应用中保护通信不被探测并且改进阻塞和自然干扰的阻抗。后来这项技术推广到了其他领域,不论军用(卫星导航:GPS、GIONASS)还是民用(局域无线网:Wi-Fi)。就能量而言,展布频谱技术建立在时间和频率单一的联系上,如帕塞瓦尔(Parseval)定量所表达的[也称为瑞利(Rayleigh)能量定理]。

$$E = \int_{-\infty}^{+\infty} \left| x(t) \right|^2 \mathrm{d}t = \int_{-\infty}^{+\infty} \left| X(f) \right|^2 \mathrm{d}f \qquad (6.1)$$

其中，E 是时间信号 $x(t)$ 的能量，其傅里叶变换是 $X(f)$。展布频谱技术的根本目的是将给定信号的能量通过调制分布在与该信号前后，与同样能量所分布的频带相比更宽的频带上，如图 6.1 所示。

图 6.1　利用展布频谱技术展宽频带

人们很自然地想到通信领域的这个工具也可以用于电力电子技术应用以解决由静止变流器中开关动作所带来的干扰问题。

展布频谱技术通常引入一个随机（或者至少是伪随机）量。数字信息的传送利用伪随机二进制序列（Pseudo-Random Binary Sequence，PRBS）发生器，该发生器基于移位寄存器，通过一个适当的逻辑序列进行反馈，如图 6.2 所示。

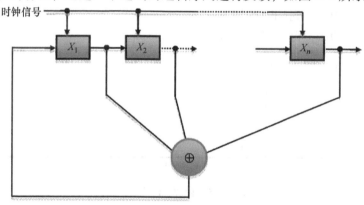

图 6.2　PRBS 的产生

因此这个展布频谱技术被人们考虑用于电力电子领域。从历史上看，最早的实现是 1969 年由贝尔实验室克拉克（Clarke）完成的[CLA 69]。在这个应用中变换器中的固态开关由于其巨大的 $\mathrm{d}i/\mathrm{d}t$ 和 $\mathrm{d}v/\mathrm{d}t$ 使得它成为一个重要的干扰源。如前所述，这些干扰不仅导致附件的电气或电子设备失效，而且也会引起噪声和振动。机械部件和电路会潜在地产生谐振，并且这些谐振的频率人们通常了解得不全面或者会不断变化，是一个时间的函数。任何能够降低这些干扰能量的技术，尽管不能避免，但可以将其展布在一个较宽的频率范围，都将会降低对附近设备或者由速度控制器控制的电动机噪声所产生的最终影响。调制策略的随机类型，用于产生频谱的拓宽，可以构成 6.3 节所描述的不同种类，6.3 节给出了目前文献和工业中应用相当广泛的最先进方法。

98

6.3　随机调制技术介绍

6.3.1　PWM 的确定性基础

PWM 的基本原理在第一章中已经介绍过基于载波的策略。这个技术基于一个指令与一个载波的比较，该指令可以是一个连续变化的量或者一个在每个时间周期 T_d 起始点的采样（并保持），而载波通常为以下形式之一：

1）递增的锯齿波（Ⅰ）；
2）递减的锯齿波（Ⅱ）；
3）对称的三角波（Ⅲ）。

这些经典的形式可以用统一载波 $p(t)$ 所描述，如图 6.3 所示。

可以看出：

1）当 $\beta=1$，得到（Ⅰ）的情况；
2）当 $\beta=0$，得到（Ⅱ）的情况；
3）当 $\beta=0.5$，得到（Ⅲ）的情况；

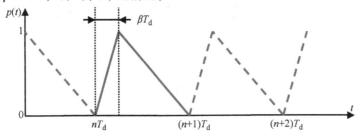

图 6.3　统一载波（不对称载波）

如果考虑指令 $v(t)$ 等于 V_n，通过写出相应逆变器桥臂的连接方程 $c(t)$ 在时间间隔 $[nT_d,(n+1)T_d]$ 内固定为 0 或者 1，当 $v(t)<p(t)$ 时为 0 否则为 1，则可以表示为

$$\langle c(t)\rangle_{[nT_d,(n+1)T_d]}=V_n \tag{6.2}$$

如果有且只有当 $p(t)$ 的概率密度在整个间隔（0，1）内是一致的，则这个特性三角载波可以满足。其他波形也可以满足这个条件但是三角形载波（对称或者不对称）的优点是在每个开关周期 T_d 能够保证有两次换相。随机 PWM 技术，自从 1980 年在科学文献中有所描述，大多依赖于图 6.3 所示的载波，其中的 β 和 T_d 两个参数是变化的，并且每个周期的选择是随机的。

6.3.2　变频率随机 PWM

当 T_d 变化并且 β 恒定时，就得到了随机载波频率 PWM（RCF-PWM）。调制器的结构通过载波发生器频率的简单变化而改变，压控振荡器(Voltage Controlled Oscillator, VCO)是最简单的一个解决方案。为了实现这类调制，需要每个周期在 VCO 的输入端提供一个不同的随机电压。不管技术的细节，本章将讨论这个功能的数字[LAN 03]或者模拟实现方法，可以比较简单地用一种相当灵活的方法实现，不论是用专门的电路还是用通用的可编程处理器。

6.3.3　随机脉冲位置 PWM

与 RCF-PWM(T_d 变化并且 β 恒定)相反的是随机脉冲位置 PWM(RPP-PWM)，数字化实现比模拟化实现要复杂很多。对于模拟实现方法的所有要求是测试任意模拟波形发生器，诸如低频信号发生器的波形，说明如何利用它们产生对称或不对称的三角形信号，并通过改变数值使其扭曲，最终形成一个递增或者递减的锯齿波。

6.3.4　三相逆变器中的随机 PWM

在三相逆变器中，前面章节中所介绍的这项技术可以在三相逆变器三个桥臂中使用完全相同的方法，但是也可以利用该技术使其随机成分与每个桥臂无关。这增加了实现随机 PWM 的复杂度，因为调制策略通常在单片机或 DSP 的控制之下，没有足够的自由度来实现这一解决方案。

另一方面，完全可能将随机成分引入第 2 章所讨论的基本三相调制策略：空间矢量调制。这章可以看到三相逆变器中，因为负载被认为是平衡的，所以在三相输出中注入一个零序分量不会对负载造成影响。尽管这种说法在低频时是正确的，但是在高频时远不是如此，并且可以很容易显示出在围绕载波频率倍数的频谱中心处零序分量的值是一个重要因素。作为结果，引入随机零序分量，如前所述的技术可以使频谱展宽。

就实际而言，这个解决方案的实现非常具有吸引力，因为它可以利用经典的基于载波 PWM，其中指令的有效组成有施加给负载的两相电压矢量以及一个由随机方式选择的零序分量。这一分量仍然受到逆变器的物理限制，因为当指令电压的幅值达到 PWM 控制器的饱和极限时，可以引入零序分量的余量就降低了。随机分量因此趋于一个不再增加的确定值，降低了拓展频谱的效应。注意到 RPP 技术由于饱和限制也会受到类似的影响，尽管只有变频技术不受影响，但即使这样，当波形到达电压最大值时开关动作也不再发生。

6.3.5　整体评价

如前所述的随机调制技术在逆变器提供给负载的电压波形中都产生了展宽频谱效应，这引起了电流频谱的改变。其结果是这些调制方法可以导致电磁干扰和声振的减弱效果大致相当。唯一的问题是在控制端：

1）用于随机变化的参数选择，即使用什么技术；

2）分布类型的选择，即均匀概率密度，高斯分布等。

这些参数因此决定了所选的实现硬件的特征：

1）带有片上 PWM 模块的单片机或者专用 DSP；

2）可编程逻辑器件（PLD），诸如 CPLD 或者 FPGA。

6.4　随机调制的频谱分析

6.4.1　电压频谱的影响

展布频谱方法的第一个影响就是电压。PWM 电压信号的时域表示方法区分自然采样调制（在固定频率下基于载波调制，没有拓展）和随机调制之间的不同。这就是为什么在图 6.4 中使用了频谱表示方法。第一个频谱来自自然采样 PWM（开关频率为 $f_d = 1800Hz$），另外两个来自随机频率调制，其平均频率相同

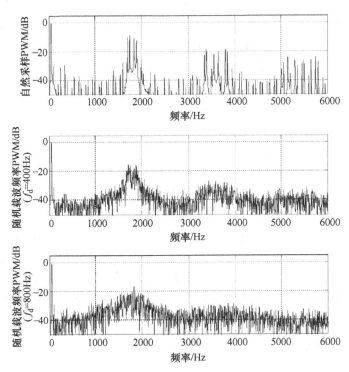

图 6.4　电压频谱

（1800Hz）。这两个频谱的区别是围绕平均频率 1800Hz 的瞬时频率变化量（$df =$ 400Hz 和 800Hz）。频谱谱线族出现在 1800Hz 及其整倍数附近，在自然采样 PWM 中，其整数倍处还能够看到频谱族，但是幅值有所下降并且分布在更宽的频带。频谱的展宽使主谱线降低了大约 10dB，这个影响随着频率变化的增加而变强；在 $df =$ 800Hz 情况下 1800Hz 附近的谱线族几乎完全被消除。可以看出在 1800Hz 附近的第一个谱线族内的最大幅值受这个频率变化影响变得平缓。

6.4.2　负载电流频谱的影响

实际三相异步电动机负载电流的频谱如图 6.5 所示。显示了自然采样 PWM（$f_d =$ 1800Hz）作为参考以及三个 PWM 方法使用随机开关频率在 1800Hz 周围变化，其频率变化值在平均频率附近为 $\delta f =$ 200，400，800Hz。由于电动机绕组的电感特性，频谱中的最高频率与电压频谱相比迅速减小。随机 PWM 的使用使这些谱线的幅值显著降低，如果采用合适的频率变化，有可能达到完全可以忽略的程度。

在 $\delta f =$ 800Hz 时，谱线族显著地变平坦，但是在第一族中仍然有 2 ~ 3 个谱线其幅值与 $\delta f =$ 400Hz 情况相同。当使用低平均开关频率时，频率变化的范围必须受到限制以便保持可以接受的载波比（开关频率与基波频率之比）。如果不这样，在一定瞬时频率下可能会导致太低的频率使调制方程无法准确表示，并且信号质量会受到损害。基于这两个原因，变化值 $\delta f =$ 400Hz 是个优化的选择，在后面的负载电流频谱研究中将使用这个参数。

6.4.3　直流母线电流影响

随机调制策略也会对给逆变器供电的直流母线电流具有展布频谱的作用。这个影响如图 6.6 中所示，是关于 RCF-PWM 的频谱。这些结果是从如下情况仿真得到的：经典基于载波的调制，每相均为正弦波调制，即没有加入零序分量，调制比固定为 0.9。逆变器的负载为一个简单的三相 RL 负载（$R = 0.7\Omega$，$L =$ 1mH），与固定开关频率基于载波 PWM 唯一的区别就是载波的类型不同。这个仿真使用一个正锯齿波载波固定平均频率 F_m 并且频率变化量为 δf。开关频率为 F_d，由此得到的开关周期 $T_d = 1/F_d$，在每个周期随机变化（$F_m - \delta f/2$，$F_m + \delta f/2$）。

图 6.6 所示为固定负载直流母线电压 $E = 42V$ 时的直流母线电流频谱，是从一系列不同的开关频率变化散布值 $\delta f/F_m$ 经过仿真得到的。可以看出，频谱在 $\delta f/F_m$ 较小的时候表现出显著的凸起，但是这些谱线在 $\delta f/F_m$ 增加时幅值降低，并且随着频谱展宽，这些频谱成分的幅值也随之降低。

因此可以看出随机 PWM 策略与在逆变器两侧，即直流母线和负载侧，对频谱影响相同。不仅如此，在文献中多数研究集中在交流侧，频谱展宽对直流母线研究较少。

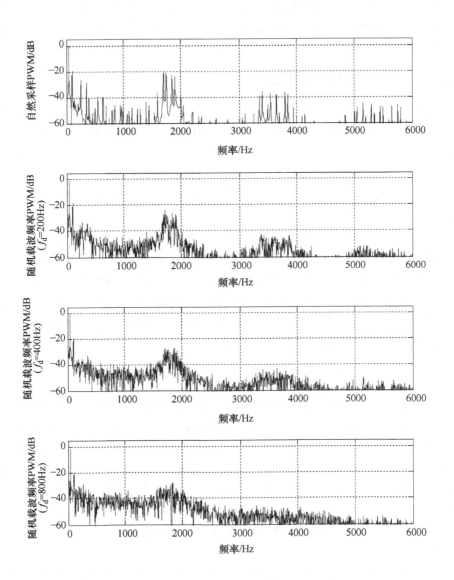

图 6.5　负载电流频谱

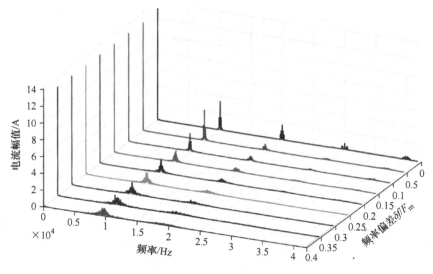

图 6.6　直流母线电流频谱

6.4.4　对电动机噪声和振动的影响

电动机的可闻噪声和振动是非常相关的两个效应，在某些应用中非常重要。在铁路驱动中，可闻噪声在城市轻轨是一个需要考虑的基本因素，对于多种噪声源，如机械和空气噪声的降低导致对电动机噪声更严格的限制[BES 07a, BES 08b]。同样地，在船舶推进应用中出于对乘客舒适性(民用)或者从噪声探测角度(军用，特别是潜艇)考虑，振动和噪声必须被控制。随着电动机功率的增加，噪声和振动的限制变得更加严格。电动机的直径是影响电动机噪声水平的主要参数；大功率意味着限制了开关频率并且导致了谐波的增加，从而引起振动。

就像 1.4.2 节所讨论的，所有种类的调制策略都会使负载电流含有丰富的谐波成分。结合绕组方程，这个电流将产生电磁力也将包含谐波成分，当这个电磁力结合气隙的磁导率方程，可以推出气隙电磁力包含一定范围的谐波，其幅值与齿槽结构和 PWM 方法有关。

麦克斯韦张量可以跟感应强度一起确定电动机机械机构上作用的径向力。定子是主要的噪声源，有研究表明通过定子机械特性可以确定它的振动模态，如图 6.7 所示，以及这些模态的谐振频率。如果存在电磁力和机械结构的模态耦合及频率耦合，即使电磁力幅值较低，谐振效应也会导致强烈的振动。如果振动的频率落入可闻频率范围，则它将引起难以忍受的噪声[BES 08a, LAN 06a]。

图 6.8 所示的实验装置可以用于研究异步电动机在各种 PWM 策略下的振动特性，该装置利用了德州仪器公司的 DSP 板。图 6.9 和图 6.10 所示为振动信号的时间变化和频谱成分，是用加速度传感器检测的自然采样和随机 PWM 策略。

图 6.5 所示为驱动电动机的电流；自然采样 PWM 的开关频率 $f_d = 1800\text{Hz}$ 与随机 PWM 的平均频率相同，随机变化量是 $df = 400\text{Hz}$。

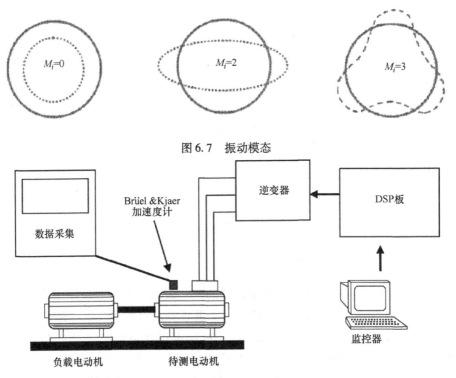

图 6.7　振动模态

图 6.8　振动测试实验装置

　　比较这些信号的时间变化表明随机 PWM 与自然采样 PWM 相比平均振动强度降低了。然而，随机 PWM 的振动最大幅值与自然采样相比没有减小。频谱分析可以看出两种策略的内部有哪些不同。图 6.10 所示为图 6.9 中信号的频谱，使用随机 PWM 使频谱最大幅值降低超过 10dB。频谱中最大幅值的频率由式 (6.3) 给出，其中 f 是基波频率；Z_r 是转子齿槽数；p 是极对数；g 是摩擦力；m 和 n 是整数。谱线是由转子齿槽 (Z_r) 的空间谐波和调制 (f_d 和 f) 的时间谐波共同作用得到的[LAN 06b]。自然采样 PWM 的最大幅值谱线是机械结构谐振引起的。这个振动谱线会特别吵 (在可闻噪声敏感区)，因为它在 2400Hz 附近，恰好在人耳朵最敏感区的中心。

　　因此，利用随机 PWM 使得驱动系统的声振特性得到了可观的改进。仔细选择开关频率可以使自然采样达到相同的结果，但是这需要对电动机的电磁和机械特性有精确的了解，而这些往往不容易获得。随机 PWM 具有适应任何电动机的优点，因此利用一种固态变换器就可以控制多种不同的电动机。这项技术被施耐德电气用于多种转速控制器。

$$F_{\text{peak}} = m \cdot f_{\text{d}} + n \cdot f\left[1 - \frac{Z_{\text{r}}}{p}(1 - g)\right] \qquad (6.3)$$

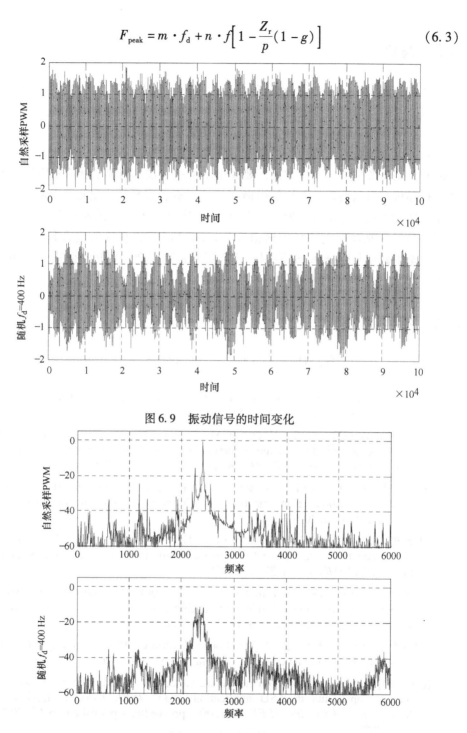

图 6.9　振动信号的时间变化

图 6.10　振动频谱

106

6.5　总结

随机调制策略是一个有效降低电动机驱动系统的电磁和声振干扰的解决方案，因为它们可以通过变换器的电压和电流开关操作，将高频能量展开到一个比较宽的频率范围。能量谱的展宽降低了电气或者机械谐振的强度。

另外，这项技术可以用于控制开关频率，即选择其平均值，因此可以控制半导体开关的开关损耗。不仅如此，要详细了解这一技术需要了解信号原理，特别要了解随机变量以便建立严格的模型。此外，不能够明确给出随机 PWM 驱动变换器的准确性能。振动和传导（辐射）电磁干扰只能用统计或者概率的变化进行描述，换句话就是它们的功率谱密度（p. s. d. ）形式的有效值或者频谱。因此，只能说至少数量是受概率 $x\%$ 限制，这个概率是基于众所周知的公式，比如比安内梅—切比雪夫不等式得到的。

6.6　参考文献

[BAT 88] Battai G., "Théorie du signal", *Techniques de l'ingénieur*, Article E160, 1988.

[BEC 00] Bech M.M., Analysis of random pulse width modulation techniques for power electronics applications, PhD thesis, Aalborg University, Denmark, 2000.

[BES 07a] Besnerais J.L., Hecquet M., Lanfranchi V., Brochet P., "Multi-objective optimization of the induction machine with minimization of audible electromagnetic noise", *EPJ AP 2007*, n° 39, p. 101–107, 2007.

[BES 07b] Besnerais J.L., Lanfranchi V., Hecquet M., Friedrich G., "Calcul du bruit acoustique d'une machine asynchrone à pas fractionnaire", *EF 2007*, Toulouse, France, 2007.

[BES 08a] Besnerais J.L., Lanfranchi V., Hecquet M., Brochet P., Friedrich G., "Acoustic noise of electromagnetic origin in a fractional-slot induction machine", *COMPEL*, vol. 27, n° 5, 2008.

[BES 08b] Besnerais J.L., Lanfranchi V., Hecquet M., Brochet P., "Multi-objective optimization of induction machines including noise minimization", *Trans. on Mag.*, vol. 44, n° 6, p. 1102–1105, 2008.

[CLA 69] Clarke P.W., Bell Telephone Laboratories, Switching Regulator with Random Noise Generator, US Patent n° 3.579.091, 1969.

[LAN 00] Lanfranchi V., Depernet D., Goeldel C., "Mitigation of induction motors constraints in ASD applications", *35th IEEE Industry Applications Society annual meeting. IEEE IAS 2000*, proceedings published on CD-ROM, Italy, 2000.

[LAN 03] LANFRANCHI V., HUBERT A., FRIEDRICH G., "Comparison of a natural sampling and random PWM control strategy for reducing acoustic annoyances", *EPE 03*, Toulouse, France, 2003.

[LAN 06a] LANFRANCHI V., AIT-HAMMOUDA A., FRIEDRICH G., HECQUET M., RANDRIA A., "Vibratory and acoustic behavior of induction traction motors, machine design improvement", *IEEE IAS 2006*, Tampa, USA, 2006.

[LAN 06b] LANFRANCHI V., FRIEDRICH G., BESNERAIS J.L., HECQUET M., "Spread spectrum strategies study for induction motor vibratory and acoustic behavior", *IEEE IECON 2006*, Paris, France, 2006.

[MAC 99] MACDONALD D., GRAY W., "PWM drive related bearing failures", *IEEE Ind Appl Mag*, p. 41–47, 1999.

第7章　调速装置的电磁兼容:
PWM 控制策略的影响

7.1　简介

调速驱动或者变换器—电动机—负载系统必须满足传导和辐射的电磁辐射标准,大部分现代电气设备都要用到调速驱动。即使它们的使用大部分在工业部门,有时能够避免,但是在消费环境中,这类设备的应用逐渐增加就意味着这些设备所服从的标准必须被保证或者至少要有望得到遵守。

这是一种需求类型,在一些专门的公司中,今天必须面对他们的速度控制器的设计,以及更加通用的静止变流器。与速度控制相关的应用,现在广泛用于工业或者家用系统中,更趋向于使用电力电子器件,就设计和建模而言带来了真正的挑战。这取决于所含有源和无源器件的数量,控制策略的复杂程度(在一个变换器中会应用若干种控制策略),以及相关的电动机。

对于这些变换器电磁干扰(Electro Magnetic Interference, EMI)的研究非常困难但非常有前景。在这一领域所进行的研究,不可能全部在这里讨论,但它显示出需要考虑机电驱动器及不可分的逆变器。从实用角度看,要求产品必须遵从一些标准,那么它必须与其负载一起进行测试。由此,显然对滤波器件的设计是必需的,一定要考虑测试所适用的电池,这些测试是产品必须要通过的。

回到应用方面,包括调速控制器,下面列出一些应用案例:

1) 通风/空调;

2) 泵与压缩机;

3) 物料搬运(水平和垂直);

4) 包装/过程控制;

5) 专用机械。

这些应用所需的功率范围不同,均需要带有 DC 环节的 AC-AC 变换。DC-AC变换是必需的,对于最明显的例子,在电力推进系统中是由电池串联来提供动力的。对于这种设备即使尚且没有法律上的标准,但控制传导与辐射干扰的真实需求也是很明显的,因其干扰会损坏附近的电气系统。

最新的调速设备以及比较通用的电压型逆变器,进行设备的基本设计会局限于仅考虑理想器件。对电磁(EM)辐射在一个较小范围内的估计以及对损耗的估计依赖于对二阶参数(寄生器件)和相关影响的明确了解,这个是相当有难度的。

尽管无法控制的参数数量增加很多,意味着对其中物理过程的清晰了解是不可能的,并且作为结果对一个正式设计阶段不是很有意义,但为了研究静止变流器的电磁兼容(EMC),必须了解如何利用适当的元件模型。

本章讨论在速度控制器 EMC 建模中的一个重要环节。正如后面章节中所见到的,从静止变流器中所发出的传导干扰,在所有电子器件中十分常见,是由于其中的电流与电压快速变化直接导致的。这个认识很容易使人们对开关系统所产生的有害影响重视起来,需要关注的一个量是逆变器输出的由功率开关所产生的电压零序分量。如果知道控制策略,则这个"共模"电压可以很容易加以确定,那么很容易看到在传导干扰和逆变器的 PWM 控制之间有直接的联系。

7.2 EMC 研究的目标

除了确定尺寸阶段外,变换器的其他设计阶段仅需要关注功能方面。还必须考虑静止变流器的间接影响,很不幸的是这些并不受欢迎。

然而,处理这些影响的标准方式是一个简单的事情,包括特定滤波器的选取。这样本节将致力于开发一个简单且可靠的模型,可以表示这个模型而不需要一些复杂的部件,例如线路阻抗稳定网络(Line Impedance Stabilization Network, LISN),稍后会介绍,一个具有固定拓扑的 EMC 滤波器、电缆以及电动机本身,如图 7.1 所示[BOG 99,CAC 99]。这个模型必须能够完成所有必要的敏感度研究,需要定义主要的和潜在可优化的参数。

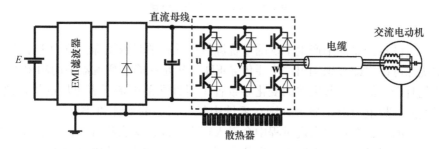

图 7.1 调速控制器的常规结构

然而简化模型必须能够完成有意义的仿真。即使不能期望一个近似的模型与"精确"的物理模型一样严格,但是它至少要给出一个包括量化的大致参考。

这样在 EMC 的挑战中有赖于定义模型,其模型在相关的频率范围内既简单又可信。它们必须确认仿真是真实的并且使任何计算中的不稳定风险最小化。

7.3　静止变流器中的 EMC 机理

7.3.1　引言

"辐射"和"敏感性"是 EMC 的两个基础。其中辐射描述的是一个设备向周围传播潜在有害信号的趋势，敏感性指的是被周围辐射信号所干扰的能力。将这两个影响加以耦合导致了第三个需要考虑的问题：自身的干扰，或者换句话说，一个系统干扰自身的能力。

这些一般性术语介绍了电气设备 EMC 分析中的三个基本概念：源、路径和受干扰者。设备产生干扰(源)将通过适当路径，对受干扰者产生一定影响，这被定义为对干扰的敏感度[COS99]。EMC 建模需要将这三个部分尽可能表示得接近真实，如图 7.2 所示。

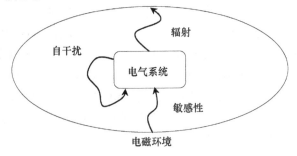

图 7.2　图示 EMC 的三要素

电气设备或器件中产生干扰的干扰源特性并不总是很明显。电力电子中的一些干扰源可以立即被识别出。主要传导 EM 干扰是在静止变流器中的功率器件状态变化时产生的。这些突然的变化导致各个器件端部电流或者电压的快速改变。如果按照理想电力电子原理，则在系统中任何状态的变化将不会产生剧烈的改变。不幸的是，在技术实现过程中会引入寄生元件，这意味着在寄生电感上产生的电流变化以及在寄生电容上产生的电压尖峰会导致不希望的巨大电压和电流。正是这个原因使功率开关成为产生不希望的电压和电流的主要因素。

有很多可能的传播途径和通道，可能是完全不同的类型。例如真空传播，或者较为可能的空气、绝缘体，由于印制电路板或者电缆的连接，不要忘记无源器件。这些都会引入耦合的概念，它可以确定干扰源对受干扰电路电磁干扰的传播模式。

通常尽管类似但是可以分为 5 种不同的耦合种类。耦合可能有如下形式：

1) 场到闭环电路、磁场所导致的耦合；

2) 场到导线、静电场所导致的耦合；

3) 感性串扰；

4) 容性串扰；

5) 共模阻抗耦合。

这样，传播路径可能选择其中一个方式。在静止变流器的传导 EMC 情况下，本书的研究将不会针对所有寄生耦合形式。这一部分是由于电磁环境不需要完美确定；另一部分是由于这些传播模式对于我们关心的频率范围只有很小的影响。不仅如此，所有需要考虑的是直接和间接电气参量（谐振和共模阻抗）变化的结果。

EMC 建模的目的是在高度实用性方面再现这些主要耦合影响。它也一定包含对受干扰者以及更重要的干扰源进行足够精确的表示。

7.3.2　EMC 标准

对变换器或者其他种类电子仪器中 EMC 的分析和理解，间接地被各种国际标准所指导，目前这些标准对在售电气设备是必需的，必须贴类似"CE"标签（欧盟）。从设计者角度看，符合 EMC 标准是检验他们产品品质和竞争力的一个途径。这种标准的符合是说服市场的一个特性。

标准可以分为两类。第一类标准定义了传导和辐射干扰的强度；第二类囊括了仪器敏感度。正如前面所见，本书的研究之一是实现对传导干扰的估计。为此将利用通用的欧洲标准 EN55022[EN-55]，该标准规定了在民用、商用和轻工业环境下高频传导和辐射干扰的允许水平。本书也将参考 CENELEC 标准 EN61800-3[EN-61]规定电力驱动机车和速度控制器的测试条件及干扰水平。这些水平用 dBμV 对数尺度方程定义。从现在起本书将用这个尺度进行频谱表示

$$dB\mu V(x) = 20lg\left(\frac{x(\,in\,V)}{10^{-6}}\right) \qquad (7.1)$$

标准规定的在发射频带（150kHz ~ 20MHz）的传导干扰可以分为两类[CIS 87]。第一类被认为是"A 级"（Class A），定义工业应用设备的干扰水平；第二类为"B 级"（Class B），指家用和医院环境。如图 7.3 所示，B 级远比 A 级严格。这些水平也在表 7.1 中给出。通常，电气设备设计者的目标是满足 B 级，使他们的产品能够满足更广泛的市场而不是使用较弱的滤波并仅能够满足 A 级标准。

规定的标准门限值如果没有一个明确定义的测试规约是没有用的，因此应该引入测量设备为之后的研究打下基础。

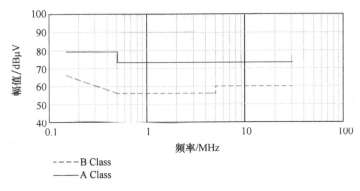

图 7.3　传导干扰水平 EN61800-3

表 7.1　A 级和 B 级的门限值

频率/MHz	A 级/DBμV	B 级/DBμV
0.15 ~ 0.5	79	66 ~ 56
0.5 ~ 5	73	56
5 ~ 30	73	60

7.3.3　标准的测量与仿真

对于传导干扰，使用的测量设备将依赖所测试的设备中抽取的电流水平。对于小于100A 的线电流，即在这里将要研究的设备情况，可以使用 LISN；除此之外，还可以使用频率探针。LISN，顾名思义，是可以用来在标准所覆盖的全部频率范围(10kHz ~ 30MHz)确定测试插孔特有的稳定阻抗，如图 7.4 所示。它也允许可再生测量以便至少提供部分测量状态控制。对于被测件所适用的 EMC 标准有多种 LISN 结构。

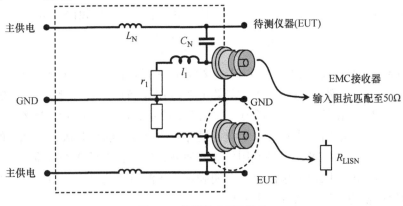

图 7.4　单模块 LISN 结构

然而，不论它们包含一个还是多个滤波单元，它们的测量插孔必须提供 50Ω 的阻抗，从几赫兹直到相关频带的顶点。这个值可以使阻抗与测量仪器，如频谱分析仪等相匹配，稍后会讨论。在仿真时，对于线路阻抗电源的瑕疵仅部分被记录。不仅如此，从变换器周围环境引入的干扰也没有表示出来。因此，对于本书的研究选择了一个简化的 LISN 结构，其频率响应完全能够满足要求。这样减小了电路的尺寸，当对于各种电气参量能做出正确动态响应时，该电路必须能够仿真真实情况。

图 7.4 所示电路中元件的值见表 7.2。

表 7.2　简化 LISN 元件

L_N	C_N	l_1	r_1	R_{LISN}
250μH	220μF	50μH	5Ω	50Ω

7.4　时域仿真

时域仿真是一个现今必不可少的分析和开发工具。很容易验证仿真控制和功率输出时的结构运行情况。大量高质量的元件模型由生产厂商和实验室开发出来，具有较高的逼真度。然而这个性能是有代价的，一些有源器件的模型就是最简单的例子。利用仿真器，诸如 SABER 或者 PSPICE 进行仿真，这些模型通常依赖于与半导体材料相关的非线性方程的解。因此，它们需要可观的计算时间，带有大量的循环使得相关电气参数收敛到正确值。使用的方程越复杂，越容易造成数字计算不稳定，严重情况下会使仿真无法进行。

从更加精确的角度看，时域 EMC 仿真的目的是使其输出到一个快速傅里叶变换（FFT）以获取干扰效应的频谱表征。这个频谱可以直接与标准所规定的水平进行比较。为了精确地确定频谱，被处理的信号需要严格地处于稳态。然而，对于复杂的结构，诸如本章所讨论的，其包含了像 LISN 这样的元件和/或输入滤波器，瞬态情况必然会出现。由这些各种元件带来的时间常数与计算步长相比将必然会更长。理论上讲，计算步长应该比最小时间常数还短，它通常与寄生元件相关，因为这些寄生元件必须在干扰效果中加以考虑。实践中，选择时间步长（Δt）作为相关频率范围的函数，当然对信号采样方程要遵守奈奎斯特—香农极限，见式（7.2）。覆盖所研究的频率的时间窗（T_{study}）不能够随意选择。

事实上，在傅里叶变换（无论"快速"与否；FFT 或 DFT）的帮助下完成的频谱研究，将需要限定被处理的信号必须是周期性的[MAX 96]。因此，时间窗必须表示为一个整数与一个实际待研究型号的时间段相乘，如图 7.5 所示。如果不是这种情况，则将出现额外的谐波使其无法得到正确的频谱。

$$\Delta t = \frac{1}{2} \cdot \frac{T_{study}}{p_e(F_{max} \cdot T_{study})} \mathrm{int}(x) = x \text{ 整数部分} \qquad (7.2)$$

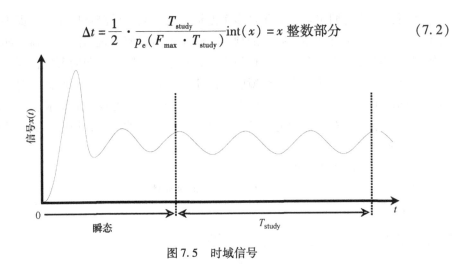

图 7.5   时域信号

总之，作为部分 EMC 研究的功率结构的时域仿真是极其复杂的任务。收敛问题也加长了计算时间，使其难以完成敏感性研究，对于了解所牵涉的干扰现象这是必不可少的。

不仅如此，对于计算机资源的需求也变得重要，致使需要更多强大的硬件（存储能力、RAM、处理速度等）。

7.5   频域建模：工程师的工具

7.5.1   建模的目标

EMC 建模的目的是获得一个干扰信号的近似频谱。因此如果不是理想化的，则直接在频域中进行建模似乎是非常有价值的。不仅如此，基于直接的方法和时域仿真相比，有时需要更巧妙的方式和更多的经验。

对于一个结构，这个方法不仅需要知道干扰产生的主要机制，还要知道所有关键性的传播路径，这可能会迅速变得非常复杂。然而有一个简化的方法，不需要完全严格遵从理论，但是其优点是可以很容易了解相关的影响，得出敏感性分析，并且获取有关设计问题的方法。

这个相对简单的方法是基于将设备分为干扰源和传播路径。干扰源被分为不同模式的源，表示为电流源、共模源和电压源。基于电流影响和基于电压影响的区分使得它可以容易地实现快速和简单的现象分析。尽管这个方法完全基于"源—路径—受扰者"的方法，但它不需要明确了解功率结构。

静止变流器中的传导干扰，不论是差模还是共模，通常是由于功率开关动作和与之相关的较高的 dV/dt 和 dI/dt 引起的。因此使用的方法为将用于代表开关电气特性的电流和电压源代替每个开关单元，如图 7.6 所示[REV 03a,SCH 93]。

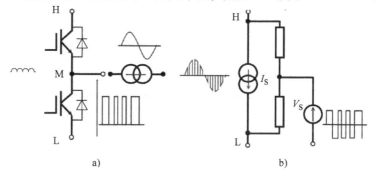

图　7.6

a）逆变器桥臂　b）等效线性图

7.5.2　干扰源建模

7.5.2.1　频率确定

在正确表示调制信号的频谱中的首要问题依赖于它所包含的频率的确定，它也暗含了所研究的信号的持续时间。在这些各种各样的关系中，将假设开关频率是定子电流频率（F_S）与一个整数的乘积。因此 PWM 序列被称之为"同步"，并且信号的真实周期就是通过调制器提供给电动机的定子电流周期。如果不是这种情况，则这个频率不能用于计算源频谱的参考频率。为了保证变换的严格正确，仿真时间步长必须选择为开关频率和期望电动机频率的整分数。

$$F_{dec} = M \cdot \delta f \qquad M \in \mathrm{IN} \qquad F_S = N \cdot \delta f \qquad N \in \mathrm{IN}$$

为了使必须要处理的频率数目最少，并因此使计算时间最短，可以利用 F_{dec} 和 F_S 中两个之中最大的频率，这相当于所研究的信号的真频率。这样计算频率由式（7.3）定义，其中，pgcd（x，y）表示 x 和 y 的最大公约数函数

$$\delta f = \mathrm{pgcd}(F_{dec} \cdot F_S) \qquad\qquad (7.3)$$

如果这个条件不能够满足，则将无法得出周期的整数倍的频率分析，并且信号的傅里叶变换将包含额外的谐波。可以通过一个简单的例子来说明。考虑一个信号含有两个频率f_1和f_2，分别是 50Hz 和 1030Hz，两个幅值均为 1。首先，这两个频率最显著的差别能够证明该信号在 50Hz 的频域研究，但是可以从图中看出这两个频率只有在 50Hz 处才能正确地表示出来。利用 50Hz 的频率分辨率时第二个频率无法分解出来。在 f_2 所表示的频率附近所出现的线是不存在的。这个信号的真实频率等于 10Hz。利用 10Hz 的频率分辨率做频率分析，当然可以得到期望的频谱，如图 7.7 所示。

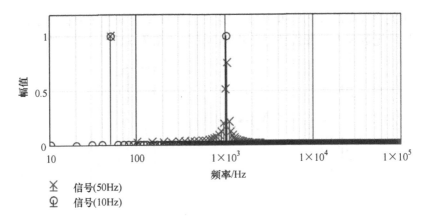

图 7.7 频率分析中的频率影响

在仿真中所遇到的与瞬态相关的问题会导致同样的现象。当信号还没有达到稳态周期时，频谱分析是无效的。这个推论也可以扩展到测量方面，要确信获取的信号发生在一个适合的确定的时间周期内。实际上，永远不会真正达到稳态状态，因为控制系统"不断地"改变变换器的工作点。幸运的是这些变化相当小并且测量需要相当长的时间（多个周期），可以利用间接方法对这些量进行平均，从而使测量差异引起的误差最小[POP 99]。

7.5.2.2 PWM 电压源的定义

与标准的波形，例如方波或锯齿波信号相比，PWM 产生的信号具有非常复杂的频谱。然而，在一个开关周期中这些量都很相似，因为开关端子上电压的时域结构总是与 DC 电压的开关相关。当然事实上基波信号的高次谐波叠加在一起，其中一个参数随时间变化，会引起频谱密度的复杂性显著增加。对于标准的 PWM，其电压脉冲的宽度从一个开关周期到下一个周期是变化的，从而引入低频分量，这会根据控制策略的不同而不同。因此从变换器输出的电压将包含控制策略所引入的频率分量。

为了表示所确定的逆变器桥臂的输出电压，以及逆变器的干扰源，必须准确描述"方波"变量与时间关系。由控制策略定义的开关时间 t_{off} 和 t_{on}（稍后会详细讨论）会随着一个周期到下一个周期进行变化。根据需要在一个给定的开关周期总是有偶数个开关操作，可以将这些标志按照所表现的开关操作种类（断开或导通）进行分类，如图 7.8 所示。对于所研究的第 i 个周期，将标示出半导体开始导通的时间 t_{on_i} 和开始关断的时间 t_{off_i}。电压的上升时间和下降时间分别表示为 t_r 和 t_f。

在所研究的整个周期的谐波分解由式(7.4)给出，其中 N 代表所研究时间窗口内的开关周期个数。这个时间窗口的选择，其频率表示是确定的，不是任意的，并且主要依赖于主工作频率，例如开关频率或者要输出的定子电流频率：

$$V_{S_n} = V_{dc} \cdot \sum_{i=0}^{N-1} \frac{sinc\left(\dfrac{t_m \cdot n}{T_S}\right) \cdot e^{-\pi - j\left(\frac{2 \cdot t_{off_i} + t_m}{T_S}\right)} - sinc\left(\dfrac{t_d \cdot n}{T_S}\right) \cdot e^{-\pi - j\left(\frac{2 \cdot t_{on_i} + t_d}{T_S}\right) \cdot n}}{2\pi \cdot j \cdot n}$$

$$(7.4)$$

其中

$$sinc(x) = \frac{\sin(x)}{x}$$

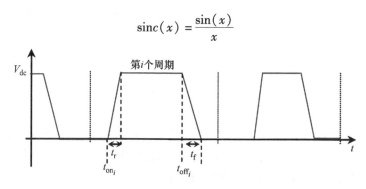

图 7.8　基本的梯形

　　仔细分析式(7.4)，可以看出其中累加和项对相关频谱的频率动态变化没有影响。不仅如此，与上升时间和下降时间相关的 sinc(正弦基)函数对最低频也没有影响，因为它们的辐角非常小。频谱下降与频率成反比，每十倍频程 20dBμV。对于更高的频率，sinc 函数的分母开始起作用并使频谱幅值下降的斜率增加。这样对于功率逆变器输出端的大多数理论电压频谱，谱线幅值按照一个频率的函数下降。换句话，因为这些信号是由"方波"叠加合成的，因此它们的频谱具有类似的特性。

7.5.2.3　电流源

　　负载电流被施加给电动机并通过电动机轴输出转矩。对于电压型逆变器，从给定桥臂上输出的电流是交流的。不仅如此，与逆变器相连接的电动机从本质上讲在低频时具有较强的感性特征，它自然会滤除逆变器所产生的高频电流。

　　电流 I_{cell} 定义为一个开关单元输出的电流，与由相同开关函数所调制的输出电流一致，该函数用于定义 V_S，即桥臂上开关 k_2 两端的电压，如图 7.9 所示。

　　当逆变器三个桥臂一起考虑时，每个单元电流的和在逆变器输入侧表示一个电流源信号。这个源定义为每个桥臂的输出电流和开关控制率的函数。像电压源一样，电流源在频域中定义以便保持直接仿真的优点。然而电压源的定义相当简单，将调制方波相加即可，而电流源相对比较复杂，因为电流脉冲的幅值随着时间变化。

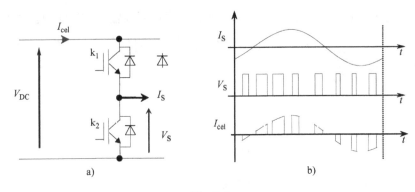

图　7.9

a) 开关单元：电流和电压变换　b) 波形特性

为此，需要对第 i 个开关周期幅值的基本梯形进行傅里叶变换。这个直接由式(7.5)定义的变换也可以表示为逆变器输出相(p)的函数。则变量 $t_{off_{i,p}} t_{on_{i,p}}$ 相当于周期 i 和当前相 p 的换相时间(关断和开通)

$$\mathrm{trap}_i^p(v) = F_S \frac{\mathrm{sinc}(t_m \cdot v) \cdot \mathrm{e}^{-\pi - \mathrm{j}(2t_{off_i} + t_m) \cdot v} - \mathrm{sinc}(t_d \cdot v) \cdot \mathrm{e}^{-\pi - \mathrm{j}(2t_{on_i} + t_d) \cdot v}}{2\pi \cdot \mathrm{j} \cdot v}$$

$$(7.5)$$

然后需要利用从逆变器发出的正弦电流的傅里叶变换(式(7.6))，并利用狄拉克分布特性，这显著简化了在频域的计算

$$\mathrm{If}_{mot}^p(v) = \frac{1}{2\mathrm{j}} \left(\delta(v - F_S) \cdot \mathrm{e}^{-\mathrm{j}\left(p \cdot \frac{2\pi}{2} - \varphi\right)} - \delta(v + F_S) \cdot \mathrm{e}^{-\mathrm{j}\left(p \cdot \frac{2\pi}{2} - \varphi\right)} \right) \quad (7.6)$$

在开关单元的电流，按照前面的定义，表现为时域的输出电流和开关 k_1 的调制函数乘积的形式，该函数代表输出电压(V_S)。因此在频域，这个等于卷积运算。不仅如此，因为狄拉克分布是一个卷积运算下的单位算子，其结果可以很容易地被确定而无需复杂运算。因此一个理想电流干扰的谐波可以由式(7.7)给出

$$I_{S_n} = \frac{I}{2\mathrm{j}} \sum_{p=0}^{2} \sum_{i=0}^{N-1} \mathrm{trap}_i^p\left(\frac{n-1}{T_S}\right) \cdot \mathrm{e}^{-\mathrm{j}\left(p - \frac{2\pi}{2} - \varphi\right)} - \mathrm{trap}_i^p\left(\frac{n+1}{T_S}\right) \cdot \mathrm{e}^{\mathrm{j}\left(p - \frac{2\pi}{3} - \varphi\right)} \quad (7.7)$$

就计算需要的条件来说，精确频谱的计算仍然相当昂贵，因为在每个频率要完成两次求和。然而逆变器工作点不变时(或者变化很小)，利用局部等效干扰源的方法可以使计算只进行一次即可。这里所给出的分析式是精确的，并且在频域所得到的准确结果不依赖于所考虑的频率个数。不仅如此，频域方法明显不会引起任何在时域的限制。如果选择合适的频率个数($N = 2^M$，$M \in \mathrm{IN}$)，则可以使用反 FFT，它可以用于获得合适的时域信号。尽管计算的频谱是精确的，但它不是无限的，其结果在信号接近不连续时有轻微振荡。这当然是吉布斯效应，非常难以避免。

7.5.3 逆变器的频域表示

一个具有传统拓扑的三相 PWM 逆变器实际上是一个共模电流发生器。尽管三相负载由三相电动机绕组组成，被认为是非常平衡的，但仍然会有零序电压，是由于寄生电容的耦合会引起显著的共模电流。这个干扰会沿着一定范围的传播路径传导，不论这个路径是有意设置的（EMC 滤波器，LISN）还是不希望的（与电源的耦合通道）都会受影响。

本节的目的是为这类结构推导出一个等效电路，使其提供一个可以接受的对该干扰水平的表示结果。

7.5.3.1 共模等效源：简化电路

这个结构中，逆变器的三个桥臂组成了主要的干扰源。进一步将这些源用三个电压谐波发生器来模拟。该领域较早前的研究[CON 96,HOE 01]已经表明了共模电流的主导地位，并忽略了差模电流对所有频率范围传导干扰的影响。这个假设使得在频域可以对这种结构得出一个极其简单的等效电路，如图 7.10 所示。三个电压源与负载所定义的传播路径相结合，其中传播路径由电缆和电动机组成。LISN也可以表示为阻抗 Z_{LISN}。

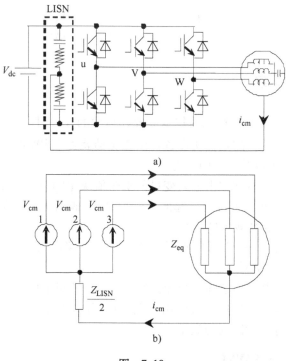

图 7.10

a)简化的逆变器结构 b)等效共模电路

这个框图依赖于假设逆变器共模传播路径的对称性，并且假设总共模电流将在两个 LISN 的分支中均分。因此这个可以描述为并联形式。相绕组等效阻抗表示负载并与大地耦合。

$$V_{mc_i} = Z_{eq} \cdot i_{mc_i} + \frac{Z_{rsil}}{2} \cdot i_{mc} \tag{7.8}$$

其中 $i = 1, 2, 3$。

将式(7.8)中的三个式子相结合，可以得到这个模式下的共模电流发生器和主传播路径的总共模电流的函数。所得到的函数引入了更进一步的简化，因为它将三相电路[式(7.9)]变换为一个单相电路，这可以很明显看出。因此，与 LISN 的阻抗一起，和负载元件并联连接。单个的共模源 V_{MC} 因此等价为 3 个分立源的"平均"，最初的独立电流为

$$i_{mc} = \frac{1}{\dfrac{Z_{eq}}{3} + \dfrac{Z_{rsil}}{2}} \cdot V_{MC}$$

其中

$$V_{MC} = \frac{V_{mc_1} + V_{mc_2} + V_{mc_3}}{3} \tag{7.9}$$

这个表达方式非常简单，但这个结构最初似乎相当复杂，然而它可以简单并快速地估计一个结构中的共模电流。它也表明了主共模源。

7.6　PWM 控制

本节将要用于确定干扰源的技术需要知道源的开关时间 t_{on} 和 t_{off}，如前面章节所定义的。本节的目的是说明在各种调速驱动装置中 PWM 策略对高频干扰的影响。PWM 策略可以被分为两大类：

(1) 第一类为所有脉宽由输入变量的瞬时值决定的策略。不论是局部(桥臂的指令值)还是全局(几个桥臂一起的矢量控制)，瞬时 PWM 通常用于开关频率 F_{sw} 与基波频率 F_m 相比较大的场合。

(2) 第二类是在一个基波周期计算出波形并存储，然后在需要操作时执行。这个称为计算的 PWM 策略。

大量可用的调制技术意味着全面彻底的研究是不可能的。为此本节将限制在有代表性的几个类型，选择在目前用于调速控制的"基于载波"调制和"矢量"调制这两类方法中有较大区别的类型。

7.6.1　基于载波 PWM

首先考虑基于载波的最简单的情况，顾名思义，会涉及两个信号交点的检

测。这导致分散控制策略，换句话说，每个逆变器桥臂(例如单个开关单元)可以由自己的调制信号进行驱动。

对于逆变器的应用，将有用的"信息"传递给负载的信号称之为"载波"。载波通常由三角波或者锯齿波信号组成。信息是传递给负载的时变信号，该信号称之为"调制波"。尽管这个策略通常被认为性能不够最优，并且跟矢量策略相比限制了其应用范围，但基于载波的策略仍然广泛应用于定频率应用场合，诸如不间断电源(Uninterruptible Power Supplies，UPS)。

7.6.1.1 解析方法

对于正弦基于载波的 PWM，开关信号的频域表示可以依据贝塞耳(Bessel)方程的第一类和 n 阶 J_n(见表 7.3)进行解析方法处理。不仅如此，该表示方法只有当载波频率与调制波相比较大时才适用，因为其结果需要进行各种近似来获得。这个公式可以用于描述控制信号的频谱成分，并间接地表示逆变器端电压的频谱成分，该端电压是本书主要关心的。

表 7.3　依据贝塞尔方程的谐波解析表示

频　率	谐　波
$f = F_S$	$h_1 = m$
$f = N \cdot k \cdot F_S$	$h_{N \cdot K} = \dfrac{4 \cdot (-1)^k}{\pi \cdot k} \cdot \sin\left(\dfrac{\pi \cdot k}{2}\right) \cdot J_0\left(\dfrac{\pi \cdot k \cdot m}{2}\right)$
$f = (N \cdot k + 2p) \cdot F_S$ $f = (N \cdot k - 2p) \cdot F_S$	$h_{N \cdot K \pm 2 \cdot p} = \dfrac{4 \cdot (-1)^k}{\pi \cdot k} \cdot \sin\left(\dfrac{\pi \cdot k}{2}\right) \cdot J_{2 \cdot p}\left(\dfrac{\pi \cdot k \cdot m}{2}\right)$
$f = (N \cdot k + 2p+1) \cdot F_S$ $f = (N \cdot k - 2p-1) \cdot F_S$	$h_{N \cdot K \pm (2 \cdot p+1)} = \dfrac{4 \cdot (-1)^k}{\pi \cdot k} \cdot \cos\left(\dfrac{\pi \cdot k}{2}\right) \cdot J_{2 \cdot p+1}\left(\dfrac{\pi \cdot k \cdot m}{2}\right)$

图 7.11 所示为开关频率的整数倍附近的频率。这些表示是从同步 PWM 得到的[(式(7.10)]。为了进行这个解析描述，需要定义组成频谱的各种频率特性[FOC 98]。

$$N = F_{dec}/F_S \tag{7.10}$$

图 7.12 中所示的两个载波波形是最常见的，由三角波和锯齿波信号组成。可以看出这些函数具有单位幅值并且中心点为零。

这两个不同的函数可以用于区别两类基于载波的 PWM。

首先，由三角波定义从一个开关周期到下一个开关周期的开通和关断发生时刻的变化。如果再考虑到与给电动机的频率相比，开关频率非常高，则可以假设调制波在整个开关周期为恒值，这说明开关指令的中心就是三角波的顶点。

对于锯齿波载波(不论是递增还是递减)，两个开关指令之一需要通过与开关周期相乘来定义，形成"左对齐"或"右对齐"基于载波的 PWM。

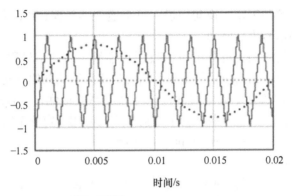

载波:三角波

⋯⋯ 调制波:正弦波

a)

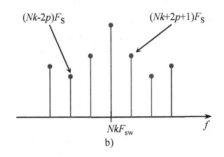

$(Nk-2p)F_S$ $(Nk+2p+1)F_S$

NkF_{sw}

b)

图 7.11

a) 调制信号：载波和调制波   b) 基于载波的正弦 PWM 的谱线特性

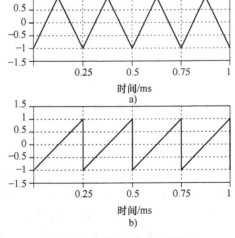

时间/ms

a)

时间/ms

b)

图 7.12   频率为 4kHz 的例子

a) 三角波载波   b) 锯齿波载波

对输出电压频谱的影响非常显著。图 7.13 所示为在开关频率周围频谱的一个小局部，开关频率为 4kHz。从这个简单的正弦调制可以看出基波频率的奇数倍谐波显著增加，通常会被对称效应抑制。

对于一个给定的调制策略，最大的谱线，即不论使用的载波类型如何定义的频谱上的包络线通常都一样。从这个现象可以预见到锯齿形载波的影响或者任何其他不对称信号的传导辐射是最小的。然而下这一结论有些过早，因为当利用标准检测设备（频谱分析仪）时，低频带的频谱密度（PWM 的特性）会使检测得到的频谱水平增加。在品质测试时所使用的频谱分析仪的输入滤波通过将谐波谱线相加来改变频谱的包络线，其谐波谱线间距小于该滤波器的带宽。

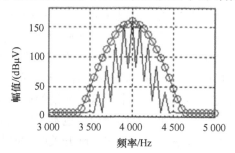

图 7.13 正弦调制波为 50Hz 时载波对输出电压频谱的影响

图 7.14 和图 7.15 所示为逆变器采用基于载波的正弦 PWM（固定调制比 80%）的输出端电压频谱和输出端电流频谱。

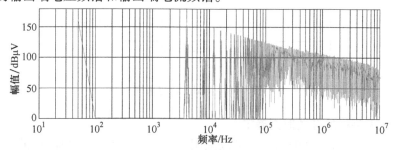

图 7.14 $V_{dc} = 300V$，$F_{sw} = 4kHz$，$F_m = 50Hz$，电压源频谱

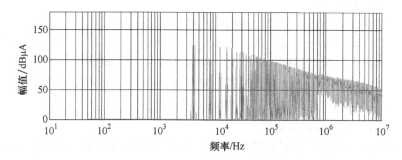

图 7.15 $I = 10A$，$\varphi = -30°$电流频谱

124

7.6.1.2　信号采样

显然比较函数需要检测调制波大于载波的时刻不能直接转换到频域，因此需要工作在时域，实现这个的最简单的方法是对信号采样。因此，时序仿真是很自然的选择，因为它很完美地适合这个方法。这样也带来了几个问题，需要选择怎样的采样频率？采样频率对频谱结果有什么影响？使用电路仿真软件(SABER、SPICE 等)对这些问题的回答比较简单，因为这些频率可以通过仿真时间步长来确定。不仅如此，由于这些频谱的截止频率仅为仿真频率的一半，因此该采样率不会引入到仿真频谱中，也不需要做额外的努力。然而如果各种信号没有一样的截止频率，则在确定实际开关时刻时将会有一个误差，如图 7.16 所示。

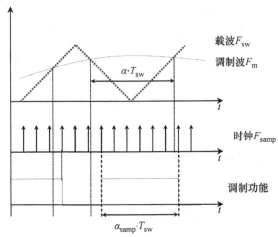

图 7.16　调制函数与采样

7.6.1.3　无采样的开关时刻确定

为了克服离散采样的问题，可以采用一个基于检测"关注时刻"的经典技术作为一个仿真包来使用。牛顿法可以用于确定载波和调制波的交点，并获得需要的精度如图 7.17 所示。

这种计算方法的主要缺点是对起始点比较敏感，同时必须记住它只是在局部收敛。如果没有选择一个适当的起始点(与结果相差"太远")，则这个方法可能会发生偏离或者收敛到另外一个结果。在这个算法中，如果存在交点，那么在半个开关周期内是唯一的，这也意味着结果是唯一的。因此可以看出尽管这个计算非常简单，但是它只是理想上适合解决本书的问题。

7.6.1.4　指令信号采样的比较

下面选择一个例子来对此进行说明。调制波固定为 50Hz，调制比为 80%。载波是一个三角波信号，频率为 4kHz。两个信号均以 2MHz 频率进行采样，该频率是用于 PWM 的特殊数字电路的工作频率。

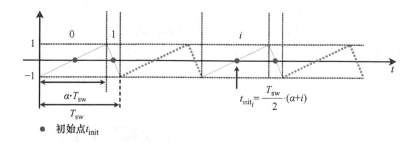

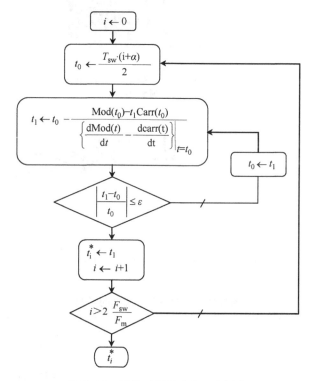

图 7.17 开关时刻的确定：牛顿法

在试图尽可能精确地描述开关时刻的期间，必须考虑这些与电流周期中心相关时刻的对称性。其结果是信号前半个周期所产生的谐波与第二个半周期所产生的谐波很好地匹配并被消除。这意味着噪声水平仅由数值极限决定。没有达到频谱的上限，如图 7.18 所示。

尽管采样频率没有直接表现出来，但如果更加详细地测试这个频率周围的频谱，则它的影响就会很明显地看出。如果关注采样频率 2MHz，则可以看出指令信号的离散采样引入了额外的谱线，其幅值大于 $10\text{dB}\mu\text{V}$。

126

这些谐波也会通过调制效应产生。经调制的方波自然代表了一定数目的采样周期，这些周期用于定义所有的开关时刻。载波因此决定了采样频率，而调制波频率与开关频率相关。在采样频率周围出现的谱线因此离 F_{sw} 有一定距离，如图 7.19 所示。

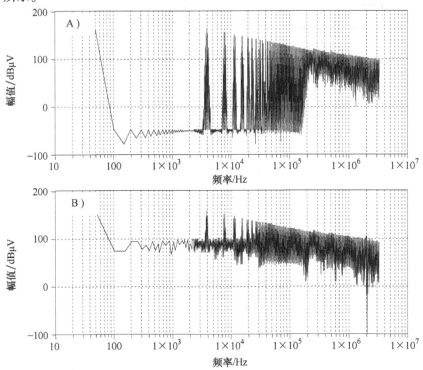

图 7.18 开关时刻准确度的影响

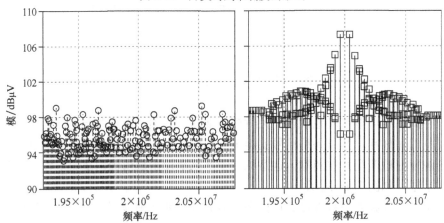

图 7.19 采样频率周围额外谱线

7.6.1.5 关于"死区"

在诸如逆变器和同步整流器这样的结构中，开关单元由两个可控开关组成。在大多数情况下它们工作在互补方式，由于开关固有的延迟，如果没有特殊的预防措施则会导致短暂的短路。这些换相将导致器件的发热并有损坏器件的风险。

对付这个现象最常见的预防措施是在导通和关断之间插入"死区"。这个方法会导致输出电压畸变，并且在开关周期内使方波宽度得到特定的改变。根据使用的开关种类的不同（MOSFET、IGBT 等）死区时间会有几个微秒，并且因此该窄脉冲有可能被屏蔽。图 7.20 所示为"死区"对开关 k_2 输出端电压 V_S 脉冲宽度的影响。已知延迟时间和开关时刻一样是由负载电流决定的，这个例子中为 I_S。

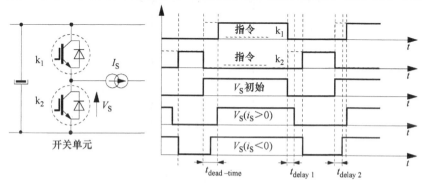

图 7.20　时域波形下"死区"影响

对于正向负载电流，导通经由开关 k_1 和开关 k_2 的反并联二极管进行。因此开通和关断 k_1，可以决定 V_S 的波形。对于负向电流，V_S 的波形由 k_2 的开关动作决定。不幸的是对于像 IGBT 这样的元件来说，对于负载电流和对于控制电路引起延迟的相关性非常难以描述。因此也非常难以确定输出电压脉冲的宽度。假设极限情况下，时间延迟和"死区"相等，以便测量其对源频谱的影响。如同采样情形，"死区"的精确时序的改变是对调制信号两个半周期之间的低频脉冲的对称性的折中。

从图 7.21 所示的频谱中可以看出，在低频段频谱的下包络线中，其主要的频谱是增加的；另一方面，频谱的上包络线不变。如本节所述的原因，在没有"死区"的理想信号的情况下，频谱的下包络线都在 6dBμV，该频谱是按照前面所讨论的数字计算方法得到的。

7.6.1.6 结论

开关的准确时刻不是由"死区"和时间延迟的最大值来严格确定，而是由功率开关的控制和负载电流决定的，这会对这些开关时刻有非常重要的影响。

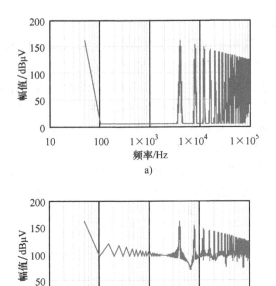

图 7.21 "死区"对 V_S 频谱的影响

a) 没有"死区"　b) 有"死区"

7.7　不同基于载波 PWM 策略的源的比较

用于估计所关心结构的干扰水平的频率源直接与控制策略的类型有关。有很多可用的 PWM 策略,不可能对所有策略进行研究。然而,本节所讨论的策略能够代表最广泛应用的技术。

已经看到在高频率部分的频谱包络线主要由开关波形确定。这一节假设这些波形是准确并且几乎不变的,不依赖于所选的控制策略。因此,尽管考虑的频率范围拓展到了 30MHz,但所研究的仍将局限于频谱的低频段(1MHz)。可以清楚地展示这节将要讨论的不同调制技术之间的区别。

7.7.1　正弦交叉比较 PWM

所考虑的第一种情况是正弦调制的 PWM,不再深入讨论是因为之前在确定开关准确时刻时已经考虑过。不仅如此,它的频谱作为一个很有用的参考。在这个仿真中将调制比设定为 80% ,从而可以得到接近 95V 的基波输出电压。

这里将随后要讨论的不同控制策略的调制水平定义为调制波幅值和载波幅值

之比，在不同的例子中载波为一个三角波信号，其幅值为 1，并且固定频率为 4kHz，如图 7.22 所示。

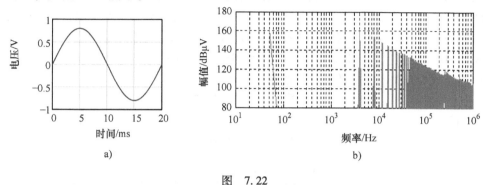

图　7.22

a) 正弦调制 PWM，固定调制水平 80%　b) 正弦调制的输出电压频谱

7.7.2　谐波注入控制

采用三次谐波注入控制或者削顶控制的 PWM 策略，其调制函数有一个基波，该基波幅值将大于注入低阶谐波的 PWM 的基波幅值。换句话说，这些额外的频率降低了输出电压的低频频谱成分，同时可以使得逆变器的输出电压基波有效值增加。对于前面所提到的相同调制水平（80%），基波的值增加 16%。在图 7.23 所示的频谱中可以见到 3 次谐波频率幅值为基波的 14%。控制波形上的平顶导致出现一个固定的超过 1/3 周期的脉宽。因此，高调制比中的这些值越小，相关的脉冲傅里叶变换的波瓣越大。频谱的上包络线因此比正弦 PWM 的包络线大。可以看出开关频率整数倍周围的谐波数的增加，导致频谱非常丰富。

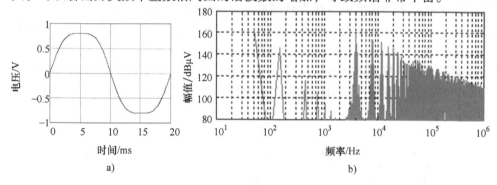

图　7.23

a) LF 谐波注入 PWM　b) 带有谐波注入调制的输出电压频谱

7.7.3　换相率限制：死区带 PWM 控制

死区带（Dead Banded）控制与到目前为止所描述的技术相比更加复杂，其形

状如图 7.24 所示，看起来与单极性逆变器的控制信号类似[MAL 02, WEL 06]。然而，该调制有一定部分故意高于载波，从而引起过调制和指令饱和。这些平顶居中在调制的最大点和最小点处，这意味着在信号的低频部分只有一点恶化，并且调制信号的对称性得到了保持。这个技术通过限制开关动作次数可以降低半导体开关大约30%的损耗，并且与前面所述技术相比，增加了基波的有效值。尽管这些可能会减少开关动作次数，但频谱密度仍然很高。

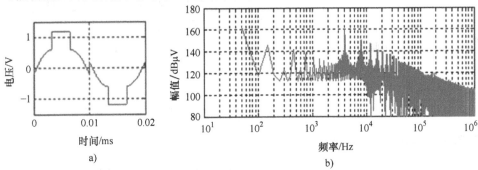

图 7.24　死区带调制的输出电压频谱

a）死区带调制　b）死区带 PWM

7.8　空间矢量 PWM

可以利用的空间矢量控制策略有很多种。最简单的情况是 3 个桥臂每个桥臂只有两种开关状态，这样一个逆变器可能的开关状态为 8（2^3）种。每个矢量表示这些开关状态下的输出电压在康科迪亚基（Concordia basis）下的图形。为了确定这些电压引入一个参考电压 V_{mn}［式（7.11）］，表示逆变器零电位和负载中点的电压，如图 7.25 所示。假设三相负载平衡，负载端电压可以用与逆变器每个桥臂相关联的开关函数或调制函数（$f_{U, V, W}$）定义［式（7.1）］。下面所定义的三相逆变器的康科迪亚反变换可以用于画出输出电压在 $R(\alpha, \beta)$ 基下的图形，如图 7.17 所示。

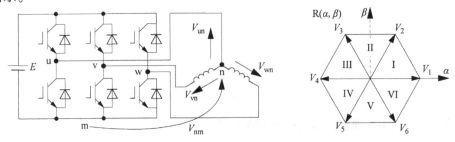

图 7.25　逆变器结构/在康科迪亚基下的输出电压矢量图

这样做的目的是建立一个平均矢量，在整个开关周期进行平均，通过平均矢量所在扇区的两个边界矢量单元的线性组合来代表期望的输出电压。这样来确定所考虑开关周期内每个开关的导通时间。

为了说明这个方法并了解如何确定开关时间，举一个熟悉的例子，脉冲处于每个开关半周期的中间。图 7.26 所示为矢量 $V_{\alpha 1\beta 1}$ 如何在第一扇区内由投影到矢量 V_1 和 V_2 的分量来构成。相邻的开关利用奇偶状态矢量使在频率较高时可以将每个桥臂开关动作次数降低一半。开关周期因此等于频率的倒数。

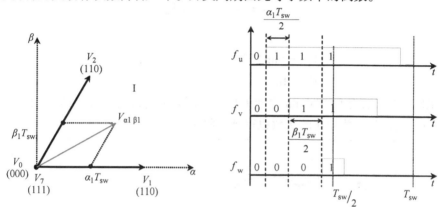

图 7.26　第一扇区内矢量的构成

$$V_{nm} = \frac{V_{um} + V_{vm} + V_{wm}}{3} = \frac{E \cdot (f_u + f_v + f_w)}{3} \tag{7.11}$$

$$\begin{pmatrix} V_{un} \\ V_{vn} \\ V_{wn} \end{pmatrix} = \frac{E}{3} \cdot \begin{pmatrix} 2 & -1 & -1 \\ -1 & 2 & -1 \\ -1 & -1 & 2 \end{pmatrix} \cdot \begin{pmatrix} f_u \\ f_v \\ f_w \end{pmatrix} \tag{7.12}$$

为了构造一个期望的干扰源，需要知道开关的导通时间或者知道开关开通或关断的时刻（这两点相互关联）。通过引入整个开关周期平均电压值的概念来确定这些导通时间。众所周知的公式[GUI 98,LOU 04]直接给出了逆变器 3 个桥臂中每个开关的导通时间而不用考虑 PWM 周期[式(7.13)]。

$$T_1 = \frac{T_{dec}}{2E}[2V_{um} + E]$$

$$T_2 = \frac{T_{dec}}{2E}[2V_{vm} + E] \tag{7.13}$$

$$T_3 = \frac{T_{dec}}{2E}[2V_{wm} + E]$$

这里 T_1、T_2 和 T_3 是每个上管导通时间，下管导通时间与此互补并插入"死区"，E 是逆变器的输入电压，$T_{sw}^{\ominus}$ 是开关周期。电压 V_{um}、V_{vm} 和 V_{wm} 在开关频率较高时由式(7.14)得到

$$V_{um} = V_{un} + V_{nm}$$
$$V_{vm} = V_{vn} + V_{nm} \qquad\qquad (7.14)$$
$$V_{wm} = V_{wn} + V_{nm}$$

其中

$$\langle V_{nm} \rangle = -\frac{1}{2}\big[V_{sup} + V_{inf}\big]$$

并且

$$\begin{cases} V_{sup} = \mathrm{Sup}\{\langle V_{un}\rangle, \langle V_{vn}\rangle, \langle V_{wn}\rangle\} \\ V_{inf} = \mathrm{Inf}\{\langle V_{un}\rangle, \langle V_{vn}\rangle, \langle V_{wn}\rangle\} \end{cases}$$

图 7.27 所示为 DPWMmin 空间矢量 PWM 策略的控制信号的时域结果，在信号的负半周部分开关操作的次数也得到了限制。

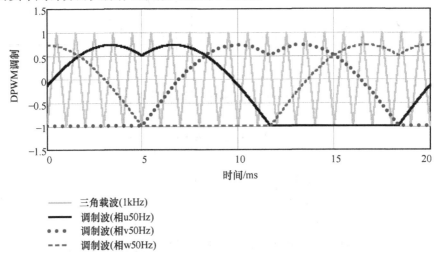

三角载波(1kHz)

调制波(相u50Hz)

••• 调制波(相v50Hz)

--- 调制波(相w50Hz)

图 7.27　DPWMmin 矢量 PWM

从给定值得出实际开关时刻，电压和电流干扰源的频谱可以由式(7.4)和式(7.7)确定。已知频谱的高频部分是由开关的上跳沿和下跳沿时刻确定的，而梯形波由基波脉冲构成。因此控制策略不会对这个频带造成重要影响。这个矢量控制策略在定子电流上导致较低的谐波，如图 7.28 和图 7.29 所示。

调制信号依次产生一系列开关频率倍数附近的谐波。这些标准的结果说明了该控制策略的频谱密度较高。

⊖　式(7.13)中是 T_{dec}——译者注。

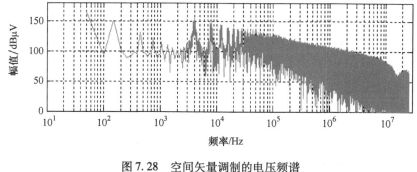

图 7.28　空间矢量调制的电压频谱

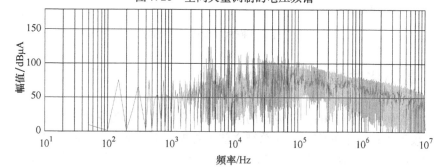

图 7.29　空间矢量 PWM 逆变器的输出电流频谱

在标准的空间矢量 PWM 中，电源的共模波形与基于载波的正弦 PWM 相似，因为调制的脉冲是开关周期中心对称的，如图 7.30 所示。

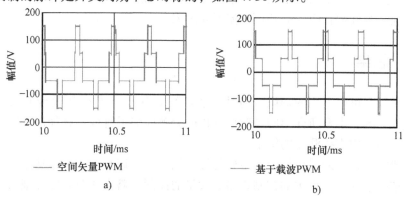

图 7.30　部分共模电压的时域表示

a) 空间矢量 PWM　b) 基于载波 PWM

然而，与零序电压相关的频谱明显更丰富，如图 7.31 所示。在该仿真中正弦 PWM 调制水平是固定的，与空间矢量 PWM 逆变器输出单相电压基波相同（100V）。

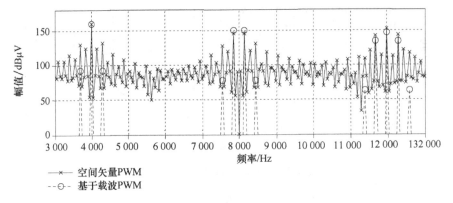

图 7.31　共模电压频谱的一部分

7.9　最小化共模电压的结构

用于说明一些熟悉的控制策略的结构是很简单的，因为它由 3 个并联桥臂组成，仅仅提供最基本的配置。在总结之前需要提一下稍微复杂一些的结构，比如中点钳位的多电平(Neutral Point Clamped，NPC)[VID 08] 逆变器[VIDET 08]，该结构给出了额外的自由度。这使得该结构在异步电动机调速领域比较适合，可以使电动机相关的主要参数(定子磁链和电磁转矩)之外的电平控制得以改善。这些自由度也可以证明其在最小化共模电压方面非常有用。因此，可以考虑控制的空间矢量类型，其中的一个约束是确保一个固定的共模电压，如果不能使电压为零，则也要使通过容性耦合引入的共模电流不要过大。

7.10　总结

如果没有可以利用的知识，则对一个开关结构的 EMC 分析是极其复杂且需要大量人力的。本章所介绍的是对该分析的分解能够了解或者解释仿真结果，以及从实际结构中直接测得的结果。

该研究的最初阶段包括定义主要传导和辐射源。这些源直接与功率开关器件有关，依赖于这些器件中的控制策略。大量的控制策略会使对其的详细研究非常困难，但是了解共模电压调制是如何反映干扰频谱结果是很重要的。

同样重要的是在设计阶段绝对要考虑 EMC。同样地，每个子阶段必须考虑专门的 EMC 约束以便得到期望的辐射水平限制。例如在设计阶段的计算部分，也就是控制策略，可以包括一个非常简单的 EMC 的考虑。本章只是用分析的表示方法给出了这些源频域建模的第一阶段。这些表示方法使用相当简单并且可以快速得到仿真结果。

只有结构的全局模型才能使传导干扰结果得到正确的估计。两种传导辐射模态(共模和差模)被给出,但是通过考虑主要传导路径对初始阶段进行补充是非常重要的。导线和电动机模型可以用于了解负载内部的干扰。这可以对电动机端过电压现象进行估计。当然,这种仿真速度也会使不同种类滤波元件的优化过程得到提高。

7.11　参考文献

[BOG 99] BOGLIETTI A., "Induction motor high frequency model", *IAS-IEEE 1999*, vol. 3, Phoenix, AZ, USA, 1999.

[CAC 99] CACCIATO M., CAVALLARO C., "Effects of connection cable length on conducted EMI in electric drives", *IEMDC 1999*, Seattle, USA, 1999.

[CIS 87] Comité international spécial des perturbations radioélectriques, "Spécification pour les appareils et les méthodes de mesure des perturbations radioélectriques", International EMC standard – CISPR 16-1, IEC – Switzerland, 1987.

[CON 96] CONSOLI A., ORITI G., "Modeling and simulation of common mode currents in three phase inverter-fed motor drives", *Proc. of EMC'96 ROMA, International Symposium on Electromagnetic Compatibility*, Rome, Italy, 1996.

[COS 99] COSTA F., ROJAT G., "CEM en électronique de puissance. Sources de perturbations, couplages, SEM", *Techniques de l'ingénieur*, traité Génie électrique, D3 290, 1999.

[EN 55] EN 55022, Information technology equipment. Radio disturbance characteristics. Limits and methods of measurement. International standard, IEC-Switzerland, 1996.

[EN 61] EN 61800-3, Adjustable speed electrical power drive systems. Part 3: EMC requirements and specific test methods. International EMC standard, IEC-Switzerland, 1996.

[FOC 98] FOCH H., MEYNARD T., FOREST F., "Onduleur de tension", *Techniques de l'ingénieur*, traité Génie électrique, D3 177, 1998.

[GUI 01] GUICHON J.M., Modélisation, caractérisation et dimensionnement de jeux de barres, PhD thesis, INPG 2001, Grenoble, France, 2001.

[GUI 98] GUIRAUD J., Commande vectorielle de machines alternatives à base de processeur de signal, PhD thesis, INPG, Grenoble, France, 1998.

[HOE 01] HOENE E., JOHN W, "Evaluation and prediction of conducted electromagnetic interference generated by high power density inverters", *European Conference on Power Electronics, EPE 2001*, Graz, Austria, 2001.

[LOU 04] LOUIS J.P., *Modèles pour la commande des actionneurs électriques*, Hermes, Paris, 2004.

[MAL 02] MALLINSON N., MASHEDER P., "High efficiency SA808 PWM controller with serial microprocessor interface for low cost induction motor drives", *Dynex Semiconductor*, Lincoln, UK, www.dynexsemi.com, 2002.

[MAX 96] MAX J., LACOUME J.L., *Méthodes et techniques de traitement du signal et applications aux mesures physiques*, Masson, Paris, 1996.

[PAU 92] PAUL C.R, *Analysis of Multiconductor Transmission Lines*, John Wiley & Sons, London, 1992.

[POP 99] POPESCU R., Vers de nouvelles méthodes de prédiction des performances CEM dans les convertisseurs d'électronique de puissance, PhD thesis, INPG, Grenoble, France, 1999.

[REV 03a] REVOL B., ROUDET J., SCHANEN J.L., "Fast EMI prediction method for three-phase inverter based on Laplace Transforms", *Power Electronics Society Conference, conférence IEEE, PESC 2003*, Acapulco, Mexico, 2003.

[REV 03b] REVOL B., SCHANEN J.L., ROUDET J., SOUCHARD Y., "Emi modeling of an inverter -motor association", *Compatibility in Power Electronics*, CD-Rom, *CPE 2003*, Poland, 2003.

[SCH 93] SCHEICH R., Caractérisation et prédétermination des perturbations électro-magnétiques conduites dans les convertisseurs de l'électronique de puissance, PhD thesis, INPG, Grenoble, France, 1993.

[VID 08] VIDET A., LE MOIGNE P., IDIR N., BAUDESSON P., CIMETIÈRE X., FRANCHAUD J.J., ECRABEY J., "Implantation par porteuses d'une stratégie MLI réduisant les courants de mode commun générés par un onduleur NPC", *EPF-08*, Tours, France, 2008.

[WEL 06] WELCHKO B.A., SCHULZ S.E., HITI S., "Effects and compensation of dead-time and minimum pulse-width limitations in two-level PWM voltage source inverters", *Industry Applications Conference, 2006.41st IAS Annual Meeting. Conference Record of the 2006 IEEE*, vol. 2, p. 889–896, 2006.

第 8 章　多相电压源逆变器

8.1　引言

本章讨论与各种拓扑多相负载相关的电压源逆变器建模和控制。这种逆变器大部分为多相电动机所开发，但是本章关注于逆变器因此不在这里讨论电动机。注意到最近这些电动机的发展与为其供电的逆变器发展联系紧密。由于相数超过了三相，因此在电力驱动中需要考虑一些特殊问题，其中逆变器、电动机、控制之间的相互关系更加复杂。在三相系统中这些耦合关系说明了具体的特性，特别是谐波空间和时间的相互作用。

尽管这个多相系统从 20 世纪 60 年代就开发出来，利用晶闸管电流型逆变器用于一些应用（大功率应用需要较高的供电安全），但是随着高速处理器如 DSP 和高性能 FPGA 的出现，使得进入 21 世纪后电压源型逆变器的应用迅速扩展。随着相数和桥臂数的增加，额外的自由度可以用于设计和控制方面。

尽管为了设计一个高性能系统需要对电动机和逆变器的约束条件统一进行考虑，但是对每个部分详细工作原理的了解也是非常重要的。本章主要讨论两电平 n 桥臂电压源型逆变器，将详细讨论这些逆变器的建模和控制，并尽量避免讨论多相负载本身的特性。

首先讨论 n 桥臂逆变器的矢量建模而不考虑负载的约束条件（自由度数目的变化）。通过具体的两桥臂和三桥臂两电平逆变器的建模来说明矢量建模方法。这个方法可以归纳出各种空间矢量方法，得出结论，并用于多相系统。在矢量模型中将讨论利用 PWM 的平均值控制原理。

本章的第二部分，主要研究负载和逆变器的连接拓扑的影响。将讨论各种类型的多相负载并测试它们对逆变器控制层面的影响。一个矢量方法不仅可以利用基于矩阵的方法产生，也可以利用直观表示方法，例如复数相位方法用于三相系统。自从菲涅尔（Fresnel）将直观表示方法引入电气工程，就得到了广泛的应用，可以用于快速处理各种问题，诸如调制策略的选择、逆变器饱和、谐波注入等。

8.2 电压源逆变器的矢量建模

8.2.1 *n* 桥臂结构：术语、标记、举例

8.2.1.1 通用 *n* 桥臂结构

本节将考虑一个理想的两电平 *n* 桥臂电压源逆变器。电路如图 8.1 所示，电压 v_{kN}（$k \in \{1, \cdots, n\}$）定义的是相对于虚拟中性点 N 的电压，其中 N 为参考电位，还显示了开关 $s_k \in \{0, 1\}$ 的操作。

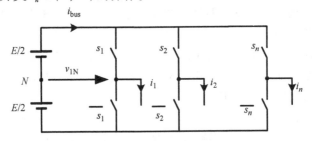

图 8.1 *n* 桥臂电压型逆变器

逆变器作为多相电源提供一组电压 v_{kN}。该电源也提供一组感性电流 i_k，它来自于电流 i_{bus}，即直流电源 E。

连接方程的值的选择确定了多相输出侧电压 v_{kN} 和直流侧电流 i_{bus}。因此直流母线电流的约束条件等价于电压 v_{kN} 的约束条件。

矢量方法的使用[SEM 00, SEM 02]可以被证明，因为它很容易被处理为一个变量，而不依赖于它的坐标，这里统一表示为一组 *n* 个电压。显然严格地说，矩阵方法[GRA 06b]与这个方法是等价的，即使由它们的性质上看，也总是需要明确其工作的基。因此，一个 *n* 桥臂逆变器与一个 *n* 维欧氏矢量空间 E^n 相联系，它含有一个正交基 $B^n = \{\vec{x}_1^n, \vec{x}_2^n, \cdots, \vec{x}_n^n\}$。逆变器施加一个电压矢量到多相侧，该矢量定义为

$$\vec{v} = v_{1N}\vec{x}_1^n + v_{2N}\vec{x}_2^n + \cdots + v_{nN}\vec{x}_n^n = \sum_{k=1}^{n} v_{kN}\vec{x}_k^n \tag{8.1}$$

给定连接方程 $s_k \in \{0, 1\}$，它表示每个电压 v_{kN} 属于集合 $\{E/2, -E/2\}$。因此可以定义一组电压矢量描述逆变器特性。这组矢量含有 $G_v = 2^n$ 个元素，$\vec{v}_k$ 与开关的可能组合数有关。特征矢量 $\vec{v}_k$ 的标志 *k* 由 $k = s_1 2^0 + s_2 2^1 + \cdots + s_n 2^{n-1}$ 定义，其中

$$\vec{v}_k = \vec{OM}_k = E\left(s_1 - \frac{1}{2}\right)\vec{x}_1^n + E\left(s_2 - \frac{1}{2}\right)\vec{x}_2^n + \cdots + E\left(s_n - \frac{1}{2}\right)\vec{x}_n^n \tag{8.2}$$

O 是矢量空间的原点，M_k 是该定义的矢量几何外形的顶点。下文中将不去区分这些顶点 M_k 和矢量 $\vec{v}_k$ 本身。

将基 B^n 作为"基本"基，在电压矢量坐标系中该基的变量与物理变量相关并且可以被测量。其他的工作基将在稍后定义。

8.2.1.2　举例

8.2.1.2.1　单桥臂结构

一维欧氏空间与这个最基本的结构相关。基退化为一个矢量 $B^1 = \{\vec{x}_1^n\}$，因此电压矢量 $\vec{v} = v_{1N}\vec{x}_1^n$ 只能有两个取值，$\vec{v}_0 = -\dfrac{E}{2}\vec{x}_1^n$ 或者 $\vec{v}_1 = \dfrac{E}{2}\vec{x}_1^n$。

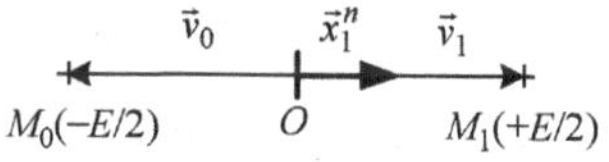

图 8.2　单桥臂结构输出电压矢量图

电压矢量可以得到的各种值如图 8.2 所示。

8.2.1.2.2　两桥臂结构

电压矢量属于一个二维空间并有 4 个取值。

$$\vec{v}_0 = -\frac{E}{2}\vec{x}_1^n - \frac{E}{2}\vec{x}_2^n$$

$$\vec{v}_1 = +\frac{E}{2}\vec{x}_1^n - \frac{E}{2}\vec{x}_2^n$$

$$\vec{v}_2 = -\frac{E}{2}\vec{x}_1^n + \frac{E}{2}\vec{x}_2^n$$

$$\vec{v}_3 = +\frac{E}{2}\vec{x}_1^n + \frac{E}{2}\vec{x}_2^n$$

图 8.3 所示为逆变器的图形表示。"正方形"的四个顶点 $M_1 \sim M_4$ 给出了逆变

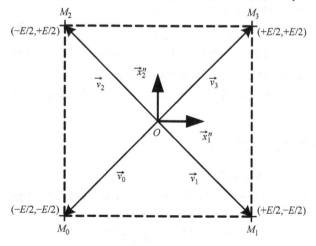

图 8.3　两桥臂结构输出电压矢量图

器的几何表示。如果假设两个桥臂的开关不能同时进行，那么两个交替的矢量在坐标系中与单个矢量有所区别。在图8.3中从一个矢量到另外一个矢量的瞬态过程必须沿虚线轨迹移动。

该方法的更多信息见参考文献[JAN 07，SEM 00]。每相采用一个两桥臂"单相逆变器"供电的结构特别适用于多相系统，然而两个单相逆变器之间需要严格的时间同步。在参考文献[JAN 07]中，该结构用于研究一个三相电动机仅用两个桥臂的退化驱动。

8.2.1.2.3 三桥臂结构

这里电压矢量属于一个三维空间，有 $2^3 = 8$ 种取值。图8.4所示为如前所述的三桥臂逆变器的矢量图。然而为了使图形更加清晰仅画出了由矢量末端定义的"立方体"的顶点 M_k。同样，连接这些矢量的虚线表示一个开关的变化。

这种空间形式表示了一个三桥臂的逆变器，在参考文献[KWA 04，MON 97]中讨论了其变化过程。

8.2.1.2.4 四桥臂结构

仍然可以用一个三维图来表示一个四桥臂逆变器为一个三相负载供电，参考电位不再是虚拟中性点 N 而是第4个桥臂输出端[KIM 04,RYA 99]。逆变器在四维空间特征多面体由16个顶点组成[GLAS 07,PER 03]，称之为超正方体。

8.2.1.2.5 n 桥臂结构

超过三维系统的图形化表示是不可能的。逆变器的特性几何结构仍然是多面

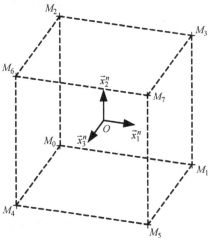

图8.4 三桥臂结构特性电压矢量图

体，称之为超立方体或者 n 立方体，由 2^n 顶点组成。本书将从负载端进行观察，这个结构可以通过分解成一定的一维或者二维矢量空间来表示为一个标准负载。

小结 一个两电平电压源逆变器可以由一个 n 维空间的 2^n 顶点超立方体组成。

8.2.2 平均值控制：PWM

8.2.2.1 矢量的平均值定义和表示

在式(8.3)中首先回顾一下变量 g 在一个周期 T 内滚动平均的概念

$$\langle g(t) \rangle (t) = \frac{1}{T} \int_{t-T}^{t} g(\tau) \mathrm{d}\tau \tag{8.3}$$

如果在 qT_e 时刻采样，则式(8.3)变为

$$\langle g(t) \rangle (qT_{\mathrm{e}}) = \frac{1}{T_{\mathrm{e}}} \int_{(q-1)T_{\mathrm{e}}}^{qT_{\mathrm{e}}} g(\tau) \mathrm{d}\tau \tag{8.4}$$

将电压矢量 $\vec{v}$ 应用到式(8.4)中

$$\langle \vec{v} \rangle (qT_{\mathrm{e}}) = \frac{1}{T_{\mathrm{e}}} \int_{(q-1)T_{\mathrm{e}}}^{qT_{\mathrm{e}}} \vec{v} \mathrm{d}\tau = \frac{1}{T_{\mathrm{e}}} \int_{(q-1)T_{\mathrm{e}}}^{qT_{\mathrm{e}}} \left(\sum_{k=1}^{n} v_{k\mathrm{N}}(\tau) \vec{x}_k^n \right) \mathrm{d}\tau$$

$$= \sum_{k=1}^{n} \frac{1}{T_{\mathrm{e}}} \left(\int_{(q-1)T_{\mathrm{e}}}^{qT_{\mathrm{e}}} v_{k\mathrm{N}}(\tau) \mathrm{d}\tau \right) \vec{x}_k^n = \sum_{k=1}^{n} \langle v_{k\mathrm{N}} \rangle (qT_{\mathrm{e}}) \vec{x}_k^n \tag{8.5}$$

逆变器输出电压矢量的平均值可以简单地表示为电压 $v_{k\mathrm{N}}$ 平均值 $\langle v_{k\mathrm{N}} \rangle$ 的函数。

这个平均矢量值也可以直接通过逆变器的特性矢量计算得出

$$\{ \vec{v}_i / i \in \{0, \cdots, 2^n - 1\} \}$$

在任一给定时刻，逆变器施加给负载的电压矢量必须等于 2^n 个矢量 $\vec{v}_i$ 的其中之一。如果定义 t_i 为矢量 $\vec{v}_i$ 在整个周期 T_{e} 中的有效作用时间，则它需要满足

$$\langle \vec{v} \rangle (qT_{\mathrm{e}}) = \frac{1}{T_{\mathrm{e}}} \int_{(q-1)T_{\mathrm{e}}}^{qT_{\mathrm{e}}} \vec{v}(\tau) \mathrm{d}\tau = \frac{1}{T_{\mathrm{e}}} \sum_{i=0}^{2^n-1} t_i \vec{v}_i = \sum_{i=0}^{2^n-1} \alpha_i \vec{v}_i \tag{8.6}$$

$\alpha_i = \dfrac{t_i}{T_{\mathrm{e}}}$ 为矢量 $\vec{v}_i$ 在周期 T_{e} 内的占空比。因此有如下特性：

$$\sum_{i=0}^{2^n-1} \alpha_i = 1, 0 \leqslant \alpha_i \leqslant 1 \tag{8.7}$$

式(8.5)和式(8.6)可以用于建立起期望的平均电压 $\langle v_{k\mathrm{N}} \rangle$ 与产生该平均电压所需矢量 $\vec{v}_i$ 作用持续时间 t_i 之间的联系。这样式(8.6)定义了一个空间矢量调制，在此意义上这个期望的"平均值"矢量 $\langle \vec{v} \rangle$ 可以通过调制电压矢量 $\vec{v}_i$ 的时间长度得到，该电压矢量是由逆变器生成的。

此外，式(8.7)可以用于给出式(8.6)的几何解释。如果将点 M 作为平均矢量 $\langle \vec{v} \rangle$ 的顶点，则式(8.6)变为

$$\overrightarrow{OM} = \sum_{i=0}^{2^n-1} \alpha_i \overrightarrow{OM_i} \tag{8.8}$$

从几何学上看，M 是 2^n 个点 M_i 集合的质心。因此，利用质心的基本特性就可以得到：

1）如果两个矢量作用，则平均矢量的顶点在两个作用矢量顶点连线上；

2）如果 3 个非共线矢量作用，其顶点为 M_1、M_2、M_3，则平均矢量的顶点 M 在顶点 M_1、M_2、M_3 所围成的三角形内部；

3）如果 4 个非共线矢量作用，其顶点为 M_1、M_2、M_3、M_4，则平均矢量的顶点 M 在顶点 M_1、M_2、M_3、M_4 所围成的四边形内部；

4）以此类推。

尽管不严格，但是在本章后面的文中不再区分矢量 $\overline{OM}$ 和其顶点 M。这样可以把一个矢量当作一组矢量的质心。

现在把各种概念引入一个具体的例子。对一个两电平，两桥臂逆变器，希望利用两个按照下式进行作用的矢量 $\vec{v}_0$ 和 $\vec{v}_1$ 的平均值来确定一个矢量：

1）从 0 至 αT_e，$\vec{v} = \vec{v}_0$；

2）从 αT_e 至 T_e，$\vec{v} = \vec{v}_1$；

其中（$0 \leqslant \alpha \leqslant 1$）。

利用平均值定义，可以得到

$$\langle \vec{v} \rangle = \frac{1}{T_e} \int_0^{T_e} \vec{v}(\tau) d\tau = \frac{1}{T_e} \left(\int_0^{\alpha T_e} \vec{v}_0(\tau) d\tau + \int_{\alpha T_e}^{T_e} \vec{v}_1(\tau) d\tau \right)$$

$$= \frac{1}{T_e} \left(\vec{v}_0 \int_0^{\alpha T_e} d\tau + \vec{v}_1 \int_{\alpha T_e}^{T_e} d\tau \right) = \alpha \vec{v}_0 + (1 - \alpha) \vec{v}_1 \tag{8.9}$$

利用矢量 $\vec{v}_0$ 和 $\vec{v}_1$ 的表达式（式(8.2)），式(8.9)变为

$$\vec{v} = -\frac{E}{2}(2\alpha - 1)\vec{x}_1^n - \frac{E}{2}\vec{x}_2^n \tag{8.10}$$

图 8.5 所示为利用式(8.5)得到的电压 v_{1N} 和 v_{2N} 平均值的实现过程。这个结果可以很容易地利用图 8.6 的几何方式得到。在这个例子中只有点 M_0 和 M_1 作用。平均矢量顶点 M，即这些点的质心，将在这些点之间的连线上（实线）。可

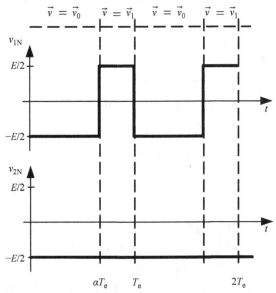

图 8.5 空间矢量调制得到的电压波形

以看出若将矢量$\langle \vec{v} \rangle$投影到矢量$\vec{x}_1^n$和$\vec{x}_2^n$上，则平均电压$\langle v_{1N} \rangle$将从$-E/2$变化到$E/2$，然而$\langle v_{2N} \rangle$只能等于$-E/2$。

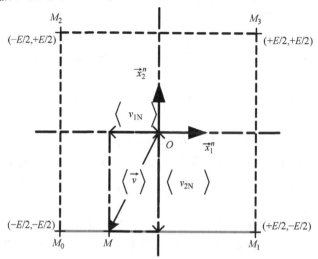

图8.6 空间矢量调制的图形表示：两个作用矢量

值得注意的是这个例子中每个矢量在周期T_e中仅作用一次。当然也可以使一个矢量作用多次并使每个矢量$\vec{v}_k$作用的总时间t_k不变，但是这样会增加开关动作的次数。

如果在相同周期内的作用矢量为$\vec{v}_0$、$\vec{v}_1$和$\vec{v}_3$，则可获得的区域为一个三角区（如图8.7中的灰色部分所示），并且电压$\langle v_{1N} \rangle$和$\langle v_{2N} \rangle$从$-E/2$变化到$E/2$，但是$\langle v_{1N} \rangle \leqslant \langle v_{2N} \rangle$，因为这个三角形的斜边为$\langle v_{1N} \rangle = \langle v_{2N} \rangle$。总的来说，平均值控制使得任意期望平均矢量都能够实现，只要其顶点在逆变器的2^n个特征矢量$\vec{v}_i$的2^n个顶点M_i所组成的超立方体内部即可。

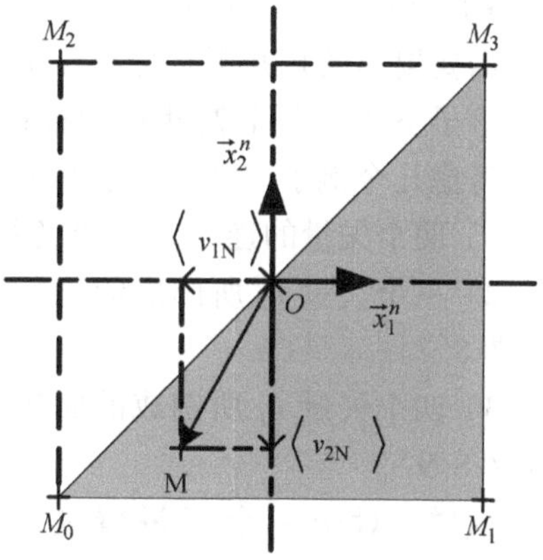

图8.7 空间矢量调制的图形表示：三个作用矢量

小结 就平均值控制而言，电压源逆变器可以描述为超立方体的超体积，其2^n个顶点代表所有可能的开关瞬时状态。

8.2.2.2 作用矢量最小数目的确定："族"的概念

在前面章节中，式(8.6)和式(8.7)用于在逆变器的平均值控制中描述几何化特征，针对2^n顶点的超立方体。

给定一个期望的平均矢量$\langle \vec{v} \rangle$在这个超立方体中，现在问题是用矢量方法确定并检验哪些矢量作用及作用时间。

先回顾一下数学特性：

(1) P_1：在一个n维空间，如果n个矢量$\{\overline{M_0 M_i}/i \in \{1, \cdots, n\}\}$或者$\{\vec{v}_i - \vec{v}_0/i \in \{1, \cdots, n\}\}$组成一个基，则$n+1$个点的族$\{M_i/i \in \{0, \cdots, n\}\}$或者矢量$\vec{v}_i$组成一个质心基。

(2) P_2：一个点M的$n+1$个质心坐标在一个质心基中存在，并且唯一，其和等于1。

但是，利公式(8.6)和式(8.7)的解释说明可以用一个期望的平均矢量$\langle \vec{v} \rangle$作为电压源逆变器2^n特征矢量的质心。因为$2^n > n+1$，P_2说明不需要逆变器所有2^n个特征矢量都用作来获取期望矢量，并且总是存在一个解仅需要$n+1$个矢量在周期T_e内起作用。

有趣的是在这个周期T_e内的开关动作次数必须至少等于周期内作用矢量的个数。作为结论，在优化逆变器的控制过程中，对于在超立方体内部的任意一个矢量，提前确定$n+1$个矢量族来得到唯一的质心分解是非常有用的。特性P_1可以用于确定这些族，实际上，可以测试行列式阶数n是否为零来判定$n+1$个矢量$\vec{v}_i$的族是否满足期望的特性P_1。

小结 任何在逆变器的特征超立方体内部的平均矢量$\langle \vec{v} \rangle$都可以通过适当选择$n+1$个矢量作用得到。作用时间正是这个点的质心坐标。

需要提出的是并不是总需要$n+1$个矢量作用。如果期望矢量属于一个子空间，该子空间由K个矢量$\vec{v}_i$所描述，则仅需要K个矢量作用。

考虑几个例子。如果矢量属于：

1）两个矢量的连线$\vec{v}_i$，则仅需要两个矢量作用来得到该矢量（见图8.6）；

2）三个矢量$\vec{v}_i$所围成的三角形内，则仅需要三个矢量作用来得到该矢量（见图8.7）；

3）四个矢量$\vec{v}_i$所围成的四边形内，则仅需要四个矢量作用来得到该矢量（见图8.9）。

这样，对于一个三桥臂逆变器，控制策略族被称为平顶或者非连续PWM[HAV 99]，曾经仅使用三个矢量代替四个矢量用于标准的复相位控制。期望的平均矢量都在三桥臂电压源逆变器特征立方体的表面[SEM 00]。选择该策略来使开关动作次数最少，并且与标准的控制策略[BLA 97, HAV 99]相比降低50%开关损耗。

在此研究阶段，多个矢量族显现出来，要确定哪个更加实用。这些必须满足的族已经被提出（相关行列式不为零的所有族）。然而，本节还没有讨论这些给定族的实际解。

这里将描述一个族的集合，它在实际应用中得到广泛使用（中心对称的基于载波 PWM 和标准空间矢量控制），但是也存在其他族。这个集合的获取使用了基于树状图技术，如图 8.8 所示：

1）每个族的第一个点是 M_0；

2）第二个点 M_k 通过改变式 (8.2) 中的一个连接函数 s_i 的值得到，这样给出 n 个分叉点；

3）从每个族的第二个点 M_k 再次从没有改变的连接函数中选一个连接函数进行改变，这样对每个点 M_k 给出另外的 $n-1$ 个点；

4）重复上述过程直到每个连接函数均改变一次，因此该树的每个分支均有 $n-1$ 个分叉。

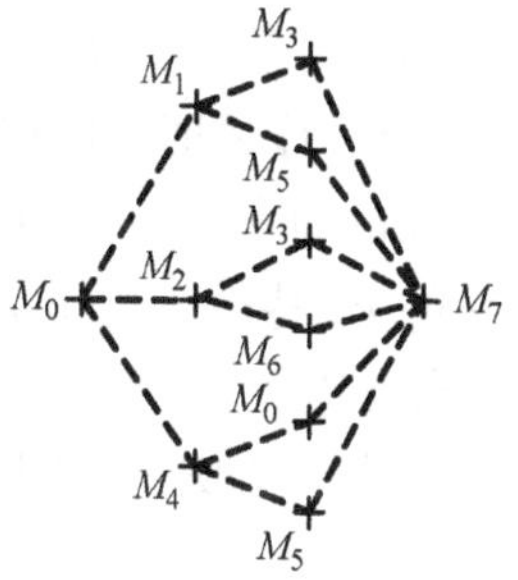

该技术可以用于定义一个与 $n!$ 个族相关的群具有 $n!$ 个超实体 V_d，这些族完全覆盖了逆变器的特征超立方体而没有任何重叠。每个点 M 都不在两个超实体之间的分界上，仅属于一个超实体，即超实体 V_d。上述用于确定族的群的方法是指 M 点所属的实体 V_d 可以很容易地利用 n 次比较确定。这些测试可以通过一些算法直接或间接（基于三角形载波的控制[BLA 97]）实现。

图 8.8　$n=3$ 时图示出 $n!$ 个族

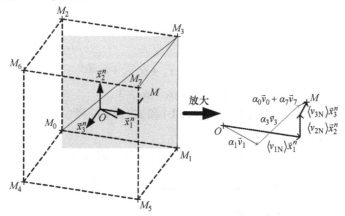

图 8.9　空间矢量调制的图形表示：四个作用矢量

需要注意的是这里所描述方法的一个变种在参考文献 [KES 03a，KES 04] 中进行了介绍。这个变种包含了图 8.8 所示的 $n!$ 个族之一的坐标计算。如果坐标是正的，则说明 M 点属于代表这个族的实体。如果不是这种情况，则考虑 n 个符号利用一个简单的算法就可以确定实体 V_d，这个点及相关的占空比属于该实体。

小结　确定矢量族以满足平均值控制是可行的。本节给出了这些族必须满足的标准以及这样一个族的例子。

注：对于一个有限数量逆变器桥臂系统的研究，所有控制的可能性都是可行的。当桥臂数目(或者电平数)增加时该方法很快就变得不可行。正因如此，需要熟悉就通用方法而言所得到的 $n < 4$ 的结论。

8.2.2.3 作用时间的确定

在前面章节结论的基础上进行讨论，将考虑 $n+1$ 个矢量族满足 8.2.2.2 节定义的 P_2 特性。对所选择矢量作用持续时间的计算就变为解 $n+1$ 个未知数的 $n+1$ 次方程。

考虑一个例子，即一个矢量的平均值为 $\langle \vec{v} \rangle$，通过三维空间跟踪一个路径

$$\langle \vec{v} \rangle = \langle v_{1N} \rangle \vec{x}_1^n + \langle v_{2N} \rangle \vec{x}_2^n + \langle v_{3N} \rangle \vec{x}_3^n \tag{8.11}$$

可以利用下面四个矢量产生 $\langle \vec{v} \rangle$：

$$\vec{v}_0 = -\frac{E}{2} \vec{x}_1^n - \frac{E}{2} \vec{x}_2^n - \frac{E}{2} \vec{x}_3^n$$

$$\vec{v}_1 = +\frac{E}{2} \vec{x}_1^n - \frac{E}{2} \vec{x}_2^n - \frac{E}{2} \vec{x}_3^n$$

$$\vec{v}_3 = +\frac{E}{2} \vec{x}_1^n + \frac{E}{2} \vec{x}_2^n - \frac{E}{2} \vec{x}_3^n$$

$$\vec{v}_7 = +\frac{E}{2} \vec{x}_1^n + \frac{E}{2} \vec{x}_2^n + \frac{E}{2} \vec{x}_3^n$$

换句话说，$\langle \vec{v} \rangle$ 满足如下状态：

$$\langle \vec{v} \rangle = \alpha_0 \vec{v}_0 + \alpha_1 \vec{v}_1 + \alpha_3 \vec{v}_3 + \alpha_7 \vec{v}_7$$

$$\alpha_0 + \alpha_1 + \alpha_3 + \alpha_7 = 1 \tag{8.12}$$

这 4 个方程的系统可以通过式(8.11)和式(8.12)将 $\langle \vec{v} \rangle$ 投影到三个坐标轴上。这样对于第一个坐标有

$$\langle \vec{v} \rangle \cdot \vec{x}_1^n = (\langle v_{1N} \rangle \vec{x}_1^n + \langle v_{2N} \rangle \vec{x}_2^n + \langle v_{3N} \rangle \vec{x}_3^n) \cdot \vec{x}_1^n = \langle v_{1N} \rangle$$

$$\langle \vec{v} \rangle \cdot \vec{x}_1^n = (\alpha_0 \vec{v}_0 + \alpha_1 \vec{v}_1 + \alpha_3 \vec{v}_3 + \alpha_7 \vec{v}_7) \cdot \vec{x}_1^n = \frac{E}{2}(-\alpha_0 + \alpha_1 + \alpha_3 + \alpha_7)$$

总之，可以得到如下方程：

$$\begin{cases} -\alpha_0 + \alpha_1 + \alpha_3 + \alpha_7 = \dfrac{2}{E} \langle v_{1N} \rangle \\[2mm] -\alpha_0 - \alpha_1 + \alpha_3 + \alpha_7 = \dfrac{2}{E} \langle v_{2N} \rangle \\[2mm] -\alpha_0 - \alpha_1 - \alpha_3 + \alpha_7 = \dfrac{2}{E} \langle v_{3N} \rangle \\[2mm] \alpha_0 + \alpha_1 + \alpha_3 + \alpha_7 = 1 \end{cases}$$

其中

$$\text{Det} = \begin{vmatrix} -1 & 1 & 1 & 1 \\ -1 & -1 & 1 & 1 \\ -1 & -1 & -1 & 1 \\ 1 & 1 & 1 & 1 \end{vmatrix} = -8$$

事实上选择的矢量族满足 8.2.2.2 节中定义的特性 P_1，以确保方程的特征行列式 Det 不为零。

应用克莱姆法则（Cramer's rule），得到如下结果：

$$\alpha_0 = \frac{1}{\text{Det}} \begin{vmatrix} \dfrac{\langle v_{1N} \rangle}{E/2} & 1 & 1 & 1 \\ \dfrac{\langle v_{2N} \rangle}{E/2} & -1 & 1 & 1 \\ \dfrac{\langle v_{3N} \rangle}{E/2} & -1 & -1 & 1 \\ 1 & 1 & 1 & 1 \end{vmatrix}$$

$$\alpha_1 = \frac{1}{\text{Det}} \begin{vmatrix} -1 & \dfrac{\langle v_{1N} \rangle}{E/2} & 1 & 1 \\ -1 & \dfrac{\langle v_{2N} \rangle}{E/2} & 1 & 1 \\ -1 & \dfrac{\langle v_{3N} \rangle}{E/2} & -1 & 1 \\ 1 & 1 & 1 & 1 \end{vmatrix}$$

$$\alpha_3 = \frac{1}{\text{Det}} \begin{vmatrix} -1 & 1 & \dfrac{\langle v_{1N} \rangle}{E/2} & 1 \\ -1 & -1 & \dfrac{\langle v_{2N} \rangle}{E/2} & 1 \\ -1 & -1 & \dfrac{\langle v_{3N} \rangle}{E/2} & 1 \\ 1 & 1 & 1 & 1 \end{vmatrix}$$

$$\alpha_7 = \frac{1}{\text{Det}} \begin{vmatrix} -1 & 1 & 1 & \dfrac{\langle v_{1N} \rangle}{E/2} \\ -1 & -1 & 1 & \dfrac{\langle v_{2N} \rangle}{E/2} \\ -1 & -1 & -1 & \dfrac{\langle v_{3N} \rangle}{E/2} \\ 1 & 1 & 1 & 1 \end{vmatrix}$$

图 8.9 所示为式(8.12)解的图形表示。矢量 $\langle \vec{v} \rangle$ 表示为下面两个公式的矢量

和：

1）一个由式(8.11)定义；

2）另外一个质心由式(8.12)，通过解该方程利用占空比得到。

在这个例子中要产生的矢量由其顶点 M 表示，有以下坐标：

$$\langle v_{1N} \rangle = E/3 \quad \langle v_{2N} \rangle = E/10 \quad \langle v_{3N} \rangle = -E/6$$

利用上述方法确定方程解之后得到

$$\alpha_0 = 0.167$$
$$\alpha_1 = 0.233$$
$$\alpha_3 = 0.267$$
$$\alpha_7 = 0.333$$

在参考文献[BLA 97，SEM 00，ZHO 02]中，这些解也可以用三个参考信号 $\langle v_{1N} \rangle$、$\langle v_{2N} \rangle$ 和 $\langle v_{3N} \rangle$，即在周期 T_e 内的常量与三角波交叉比较间接得到，这是传统上用于实现 PWM 的方法，既可以用模拟技术也可以用数字技术通过计数器实现。

这里介绍的直接计算方法的优点是可以发现是否有任何的饱和影响，不会出现占空比大于 1、负值，或者占空比之和大于 1 的现象。当然在这种情况下空间矢量方法需要考虑这些限制[BOT 03]。

这里介绍的方法是 $n=3$，很容易用图形方法进行表示，也可以很容易实现 n 维空间[KES 04,SEM 01]。所有这些需要计算由常数组成的 n 阶，$n-1$ 列的行列式。

8.2.2.4 时序

一旦矢量被确定后就会在给定的周期内作用一定的时间，还必须确定作用的顺序。这个顺序对平均值没有影响。另一方面，合成的电压频谱成分，以及在功率开关中的开关损耗将会受到影响[LOU 04]。根据需要，这两个方面之一会需要优先处理(利用两桥臂逆变器控制)。传统方法利用中心对称载波比较 PWM，意味着两个连续的作用矢量将只有一个开关状态不同。

8.3 带多相负载的逆变器

前面的章节建立了一个 n 桥臂电压源型逆变器的模型并导出了一些本质特性，但没有考虑负载。现在将考虑负载特性对电压源型逆变器控制的影响。要考虑的多相负载是一个电流源，在表示相关的电路数学系统中有一个电感矩阵 $[L]$。

总的来说，在本章的后面将考虑具体的对称矩阵 $[L]$，因为大多数典型负载的设计都是对称的，特别是电动机的设计包含电磁耦合。

当这个对称矩阵 $[L]$ 不是对角线对称时，采用自然基的瞬时模态，因为电压和电流之间有很多耦合，所以该负载的分析和控制不容易。

因此，通常要寻找一些替代的基，其中的变量是独立的。这些基可以很自然地通过分解电感矩阵确保其对角线对称，并且其特称空间是相互正交的。这样，属于这些不同特征空间的变量不再有任何耦合。

为了得到新的工作基，简单地需要确定这个矩阵的特征空间，在这些特征空间中选择一个基，然后得到一个适用的基。为了得到在每个特征空间电压型逆变器的模型，在不同的特征空间进行逆变器的特征超立方体上进行矢量投影（利用内积）是非常有用的。

大多数多相系统的控制策略依赖于这类方法，最被人熟知的显然是一个三桥臂逆变器控制一个三相平衡负载。其中一个特征空间是一个平面，该平面是特征立方体的一个投影[RYA 99,SEM 00]变成一个六边形用于矢量控制[LOU04]。注意到常用的变换矩阵（Concordia、Park 等）是一些简单的矩阵，可以实现从自然基到特征向量基的变换。在自然基中这些矩阵的列给出了特征矢量的坐标。尽管可以定义无数个变换，但只有一个分解到特征子空间。

当假设各个相之间引入某一电气耦合时，特征空间分析是一个特别有益的技术。这些耦合可以被利用，一方面用于减少多相系统中的外部连接的数目；另一方面用于减少必须连接负载的桥臂数目。这样图 8.10 所示为一个 n 相负载的 4 个拓扑：拓扑 a），需要 $2n$ 逆变器桥臂供电，而拓扑 b）$n+1$ 个就足够了，对拓扑 c）和 d）仅需要 n 个。

本节第一部分证明在多相系统中的电气耦合的起源与特点。第二部分介绍一个逆变器为三相负载供电的例子。最后将介绍一个进一步的例子，即一个奇数相的电动机。

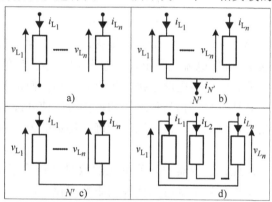

图 8.10 用于多相负载的各种拓扑

小结 为了获取为多相负载供电的电压源型逆变器的模型，将逆变器特征超立方体的一个矢量投影到负载的不同特征空间是有帮助的。

8.3.1 负载拓扑和相关自由度

对于一个 n 相系统获取具有特性的特征矢量，其系数是 +1 或者 −1。一个可以用于确定这些特征值变换矩阵的例子见参考文献[LEV 07]。

单一矢量

$$\vec{x}_z^d = (\vec{x}_1^n + \vec{x}_2^n \cdots + \vec{x}_n^n)$$

对于奇数 n

两个矢量

$$\vec{x}_{z_1}^d = (\vec{x}_1^n - \vec{x}_2^n + \vec{x}_3^n - \vec{x}_4^n + \cdots + \vec{x}_n^n)$$

和

$$\vec{x}_{z_2}^d = (\vec{x}_1^n + \vec{x}_2^n + \vec{x}_3^n + \vec{x}_4^n \mid \cdots + \vec{x}_n^n)$$

对于偶数 n。

就这些特征矢量而言电流和电压矢量分量为:

对于奇数 n

$$i_{L_z} = (i_{L_1} + i_{L_2} + \cdots + i_{L_n})$$

和

$$v_z = (v_{L_1} + v_{L_2} + \cdots + v_{L_n})$$

对于偶数 n

$$i_{L_{z1}} = (i_{L_1} + i_{L_3} + \cdots + i_{L_{n-1}}) - (i_{L_2} + i_{L_4} + \cdots + i_{L_n})$$
$$v_{L_{z1}} = (v_{L_1} + v_{L_3} + \cdots + v_{L_{n-1}}) - (v_{L_2} + v_{L_4} + \cdots + v_{L_n})$$

和

$$i_{L_{z2}} = (i_{L_1} + i_{L_3} + \cdots + i_{L_{n-1}}) - (i_{L_2} + i_{L_4} + \cdots + i_{L_n})$$
$$v_{L_{z2}} = (v_{L_1} + v_{L_3} + \cdots + v_{L_{n-1}}) - (v_{L_2} + v_{L_4} + \cdots + v_{L_n})$$

第一种情况是一个星形接法,没有中性点输出或者多边形接法($n=3$ 为三角形接法)确保电流或者电压分量分别为零。其他情况是两个星形连接,每组 $n/2$ 相,或者两个多边形连接,每组 $n/2$ 相,使得两个电流或者电压分量为零。

其结果是,相与相之间的连接可以使外部端子数量减少,并且因此使逆变器的桥臂数目减少,也可以用于确保特定的分量为零而不需要对逆变器进行特殊控制。

因此,逆变器中开关单元的数量变得多于需要施加在负载上独立电压的数量:增加的自由度可以使控制策略优化。这样,一个单电平逆变器为一个星形接法无中性点负载供电,有一个自由度可以使三相系统的控制策略更加广泛[HAV 99](平顶、注入三次谐波等)或者使 n 桥臂逆变器控制更加复杂的负载[DEL 03]。

举一个奇数相同步电动机的例子,电气模型为

$$\begin{pmatrix} v_{L_1} \\ v_{L_2} \\ \vdots \\ v_{L_n} \end{pmatrix} = R \begin{pmatrix} i_{L_1} \\ i_{L_2} \\ \vdots \\ i_{L_n} \end{pmatrix} + \begin{pmatrix} L & M_{12} & \cdots & M_{1n} \\ M_{12} & L & \cdots & \vdots \\ \vdots & \vdots & \ddots & \vdots \\ M_{1n} & M_{2n} & \cdots & L \end{pmatrix} \frac{\mathrm{d}}{\mathrm{d}t} \begin{pmatrix} i_{L_1} \\ i_{L_2} \\ \vdots \\ i_{L_n} \end{pmatrix} + \begin{pmatrix} e_{L_1} \\ e_{L_2} \\ \vdots \\ e_{L_n} \end{pmatrix} \qquad (8.13)$$

其中　R——负载每相电阻;

L——负载每相电感；

M_{ij}——负载 i 和 j 相间互感；

e_{L_i}——i 相反电动势；

v_{L_i}——i 相端电压。

接下来，将分析负载拓扑和变量自由度之间的关系。为此，将分析负载电压和电流矢量的维数。

8.3.1.1 无耦合的电动机（图 8.10 中 a 的情形）

没有耦合并不能降低电压和电流矢量的维数。它们都沿着维数为 n 的原始矢量空间轨迹。每相均有两桥臂结构供电，总共有 $2n$ 个桥臂。

8.3.1.2 星形连接电动机带中性点输出（图 8.10 中 b 的情形）

这种情况也不能降低矢量维数。然而，与图 8.10a 相比可以显著减少 n 个桥臂。这个减少意味着需要两个电压源和中线，或者增加一个桥臂承担的线电流之和。

8.3.1.3 星形接法无中性点输出的电动机（图 8.10 中 c 的情形）

线电流之和强制为零

$$\sum_{j=1}^{n} i_{L_j} = 0 \Leftrightarrow i_{L_m} = -\sum_{k=1, k\neq m}^{n} i_{L_k} \tag{8.14}$$

利用式（8.14），负载电流矢量 $\vec{i}_L = \sum_{k=1}^{n} i_{L_k} \vec{x}_k^n$ 可以写为

$$\vec{i} = \sum_{k=1, k\neq m}^{n} i_{L_k} (\vec{x}_k^n - \vec{x}_m^n) \tag{8.15}$$

式（8.15）说明电流矢量确实减少了一个维度。电流矢量因此沿着减少了一个维度的 $n-1$ 维矢量子空间轨迹，该维度为矢量的零序维度

$$\vec{x}_z^d = \frac{1}{\sqrt{n}} \sum_{k=1}^{n} \vec{x}_k^n$$

如前所述。

假定没有任何零序电流，电动机产生的转矩将仅取决于 $n-1$ 维空间的电流。因此，当考虑转矩时，将其投影在 $n-1$ 维空间足以表示该逆变器。

这就是为什么三相电动机星形接法没有中线输出等效一个两相电动机的原因，从转矩的产生来看，由六边形代表这个三桥臂逆变器，投影到特征立方体中是足够的。

8.3.1.4 负载多边形结构连接（图 8.10 中 d 的情形）

相电压之和强制为零

$$\sum_{j=1}^{n} v_{L_j} = 0 \Leftrightarrow v_{L_m} = -\sum_{k=1, k\neq m}^{n} v_{L_k} \tag{8.16}$$

可以使用同样的方法演示施加给负载的电压矢量跟随一个消除零序维度的 n

-1 维矢量子空间轨迹。因此有一个自由度可以用来控制逆变器。需要注意的是如果电动势的零序分量不为零，则将会在电动机中产生零序电流，因此会产生转矩脉动。

小结 从负载角度看，逆变器有依赖于负载拓扑的不同数目的自由度。如果负载矢量的维数小于逆变器可以产生的矢量的维数，则附加的自由度变得可以利用。

8.3.2 实际例子：三相情况

本节主要讨论三相平衡负载以及该负载拓扑对逆变器可用自由度的特性。

Concordia 或者 Park 变换应用于自然变量，将初始矢量空间分解成两个正交特征子空间，该子空间由一个主平面标记为 P 和一个零序直线段标记为 H 组成。图 8.11 所示为三相逆变器的矢量表示以及其在主特征空间和零序特征空间的投影。

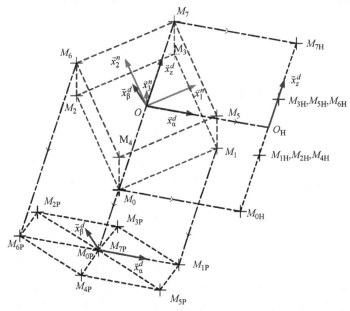

图 8.11　三相逆变器在原始矢量空间和特征子空间的图形表示

如果假设负载按照图 8.10 中的 a 和 b 与逆变器相连接，那么可以假设一个确定的状态是满足要求的，即独立地在主平面和零序直线段上施加变量的平均值。这个相关的状态需要逆变器不饱和，不仅每个子空间的参考值必须在立方体投影范围内（六边形或者直线段），而且这些参考值的矢量和也必须在这个立方体之内。平顶或者非连续控制策略[HAV 99]巧妙地得到了第二个状态，它们完全在立方体表面，即在饱和的临界处。这个控制的图形化表示可以见参考文献［SEM 00］，通过观察一个圆柱体与立方体表面相交的曲线可以得到这个状态。

对于普遍采用的星形接法，零序变量（由矢量 $\vec{x}_z^d$ 表示）为零。逆变器因此有 3 个开关单元用于施加仅仅两个主要变量，记为矢量 $\vec{x}_\alpha^d$ 和 $\vec{x}_\beta^d$，因此有一个自由度可以被逆变器利用。

图 8.12 所示为在电压参考值中加入三次谐波或者零序分量的图形化表示。最大正弦波参考值（小的灰色圆）、带有三次谐波注入的正弦波参考值（黑色曲线）和它在主平面的投影（大灰色圆）可以作为比较。

因此可以看出对这个自由度的利用使得星形接法可以显著地增加主电压的饱和限，从内部的六边形（点虚线）过渡到外部的六边形（实线）。内部六边形是立方体与平面 P 的交线。标准的"正弦—三角"波比较控制仅可以在内部的六边形工作，而"空间矢量"控制可以在外部六边形内工作。这个研究方法可以推广到 n 桥臂逆变器为 n 相星形接法负载供电的矢量控制方法。

然而，通过降低耦合得到的额外自由度的应用使得增益随着 n 增加而增加。表 8.1 给出了调制系数 M_1，即

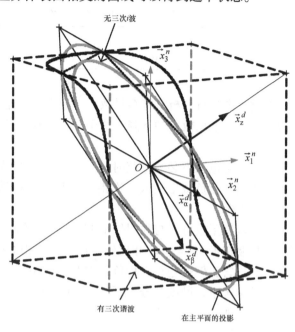

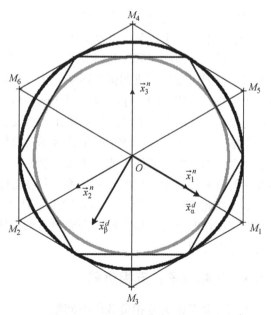

图 8.12 三相逆变器的饱和限与过调制技术的图形化表示

注入 n 次电压谐波后可能的增益[IQB 06b, KEL03]。

表 8.1　通过在 n 相注入一个 n 次谐波获取的调制系数 M_1

（$M_1 = 1$ 为基于载波的正弦—三角波比较控制）

n	3	5	7	9
M_1	1.1547	1.0515	1.0257	1.0154

对这个图进行分析可能会导致一个错误的结论，即桥臂数目的增加会导致电压源型逆变器使用效率的下降。这个结论仅在正弦电压施加在多相负载上时才成立。

相反，当电压不必为正弦时，会得到相反的结论。在参考文献[RYU 05]中给出了当向五相负载也注入三次谐波电压时可能获得"高幅值"电压基波（$M_1 = 1.23$）的例子。

这个调制系数可以与利用矢量 PWM[LOU 04]给三相负载的情况 $M_1 = 1.1547$ 或者全波控制情形 $M_1 = 1.27$ 相比较。尽管在三相情况下有谐波而在全波控制时供电质量有损害，但这些在五相负载中并不存在。

这种情况下，谐波被分到了不同的特征空间。如果是每个特征空间一个谐波，那么电能质量与三相负载和正弦波供电情况一样好，但是逆变器母线电压利用率更好[LOC 05]。

因此对多相电动机可以提高单位质量的输出转矩并且输出转矩脉动非常小，在这种情况下会利用正弦反电动势[LEV 08]。

最后看一下提高可靠性的研究[BOL 00, WAL 07, WEL 04]，特别是嵌入式系统中，已经引入了一系列研究用三或四桥臂逆变器为三相负载供电。这个情况下需要考虑零序单相负载以及相关的零序线段。对于电动机，含有三次谐波的反电动势，这样有可能提高电动机单位质量的转矩输出，但是需要更加复杂的控制策略[GRE 94]。

小结　以三相为例，利用图形化技术，介绍了一个多相系统的研究方法。熟悉的概念，如三次谐波注入或者平顶控制，通过图形化进行了说明。另外，利用矩阵和矢量形式表示得到的相互关系（质心坐标或投影）使其可以推广到多相负载。不仅如此，尽管一些概念如 n 阶谐波注入比较容易理解扩展，但是其他概念，在三相情况下不是很明显，需要更仔细的研究。考虑到五相负载，将在下一节进行详细介绍。

8.3.3　实际例子：五相负载

下面将要考虑为五相负载供电问题。

对于五相负载，需要对自然变量进行一个变换。五维矢量空间将被分解为一个零序线段、一个主平面和一个次平面。图 8.13 和图 8.14 所示为 32 个矢量在零序线段和主、次平面的投影，按照本书习惯标记为 0~31。

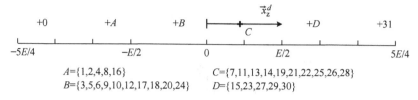

$A=\{1,2,4,8,16\}$ $C=\{7,11,13,14,19,21,22,25,26,28\}$
$B=\{3,5,6,9,10,12,17,18,20,24\}$ $D=\{15,23,27,29,30\}$

图 8.13　五相逆变器在零序子空间的图形表示

  五相负载可以由等效为单相或者具有复相位两相电路的特征空间来描述。平均值方法因此可以认为是由这三个负载分别驱动的。

  这个特性极大地简化了控制需求。唯一必须保证的就是逆变器一定不能饱和，且得到的总参考矢量为每个子空间的参考矢量和必须在超立方体内部。当在小负载条件下工作时，该条件容易满足并且可以省略充分的检验。对于大负载，必须进行检验，其计算时间要求很苛刻。

  只有当 PWM 周期小于所有相关特征空间的时间常数时，这种平均值控制才能得到较好的效果。当这些时间常数的范围比较大时（例如一个 n 相电动机带有正弦电动势和小磁损），这种状态从开关损耗水平来说是受到限制的。

  如果忽略这些限制，则 PWM 频率的选择只基于最大时间常数（即在电动机内部传递能量贡献最多的相关平面），然后与 PWM 频率相同的寄生电流将会被引入。这类问题在没有中线输出的三相负载中不存在，因为这种情况下在逆变器端来看只有一个时间常数需要用来描述负载。相数的增加意味着负载将需要用更多数量的时间常数来描述。

  当利用与三相系统相似的图形化方法开发五相逆变器的控制策略时，也会遇到其他不希望的影响。当正弦参考电压相位相差为 $2\pi/5$ 时，可以看到参考矢量可以完全投影到一个特殊平面，也就是所谓的主平面。其结果是当只有正弦电压期望值时，仅需要考虑该平面。这与三相情况下除了用 30 个非零矢量代替 6 个非零矢量外其他一样。各个研究人员用不同方法证明了这一点。大多数情况下，除了参考文献[KES 03a]，这个平面被分成 10 个扇区来图形化表示，标记为 S_1 ~ S_{10}，如图 8.14 所示。基于这些扇区作用，矢量有很多可能的选择。

  （1）对 10 个扇区中的每一个，利用两个最大矢量（例如 S_1 扇区的 {3} 和 {19}）和两个零矢量 {0} 和 {31}。这种情况下作用时间可以通过与三相情况（和六边形图）一样的方法精确地确定，但是这种控制方式引入了显著的不希望的电流，既有 PWM 频率，又有三次和七次谐波[IQB 06a]。这些电流的出现是由于该控制策略没有控制在次平面中的电压矢量，正是这个平面与三次和七次谐波有关。

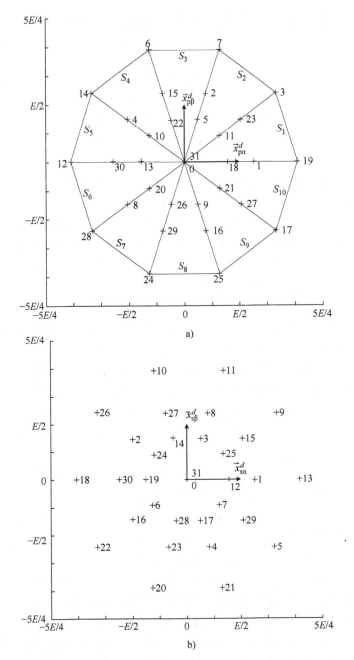

图 8.14 图形化表示五相逆变器

a) 主子空间　b) 次子空间

(2) 对于每个扇区，两个最大矢量、两个中间矢量和两个零矢量全都被利用（S_1 扇区的 {3}、{19}、{23}、{1}、{0} 和 {31}）[IQB 06b,IQB 06c,RYU 05,SIL 04]。这种选

择可以证明是合理的，由于这些矢量在次平面的幅值模数较小；因此这些选择降低了寄生电流。参考文献[IQB 06a]中在次平面上没有直接的限制，因此有3个自由度，一个沿着零序线段，其余的在次平面。这些参数可以用于改变6个使用的矢量权重，并且可以说明它们对正弦参考值输出电压频谱成分的影响。另外一个方法是在次平面直接加入约束条件：零平均电压[SIL 04]或者是能够用于增加能力传递的电压[KES 02, RYU 05]。在8.2.2.2节中看到如果选择$(n+1)$个矢量的质心族，则可以确保得到作用时间的唯一解。本书所选择的这6个矢量完全能够实现这种状态，如图8.14所示。

当电压参考值不是正弦时，通常对五相电动机的分析，包含在稳态时的基波和三次谐波，在每个平面可以得到一个正弦参考值，在主平面的基波和次平面的三次谐波。这种情况下当选择作用的矢量族和计算导通时间时，同时考虑两个平面是绝对重要的。当选择一个矢量或者矩阵方法时[KES 03b, RYU 05]，计算与正弦参考值一样。所有这些都需要检测逆变器不能饱和。

相反，对用于正弦参考的纯图形化方法的扩展需要做额外的工作[DUJ 08]，因此在正弦参考和多种频率相结合之间需要做出区分。当一个五桥臂逆变器独立控制两个串联连接的五相电动机时，这个多频率问题非常棘手[IQB 06c, SEM 05a, SEM 05b]。

无论采用哪种控制方法，其中一个问题必须说明，那就是必须快速计算出功率开关的导通时间。总而言之，假设当计算这些时间时，需要知道期望的矢量属于10个扇区中的哪一个。导通时间可以利用一系列投影技术来确定，仅需考虑一个平面(例如纯正弦输出[IQB 06a, SIL 04])，在多频率输出(例如基波和三次谐波)或者优化控制寄生电流时需要考虑两个平面[DUJ 08, KES 02, KES 03a, RYU 05]。在参考文献[RYU 05]中矩阵计算用于导通时间，10个扇区中的每个扇区的矩阵不同，需要在计算导通时间之前确定矢量属于哪个扇区。

在参考文献[SEM 01]中，矢量所属的扇区在开始时不需要确定。通常，质心坐标的直接计算需要利用6个扇区特定的质心族完成。对每个坐标符号的检验，其坐标绝对值给出了准确的导通时间，可以用于确定哪个矢量要作用。这个方法在参考文献[KES 03a]中用于三相和五相负载。正是质心族间接用于完成典型对称基于载波控制[LOU 04]。

一般而言，计算导通时间时假设正确的扇区已经得到了确定，似乎当相数以及扇区增加时，确定正确扇区的工作量与严格计算导通时间本身相比会增加很多；这一问题限制了该方法的应用[LEV 07]。不仅如此，随着相数增加，每个扇区的面积减小，这样会引起精度问题。如果电压直接作用在负载上而没有电流控制，则这个问题就不太严重，因为电压参考就不是由电流控制器得到而是简单地从电压参考得到的，从而可以确定参考矢量和与之相关的扇区之间的对应关系。这样就不需要确定正确的扇区，因为对扇区的确定已经包括在开环电压控制策略中了。

158

因此，确定导通时间间接技术，对称基于载波比较技术，被广泛使用并且只要没有逆变器饱和的风险就不会引入任何问题。对于其他技术，特别是电流控制，使用矢量控制是有利的，经过直接计算之后需要知道是否有饱和存在。因此需要研究精确测量技术，例如参考矢量模的限制。关于饱和管理的讨论见参考文献[DUJ 08]。

小结 对于正弦波驱动的负载，相数和桥臂数的增加能够带来可以用于控制的自由度增加。如果位于次平面的矢量不进行控制，则这个自由度就是虚假的，并且会引入寄生电流。额外的自由度必须用于将这些不期望的影响降至最低。

如果目标是在每个平面驱动负载（多频率供电），那么可以开发出一系列策略用于选择矢量并确定作用时间。选择一个策略的条件是计算时间，判断在电流控制中它是否需要考虑饱和效应。

8.4 总结

本章的第一部分考虑 n 桥臂电压源型逆变器的特性而不考虑多相负载。由此推导出控制模式的本质特性，特别是平均值控制。第二部分通过耦合的影响说明了负载的影响。多相逆变器—负载系统通常利用在相关的矢量空间中的不同平面和线段进行建模。

三桥臂和五桥臂逆变器作为例子来介绍多相的相数问题以及各种结论。这意味着可以不必直接讨论广泛研究为"双星形"六相电动机供电的六桥臂逆变器[BOJ 02,HAD 06,MAR 08,ZHA 95]/或者七相逆变器[CAS 08,DUJ 07,GRA 06a,LOC 07]，因为它们的特性可以从两个参考例子中推导出来。

多相电压源型逆变器不是一个完全成熟的技术（存在的问题包括饱和影响[CAS 08]开关顺序的优化，k 电平设计[MAR 02,LOP 08]），它们仍然有待进一步的改进。逆变器驱动多相系统中许多问题的研究也在进行当中，如故障容错问题[LOC 08,SHA08]。这些在逆变器设计方面带来了额外的挑战，诸如故障后的重构等。

8.5 参考文献

[BLA 97] BLASKO V., "Analysis of a hybrid PWM based on modified space vector and triangle-comparison methods", *IEEE Trans. on Ind. Applicat.*, vol. 33, n° 3, p. 756–764, mai 1997.

[BOJ 02] BOJOI R., TENCONI A., PROFUMO F., GRIVA G., MARTINELLO D., "Complete analysis and comparative study of digital modulation techniques for dual three-phase AC motor drives", *IEEE Power Electronics Specialists Conference (PESC)*, vol. 2, p. 851–857, 2002.

[BOL 00] BOLOGNANI S., ZORDAN M., ZIGLIOTTO M., "Experimental fault-tolerant control of a PMSM drive", *IEEE Trans. on Industrial Electronics*, vol. 47, n° 5, p. 1134–1141, 2000.

[BOT 03] BOTTERON F., DE CAMARGO R.F., HEY H.L., PINHEIRO J.R., GRUNDLING H.A., PINHEIRO H., "New limiting algorithms for space vector modulated three-phase four-leg voltage source inverters", *IEE Proc. Electric Power Applications*, vol. 150, n° 6, p. 733–742, 2003.

[CAS 08] CASADEI D.D., DUJIC D.D., LEVI E.E., SIERRA G.G., TANI A.A., ZARRI L.L., "General Modulation Strategy for Seven-Phase Inverters with Independent Control of Multiple Voltage Space Vectors", *IEEE Trans. on Industrial Electronics*, vol. 55, n° 5, p. 1943–1955, 2008.

[DEL 03] DELARUE P., BOUSCAYROL A., SEMAIL E., "Generic control method of multileg voltage-source converters for fast practical implementation", *IEEE Trans. Power Electron.*, vol. 18, n° 2, p. 517–526, 2003.

[DUJ 07] DUJIC D., LEVI E., JONES M., GRANDI G., SERRA G., TANI A., "Continuous PWM techniques for sinusoidal voltage generation with seven-phase voltage source inverters", *IEEE Power Electronics Specialists Conference (PESC)*, p. 47–52, 2007.

[DUJ 08] DUJIC D., GRANDI G., JONES M., LEVI E., "A space vector PWM scheme for multifrequency output voltage generation with multiphase voltage-source inverters", *IEEE Trans. on Industrial Electronics*, vol. 55, n° 5, p. 1943–1955, 2008.

[GLAS 07] GLASBERGER T., PEROUTKA Z., MOLNAR J., "Comparison of 3D-SVPWM and carrier-based PWM of three-phase four-leg voltage source inverter", *European Conference on Power Electronics and Applications (EPE)*, CD-ROM, Denmark, 2007.

[GRA 06a] GRANDI G., SERRA G., TANI A., "Space vector modulation of a seven-phase voltage source inverter", *International Symposium on Power Electronics, Electrical Drives, Automation and Motion (SPEEDAM)*, p. 1149–1156, 2006.

[GRA 06b] GRANDI G., SERRA G., TANI A., "General analysis of multi-phase systems based on space vector approach", *Power Electronics and Motion Control Conference (EPE-PEMC 2006)*, p. 834–840, Slovenia, 2006.

[GRE 94] GRENIER D., Modélisation et stratégies de commande de machines synchrones à aimants permanents à forces contre-électromotrices non sinusoïdales, Thesis, Ecole normale supérieur de Cachan, France, 1994.

[HAD 06] HADIOUCHE D., BAGHLI L., REZZOUG A., "Space-vector PWM techniques for dual three-phase AC machine: analysis, performance evaluation, and DSP implementation", *IEEE Trans. on Industry Applications*, vol. 42, n° 4, p. 1112–1122, 2006.

[HAV 99] HAVA A.M., KERKMAN R., LIPO T., "Simple analytical and graphical methods for carrier-based PWM-VSI drives", *IEEE Trans. on Power Electronics*, vol. 14, n° 1, p. 49–61, 1999.

[IQB 06a] IQBAL A., LEVI E., "Space vector PWM techniques for sinusoidal output voltage generation with a five-phase voltage source inverter", *Electr. Power Compon. Syst.*, vol. 34, n° 2, p. 119–140, 2006.

[IQB 06b] IQBAL A., LEVI E., JONES M., VUKOSAVIC S.N., "Generalised sinusoidal PWM with harmonic injection for multi-phase VSIs", *Power Electronics Specialists Conference (PESC)*, p. 1–7, 2006.

[IQB 06c] IQBAL A., LEVI E., JONES M., VUKOSAVIC S.N., "A PWM scheme for a five-phase VSI supplying a five-phase two-motor drive", *IEEE Industrial Electronics Conference (IECON)*, p. 2575–2580, 2006.

[JAN 07] JANG D., "PWM Methods for two-phase inverters", *IEEE industry Applications magazine*, vol. 13, n° 2, p. 50–61, 2007.

[KEL 03] KELLY J.W., STRANGAS E.G., MILLER J.M., "Multiphase space vector pulse width modulation", *IEEE Trans. on Energy Conversion*, vol. 18, n° 2, p. 259–264, 2003.

[KES 02] KESTELYN X., SEMAIL E., HAUTIER J.P., "Vectorial multi-machine modeling for a five-phase machine", *International Congress on Electrical Machine (ICEM)*, CD-ROM, Belgium, 2002.

[KES 03a] KESTELYN X., SEMAIL E., HAUTIER J.P., "Multiphase system supplied by PWM VSI. A new technic to compute the duty cycles", *European Conference on Power Electronics and Applications (EPE)*, CD-ROM, France, 2003.

[KES 03b] KESTELYN X., *Modélisation Vectorielle Multimachines des Systèmes Polyphasés - Application à la commande des ensembles convertisseurs-machines*, Editions Universitaires Européennes, http://www.editions-ue.com.

[KES 04] KESTELYN X., SEMAIL E., HAUTIER J.P., "Multi-phase system supplied by SVM VSI : a new fast algorithm to compute duty cycles", *EPE Journal*, vol. 14, n° 3, p. 1–11, 2004.

[KIM 04] KIM J.H., SUL S.K., "A carrier-based PWM method for three-phase four-leg voltage source converters", *IEEE Trans. on Power Electronics*, vol. 19, n° 1, p. 66–75, 2004.

[KWA 04] KWASINSKI A., KREIN P.T., "An integrated approach to PWM through 3-dimensional visualization", *IEEE Power Electronics Specialists Conference (PESC)*, vol. 6, p. 4202–4208, 2004.

[LEV 07] LEVI E., BOJOI R., PROFUMO F., TOLIYAT H.A., WILLIAMSON S., "Multiphase induction motor drives-A technology status review", *IET Electr. Power Appl.*, vol. 1, n° 4, p. 489–516, 2007.

[LEV 08] LEVI E., "Multiphase electric machines for variable speed applications", *IEEE Trans. on Industrial Electronics*, vol. 55, n° 5, p. 1893–1909, 2008.

[LOC 05] LOCMENT F., SEMAIL E., KESTELYN X., "Optimum use of DC bus by fitting the back-electromotive force of a 7-phase Permanent Magnet Synchronous machine", *European Conference on Power Electronics and Applications (EPE)*, CD-ROM, Germany, 2005.

[LOC 07] LOCMENT F., BRUYERE A., SEMAIL E., KESTELYN X., DUBUS J.M., "Comparison of 3-, 5- and 7-leg Voltage Source Inverters for low voltage applications", *International Electric Machines and Drives Conference (IEMDC)*, vol. 2, p. 1234–1239, Turkey, 2007.

[LOC 08] LOCMENT F., SEMAIL E., KESTELYN X., "Vectorial approach based control of a seven-phase axial flux machine designed for fault operation", *IEEE Trans. on Industrial Electronics*, vol. 55, n° 10, p. 3682–3691, 2008.

[LOP 08] LÓPEZ O., ÁLVAREZ J., DOVAL-GANDOY J., FREIJEDO F.D., "Multilevel Multiphase Space Vector PWM Algorithm", *IEEE Trans. on Industrial Electronics*, vol. 55, n° 5, p. 1933–1942, 2008.

[LOU 04] LOUIS J.P., *Modèles pour la commande des actionneurs électriques*, Chapter 4, Hermes, Paris, 2004.

[MAR 02] MARTIN J.P., SEMAIL E., PIERFEDERICI S., BOUSCAYROL A., MEIBODY-TABAR F., DAVAT B., "Space Vector Control of 5-phase PMSM supplied by q H-bridge VSIs", *ElectrIMACS 2002*, Montreal, Canada, 2002.

[MAR 08] MAROUANI K., BAGHLI L., HADIOUCHE D., KHELOUI A., REZZOUG A., "A new PWM strategy based on a 24-sector vector space decomposition for a six-phase VSI-fed dual stator induction motor", *IEEE Trans. on Industrial Electronics*, vol. 55, n° 5, p. 1910–1920, 2008.

[MON 97] MONMASSON E., FAUCHER J., "Projet pédagogique autour de la M.L.I. vectorielle", *Revue 3EI*, n° 8, 1997.

[PER 03] PERALES M.A., PRATS M.M., PORTILLO R., MORA J.L., LEON J.I., FRANQUELO L.G., "Three-dimensional space vector modulation in abc coordinates for four-leg voltage source converters", *IEEE Power Electronics Letters*, vol. 1, n° 4, p. 104–109, 2003.

[RYA 99] RYAN M.J., LORENZ R.D., DE DONCKER R., "Modeling of multileg sine-wave inverters: a geometric approach", *IEEE Trans. on Industrial Electronics*, vol. 46, n° 6, p. 1183–1191, 1999.

[RYU 05] RYU H.M., KIM J.H., SUL S.K., "Analysis of multiphase space vector pulse-width modulation based on multiple d-q spaces concept", *IEEE Trans. on Power Electronics*, vol. 20, n° 6, p. 1364–1371, 2005.

[SEM 00] SEMAIL E., *Outils et méthodologie d'étude des systèmes électriques polyphasés. Généralisation de la méthode des vecteurs d'espace*, Editions Universitaires Européennes, http://www.editions-ue.com.

[SEM 01] SEMAIL E., ROMBAUT C., "New method to calculate the conduction durations of the switches in a n-leg 2-level Voltage Source", *European Conference on Power Electronics and Applications (EPE)*, CD-ROM, Australia, 2001.

[SEM 02] SEMAIL E., ROMBAUT C., "New tools for studying voltage-source inverters", *IEEE Power Engineering Review*, vol. 22, n° 3, p. 47–48, 2002.

162

[SEM 05a] SEMAIL E., LEVI E., BOUSCAYROL A., KESTELYN, X., "Multi-machine modelling of two series connected 5-phase synchronous machines: Effect of harmonics on control", *European Conference on Power Electronics and Applications (EPE)*, CD-ROM, Germany, 2005.

[SEM 05b] SEMAIL E., MEIBODY-TABAR F., BENKHORIS M.F., RAZIK H., PIETRZAK-DAVID M., MONMASSON E., BOUSCAYROL A., DAVAT B., DELARUE P., DE FORNEL B., HAUTIER J.P., LOUIS J.P., PIEFEDERICI S., "Représentations SMM de machines polyphasées", *RIGE, Revue internationale de génie électrique*, vol. 8, n° 2, p. 221–239, 2005.

[SHA 08] SHAMSI-NEJAD M.A., NAHID-MOBARAKEH B., PIERFEDERICI S., MEIBODY-TABAR F., "Fault tolerant and minimum loss control of double-star synchronous machines under open phase conditions", *IEEE Trans. on Industrial Electronics*, vol. 55, n° 5, p. 1956–1965, 2008.

[SIL 04] DE SILVA P.S.N., FLETCHER J.E., WILLIAMS B.W., "Development of space vector modulation strategies for five phase voltage source inverters", *International Conference on Power Electronics, Machines and Drives (PEMD*, vol. 2, p. 650–655*)*, 2004.

[WAL 07] WALLMARK O., HARNEFORS L., CARLSON O., "Control algorithms for a Fault-tolerant PMSM Drive", *IEEE Trans. on Industrial Electronics*, vol. 54, n° 4, p. 1973–1980, 2007.

[WEL 04] WELCHKO B.A., LIPO T.A., JAHNS T.M., SCHULZ S.E., "Fault tolerant three-phase AC motor drive topologies: a comparison of features, cost, and limit", *IEEE Trans. on Power Electronics*, vol. 19, n° 4, p. 1108–1116, 2004.

[ZHA 95] ZHAO Y., LIPO T.A., "Space vector PWM control of dual three phase induction machine using vector space decomposition", *IEEE Trans. on Industrial Applications*, vol. 31, n° 5, p. 1100–1109, 1995.

[ZHO 02] ZHOU K., WANG D., "Relationship between space-vector modulation and three-phase carrier-based PWM: a comprehensive analysis", *IEEE Trans. on Industrial Electronics*, vol. 49, n° 1, p. 186–196, 2002.

第9章 多电平变换器的 PWM 策略

9.1 多电平和交错并联变换器

20 世纪 70 年代，传统变换器的基本理论是基于"开关单元"概念来研究的[FOC 06]。开关单元通常的结构包括 q 个电压源端与 q 个功率开关连接成星形结构，星形的中心接一个电流源。这个方法特别适用于利用一个统一的形式来描述相当广泛的不同变换结构，结构包括格雷茨桥（Graetz bridge）、全桥逆变器和降压斩波器。

由变量 q 给出的任意维数使得该理论可以包括三相开关单元的情形，并且这个电压源的两端是一个公共电压源的两端，因此电路变为图 9.1 所示的形式。

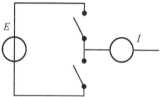

图 9.1　一个开关单元的电路图

20 世纪 80 年代出现了"中点钳位"（neutral point clamped，NPC）逆变器，如图 9.2a 所示[BAK 81,NAB 81]。其优点包括限制了串联开关的电压，事实上它们可以用图 9.2b 所示的开关单元形式来表示，一个成功的设计所带来的本质特性是：存在三个输出电平，可以使能量转换的控制更加精细。

这个电路的出现满足了现实世界的一个需求，即大容量（>1MW）、中压（大约从 1 ~ 10kV）调速控制器与标准的开关单元无法匹配，这引领了世界上的广泛研究。

多种多电平变换结构在几年内大量涌现。NPC 结构可以通过引入辅助二极管的可控功率开关改为主动 NPC[BRU 01,BRU 05a]。另外一个变形是利用飞跨电容进行电容平衡，如图 9.3a 所示[MEY 02a]，已经实现了各种直接 AC-AC 变换器[MEY 02b,TUR 02]，可以实现软开关模式，可以层叠，如图 9.3b 所示[DEL 01,DEL 03]，还具有故障容错应用特性[MEY 02c]。

通过加入一个飞跨电容，一个 NPC 可以变为五电平设备，如图 9.3c 所示[BAR 03,BAR 05]，而且其他结合方式可以产生改进性能的开关单元[MEY 06]。

也可以通过将图 9.3d 所示的两个隔离或者图 9.3e，f 所示的非隔离的两电平变换器相结合产生多电平波形[PEN 96]。最后，它通过结合可以产生多个多电平变换器[ITU 08]。

164

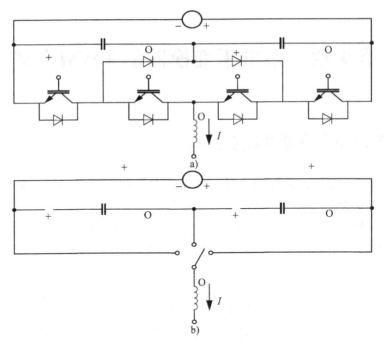

图 9.2　NPC 逆变器

a）一个桥臂　b）其等效"旋转接触"电路

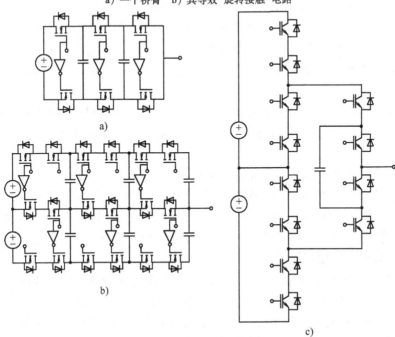

图 9.3　串联多电平变换器

a）多单元飞跨电容　b）多单元层叠　c）有源五电平 NPC

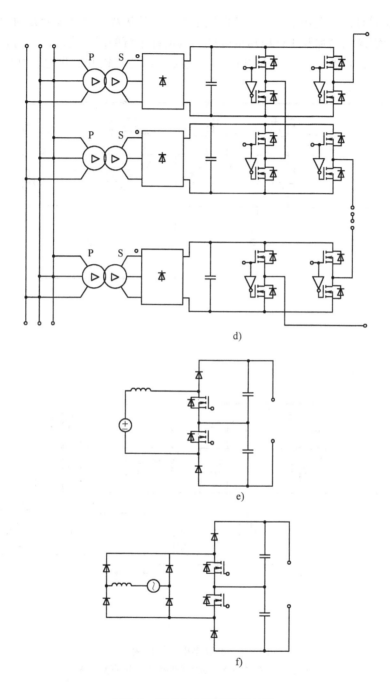

e)

f)

图 9.3　串联多电平变换器(续)

d) 逆变器级联结构　e) 三电平升压斩波器　f) 三电平整流器

166

与此同时，在大功率变换领域发生了革命性的进步，微处理器方面的发展导致了功率需求的增加和工作电压的降低。其消耗电流的巨大增加，伴随着额外的动态需求，很自然地使设计者想到一些变换结构的交错并联供电，如图9.4所示[FOR 07a,ZHA 08]。

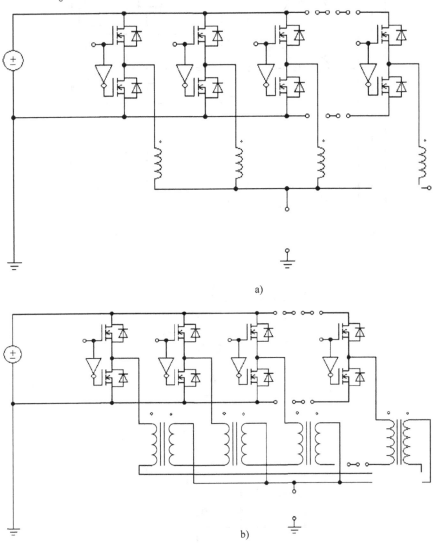

a)

b)

图9.4　并联多电平结构例子
a)星形配置中的电感(耦合或非耦合)　b)带变压器

在这些交错并联结构中，磁性元件的存在也使各种隔离结构得到了发展，如图9.5所示。最终，利用各种电气通路的绝缘优势，四种不同变形可以作为设计参考，包括原副边的串联或并联耦合，各种不同的结合被证明是很受欢迎的，如图 9.6 所示[FOR 07b, VIS 04]。

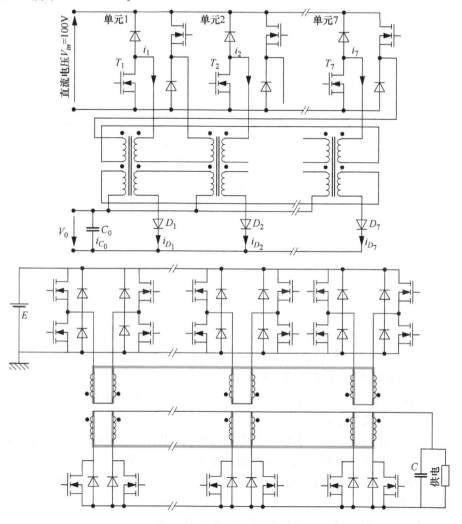

图 9.5　隔离的并联结构例子

因此，低压和中压领域所开发的功率变换技术目标和内容有很大不同，有时需要与其他部分隔离，这需要将功率分配并在一些传统意义上的"换相单元"之间传输，以便产生多电平电压或者波形——其所产生的频率高于功率开关的工作频率。

这些复杂的结构基于如下性能需求：

1）提高电压或者用低压器件，这些器件便宜且开关速度高；

2）减小滤波器的体积；

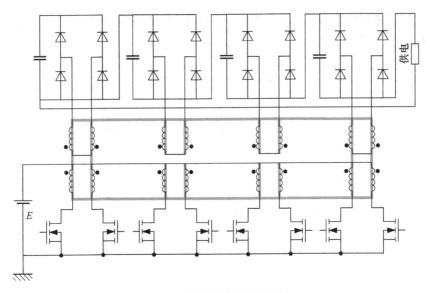

图 9.6 串并联混合结构例子

3）通过提高输出频率改善动态性能，但是首先要降低滤波器中所存储的能量；

4）通过在各个开关之间进行分配，可以更好地分散发热源；

5）通过使用标准化的模块，可以使工作极限标准化；

6）通过将操作分开或者冗余来增加可靠性。

需要注意的是，尽管多电平变换器具有这些改进，但是增加的模块化水平以及整体可靠性在实际中远没有达到。

本章的目的是要说明所有结构的普遍特性（提出多个基本的开关单元，其中每个开关动作导致各种瞬态的功率传输，这些变化通过改变施加在电流源上的电压或通过改变流入电压源的电流实现），从而研究出通用的控制原理用于这类变换器的任何结构。

这些变换器的控制可以分成两部分，如图 9.7 所示。

（1）一个完全通用的调制器适合不同电平的能量转换，它可以用于确定每一相的电平序列以实现任何期望目标。这部分的控制策略不依赖于变换器的拓扑，例如考虑一个三相逆变器每个桥臂可能输出的三个电平需要产生什么效果，这个需求不论对 NPC 变换器、多单元变换器或并联逆变器（有或者没有耦合电感）都是一样的。控制策略的这个方面通常用于处理控制问题（响应时间、跟踪参考、带宽等）及频谱效应（谐波畸变、EMC 符合性、噪声评价系数等）。该部分也要考虑多桥臂系统中的冗余。

（2）控制信号发生器相比较而言与拓扑结构联系更紧密。它包括对发送给每个开关指令的确定以便产生期望的波形，执行或者优化直接与拓扑相连接的约束条件(关于独立开关单元的需求、开关状态之间的详细关系、转换电平数等)，实际执行开关功能(最小化或者分配开关损耗、在不同电路之间分配能量流、最小化开关时间等)，以及管理存储的能量(中点电容、飞跨电容、线路电感等)。

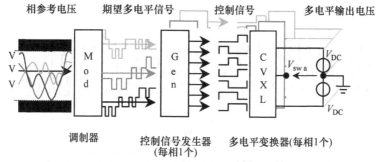

相参考电压　　　期望多电平信号　　控制信号　　　多电平输出电压

调制器　　　　　控制信号发生器　　多电平变换器(每相1个)
　　　　　　　　(每相1个)

图9.7　多电平变换器的控制框图

要注意的是多数多电平拓扑存在冗余状态，即使在单相电平中也是如此(相同能量变换电平时的不同开关状态)，这提供了在不同策略之间可能的选择，并可以进行一些标准判据的优化。

正如9.1节中所述，因为所有多电平结构都用到了额外的感性元件，所以与之相关的状态变量必须控制，通常这些冗余状态可以在发生器侧进行控制或者在调制器侧进行控制。

在试图详细介绍之前，首先给出不同类型多电平结构的控制方法，致力于单相系统，通过将每个拓扑与一个指令发生器相联系进行控制，该发生器的设计考虑特殊拓扑的约束条件。

接下来将讨论这个控制如何用于大多数可能的方法中。

不管怎样，根据所要考虑相数的不同问题也有很大区别，下面将讨论三个最常考虑的系统，即一、二、三相功率变换系统。

9.2　调制器

9.2.1　回顾：两电平调制器

一个比较简单地获取数字信号(例如两电平)的方法是使其在每个开关周期的平均值与参考信号成比例，就是通过对一个采样频率为f的参考信号与一个同样频率为f的三角载波信号进行比较采样的方式获取。

如果没有饱和，开关就会在每个载波周期有两个瞬时状态，因此开关频率可以精确控制，这在评估逆变器损耗时是非常重要的。

合成信号的另外一个关键特性是该相的谐波，特别是载波频率的谐波成分，图9.8所示为载波—参考波比较产生的信号及其频率为 f 的谐波成分，是由一个简单的二阶滤波器得到的，该谐波是调幅的，但是具有一个固定的相位并与载波反相。

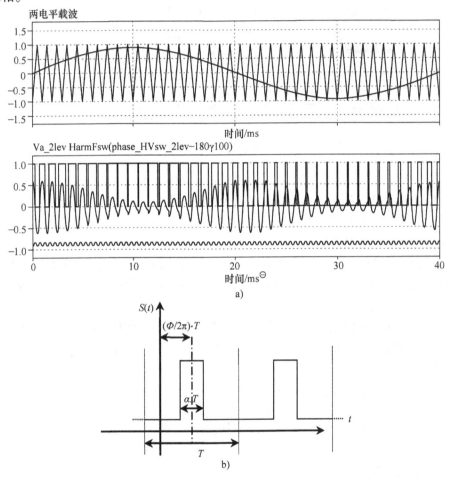

图 9.8

a) 两电平基于载波调制：相电压的基波在整个调制范围内是连续的 b) 调制谐波

这可以从后面的图中看出，通过观察一个值在 0 ~ 1 变化，相位为 Φ，占空比为 α 的方波信号，其 n 次谐波可以表示为

$$H_n = \frac{2}{n\pi} \cdot \sin(n\pi\alpha) \cdot \mathrm{e}^{jn\Phi}$$

在一个两电平半桥中，具有高幅值和最低频率的一阶电压谐波成分是引起电

⊖ 原书图9.8a横坐标 Frequency(kWz)有误，应该是时间/ms。

流变化的主要因素，当考虑全桥操作时会想到为每个桥臂使用一个载波，两个桥臂之间同相，换句话说，一个载波用于两个桥臂。

利用这些载波进行调制会在一相的每个桥臂之间引入谐波影响。因此谐波将会在负载端显现出来，测得这两个电压的差别。在单相桥的情况下，由于参考信号对每个桥臂都是对称的(一般情况)，所以这个补偿很完美，可以从图9.9所示的例子中看出来。

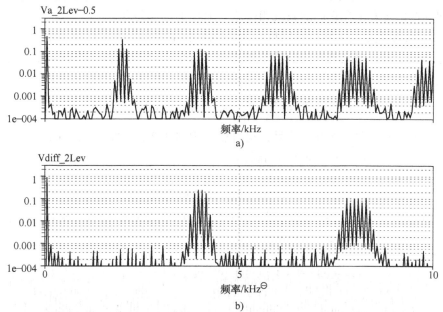

图 9.9　在两个两电平桥臂的单相逆变器中第一族开关谐波的补偿

a) 从逆变器的一个桥臂测得的开关电压频谱　b) 到 AC 源的差模电压频谱

这样，从半桥过渡到正确控制的全桥，主要的谐波将变成 2f 谐波，并且代表电流变化的总谐波畸变率大约降低了 4 倍。

$$\text{WTHD} = \sqrt{\sum_{2}^{\infty} \left(\frac{H_n}{n\text{Fond}} \right)^2}$$

类似地，在三相逆变器中使用相同的载波给所有三相以确保每相输出的开关谐波一致，并使电压谐波降低。

然而，在三相情况下，例如 U 相和 V 相参考值具有不同的幅值和相反的符号，与单相桥不同。其结果是开关谐波的幅值不同，只能进行部分的补偿。

所开发的多数策略是居中的空间矢量调制，允许共模分量插入以便使这个补偿效应最大化。

⊖　原书图 9.9 横坐标 Frequency(kWz) 有误，应该是频率/kHz。

9.2.2 多电平调制器

9.2.2.1 单相情况

在多电平变换系统中，可以在单相中实现开关谐波的模拟补偿，尽管有如下区别：

1) 开关信号的综合在全桥时是和的形式而不是差。这意味着在两谐波成分之间的补偿将发生在它们的载波相位差为180°时而不是0°。

2) 大多数多电平结构可以推广到任意数目电平，所以它们可能有 p 个开关信号合在一起。因此将开关信号的相位变到 $360°/p$ 不仅可以消除在 f 处的谐波，而且可以消除那些在 $2f, \cdots, (p-1)f$ 处的谐波，因为 n 次谐波具有以下形式：

$$V_S^n = \sum_{k=1}^{p} \frac{2}{n\pi} \cdot \sin(n\pi\alpha_k) \cdot e^{jn\Phi_k}$$

为了实现这些移相开关信号，很自然利用移相 $2\pi/p$ 的载波，并且将其补偿结果合在一起(或者称之为移相调制)：

$$V_{dec\_total} = \sum_{k=1}^{p} V_{dec\_i}$$

图9.10所示为三个载波的例子，使用的相差为120°，使得一次和二次谐波

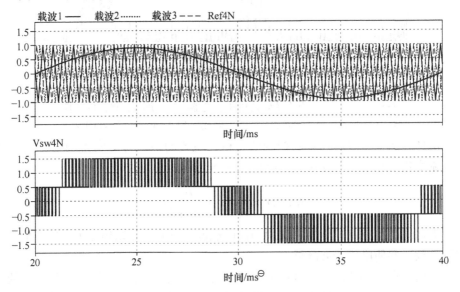

图 9.10a) 四电平移相调制器三个载波移相角为120°

上：载波和参考波；下：开关电压 V_{sw_total}

⊖ 原书图9.10横坐标 Frequency(kWz)有误，应该是时间/ms。

几乎得到完全消除，并且更主要的是所有谐波族次数没有 3 的倍数次。

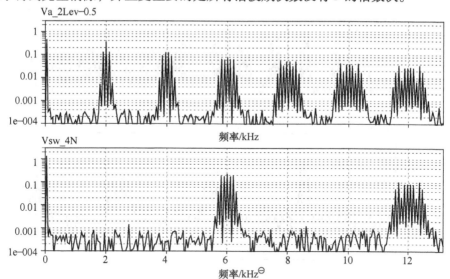

图 9. 10b)　四电平移相调制器三个载波移相角为 120°
上：电压频谱 $V_{\text{sw\_1}}$；下：电压频谱 $V_{\text{sw\_total}}$

9.2.2.2　两相桥多电平逆变器

两电平系统结果的转换对两相多电平桥来说并不重要，使用相同的载波给两相以保证从负载端得到的差模电压中每相所产生的谐波（比如一次谐波族）被消除。图 9.11 所示为一个两相四电平系统的例子，采用三个移相 120°的载波。每一相中，1、2、4、5 次谐波族被消除，当考虑两相之间的差模电压时，3 次谐波族也被消除。最后，在差模电压中只有 6 的倍数次谐波族会出现。

9.2.2.3　三相桥多电平逆变器

因为从单相多电平到两相多电平的转换给出了与两电平一样的谐波补偿，所以希望可以直接推广到三相多电平系统。

然而，一个对使用移相载波所产生的四电平谐波特性较深入的研究（图 9.12 和图 9.13）表明，当参考信号的值从大于 1/3 到小于 1/3 变化时，所用到的载波部分是与其之前波形相比移相半个周期的三角波。这说明当这一变化发生时，开关谐波的相位变化 180°。

谐波相位的这个变化在半桥情况下并不是特别重要，并且在全桥情况下实际上是不相干的，因为这个变化会在两相中同时发生，因此其作用会相互抵消。

㊀　原书图 9. 10 横坐标 Frequency(kWz)有误，应该是频率/kHz。

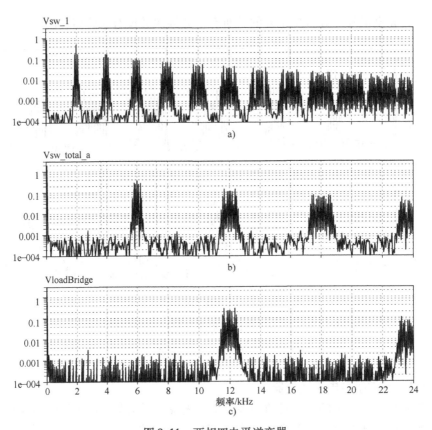

图 9.11 两相四电平逆变器

a) 电压频谱 V_{sw_1} b) 单相输出电压频谱(四电平)   c) 输出给 AC 源的电压频谱

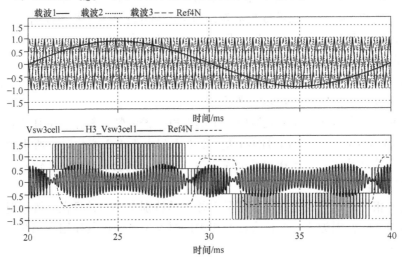

图 9.12 四电平移相载波调制:一次开关电压谐波相位在
特定点变化 180°(参考波 = −1/3 和 +1/3)

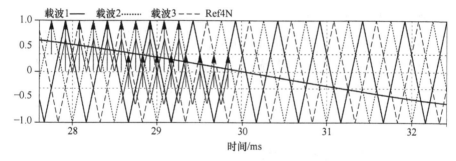

图 9.13　四电平移相载波调制：根据参考信号的值是 $-1/3$ 或 $+1/3$ 的不同，
所使用的载波部分产生一个相位是 0 或 180°相位的 3f 频率信号

　　相反，在三相逆变器的情况下，这些变化每一相会发生在不同的时刻，开关谐波有时会叠加有时会抵消。

　　为了在多电平变换器中使开关谐波的相位稳定，一种具有同相载波的策略被引入并发展成为"相位配置"（Phase Disposition，PD）$^{\ominus\,[CAR\,92]}$。这种情况下，载波根据一个直流成分进行移相，当将所有比较信号叠加在一起时，载波频率为上述情况下用于获得相同数目开关动作载波的 p 倍，如图 9.14 所示。

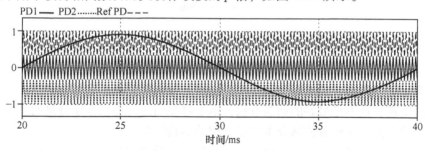

图 9.14　四电平 PD 调制器：每相三个载波层叠

　　利用这种分配相位载波方法，通过将每个载波反相也可以重建一个调制器与移相载波调制器等价，如图 9.15 所示。这种调制器在文献中被称为"反相配置"（Phase Opposite Disposition，POD）。

　　正如所看到的，明显 PD 调制器特别适合三相应用。最引人注目并且可以最直接看到的效果是用于相间电压，如图 9.16 所示。在移相载波情况下，可以看到在一个开关周期内电压在几个电平之间切换，这个当然不会是优化的。相反，在同相载波情况下，任一开关周期内使用的电平不会超过两个。

　　显然这个结果的优点是减少了一次电压谐波族并使其在一个 RL 负载中的变化幅值降低，如图 9.17 所示。

　　⊖　PD 也称为"层叠调制"。——译者注

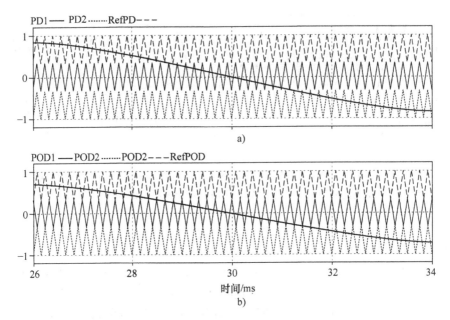

图 9.15　层叠载波调制器

a) PD　b) POD

然而同相载波仍然不能得到优化的波形。将三相谐波进行同步的简单方法是在两电平情况下利用三相正弦调制使用一个共用的载波。

为了优化调制，仍然需要推广中心空间矢量调制原理，它可以利用一些不同的方式实现。这不是最好的调制方法，本节将介绍注入适当零序分量的基于载波调制方式，因为这种方式适合本章所介绍的多数结构。

这个零序分量通过一个流程产生，包括几个阶段[MCG 06]，这里要介绍的是一个由直流电压供电 V_{DC} 的逆变器，需要产生相电压 V_a、V_b、V_c，该电压可以从 dq 分量计算得到。

第一步包括叠加三次谐波

$$V_k' = V_k - [\max(V_a,\ V_b,\ V_c) + \min(V_a,\ V_b,\ V_c)]/2$$

其中

$$k = a,\ b,\ c$$

一个模函数被用于保证不同矢量的脉冲序列在每个开关周期内都是居中的

$$V_k'' = [V_k' + (N-1)V_{DC}/2] \bmod (V_{DC})$$

因此这些分量可以合并成

$$V_{\text{ref}\_k} = V_k' + \frac{V_{DC}}{2} - [\max(V_a'',\ V_b'',\ V_c'') + \min(V_a'',\ V_b'',\ V_c'')]/2$$

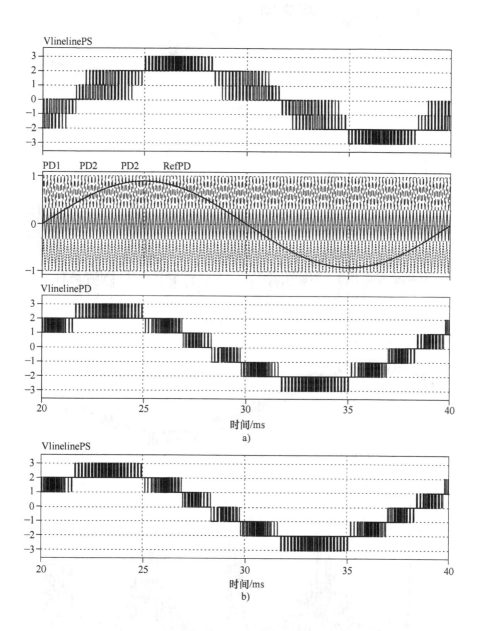

图 9.16　三相四电平调制：载波、参考波和相间电压

a) 层叠载波 (PD)　b) 相移载波 (PS)

178

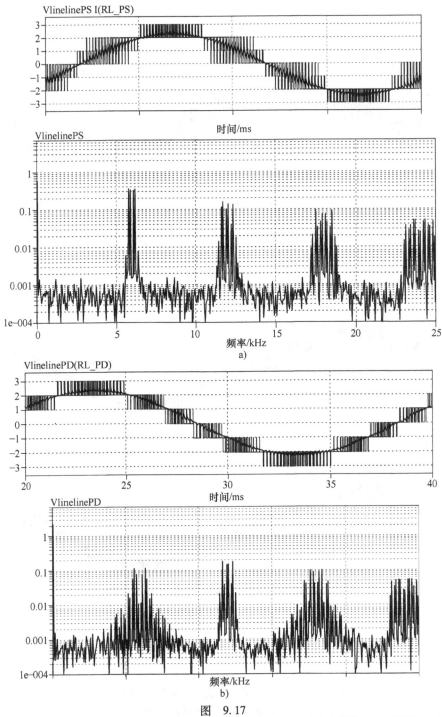

图 9.17

a) 调制策略对电流波动的影响；移相载波(PS)　b) 调制策略对电流波动的影响；层叠载波(PD)

加入零序分量的效果可以从图9.18中看出。在这些例子中，参考电压 V_a、V_b、V_c 都与相同的载波比较，但是这个结论也可以推广到与不同载波相比较的情况，其不同载波是同相位的。

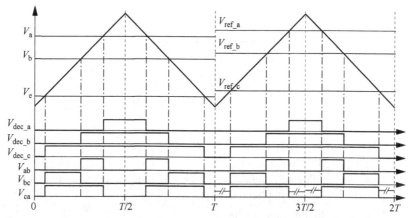

图9.18 加入零序分量的效果

在 $0 \sim T$ 没有零序分量出现，信号都是对于 $T/2$ 对称的，但是所有信号都有一个周期为 T 并且频率为 $1/T$ 的非零谐波。

相反，从 $T \sim 2T$，插入零序分量使得两个 V_{ca} 脉冲分别居于区域 $[T/2, 3T/2]$ 和 $[3T/2, 2T]$ 的中间。

由于这个零序分量，信号 V_{ca} 的周期将变成 $T/2$，并且频率为 $1/T$ 的谐波为零。

频率为 $1/T$ 的谐波的减少也可以是 V_{ab} 和 V_{bc}，其脉冲也同样可以居于相同区域的中心，但是这种情况下只能有一个电压的谐波减少。

这些改进一方面可以通过使用同相载波进行，另一方面可以加入一个适当的零序分量，如图9.19所示。从图中可以看出，使用的电平得到了改进，并且显著降低了所得到的电流波动。

最后，注意到对于同相载波矢量调制，在低调制深度时每相的所有三个电平都会用到，反之则会有一个完全可利用的区域，即仅有低和中两个电平可以用到。在低调制深度下两电平每相参考值中加入一个直流零序分量时，畸变率（WTHD）和电流波动会稍微减少一些。

这一点可以推广到任意数目的电平中[MCG 06]。因此这个想法可以用于使相同调制深度时的每相电平数降至最少。

对于多电平空间矢量调制，当调制深度增加时，一个 p 电平变换器将使用：

1）2、4、…最后到 p 电平，如果 p 为偶数；

2）1、3、…最后到 p 电平，如果 p 为奇数。

对于注入一个适当的直流分量，p 电平变换器将使用 1、2、3 等，最后到 p 电平。

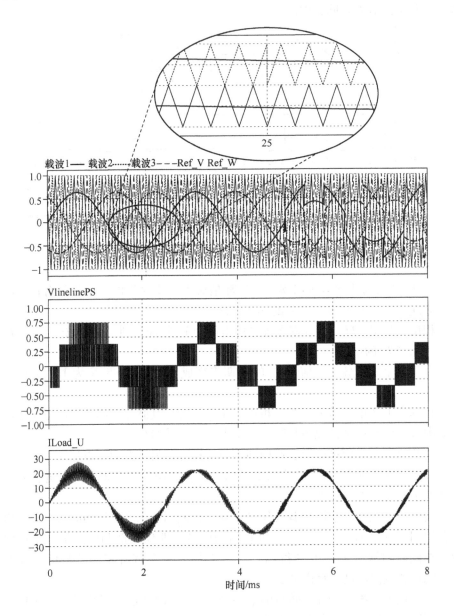

图 9.19　利用各种调制器得到的三电平变换器波形的比较
[0～2.5ms：反相层叠(POD)正弦；2.5～5ms：层叠
(PD)正弦；5～8ms：层叠居中空间矢量(PDSV)]

图 9. 20 所示为在五电平变换器中注入一个直流零序分量的效果。可以看到在 V_a、V_b、V_c 信号中注入了直流分量，其电压 V_{ref_a} 在这里显著改变。

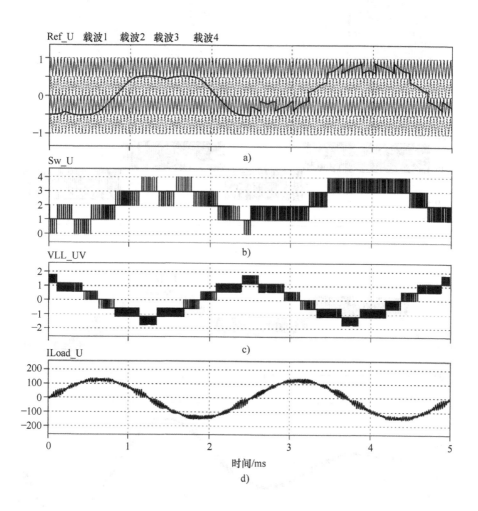

图 9. 20　五电平变换器的居中 PD 矢量调制（调制深度 = 0. 6）：0 ~ 2. 5ms，无直流分量；2. 5 ~ 5ms，注入零序直流分量

a）电压 V_{ref_a} 和载波　b）a 相电压　c）ab 相间电压　d）相电流

图 9. 21a 和图 9. 21b 所示为所得到的每相 3 电平和 5 电平变换器的调制深度增加时的波形。

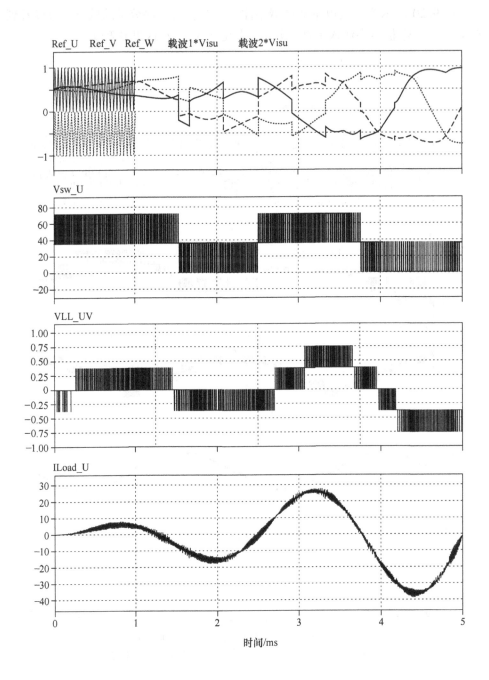

图 9.21a)　整个开关动作范围的波形(居中矢量调制、
同步载波、直流注入)，三电平变换器

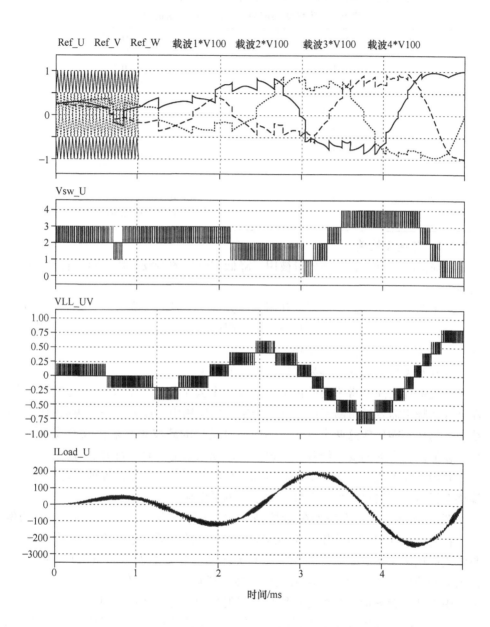

图 9.21b) 整个开关动作范围的波形(居中矢量调制、同步载波、
直流注入),五电平变换器

表9.1为直流分量的值以及这个直流分量必须注入的区域。

表9.1 为优化频谱而必须注入的偏置的特性

电 平 数	偏 置	需要加的偏置区域
2	0	不需要
3	1/2	$0.00 \leqslant M < 0.37$
4	1/3	$0.23 \leqslant M < 0.60$
5	1/4	$0.00 \leqslant M < 0.17$
		$0.43 \leqslant M < 0.73$
6	1/5	$0.15 \leqslant M < 0.33$
		$0.62 \leqslant M < 0.83$
7	1/6	$0.00 \leqslant M < 0.12$
		$0.30 \leqslant M < 0.53$
		$0.68 \leqslant M < 0.92$

9.2.2.4 非连续策略

在前面的章节中，零序分量被用于降低相电压的谐波干扰，而没有改变载波频率。

对于两电平逆变器，也可以利用零序分量，不是为了降低畸变，而是为了产生饱和，或者三相参考信号的其中一相不用调整差模分量。其结果是禁止相关相的开关动作并因此降低开关损耗。

这种开关操作模式不容易在广泛和一般的模式中比较，这些模式考虑了在畸变和开关损耗之间非常不同的折中，并且一个公平的比较需要对开关损耗建模，而且载波频率需要被重新考虑。在一个给定的应用中，或者在一个明确的设计规范中，仍然不能比较这两个方法，例如通过适合的载波频率来获取等效的损耗，再比较他们各自的畸变。经验表明很多非连续策略都具有大量的潜力。

利用上述方法，对于一个调制器和一个控制信号发生器，各种非连续两电平策略有很多文献讨论，可以直接应用于多电平变换器。

图9.22 所示为一个空间矢量控制(9.22a)和非连续控制(9.22b)比较的例子。特别注意开关保持的相，这导致了换相损耗的降低。这个比较是在假定损耗与电流成比例关系的基础上作出的。开关保持的相在总的时间里出现33%，但是因为开关保持的时期与电流最大值一致，所以损耗的降低远大于33%。这个例子中将开关频率加倍有可能仍然与空间矢量调制的损耗水平相当。

当载波频率加倍以便使得损耗相类似时，电流的频谱将会得到改进，这一结果如图9.23 所示。这个比较只是为了做一个说明，并且其结果显然会根据工作点和电流与损耗关系模型的不同而改变。

反之，也可以利用中间的电平来暂时保持开关，这显著增加了可能得到的开关保持操作的数量[BRU 05b]。不仅如此，决定在开关保持期间内(几个载波周期)

是否容易利用这些中间电平的是拓扑结构。实际上，大多数多电平结构与无源器件相互配合，当这些中间电平被利用时其状态变量将会改变，而且对某一相来说非期望的开关保持序列必须要考虑。在飞跨电容结构中，飞跨电容上的电压会高到危险的数值，而在交错并联结构中其磁链会受到影响，并且可能达到饱和。最后，在带有隔离电源的级联结构中，其输入电流必须仔细控制。因此只有当这些拓扑的特殊细节被考虑到时，这些非连续控制策略才会被考虑，然而在某些情况下，它们也可能带来有利的特性。

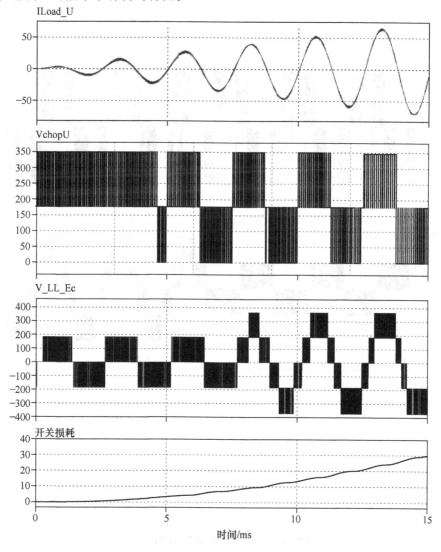

图 9.22a)　整个开关动作范围的波形

从上到下：电流、相电压、相间电压、开关损耗，居中空间矢量调制

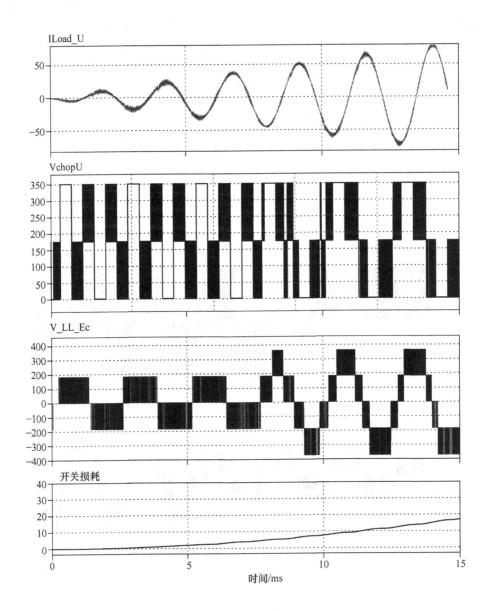

图 9.22b) 整个开关动作范围的波形

从上到下：电流、相电压、相间电压、开关损耗，非连续调制（psi = 15°）

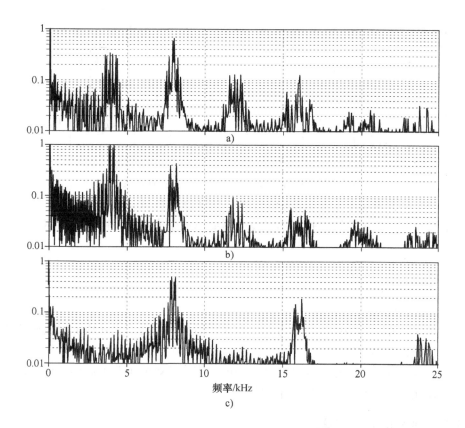

图 9.23   三电平逆变器中的相电流频谱($F_{sw}=20kHz$，$E=350V$，调制深度 1.0，
$R_{load}=2.55\Omega$，$L=80\mu H$）

a）居中矢量调制 20kHz   b）非连续调制（psi＝15°）20kHz   c）非连续调制（psi＝15°）40kHz

9.3   不同多电平结构的控制信号发生器

9.3.1   "三点"逆变器（中点钳位逆变器）

这个四开关电路可以作为逆变器的一个桥臂，提供两倍于标准两开关逆变器
的输出电压。由于二极管连接到了中点，所以在上管和下管两端的电压不会超过
$E/2$。这个两级四开关电路理论上有 2^4 个不同状态。实际上，这个功率系统必须
遵守电源连接规则（电压源不能短路，电流源不能开路）。这大大减少了可能的
状态数量。假设电流的符号未知，只有三个状态满足所有约束条件，而且只有这
三个状态可以利用，如图 9.24 所示。

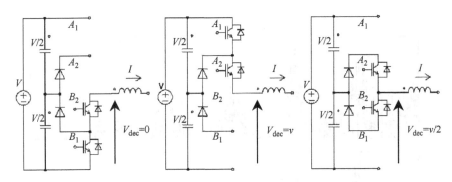

图 9.24 NPC 逆变器一个桥臂可能的三种状态

第一个结构事实上是非常特殊的情况，因为状态数量与电平数相等。没有冗余，而且这个三电平桥臂的控制信号发生器简单地生成一个表格映射到期望电平指令：

1）高为 1100；

2）中为 0110；

3）低为 0011。

由于缺少冗余，因此控制信号发生器非常简单，但是这也导致了无法避免的限制。例如，当调制处于"高"区时（仅用"高"和"中"状态），总是相同的两个开关换相。因此开关的最小导通和死区时间的约束直接影响了开关波形的形成，并且开关损耗在四个开关中分配并不均匀。

9.3.2　飞跨电容逆变器

在这个逆变器桥臂中，如图 9.25 所示，一个飞跨电容加在了四个开关上，这意味着要将母线电压在它们之间均分。

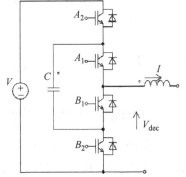

可以定义两个开关管对，每对开关状态必须互补以便符合电源连接规则。由中间开关组成的开关对是一个标准的开关单元——事实上这些开关和电流源被连接在一个电路节点上，这意味着这两个不能同时断开，并且由于这两个开关与电压源 V_C 属于同一个回路，因此这两个开关一定不能同时导通。由上管和下管组成的开关对也是一个开关单元，这些开关和电流源经由一个割集连接在一起，该割集使得所

图 9.25　飞跨电容逆变器桥臂

得到的公式相同（割集是围绕一个不含器件的短路的曲线，这个概念可以用于描述电路节点的定理，即经过该割集的电流和为零），这些开关与电压源 V_C 和 E 属于同一个回路。因此有两个开关单元分别满足 (V_C, I) 和 $(E - V_C, I)$ 的约束条

件。这样在该结构中，如果电容两端的电压可以维持在母线电压的一半，那么四个串联的开关上的电压可以得到完全均分。

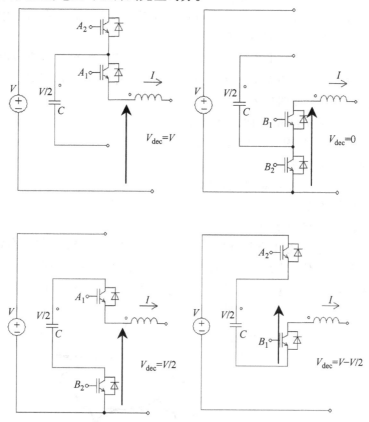

图 9.26　使用互补导通开关的电路图

一般情况下，A_1 和 A_2 的控制信号（记为 SC_1 和 SC_2）确定了 B_1 和 B_2 的状态（$B_1 = \overline{A_1}$，$B_2 = \overline{A_2}$）因为非导通开关两端的电压总是等于 $V/2$，在任意给定时刻

$$v_{B_1} = SC_1 \cdot \frac{V}{2} \tag{9.1}$$

$$v_{B_2} = SC_2 \cdot \frac{V}{2} \tag{9.2}$$

$$v_{dec} = v_{B_1} + v_{B_2} \tag{9.3}$$

$$\Rightarrow v_{dec} = (SC_1 + SC_2) \cdot \frac{V}{2} \tag{9.4}$$

因此这两个开关单元有四种状态，对应三个开关切换的电平。在中间电平有一个冗余，该冗余状态为 $[SC_1, SC_2] = [0, 1]$ 和 $[SC_1, SC_2] = [1, 0]$。

不仅如此，经过飞跨电容的电流可以由流过 A_1 和 A_2 的电流之差表示，任意

时刻都等于控制信号的差乘以电流 I

$$\Rightarrow i_{\mathrm{c}} = (\mathrm{SC}_1 - \mathrm{SC}_2) \cdot I \qquad (9.5)$$

这个飞跨电容电流在输出高电平或者低电平时为零，并且在需要中电平时，可以通过选择电流符号来利用冗余状态。

在考虑这个飞跨电容电压调节之前，必须确保有给电容交替充放电的路径。可以通过对载波进行移相来实现这个交替充放电过程，并且比较器可以直接将指令传输给四个开关，如图9.27所示。

对于一相甚至是两相结构，这个非常简单的电路是一个很好的解决方案，并且该电路在实际中相当实用，因为这个电路的自平衡特性不需要对飞跨电容上的电压做任何调节。

然而，这个控制策略对三相系统输出不是很好，并且不能区分调制器和控制信号发生器，也不可能在多电平调制中产生细微的变化。

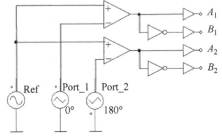

图9.27 载波移相调制器

因此，将用图9.28所示电路来代替，它在这个特殊情况下完全等价。这个电路可以将调制器和信号发生器区分开，信号发生器采用状态机形式。

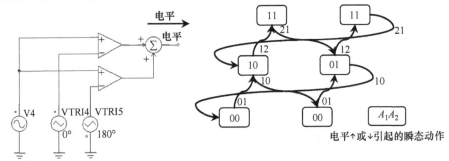

图9.28 由调制器和控制信号发生器组成的相移载波控制电路

该电路可以用于驱动一个开环控制的三电平逆变器桥臂，这依赖于中点电压平衡。

状态机可以被扩展并考虑额外的变换过程，该过程可以调节飞跨电容上的电压，如图9.29所示。

这样，通过增加上 Bal 或下 Bal 变换可以在 00 或 11 两种状态间转

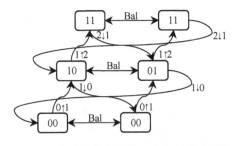

图9.29 改进的状态机使飞跨电压准确平衡

换。引入这类变换并不改变实际状态，但是会改变下一个即将到来的状态，并且使之可能改变未来飞跨电容上电压的演化。这些转换不用增加额外的开关动作，它们只是用于进行粗略的再平衡。中间 Bal 变换确实会导致一个额外的换相，但是通过适当换相时刻的控制，其变换的发生可以产生精确的再平衡。这些转换没有一个可以改变输出电压，因此进行平衡时不会影响输出电压和电流频谱。

作为一个例子，这个状态机可以与一个普通优化的三相调制器结合来获得如图 9.30b 所示的波形。

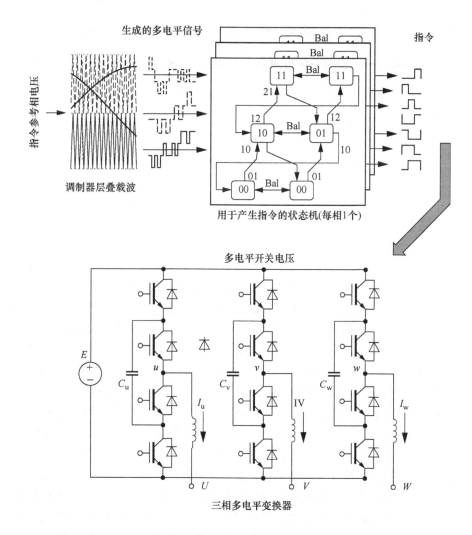

图 9.30a)　三相三电平逆变器带有可调飞跨电容，控制电路

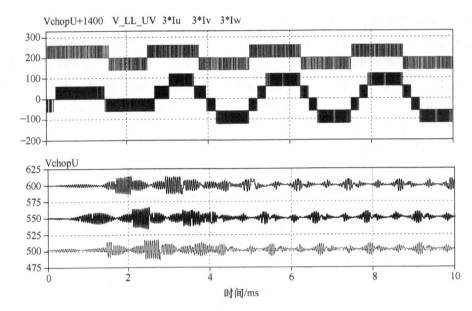

图 9. 30b） 三相三电平逆变器带有可调飞跨电容

U 相的开关电压波形，U 相 V 相之间的电压波形，三相电流和最后的飞跨电压

9.4 总结

多电平变换器最初被开发用于实现大容量，主要通过约束条件在若干功率器件之间分配的方法进行。它们在动态特性方面也迅速显示出很好的潜力。

而且，随着多自由度的利用，它们的复杂程度也在增加，一般会带来额外的状态变量，这些变量必须被监控或者调节（中点电位或者飞跨电容电压的潜力，电感耦合器中的环流，或者耦合变压器磁链）。这些自由度因此很少是真正"自由"的，并且需要一个适当的方法来控制这些变换器，以及对它们的独特能力进行最佳应用。相关文献给出了这个控制的两部分图，由通用调制器和针对每个特殊拓扑的指令发生器组成；指令发生器或许是开发该方法最重要的部分之一。

本章似乎没有完整地总结一个"优化"的调制策略，因为那样仅强调其中一个策略的波形或者 THD 标准是没有用的。例如，选择连续或者非连续控制策略可能需要考虑的范围从开关损耗到输入输出滤波器的重量，也要考虑共模电压和动态特性。接下来调制策略的选择必须按照不同的情况进行，要考虑所有的相关因素，仅有一个或者另一个策略能够被选中。这个过程适合所有电力电子方面，但是它更加适合多电平变换器，并且总是要与两电平变换器相比较，比如需要考虑系统是否有显著的改进等。

最后注意到近几年在多电平变换器方面出现了引人注目的突破，未来还会看到进步不断加速，特别是在低压电力电子领域，这要归功于未来对微处理器供电的挑战。

9.5 参考文献

[BAK 81] BAKER R.H., Bridge Converter Circuit, US patent, n° 4,270,163, 1981.

[BAR 03] BARBOSA P., STEINKE J., STEIMER P., MEYSENC L., MEYNARD T., Converter Circuit for connecting a plurality of switching voltage levels, Patent WO 02005036719, 2005, PCT Patent 03405748.9, 2003.

[BAR 05] BARBOSA P., STEIMER P., STEINKE J., WILKENKEMPER M., CELANOVIC N., "Active Neutral Point Clamped (ANPC) multilevel converter technology", *European Conference on Power Electronics and Applications*, 2005.

[BRU 01] BRUCKNER T., BERNET S., "Loss balancing in three-level voltage source inverters applying active NPC switches", *IEEE Power Electronics Specialists Conference*, p. 1135–1140, Vancouver, Canada, 2001.

[BRU 05a] BRUCKNER T., BERNET S., GULDNER H., "The active NPC converter and its Loss-Balancing Control", *IEEE Transactions on Industrial Electronics*, vol. 52, n° 3, p. 858–868, 2005.

[BRU 05b] BRUCKNER T., HOLMES D.G., "Optimal PWM for three-level inverters", *IEEE Transactions on Power Electronics*, vol. 20, n° 1, p. 82–89, 2005.

[CAR 92] CARRARA G., GARDELLA S., MARCHESONI M., SALUTARI R., SCIUTTO G., "A new PWM method: a theoretical analysis", *IEEE Transactions on Power Electronics*, vol. 7, n° 3, p. 497–505, 1992.

[DEL 01] DELMAS L., GATEAU G., MEYNARD T.A., FOCH H., "Stacked Multicell Converter (SMC): Properties and Design", *IEEE Power Electroics Specialists Conference, PESC*, Vancouver, Canada, 2001.

[DEL 03] DELMAS L., Convertisseurs multicellulaires superposés. Etude, commande et réalisation d'un prototype, PhD thesis, Institut national polytechnique de Toulouse, 2003.

[FOC 06] FOCH H., METZ M., MEYNARD T., PIQUET H., RICHARDEAU F., "Des dipoles à la cellule de commutation", *Techniques de l'ingénieur*, Rubrique "Electronique de Puissance", vol. D3075, 2006.

[FOR 07a] FOREST F., MEYNARD T., LABOURE E., COSTAN V., CUNIERE A., SARRAUTE E., "Optimization of the supply voltage system in interleaved converters using intercell transformers", *IEEE Transactions on Power Electronics*, vol. 22, p. 934–942, 2007.

[FOR 07b] FOREST F., MEYNARD T., LABOURE E., HUSELSTEIN J.J., "A multi-cell interleaved flyback using intercell transformers", *IEEE Transactions on Power Electronics*, vol. 22, n° 5, p. 1662–1671, 2007.

194

[ITU 08] ITURRIZ F., RICHARDEAU F., MEYNARD T., ELHALI E., Circuit et systèmes redresseurs de puissance, procédé associé, aéronef comprenant de tels circuit ou systèmes, French patent n° FR20080050622 (filed by Airbus-CNRS), 2008.

[LI 04] LI J., STRATAKOS A., SCHULTZ A., SULLIVAN C.R., "Using coupled Inductors to enhance transient performances of multi-phase buck converters", *IEEE Applied Power Electronics Conference and Exposition*, vol. 2, p. 1289–1293, 2004.

[MCG 06] MC GRATH B., HOLMES G., MEYNARD T., "Reduced PWM harmonic distortion for multilevel inverters operating over a wide modulation range", *IEEE Transactions on Power Electronics*, vol. 21, n° 4, p. 941–949, 2006.

[MCG 07] MC GRATH B., HOLMES G., MEYNARD T., GATEAU G., "Optimal modulation of flying capacitor and stacked multicell converters using a state machine decoder", *IEEE Transactions on Power Electronics*, vol. 22, n° 2, p. 508–516, 2007.

[MEY 97] MEYNARD T., FADEL M., AOUDA N., "Modelling of multilevel converters", *IEEE Transactions on Industrial Electronics*, vol. 44, n° 3, p. 356–364, 1997.

[MEY 02a] MEYNARD T., FOCH H., THOMAS P., COURAULT J., JAKOB R., NAHRSTAEDT M., "Multicell converters: basic concepts and industry applications", *IEEE Transactions on Industrial Electronics*, vol. 49, n° 5, p. 955–964, Special Issue on Multilevel Converters, 2002.

[MEY 02b] MEYNARD T., FOCH H., FOREST F., TURPIN C., RICHARDEAU F., DELMAS L., GATEAU G., LEFEUVRE E., "Multicell converters: derived topologies", *IEEE Transactions on Industrial Electronics*, vol. 49, n° 5, p. 978–987, Special Issue on Multilevel Converters, 2002.

[MEY 02c] MEYNARD T., TURPIN C., BAUDESSON P., RICHARDEAU F., FOREST F., "Fault management of multicell converters", *IEEE Transactions on Industrial Electronics*, vol. 49, n° 5, p. 988–997, Special Issue on Multilevel Converters, 2002.

[MEY 06] MEYNARD T., LIENHARDT A.M., GATEAU G., HAEDERLI C., BARBOSA P., "Flying capacitor multicell converters with reduced stored energy", *IEEE-ISIE 2006*, Montréal, Canada, 2006.

[NAB 81] NABAE A., TAKAHASHI I, AKAGI H., "A new neutral Point Clamped PWM inverter", *IEEE Transactions on Industry Applications*, 1981.

[PAR 97] PARK G., KIM S.I. "Modeling and analysis of multi-interphase transformers for connecting power converters in parallel", in Park G., Seos Ik KIM, *IEEE Power Electronics Specialists Conference*, vol. 2, p. 1164–1170, 1997.

[PEN 96] PENG F.Z., LAI J.S., MCKEEVER J.W., VANCOEVERING J., "A Multilevel Voltage Source inverter with separate DC sources for Static Var generation", *IEEE Transactions on Industry Applications*, vol. 32, n° 5, p. 1130–1138, 1996.

[QUI 07] QUINTERO J., BARRADO A., SANZ M., RAGA C., LAZARO A., "Bandwidth and dynamic response decoupling in a multi-phase VRM by applying linear-non-linear control", *IEEE International Symposium on Industrial Electronics*, p. 3373–3378, 2007.

[TUR 02] TURPIN C., DEPREZ L., FOREST F., RICHARDEAU F., MEYNARD T., "A ZVS imbricated cells multilevel inverter with auxiliary resonant commutated pole", *IEEE Transactions on Power Electronics*, vol. 17, n° 6, p. 874–882, 2002.

[VIS 04] VISAIRO H., SANCHEZ A., RODRIGUEZ E., ARAU J., COBOS J.A., "MultiPhase VRM based on the symmetrical half-bridge converter", *IEEE Applied Power Electronics Conference and Exposition*, vol. 2, p. 1275–1281, 2004.

[ZHA 08] ZHANG X., LIU J., WONG P.L., CHEN J., WU H.P., AMOROSO L., LEE F.C., CHEN D.Y., "Investigation of Candidate VRM Topologies for future microprocessors", *IEEE Applied Power Electronics Conference and Exposition*, vol. 1, p. 145–150, 1998.

第 10 章　同步电动机的 PI 电流控制

10.1　引言

本章讨论同步电动机的比例积分(PI)电流控制。这个电动机构成了一个标准类型的负载，即构成了一个 RLE(电阻、电感、电动势)类型系统，该类型在电气工程领域经常被用到。PI 控制器常用于电动机的电流控制，是因为它可以在稳态控制消除静差并且可以影响动态电流控制。

本章考虑同步电动机利用 PI 控制的两种电流控制方法。第一种方法在一个定子固定三相坐标系中进行。这种情况下，PI 控制器确保同步电动机中每相定子电流的幅值和相位的控制。第二种方法在旋转参考坐标系(d, q)中，其中 d 轴与同步电动机的转子绕组轴保持一致。这种情况下，定子电流矢量的直轴和交轴分量在稳态控制时均为常量，PI 控制器仅需控制定子电流的幅值，而它们的相位通过坐标变换控制。为了实现 PI 控制系统，首先需要一个同步电动机的模型。要先在一个固定单相坐标系下建立一个同步电动机模型，随后在两相旋转坐标系下建立该模型。后面将讨论利用 PI 控制器来控制所需的静态或动态特性。

10.2　同步电动机模型

为了控制同步电动机，需要建立一个数学模型来描述它的响应。考虑到这些，本节将建立适当的数学模型用于同步电动机电流控制系统的设计和实现。在建立的同步电动机模型中将做如下假设[LOU 04]：

1)同步电动机采用星形联结且带有隔离的中点；

2)饱和效应被忽略，这意味着自感和互感与电流无关；

3)三相是对称的，换句话说每相电阻和电感均相同；

4)绕组所产生的谐波被忽略，因为将假设绕组在空间呈完美正弦分布；

5)同步电动机被假设没有阻尼，并且有一个转子绕组。

10.2.1　基于定子固定坐标系的同步电动机模型

这项工作是基于图 10.1 所示的同步电动机原理图进行的。在该图中，转子的相位是从第一相定子轴线开始旋转一个机械角度 θ_{m}。这个角度表示转子与定子之间的角度位置关系。定子是固定的，转子以机械角速度 Ω 旋转，得到如下方程：

$$\frac{\mathrm{d}\theta_{\mathrm{m}}}{\mathrm{d}t} = \Omega \qquad (10.1)$$

转子的电角度位置和电角速度方程如下：

$$\theta = p\theta_{\mathrm{m}} \qquad (10.2)$$

$$\omega = p\Omega \qquad (10.3)$$

由于三相定子绕组是固定的，转子绕组（电感）的旋转会使定子绕组受到一个变化磁场的影响，因此会在定子的每相端部感应出一个电动势（Electro Motive Force，EMF）。

这样，如果三相电压 $[V_{\mathrm{sa}},\ V_{\mathrm{sb}},\ V_{\mathrm{sc}}]^{\mathrm{T}}$ 施加在定子的端部，则得到如下电压方程

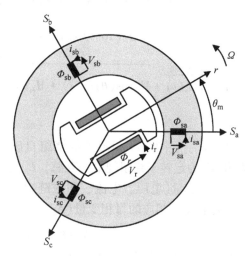

图 10.1 带绕线式转子的同步电动机原理图

$$V_{\mathrm{sa}}(t) = R_{\mathrm{s}}i_{\mathrm{sa}}(t) + \frac{\mathrm{d}\Phi_{\mathrm{sa}}(t)}{\mathrm{d}t} \qquad (10.4)$$

$$V_{\mathrm{sb}}(t) = R_{\mathrm{s}}i_{\mathrm{sb}}(t) + \frac{\mathrm{d}\Phi_{\mathrm{sb}}(t)}{\mathrm{d}t} \qquad (10.5)$$

$$V_{\mathrm{sc}}(t) = R_{\mathrm{s}}i_{\mathrm{sc}}(t) + \frac{\mathrm{d}\Phi_{\mathrm{sc}}(t)}{\mathrm{d}t} \qquad (10.6)$$

转子电压方程可以写为

$$V_{\mathrm{r}}(t) = R_{\mathrm{r}}i_{\mathrm{r}}(t) + \frac{\mathrm{d}\Phi_{\mathrm{r}}(t)}{\mathrm{d}t} \qquad (10.7)$$

因为转子绕组的轴与第一相定子轴相差电角度 θ，所以同步电动机的定子每相磁链 Φ_{sa}、Φ_{sb} 和 Φ_{sc} 可以写为

$$\Phi_{\mathrm{sa}} = \overbrace{L_{\mathrm{a}}i_{\mathrm{sa}}(t)}^{自感磁链} + \overbrace{M_{\mathrm{ab}}i_{\mathrm{sb}}(t) + M_{\mathrm{ac}}i_{\mathrm{sc}}(t)}^{其他相产生的磁链} + \overbrace{M_{\mathrm{sr}}\cos(\theta)i_{\mathrm{r}}}^{转子绕组产生的磁链} \qquad (10.8)$$

$$\Phi_{\mathrm{sb}} = \overbrace{L_{\mathrm{b}}i_{\mathrm{sb}}(t)}^{自感磁链} + \overbrace{M_{\mathrm{ba}}i_{\mathrm{sa}}(t) + M_{\mathrm{bc}}i_{\mathrm{sc}}(t)}^{其他相产生的磁链} + \overbrace{M_{\mathrm{sr}}\cos\left(\theta - \frac{2\pi}{3}\right)i_{\mathrm{r}}}^{转子绕组产生的磁链} \qquad (10.9)$$

$$\Phi_{\text{sc}} = \overbrace{L_{\text{c}} i_{\text{sc}}(t)}^{\text{自感磁链}} + \overbrace{M_{\text{ca}} i_{\text{sa}}(t) + M_{\text{cb}} i_{\text{sb}}(t)}^{\text{其他相产生的磁链}} + \overbrace{M_{\text{sr}} \cos\left(\theta - \frac{4\pi}{3}\right) i_{\text{r}}}^{\text{转子绕组产生的磁链}} \tag{10.10}$$

转子磁链 Φ_{r} 如式(10.11)所示:

$$\Phi_{\text{r}} = \overbrace{L_{\text{r}} i_{\text{r}}(t)}^{\text{自感磁链}} + \overbrace{M_{\text{rs}} \cos(\theta) i_{\text{s1}}(t) + M_{\text{rs}} \cos\left(\theta - \frac{2\pi}{3}\right) i_{\text{s2}}(t) + M_{\text{rs}} \cos\left(\theta - \frac{4\pi}{3}\right) i_{\text{s3}}(t)}^{\text{定子绕组产生的磁链}}$$

$$\tag{10.11}$$

其中, $L_{i(i=a,b,c)}$ 为第 i 相定子的绕组自感; M_{ij} 为定子 i 相与 j 相绕组间的互感; M_{sr} 和 M_{rs} 为定转子绕组间最大互感; L_{r} 为转子绕组的自感。

三相变量(电压、电流、和磁链)可以利用矢量来图形化表示。一个定子变量的矢量 $\vec{X}$ 与相应的每相变量(A_{a}, A_{b}, A_{c})之间的关系可以表示为

$$\vec{X} = K(X_{\text{a}} + e^{j\frac{2\pi}{3}} X_{\text{b}} + e^{j\frac{4\pi}{3}} X_{\text{c}}) \tag{10.12}$$

其中, K 是幅值或者功率变换系数。

在稳态时, 变量 X_{a}、X_{b}、X_{c} 构成了一个平衡的正弦三相系统:

1)如果 $K = 2/3$, 则是幅值变换, 因此矢量 $\vec{X}$ 的幅值在稳态控制时与 X_{a}、X_{b}、X_{c} 分量相等;

2)如果 $K = \sqrt{2/3}$, 则是功率变换。

将式(10.4)、式(10.5)和式(10.6)改写为矢量形式, 定子电压矢量可以表示为

$$\vec{V}_{\text{s}} = R_{\text{s}} \vec{i}_{\text{s}} + \frac{d\vec{\Phi}_{\text{s}}}{dt} \tag{10.13}$$

现在将式(10.8)、式(10.9)、式(10.10)和式(10.11)改写为矢量形式, 定子磁链矢量 $\vec{\Phi}_{\text{s}}$ 和转子磁链矢量 $\vec{\Phi}_{\text{r}}$ 由式(10.14)给出:

$$\vec{\Phi}_{\text{s}} = [L_{\text{s}}] \vec{i}_{\text{s}} + [M_{\text{sr}}] i_{\text{r}} \tag{10.14}$$

$$\Phi_{\text{r}} = [M_{\text{sr}}] \vec{i}_{\text{s}} + L_{\text{r}} i_{\text{r}} \tag{10.15}$$

对于凸极同步电动机, 定子电感的表达式中包含位置 θ 的函数。按照参考文献[LOU 04], 凸极同步电动机的定子电感可以表示为

$$\vec{X} = K\left(X_{\text{a}} + e^{j\frac{2\pi}{3}} X_{\text{b}} + e^{j\frac{4\pi}{3}} X_{\text{c}}\right)$$

$$[L_{\text{s}}] = \begin{bmatrix} L_{\text{a}}(\theta) & M_{\text{ab}}(\theta) & M_{\text{ac}}(\theta) \\ M_{\text{ba}}(\theta) & L_{\text{b}}(\theta) & M_{\text{bc}}(\theta) \\ M_{\text{ca}}(\theta) & M_{\text{cb}}(\theta) & L_{\text{c}}(\theta) \end{bmatrix}$$

$$= \begin{bmatrix} L_{s0} & M_{s0} & M_{s0} \\ M_{s0} & L_{s0} & M_{s0} \\ M_{s0} & M_{s0} & L_{s0} \end{bmatrix} + L_{sv} \begin{bmatrix} \cos(2\theta) & \cos\left(2\theta - \dfrac{2\pi}{3}\right) & \cos\left(2\theta + \dfrac{2\pi}{3}\right) \\ \cos\left(2\theta - \dfrac{2\pi}{3}\right) & \cos\left(2\theta + \dfrac{2\pi}{3}\right) & \cos(2\theta) \\ \cos\left(2\theta + \dfrac{2\pi}{3}\right) & \cos(2\theta) & \cos\left(2\theta - \dfrac{2\pi}{3}\right) \end{bmatrix}$$

$$(10.16)$$

L_{s0}、M_{s0}、L_{sv} 是与电动机设计相关的常量。

同步电动机中连接定转子的互感矩阵 $[M_{sr}]$ 和 $[M_{rs}]$ 的元素可以表示为以下函数：

$$[M_{sr}(\theta)] = M_{sr} \begin{bmatrix} \cos(2\theta) \\ \cos\left(2\theta - \dfrac{2\pi}{3}\right) \\ \cos\left(2\theta - \dfrac{4\pi}{3}\right) \end{bmatrix} \tag{10.17}$$

$$[M_{rs}(\theta)] = [M_{sr}(\theta)]^{\mathrm{T}} \tag{10.18}$$

需要注意的是对于一个非凸极同步电动机，自感和互感不依赖于位置 θ，仅与电动机的结构参数有关。这种情况下，对于恒定气隙宽度（无斜槽），同步电动机的自感和互感满足如下公式：

$$L_{a} = L_{b} = L_{c} \tag{10.19}$$

$$M_{ab} = M_{ba} = M_{ac} = M_{ca} = M_{bc} = M_{cb} \tag{10.20}$$

式（10.12）可以用于从两相固定坐标系（α，β）中的向量 $\vec{X}$（$\vec{X} = X_{\alpha} + \mathrm{j}X_{\beta}$），来分别确定实轴和虚轴分量 X_{α}、X_{β}。这可以得到以下变换：

1）在幅值变换中，该结果是 Clarke（克拉克）变换，如式（10.21）所示：

$$\begin{bmatrix} X_{\alpha} \\ X_{\beta} \end{bmatrix} = [C] \begin{bmatrix} X_{a} \\ X_{b} \\ X_{c} \end{bmatrix}, \quad \text{其中} \quad [C] = \frac{2}{3} \begin{bmatrix} 1 & -\dfrac{1}{2} & -\dfrac{1}{2} \\ 0 & \dfrac{\sqrt{3}}{2} & -\dfrac{\sqrt{3}}{2} \end{bmatrix} \tag{10.21}$$

2）在功率变换中，其结果是 Concordia（康科迪亚）变换，如式（10.22）所示：

$$\begin{bmatrix} X_{\alpha} \\ X_{\beta} \end{bmatrix} = [T] \begin{bmatrix} X_{a} \\ X_{b} \\ X_{c} \end{bmatrix}, \quad \text{其中} [T] = \sqrt{\frac{2}{3}} \begin{bmatrix} 1 & -\dfrac{1}{2} & -\dfrac{1}{2} \\ 0 & \dfrac{\sqrt{3}}{2} & -\dfrac{\sqrt{3}}{2} \end{bmatrix} \tag{10.22}$$

Clarke 变换或者 Concordia 变换可以用于导出电动机的两相基系统，可以等效为如图 10.1 所示的三相系统。在图 10.2 中三相绕组由等效的垂直绕组组成的两相系统代替。

10.2.2 同步电动机转子绕组轴线对齐的旋转坐标系 (d, q) 模型

一个旋转坐标系 (d, q) 既用于表示同步电动机的定子绕组，也可以表示转子绕组。

这样一个坐标系可以用于消除因角度 θ 变化而引起的变量耦合，这表现在自感和互感上，即使是凸极同步电动机也如此。(d, q) 坐标系是图 10.2 中所示的两相系统旋转角度 θ_{dq} 以后得到的。

图 10.3 所示为旋转坐标系 (d, q) 的原理图，其中 d 轴与转子绕组轴对齐。注意在该图中使用的是电角度，并且角度 θ_{dq} 代表转子绕组轴与 S_α 轴之间的夹角。

$$\theta_{dq} = \theta \tag{10.23}$$

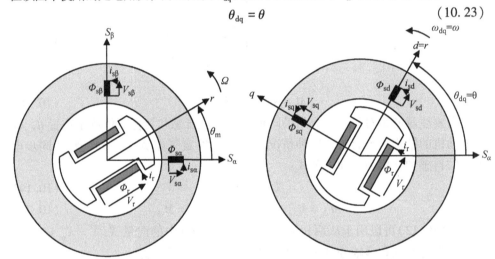

图 10.2 绕线式转子同步电动机　　图 10.3 带有绕线式转子的同步电动机
两相坐标系统 (α, β) 原理图　　　在旋转坐标系中的原理图

这个复空间矢量 $(\vec{X}_{dq})$ 代表了在旋转坐标系 (d, q) 下的特殊量，在与定子相关的固定参考坐标系下与 $(\vec{X}_s)$ 有如下关系：

$$\vec{X}_{dq} = \vec{X}_s e^{-j\theta_{dq}} \tag{10.24}$$

考虑式 (10.24)，对其实部和虚部进行比较，利用公式空间矢量 $\vec{X}_s$ 的 X_α、X_β 分量，能够确定矢量 $\vec{X}_{dq}$ 的直轴分量 X_d 和虚轴分量 X_q

$$\begin{bmatrix} X_d \\ X_q \end{bmatrix} = [R(\theta_{dq})] \begin{bmatrix} X_\alpha \\ X_\beta \end{bmatrix}, \ 其中, \ [R(\theta_{dq})] = \begin{bmatrix} \cos(\theta_{dq}) & -\sin(\theta_{dq}) \\ \sin(\theta_{dq}) & \cos(\theta_{dq}) \end{bmatrix} \tag{10.25}$$

其中，是$[R(\theta_{dq})]$旋转矩阵。

在式(10.21)、式(10.22)和式(10.25)基础之上，可以利用式(10.26)和式(10.27)表示的旋转坐标系(d,q)下空间矢量的交直轴分量。这些公式给出了Park变换。

式(10.26)给出的Park变换是等幅值变换，而式(10.27)所给出的Park变换是等功率变换。

$$\begin{bmatrix} X_d \\ X_q \end{bmatrix} = [R(\theta_{dq})][C]\begin{bmatrix} X_a \\ X_b \\ X_c \end{bmatrix} \tag{10.26}$$

$$\begin{bmatrix} X_d \\ X_q \end{bmatrix} = [R(\theta_{dq})][T]\begin{bmatrix} X_a \\ X_b \\ X_c \end{bmatrix} \tag{10.27}$$

如前所述，本节中所使用的同步电动机模型是基于同步旋转坐标系(d,q)的，其直轴d与转子绕组的轴线平行(见图10.3)。这种情况下，转子参数(电压、磁链和电流)等于其直轴分量，如式(10.28)所示：

$$\begin{cases} V_r = V_{rd} \\ i_r = i_{rd} \\ \Phi_r = \Phi_{rd} \end{cases} \tag{10.28}$$

式(10.7)因此可以写为

$$V_{rd} = R_r i_{rd} + \frac{d\Phi_{rd}}{dt} \tag{10.29}$$

同步旋转坐标系的电角速度由式(10.30)给出

$$\frac{d\theta_{dq}}{dt} = \omega_{dq} \tag{10.30}$$

由式(10.13)和式(10.24)，电压方程变为

$$\vec{V}_{sdq}e^{j\theta_{dq}} = R_s\vec{i}_{sdq}e^{j\theta_{dq}} + \frac{d}{dt}(\vec{\Phi}_{sdq}e^{j\theta_{dq}})$$

$$\vec{V}_{sdq}e^{j\theta_{dq}} = R_s\vec{i}_{sdq}e^{j\theta_{dq}} + e^{j\theta_{dq}}\frac{d(\vec{\Phi}_{sdq})}{dt} + j\frac{d(\theta_{dq})}{dt}(e^{j\theta_{dq}})\vec{\Phi}_{sdq} \tag{10.31}$$

消去$e^{j\theta_{dq}}$，这个结果可以简化为

$$\vec{V}_{sdq} = R_s\vec{i}_{sdq} + \frac{d\vec{\Phi}_{sdq}}{dt} + j\omega_{dq}\vec{\Phi}_{sdq} \tag{10.32}$$

在式(10.32)中，$R_s\vec{i}_{sdq}$项代表的是铜损产生的压降。$\frac{d\vec{\Phi}_{sdq}}{dt}$项代表的是由楞

202

次定律(Lenz's Law)得到的感应电动势。$j\omega_{dq}\vec{\Phi}_{sdq}$项代表由拉普拉斯定律(Laplace's Law)得到的运动电动势。

将式(10.32)中的实部和虚部分别相等，电压矢量在旋转坐标系(d,q)下的直轴和交轴分量如式(10.33)和式(10.34)所示：

$$V_{sd} = R_s i_{sd} + \frac{\mathrm{d}\Phi_{sd}}{\mathrm{d}t} - \omega_{dq}\Phi_{sq} \tag{10.33}$$

$$V_{sq} = R_s i_{sq} + \frac{\mathrm{d}\Phi_{sq}}{\mathrm{d}t} + \omega_{dq}\Phi_{sd} \tag{10.34}$$

考虑到式(10.4)和式(10.5)所给出的定转子磁链，其交直轴分量可以通过式(10.26)和式(10.27)给出的 Park 变换在同步旋转坐标系(d,q)中确定。

Park 变换的应用消除了式(10.16)中由于角度 θ 变化所引起的变量耦合。

将定子磁链矢量在同步旋转坐标系(d,q)下的 d、q 分量表示为

$$\Phi_{sd} = L_{sd}i_{sd} + K_\Phi M_{sr} i_{rd} \tag{10.35}$$
$$\Phi_{sq} = L_{sq}i_{sq} \tag{10.36}$$

常数项 K_Φ 如果在(d,q)参考坐标系中的变量做等幅值变换，得到的将为1；而如果在(d,q)参考坐标系中的变量做等功率变换，得到的将为1.5。交直轴电感 L_{sd} 和 L_{sq} 是常量，并且取决于参数 L_{s0}、M_{s0} 和 L_{sv}。它们之间的相互关系为

$$\begin{cases} L_{sd} = (L_{s0} - M_{s0}) + \dfrac{3}{2}L_{sv} \\ L_{sq} = (L_{s0} - M_{s0}) - \dfrac{3}{2}L_{sv} \end{cases} \tag{10.37}$$

将转子磁链矢量在同步旋转坐标系(d,q)下的 d、q 分量表示为

$$\Phi_{rd} = L_{rd}i_{rd} + K_\Phi M_{sr} i_{sd} \tag{10.38}$$

$$\Phi_{rq} = 0 \tag{10.39}$$

总之，图10.4 所示为一个凸极无阻尼绕组的同步电动机 Park 模型，在与转子对齐的同步旋转坐标系(d,q)下，其 d 轴与同步电动机转子绕组轴线对齐。

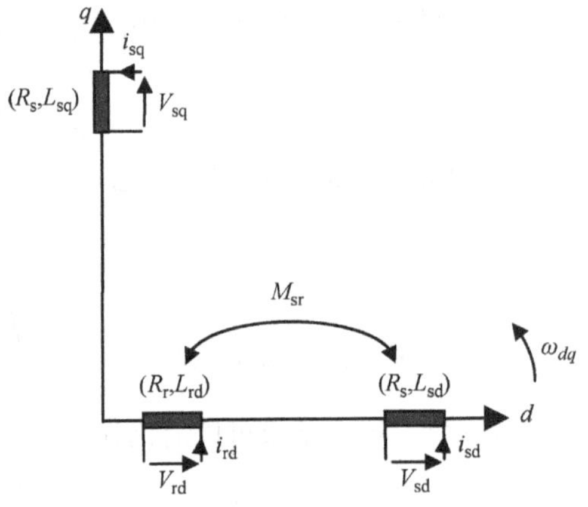

图 10.4　一个同步电动机的 Park 模型

10.2.3　电磁转矩的表示

显然同步电动机的瞬时功率可以表示为

$$S(t) = K_s (\vec{V}_{sdq} \vec{i}_{sdq}^*)$$ (10.40)

" * "代表变量的共轭复数:

1) $K_s = 3/2$, 当 $\vec{V}_{sdq}$ 和 $\vec{i}_{sdq}$ 矢量利用等幅值变换得到时;

2) $K_s = \sqrt{3}/2$, 当 $\vec{V}_{sdq}$ 和 $\vec{i}_{sdq}$ 矢量利用等功率变换得到时。

本节的其余部分采用第一个取值。

同步电动机的瞬时定子有功功率可以写为

$$P_s(t) = \text{Re}[S(t)] = \text{Re}[\vec{V}_{sdq} \vec{i}_{sdq}^*]$$ (10.41)

如果利用式(10.32)的表示形式代替该式中的 $\vec{V}_{sdq}$ 并乘以 dt, 则可以得到基本定子能量的表示

$$dw_s = P_s(t) dt = [R_s \vec{i}_{sdq} \cdot \vec{i}_{sdq}^* + \text{Re}[d\vec{\Phi}_{sdq} \vec{i}_{sdq}^*] + \omega_{dq} \text{Im}[\vec{i}_{sdq} \vec{\Phi}_{sdq}^*]] dt$$

(10.42)

式(10.42)给出了在 dt 时间周期内提供给定子的电能可以分为三项:

1)第一项代表电阻发热能量损耗;

2)第二项代表定子磁场能量的变化;

3)第三项代表从定子通过气隙的旋转磁场传递到转子的能量 dw_{sr}。

这样有

$$dw_{sr} = \omega_{dq} \text{Im}[\vec{i}_{sdq} \vec{\Phi}_{sdq}^*] dt = \omega \text{Im}[\vec{i}_{sdq} \vec{\Phi}_{sdq}^*] dt$$ (10.43)

对于一个同步电动机,通过气隙的能量 dw_{sr} 等于机械能 dw_{mec}。

机械功率因此可以由式(10.44)给出

$$P_{mec} = \frac{dw_{mec}}{dt} = \frac{dw_{sr}}{dt} = \omega \text{Im}[\vec{i}_{sdq} \vec{\Phi}_{sdq}^*] = \Omega C_{em} = \frac{\omega}{p} C_{em}$$ (10.44)

电磁转矩 C_{em} 的表示因此由式(10.45)给出

$$C_{em} = p \text{Im}[\vec{i}_{sdq} \vec{\Phi}_{sdq}^*]$$ (10.45)

需要注意的是在等幅值($K_s = 3/2$)并且在类似线性推理的情况下,转矩公式变为

$$C_{em} = \frac{3}{2} p \text{Im}[\vec{i}_{sdq} \vec{\Phi}_{sdq}^*]$$ (10.46)

将式(10.45)展开,同步电动机电磁转矩的表达式为

$$C_{em} = p(\Phi_{sd} i_{sq} - \Phi_{sq} i_{sd}) = p((L_{sd} - L_{sq}) i_{sd} i_{sq} + M_{sr} i_{sq} i_{rd})$$ (10.47)

对于等幅值变换,该式变为

$$C_{em} = \frac{3}{2} p(\Phi_{sd} i_{sq} - \Phi_{sq} i_{sd}) = \frac{3}{2} p((L_{sd} - L_{sq}) i_{sd} i_{sq} + M_{sr} i_{sq} i_{rd})$$ (10.48)

10.3　同步电动机的典型功率传输系统

交流三相电动机包括同步电动机通常都需要进行速度调节。与变速控制相配合的功率部分需要功率变换器能够产生变化的电压和频率，例如三相电压型逆变器。图 10.5 所示的结构可以利用直流电压源产生一个三相可调幅值和频率的电压。

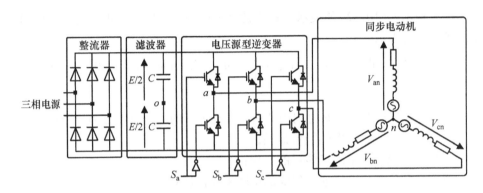

图 10.5　为同步电动机供电的典型电压型逆变器

图 10.6 所示为基于载波 PWM 的电压型逆变器其中一个桥臂的电压控制原理图。PWM 调制策略不能每个时刻都将相电压 $V_{in(i=1,2,3)}$ 施加给电动机端，而是要在每个 PWM 开关周期内将平均值施加给电动机。

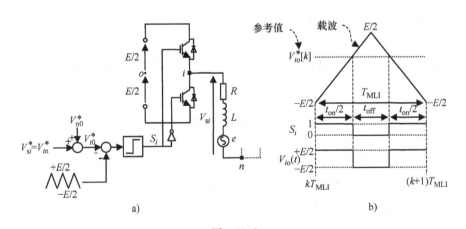

图　10.6

a) 电压源逆变器一个桥臂的电路图　b) PWM 控制工作原理

在整个第 k 个开关周期内，相电压 $V_{si}(k)_{(i=1,2,3)}$ 的平均值可以用占空比的函数 $a_i(k)_{(i=1,2,3)}$ 来表示

$$\begin{bmatrix} V_{sa}(k) \\ V_{sb}(k) \\ V_{sc}(k) \end{bmatrix} = \begin{bmatrix} V_{an}(k) \\ V_{bn}(k) \\ V_{cn}(k) \end{bmatrix} = \frac{E}{3} \begin{bmatrix} 2 & -1 & -1 \\ -1 & 2 & -1 \\ -1 & -1 & 2 \end{bmatrix} \begin{bmatrix} a_a(k) \\ a_b(k) \\ a_c(k) \end{bmatrix} \quad (10.49)$$

PWM 的目的是为了确定这些占空比 $a_i(k)$

$$V_{in}(k) = V_{in}^*(k) \quad (i=a, b, c) \quad (10.50)$$

其中，$V_{in}^*(k)_{(i=a,b,c)}$ 是参考相电压，等于参考电压 $V_{si}^*(k)_{(i=a,b,c)}$。

为了确定满足式(10.50)的占空比，考虑电压 $V_{io}(k)_{(i=a,b,c)}$，可以写为

$$V_{io}(k) = \frac{E}{2}(2a_i(k) - 1) \quad (i=a, b, c) \quad (10.51)$$

将式（10.49）[○] 做反变换，将参考电压 $V_{io}^*(k)_{(i=1,2,3)}$ 用参考相电压 $V_{in}^*(k)_{(i=1,2,3)}$ 的函数代替，占空比 $a_i(k)_{(i=1,2,3)}$ 可确定为

$$a_i(k) = \frac{1}{E}(V_{in}^*(k) + V_{n0}^*(k)) + \frac{1}{2} \quad (i=1, 2, 3) \quad (10.52)$$

其中，$V_{n0}^*(k)$ 为第 k 个开关周期内零序分量的平均值。

这样，为了确定施加在负载端的由电压 $V_{in}^*(k)_{(i=1,2,3)}$ 决定的占空比，并且同时满足占空比的约束条件(必须为 $0 \sim 1$)，必须确定需要插入的 $V_{n0}^*(k)$ 分量。有多种解决方案，包括：

1) PWM 不注入零序信号($V_{n0}^*(k) = 0$)。一个初步的解决方案包括选择一个等于零的零序信号 $V_{n0}^*(k)$。这导致参考电压 $V_{i0}(k)_{(i=a,b,c)}$ 等于 $V_{in}^*(k)_{(i=a,b,c)}$。这个情况下相电压可达到的最大基波幅值仅等于 $E/2$[LOU 97, MON 97]；

2) PWM 注入零序信号（$V_{n0}^*(k) \neq 0$）。通过注入一个特殊的零序信号[LOU 97, MON 97]，可以使相电压的基波幅值等于 $E/\sqrt{3}$，这相当于与不加入零序分量的 PWM 相比增加 15%。这与空间矢量 PWM(第 2 章)性能相当。

10.4 同步电动机在定子固定三相坐标系下的 PI 电流控制

这一节讨论同步电动机在定子固定三相坐标系下的 PI 电流控制。假设同步电动机没有凸极，使得自感和互感不依赖于位置 θ。同步电动机带有凸极的情况会在下一节(10.5 节)讨论，其中同步旋转坐标系(d, q)将被用于电感与位置 θ 有关的情形。

○ 原书为式(10.42)。——译者注

因为同步电动机的中性点与外部不相连，所以三相定子电流之和为零

$$i_{sa}(t) + i_{sb}(t) + i_{sc}(t) = 0 \tag{10.53}$$

可以利用式(10.8)、式(10.9)、式(10.10)、式(10.19)、式(10.20)和式(10.53)来表示一个不带凸极的同步电动机定子磁链，可以写为

$$\Phi_{sa} = (L_a - M_{ab})i_{sa}(t) + M_{sr}\cos(\theta)i_r \tag{10.54}$$

$$\Phi_{sb} = (L_a - M_{ab})i_{sb}(t) + M_{sr}\cos\left(\theta - \frac{2\pi}{3}\right)i_r \tag{10.55}$$

$$\Phi_{sc} = (L_a - M_{ab})i_{sc}(t) + M_{sr}\cos\left(\theta - \frac{4\pi}{3}\right)i_r \tag{10.56}$$

将 $L_s = (L_1 - M_{12})$ 作为漏感，并利用式(10.4)、式(10.5)和式(10.6)，则施加在非凸极同步电动机定子绕组上的电压可以表示为

$$V_{sa}(t) = R_s i_{sa}(t) + L_s \frac{\overbrace{di_{sa}(t)}^{e_{sa}(t)}}{dt} - M_{sr}\omega\sin(\theta)i_r \tag{10.57}$$

$$V_{sb}(t) = R_s i_{sb}(t) + L_s \frac{\overbrace{di_{sb}(t)}^{e_{sb}(t)}}{dt} - M_{sr}\omega\sin\left(\theta - \frac{2\pi}{3}\right)i_r \tag{10.58}$$

$$V_{sc}(t) = R_s i_{sc}(t) + L_s \frac{\overbrace{di_{sc}(t)}^{e_{sc}(t)}}{dt} - M_{sr}\omega\sin\left(\theta - \frac{4\pi}{3}\right)i_r \tag{10.59}$$

在式(10.57)、式(10.58)和式(10.59)中，第一项 $[R_s i_{si}(t)]_{(i=1,2,3)}$ 代表铜损引起的压降，第二项

$$\left[L_s \frac{di_{si}(t)}{dt}\right]_{(i=1,2,3)}$$

代表的是由楞次定律(Lenz's Law)得到的感应电动势，第三项代表由拉普拉斯定律(Laplace's Law)得到的运动电动势。

在式(10.57)、式(10.58)和式(10.59)的基础上，图10.7所示为非凸极同步电动机一相 $i(i=a, b, c)$ 的等效电路。需要注意的是正如直流电动机一样，等效电路是由

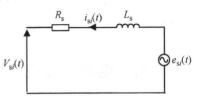

图 10.7　非凸极同步电动机
第 i 相等效电路

输入电压 V_{si}、电阻 R_s、电感 L_s 和一个代表 EMF 的感应电压 e_{si} 组成的。

瞬时功率 $P_{em}(t)$ 可以写为

$$P_{em}(t) = e_{sa}(t)i_{sa}(t) + e_{sb}(t)i_{sb}(t) + e_{sc}(t)i_{sc}(t) \tag{10.60}$$

另外，瞬时电磁转矩通过式（10.61）与瞬时功率建立联系

$$P_{\mathrm{em}}(t) = C_{\mathrm{em}}(t)\Omega(t) \tag{10.61}$$

然后可以利用式（10.57）、式（10.58）、式（10.59）、式（10.60）和式（10.61）来确定电磁转矩

$$
\begin{aligned}
C_{\mathrm{em}}(t) &= \frac{P_{\mathrm{em}}(t)}{\Omega}\\[2mm]
&= pM_{\mathrm{sr}}i_{\mathrm{r}}\left[i_{\mathrm{sa}}(t)\cos\left[\theta+\frac{\pi}{2}\right] + i_{\mathrm{sb}}(t)\cos\left(\theta+\frac{\pi}{2}-\frac{2\pi}{3}\right) + \right.\\[2mm]
&\left. i_{\mathrm{sc}}(t)\cos\left(\theta+\frac{\pi}{2}-\frac{4\pi}{3}\right) \right]
\end{aligned}
\tag{10.62}
$$

在此基础上，按照如下形式注入电流会得到恒定的电磁转矩而不会产生任何振荡：

$$
\begin{cases}
i_{\mathrm{sa}} = I_{\mathrm{s}}\cos\left(\theta+\dfrac{\pi}{2}-\psi\right)\\[3mm]
i_{\mathrm{sb}} = I_{\mathrm{s}}\cos\left(\theta+\dfrac{\pi}{2}-\dfrac{2\pi}{3}-\psi\right)\\[3mm]
i_{\mathrm{sc}} = I_{\mathrm{s}}\cos\left(\theta+\dfrac{\pi}{2}-\dfrac{4\pi}{3}-\psi\right)
\end{cases}
\tag{10.63}
$$

这样转矩的表达式变为

$$C_{\mathrm{em}} = \frac{3}{2}pM_{\mathrm{sr}}i_{\mathrm{r}}I_{\mathrm{s}}\cos(\psi) \tag{10.64}$$

注意：角度 ψ 代表给定相 i 的 EMF $e_{\mathrm{si}}(t)$ 和电流 $i_{\mathrm{si}}(t)$ 之间的相位差。

图 10.8 所示为电磁转矩变化作为相移 ψ 的函数关系。可以看出对于给定的电流幅值 I_{s}，当 EMF 与电流同相位或者反相差 $180°$ 时电磁转矩最大。

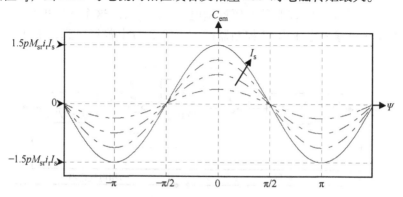

图 10.8　电磁转矩的变化与 EMF 和该相的电流之间相位差的关系

如果以正向转速运转（正的电磁转矩），当 EMF 和电流同相（$\psi = 0$）时，转矩达到最大值。

如果以反向转速运转（负的电磁转矩），当 EMF 和电流反相（$\psi = \pi$）时，转矩达到最大值。

10.4.1 与定子轴对齐的固定三相坐标系下的 PI 控制器的整定

如果将式（10.57）、式（10.58）和式（10.59）进行拉普拉斯变换，则有

$$i_{sa} = \frac{1}{R_s + L_s s}(V_{sa} - e_{sa}) \tag{10.65}$$

$$i_{sb} = \frac{1}{R_s + L_s s}(V_{sb} - e_{sb}) \tag{10.66}$$

$$i_{sc} = \frac{1}{R_s + L_s s}(V_{sc} - e_{sc}) \tag{10.67}$$

这三个公式可以用于建立如图 10.9 所示的框图，它代表了非凸极同步电动机某一相（$i = a$, b, c）的电气模型。

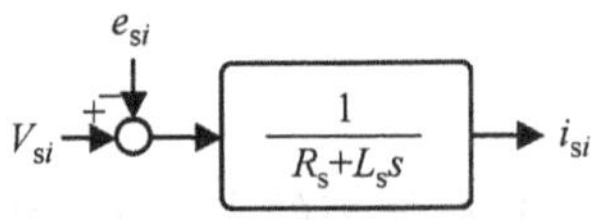

电流 $i_{si(i=1,2,3)}$ 通过式（10.68）、式（10.69）和式（10.70）所描述的 PI 调节器进行控制

$$\mathrm{PI}_{is1}(s) = K_{pis1} + \frac{K_{iis1}}{s} \tag{10.68}$$

$$\mathrm{PI}_{is2}(s) = K_{pis2} + \frac{K_{iis2}}{s} \tag{10.69}$$

图 10.9 非凸极同步电动机的 i 相（$i = a$, b, c）等效模型

$$\mathrm{PI}_{is3}(s) = K_{pis3} + \frac{K_{iis3}}{s} \tag{10.70}$$

图 10.10 所示为 PI 控制环如何控制电流 $i_{si(i=a,b,c)}$。这个图中电压 $V_{siL(i=a,b,c)}^*$ 作为三相定子的参考电压由 PI 控制器产生。10.3 节中曾经提到，电压型逆变器

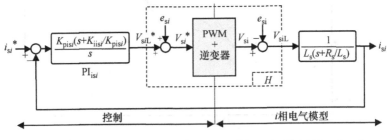

图 10.10 同步电动机的一相电流 $i_{si(i=a,b,c)}$ 控制环

的 PWM 控制能够使电压 $V_{si(i=a,b,c)}$ 的平均值等于参考电压 $V^*_{si\,(i=a,b,c)}$。接下来将要对感应 EMF 项 $e_{si(i=a,b,c)}$ 进行补偿，假设载波周期与同步电动机的电气时间常数相比非常小，将电压 $V_{si(i=a,b,c)}$ 的平均值等于参考电压 $V^*_{siL(i=a,b,c)}$，则图 10.10 所示的传递函数 H 简化为单位算子。

从图 10.11 中可以看出作用在 $i_{si(i=a,b,c)}$ 上的传递函数为

$$\frac{i_{si}(s)}{i^*_{si}(s)} = \frac{\dfrac{1}{s}\dfrac{K_{pisi}(s+K_{iisi}/K_{pisi})}{L_s(s+R_s/L_s)}}{1+\dfrac{1}{s}\dfrac{K_{pisi}(s+K_{iisi}/K_{pisi})}{L_s(s+R_s/L_s)}} \tag{10.71}$$

为了确定 PI 控制器的参数，主极点补偿方法被用于确定 PI 控制器的系数。该方法包括设置系数 K_{iisi}/K_{pisi} 与 R_s/L_s。这种情况下，作用在电流 $i_{si(i=a,b,c)}$ 上的控制环传递函数变为

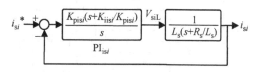

图 10.11　给出了简化的电流 $i_{si(i=a,b,c)}$ 控制环结构

$$\frac{i_{si}(s)}{i^*_{si}(s)} = \frac{1}{\dfrac{L_s}{K_{pisi}}s+1} = \frac{1}{T_{isi}s+1} \tag{10.72}$$

其中，T_{isi} 是所施加的闭环时间常数。

作用在电流 $i_{si(i=a,b,c)}$ 上的控制环传递函数因此变为一阶传递函数，其时间常数 T_{isi} 由式（10.73）给出

$$T_{isi} = \frac{L_s}{K_{pisi}} \tag{10.73}$$

式（10.73）表明为了提高电流控制的动态特性，系数 K_{pisi} 必须增加。闭环时间常数的选择决定了 PI 控制器的参数，如式（10.74）所示

$$K_{pisi} = \frac{L_s}{T_{isi}} \text{ 且 } K_{iisi} = K_{pisi}\frac{R_s}{L_s} = \frac{R_s}{T_{isi}} \tag{10.74}$$

这个所给出的控制策略具有结构简单的优点。但是，如果存在由于微控制器计算时间、电流滤波，或者 PWM 引入的任何延迟，并且这些延迟与闭环时间常数相比不足够小，那么这些延迟必须在矫正器设计中进行考虑，以避免任何不稳定的风险。

10.4.2　与定子轴对齐的固定三相坐标系下的 PI 控制器的结构

三个参考电流的指令值从式（10.63）中计算得到，相应地要利用检测得到的

位置 θ、电流 I_s 的幅值、所需的每相 EMF 和电流之间的相移 ψ。针对图 10.10，电流环的控制是通过比较参考电流 $i_{si}^*(t)_{(i=1,2,3)}$ 和检测电流 $i_{si}(t)_{(i=1,2,3)}$，并利用 PI 调节器对电流误差进行补偿，因此可以确定适当的参考电压 $V_{si}^*(t)_{(i=1,2,3)}$。最终这些参考值通过 PWM 逆变器作用到同步电动机的端子。

图 10.12 所示为最终与定子轴对齐的固定三相坐标系下的控制结构。图 10.13 所示为参考电流 i_{sq}^* 阶跃变化时电流 i_{sd} 和 i_{sq} 以及定子电流 i_{sa}、i_{sb} 和 i_{sc} 的响应变化曲线。

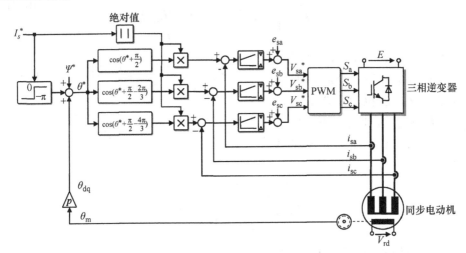

图 10.12　与定子轴对齐的固定三相坐标系下的电流 PI 控制

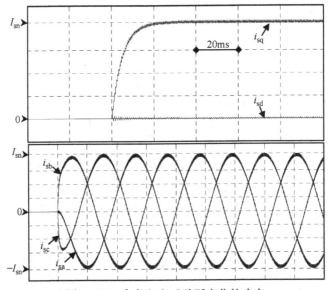

图 10.13　参考电流 i_{sq}^* 阶跃变化的响应

10.5 旋转坐标系 (d, q) 下的同步电动机 PI 电流控制

10.5.1 在 (d, q) 坐标系下的 PI 控制器整定

本节讨论 (d, q) 参考坐标系下同步电动机的 PI 电流控制，其中 d 轴与同步电动机的转子绕组轴对齐。

这里所讨论的控制策略可以用于带凸极或者不带凸极的同步电动机，因为同步电动机电感模型在 (d, q) 平面依赖于位置 θ 而与同步电动机种类无关。

如果假设激励电流 i_{rd} 是恒值（因此其导数为零），并对式（10.33）和式（10.34）作拉普拉斯变换，则电流 i_{sd} 和 i_{sq} 可以表示为

$$i_{sd} = \frac{1}{R_s + L_{sd}s}(V_{sd} + \overbrace{\omega_{dq}\varPhi_{sq}}^{e_{sd}}) \tag{10.75}$$

$$i_{sq} = \frac{1}{R_s + L_{sq}s}(V_{sq} - \overbrace{\omega_{dq}\varPhi_{sd}}^{e_{sq}}) \tag{10.76}$$

其中，e_{sd} 和 e_{sq} 项代表 d 和 q 轴的感应 EMF 项。

式（10.75）和式（10.76）可以用于推导出图 10.14a 和图 10.14b 所示的框图，分别表示与 d 和 q 轴对齐的同步电动机电气模型。

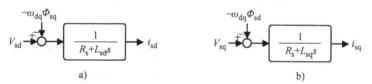

图 10.14　同步电动机电气模型

a) 沿 d 轴　b) 沿 q 轴

用于对 i_{sd} 和 i_{sq} 分量进行控制的 PI 控制器，由如下两个公式来描述：

$$PI_{id} = K_{pid} + \frac{K_{iid}}{s} \tag{10.77}$$

$$PI_{iq} = K_{piq} + \frac{K_{iiq}}{s} \tag{10.78}$$

图 10.15 所示为电流 i_{sd} 和 i_{sq} 的 PI 电流控制环的框图。在这个图中电压 V_{sdL}^* 和 V_{sqL}^* 为参考电压，由 d 和 q 轴的 PI 控制产生。正如同步电动机在定子固定三相坐标系下的 PI 电流控制情形，可以对感应电动势项进行补偿并且假设 PWM 周期与同步电动机的电气时间常数相比较小。如果这样做，电压的平均值 V_{sdL} 和 V_{sqL}

就等于参考电压 V_{sdL}^* 和 V_{sqL}^*。图 10.15 中的传递函数 H_{dq} 就变为单位算子。

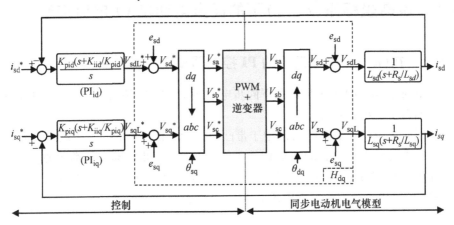

图 10.15 电流 i_{sd} 和 i_{sq} 的控制环

通过这些观察，图 10.16 所示为一个简化的关于电流 i_{sd} 和 i_{sq} 的电流控制环。电流 i_{sd} 和 i_{sq} 的电流控制环的传递函数，如图 10.16 所示，由如下公式得出：

$$\frac{i_{sd}(s)}{i_{sd}^*(s)} = \frac{\dfrac{1}{s} \dfrac{K_{pid}(s + K_{iid}/K_{pid})}{L_{sd}(s + R_s/L_{sd})}}{1 + \dfrac{1}{s} \dfrac{K_{pid}(s + K_{iid}/K_{pid})}{L_{sd}(s + R_s/L_{sd})}} \qquad (10.79)$$

$$\frac{i_{sq}(s)}{i_{sq}^*(s)} = \frac{\dfrac{1}{s} \dfrac{K_{piq}(s + K_{iiq}/K_{piq})}{L_{sq}(s + R_s/L_{sq})}}{1 + \dfrac{1}{s} \dfrac{K_{piq}(s + K_{iiq}/K_{piq})}{L_{sq}(s + R_s/L_{sq})}} \qquad (10.80)$$

图 10.16 简化的电流控制环

a) i_{sd} b) i_{sq}

为了建立 PI 控制器的参数，将利用主极点补偿方法来决定 PI 控制器的系数。该方法包括设置系数 K_{iid}/K_{pid} 与 R_s/L_{sd} 以及系数 K_{iiq}/K_{piq} 与 R_s/L_{sq}。这种情况下，作用在电流 i_{sd} 和 i_{sq} 上的电流控制环的传递函数变为

$$\frac{i_{sd}(s)}{i_{sd}^*(s)} = \frac{1}{\dfrac{L_{sd}}{K_{pid}}s + 1} = \frac{1}{T_{isd}s + 1} \qquad (10.81)$$

$$\frac{i_{sq}(s)}{i_{sq}^{*}(s)} = \frac{1}{\frac{L_{sq}}{K_{piq}}s + 1} = \frac{1}{T_{isq}s + 1} \tag{10.82}$$

其中，T_{isd} 和 T_{isq} 是作用在电流 i_{sd} 和 i_{sq} 上的时间常数。

作用在电流 i_{sd} 和 i_{sq} 上的电流控制环的传递函数因此变为一阶传递函数，其时间常数分别为 T_{isd} 和 T_{isq}，由式（10.83）和式（10.84）得到：

$$T_{isd} = \frac{L_{sd}}{K_{pid}} \tag{10.83}$$

$$T_{isq} = \frac{L_{sq}}{K_{piq}} \tag{10.84}$$

这两个公式表明为了提高电流 i_{sd} 和 i_{sq} 的控制动态性能，系数 K_{pid} 和 K_{piq} 必须增加，但是要小心避免饱和影响。选择完闭环时间常数后，d 和 q 轴的 PI 控制器的参数就可以确定了。它们是：

$$K_{pid} = \frac{L_{sd}}{T_{isd}} \text{ 且 } K_{iid} = K_{pid}\frac{R_s}{L_{sd}} = \frac{R_s}{T_{isd}} \tag{10.85}$$

$$K_{piq} = \frac{L_{sq}}{T_{isq}} \text{ 且 } K_{iiq} = K_{piq}\frac{R_s}{L_{sq}} = \frac{R_s}{T_{isq}} \tag{10.86}$$

10.5.2 在(d, q)参考坐标系下的 PI 控制器结构

图 10.15 可以用来确定在(d, q)参考坐标系下的 PI 控制器结构。这个控制结构如图 10.17 所示。

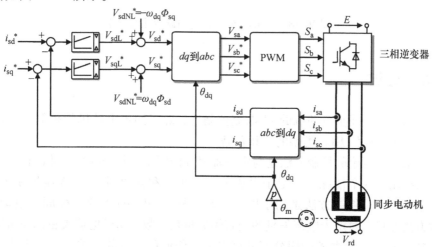

图 10.17 在(d, q)平面的同步电动机 PI 电流控制

在图 10.17 所示的结构中，检测得到的定子电流 i_{sa}、i_{sb} 和 i_{sc} 通过直接 Park 变换（abc-dq）以便得到同步转速下的旋转坐标系中定子电流矢量的 i_{sd} 和 i_{sq} 分量。定子电流矢量的每个分量分别由 PI 控制器调节。PI 控制器给出参考电压 V_{sdL}^* 和 V_{sqL}^*，其中加入了补偿项 V_{sdNL}^* 和 V_{sqNL}^*。因此得到了最终电压 V_{sd}^* 和 V_{sq}^*。逆 Park 变化（dq-abc）用于产生三相参考电压 V_{sa}^*、V_{sb}^* 和 V_{sc}^*。

这些参考电压（作为平均值）通过电压控制器经过 PWM 模块作用到同步电动机定子端。

图 10.18 所示为参考电流 i_{sd}^* 和 i_{sq}^* 阶跃变化时定子电流 i_{sa}、i_{sb} 和 i_{sc} 以及定子电流的 i_{sd} 和 i_{sq} 分量的响应曲线。这些响应曲线表明了电流 i_{sd} 和 i_{sq} 在一阶系统中的瞬态响应，该系统的动态特性由 PI 控制器参数决定。

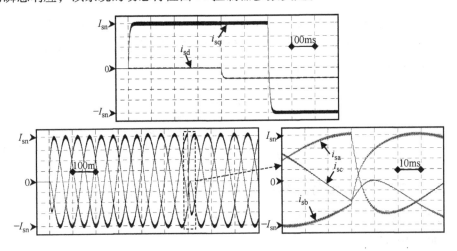

图 10.18　参考电流 i_{sd}^* 和 i_{sq}^* 阶跃变化的响应

10.6　总结

本章讨论了同步电动机的 PI 电流控制器，除了同步电动机的控制，这种控制还可以用于任何 RLE 类型的三相负载。

本章首先讨论的控制方法是与定子轴对齐的固定三相坐标系下非凸极同步电动机的控制。这个情况下，定子电流矢量的相位和幅值通过 PI 控制器来控制。所讨论的第二种控制方法是用于同步旋转坐标系（d, q）下的凸极同步电动机。这种方法在稳态时定子电流矢量的交直轴分量是常数。定子电流矢量的模可以精确控制，因为 PI 控制器的积分部分可以消除任何稳态时的误差。定子电流矢量的相位通过坐标变换，例如 Park 变换和反 Park 变换可以精确控制。

这样，第二种控制方法的应用最广泛[BUL 77, BUL 86]，特别是在需要高动静态特性的应用场合。

10.7 参考文献

[BÜH 86] BÜHLER H., *Réglage par mode de glissement*, Presses Polytechniques Romandes, Lausanne, 1986.

[BÜH 77] BÜHLER H., "Einführung in die Theorie geregelter Drehstromantriebe", *Bd.1: Grundlagen, Bd.2: Anwendugen*, Birkhäuser Verlag, Basel-Stuttgard, 1977.

[LOU 97] LOUIS J.P., BERGMANN C., *Commande numérique, régimes intermédiaires et transitoires*, Techniques de l'ingénieur, traité Génie Electrique, D3 643, 1997.

[LOU 04] LOUIS J.P., *Modélisation des machines électriques en vue de leur commande*, Hermes, Paris, 2004.

[MON 97] MONMASSON E., FAUCHER J., "Projet pédagogique autour de la MLI vectorielle destinée au pilotage d'un onduleur triphasé", *Revue 3EI*, n°8, p. 23–36, 1997.

第 11 章 同步电动机的预测电流控制

11.1 引言

预测控制是一个非常广的概念，涵盖了一系列不同的控制策略。对于这些不同控制策略的讨论见参考文献［KEN 00］。尽管预测控制算法的内容与其他控制方法相比复杂得多，但它是一种非常有效的技术，可以用于满足电流控制相关的一系列约束条件。

如参考文献［KAZ 02］所描述的用于三相电动机预测电流控制策略的典型结构如图 11.1 所示。这个策略包含求解一个描述对电动机施加电压矢量后其响应的数学方程。这个电动机的数学模型可以用于估计给定时刻的实际状态。然后预测和优化模型用于预测定子电流矢量的演化，并通过一些优化处理方法来选择最佳电压矢量输出。

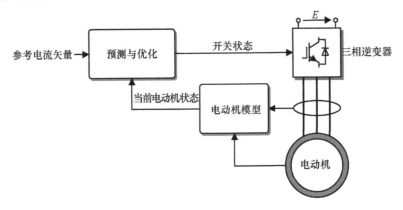

图 11.1 预测电流控制策略的典型结构

预测控制策略可以分为两类：

1）最小开关频率预测控制策略；

2）限制开关频率预测控制策略。

本章首先分别讨论这两个策略。然后给出两个同步电动机预测电流控制的例子。

11. 2　最小开关频率预测控制策略

这些策略都是在利用滞后校正器的基础上进行的。这些校正器为电流矢量误差增加了一个边界限制。例如，图 11.2 所示为以参考电流矢量 $\vec{i}_s^*$ 顶端为圆心的圆形电流矢量误差限制边界。

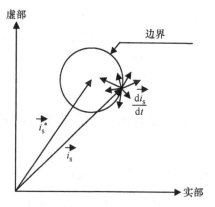

当实际电流矢量 $\vec{i}_s$ 穿过这个由滞后校正器给出的限制边界时，会有 7 个新的可能的轨迹，每个可能的轨迹对应两电平逆变器所能发出的 7 个电压矢量之一（6 个有效矢量和一个零矢量）。这 7 个可能的电流轨迹被预测，并且将优化过程用于选择电压矢量，使得开关频率最小。被选中的电压矢量使电流矢量的误差在达到下一个由滞后校正器给出的限制边界时所用时间

图 11. 2　最小开关频率预测控制（限制边界：圆）

最长。注意在这种情况下，电流矢量误差形式并不取决于所选的坐标系。因此这个预测控制技术既可以用于固定坐标系又可以用于旋转坐标系。

11. 3　限制开关频率的预测控制策略

在限制开关频率的预测控制策略情况下，在每个采样周期确定开关状态。在本章开头提到过，预测控制策略是基于描述电动机数学方程实现的。假设这些方程相关的三相交流电动机的定子电流矢量 $\vec{i}_s$ 和感应电动势矢量 $\vec{e}_s$ 的采样周期为 T_e。有了这些假设，第 $(k+1)$ 个采样周期的定子电流矢量可以利用电流、电压和 EMF 矢量方程从第 k 个采样周期预测出来，见式（11.1）。

$$\vec{i}_s[k+1] = f(\vec{i}_s[k],\ \vec{V}_s[k],\ \vec{e}_s[k]) \tag{11.1}$$

在式（11.1）中，假设在任一采样周期 T_e 中矢量 $\vec{V}_s[k]$ 和 $\vec{e}_s[k]$ 保持恒定。这一假设需要采样周期与系统的时间常数相比足够小。

通常，随着采样周期的缩短，式（11.1）变得更加精确。

根据第 k 个采样周期所施加的电压矢量，有 7 个可能的不同轨迹可以用于式（11.1）。一个优化的过程可以用来在电压型逆变器所能产生的电压矢量中选择一个电压矢量，然后这个矢量在第 k 个采样周期被使用。

注意在这个情况下，开关频率是变化的，但是被限制在控制算法采样频率的一半。

更进一步,通过确定一个优化的电压矢量使得电流矢量的瞬时值接近参考电流矢量,可以开发出采用固定开关频率的预测控制策略。

为此在式(11.1)中,对于第 k 个采样周期用电流矢量 $\vec{i}_s[k+1]$ 代替参考电流矢量 $\vec{i}_s^*[k]$,对电压矢量进行优化,使得电流矢量的误差得到校正,见式(11.2)

$$\vec{V}_s^{\text{opt}}[k+1] = f(\vec{i}_s[k],\ \vec{i}_s^*[k],\ \vec{e}_s[k]) \tag{11.2}$$

那么由式(11.2)所计算出的电压矢量可以作为 PWM 策略的平均值输出。这样电压型逆变器的功率开关就工作在固定的开关频率。

11.4 同步电动机的限制开关频率预测电流控制策略

11.4.1 同步电动机带有可变、受限开关频率的预测电流控制策略

如果利用第 10 章的式(10.33)~式(10.36)并且假设电流 i_{rd} 为恒值,则通过电流 i_{sd} 和 i_{sq} 对时间求导可以得到如下矩阵表示:

$$\begin{bmatrix} \dfrac{\mathrm{d}i_{\text{sd}}}{\mathrm{d}t} \\[2mm] \dfrac{\mathrm{d}i_{\text{sq}}}{\mathrm{d}t} \end{bmatrix} = \begin{bmatrix} -\dfrac{1}{T_{\text{sd}}} & \dfrac{L_{\text{sd}}}{L_{\text{sq}}}\omega_{\text{dq}}(t) \\[3mm] -\dfrac{L_{\text{sd}}}{L_{\text{sq}}}\omega_{\text{dq}}(t) & -\dfrac{1}{T_{\text{sq}}} \end{bmatrix} \begin{bmatrix} i_{\text{sd}} \\[2mm] i_{\text{sq}} \end{bmatrix} + \begin{bmatrix} \dfrac{1}{L_{\text{sd}}} & 0 & 0 \\[3mm] 0 & \dfrac{1}{L_{\text{sq}}} & -\dfrac{M_{\text{sr}}}{L_{\text{sq}}}\omega_{\text{dq}}(t) \end{bmatrix} \begin{bmatrix} V_{\text{sd}} \\ V_{\text{sq}} \\ i_{\text{rd}} \end{bmatrix} \tag{11.3}$$

其中,$T_{\text{sd}} = L_{\text{sd}}/R_s$ 和 $T_{\text{sq}} = L_{\text{sq}}/R_s$ 分别是 d 和 q 轴的时间常数。

为了开发预测控制算法,通过假设所使用的采样周期远小于电气时间常数 T_{sd} 和 T_{sq} 来简化这个矩阵公式。其结果是在整个第 k 个采样周期 T_e,同步电动机转子的旋转速度和角度位置可以假设为一个恒值。利用这些假设可以建立矩阵式(11.3)的一阶离散化表示

$$\begin{cases} i_{\text{sd}}[k+1] = \dfrac{T_e}{L_{\text{sd}}}(V_{\text{sd}}[k] - e_{\text{sd}}[k]) + \left(1 - \dfrac{T_e}{T_{\text{sd}}}\right) i_{\text{sd}}[k] \\[4mm] i_{\text{sq}}[k+1] = \dfrac{T_e}{L_{\text{sq}}}(V_{\text{sq}}[k] - e_{\text{sq}}[k]) + \left(1 - \dfrac{T_e}{T_{\text{sq}}}\right) i_{\text{sq}}[k] \end{cases} \tag{11.4}$$

其中

$$\begin{cases} e_{\text{sd}}[k] = -L_{\text{sq}}\omega_{\text{dq}}[k]i_{\text{sq}}[k] \\[2mm] e_{\text{sq}}[k] = L_{\text{sd}}\omega_{\text{dq}}[k]i_{\text{sd}}[k] + M_{\text{sr}}\omega_{\text{dq}}[k]i_{\text{rd}}[k] \end{cases}$$

这里,$i_{\text{sd}}[k+1]$ 和 $i_{\text{sq}}[k+1]$ 是预测的定子电流矢量第 $(k+1)$ 个采样周期的

交直轴分量。e_{sd}和e_{sq}项是沿d和q轴的感应 EMF。为了预测i_{sd}和i_{sq}分量在第(k+1)个采样周期的演化，必须确定电压型逆变器定子电压矢量在同步旋转坐标系(d,q)下每个开关周期的指令信号。为此可以通过表 11.1 所给出的在固定坐标系（α,β）下可能的指令信号组合来确定各种电压矢量($\vec{V}_j = [\begin{array}{cc} V_{s\alpha}^j & V_{s\beta}^j \end{array}]^T)_{(j=0\cdots7)}$（对于给定的直流母线电压 E）。然后由式(11.5)给出的旋转矩阵可以被用来代替如下所示以确定各种电压矢量：

$$(\vec{V}_{sdq}^j = [\begin{array}{cc} V_{sd}^j & V_{sq}^j \end{array}]^T)_{(j=0\cdots7)}$$

该式是在同步旋转坐标系(d,q)下的。对于指令信号的 8 种可能开关状态，6 种产生非零电压矢量($\vec{V}_{sdq}^j)_{(j=0\cdots6)}$，另外两种产生零电压矢量($\vec{V}_{sdq}^0$，$\vec{V}_{sdq}^7$)。

表 11.1　电压矢量作为开关状态的函数

S_a	S_b	S_c	$V_{s\alpha}^j$	$V_{s\beta}^j$	$\vec{V}_s$	$\vec{V}_{sdq}^j$
0	0	0	0	0	$\vec{V}_0$	V_{sdq}^0
1	0	0	$2E/3$	0	$\vec{V}_1$	V_{sdq}^1
1	1	0	$E/3$	$E/\sqrt{3}$	$\vec{V}_2$	V_{sdq}^2
0	1	0	$-E/3$	$E/\sqrt{3}$	$\vec{V}_3$	V_{sdq}^3
0	1	1	$-2E/3$	0	$\vec{V}_4$	V_{sdq}^4
0	0	1	$-E/3$	$-E/\sqrt{3}$	$\vec{V}_5$	V_{sdq}^5
1	0	1	$E/3$	$-E/\sqrt{3}$	$\vec{V}_6$	V_{sdq}^6
1	1	1	0	0	$\vec{V}_7$	V_{sdq}^7

$$\begin{bmatrix} V_{sd}^j \\ V_{sq}^j \end{bmatrix} = \begin{bmatrix} \cos(\theta_{dq}) & \sin(\theta_{dq}) \\ -\sin(\theta_{dq}) & \cos(\theta_{dq}) \end{bmatrix} \begin{bmatrix} V_{s\alpha}^j \\ V_{s\beta}^j \end{bmatrix} \tag{11.5}$$

对于开关状态 S_a、S_b 和 S_c 可能的 8 种组合，对于这些各种可能的电压矢量($\vec{V}_{sdq}^j)_{(j=0\cdots7)}$，式(11.4)可以写成

$$\begin{cases} (i_{sd}^j[k+1] = \dfrac{T_e}{L_{sd}}(V_{sd}^j[k] - e_{sd}[k]) + \left(1 - \dfrac{T_e}{T_{sd}}\right)i_{sd}[k])_{(j=0\cdots7)} \\[4mm] (i_{sq}^j[k+1] = \dfrac{T_e}{L_{sq}}(V_{sq}^j[k] - e_{sq}[k]) + \left(1 - \dfrac{T_e}{T_{sq}}\right)i_{sq}[k])_{(j=0\cdots7)} \end{cases} \tag{11.6}$$

其中

$$(i_{sd}^j[k+1])_{(j=0\cdots7)}$$

以及

220

$$(i_{sq}^j[k+1])_{(j=0\cdots7)}$$

是当电压矢量$(\vec{V}_{sdq}^j)_{(j=0\cdots7)}$作用在第$k$个采样周期时,对第$(k+1)$个采样周期开始时预测的定子电流的交直轴分量。式(11.6)说明在下一个采样周期开始时,定子电流的交直轴分量可以通过在电流采样周期开始时施加的电压矢量来预测。对于施加的电压矢量$(\vec{V}_{sdq}^j)_{(j=0\cdots7)}$所产生的电流轨迹可以由式(11.7)来定义

$$(\vec{t}_j[k]=\vec{i}_{sdq}^j[k+1]-\vec{i}_{sdq}[k])_{(j=0\cdots7)} \tag{11.7}$$

其中

$$(\vec{i}_{sdq}^j[k+1])_{(j=0\cdots7)}$$

是当电压矢量$(\vec{V}_{sdq}^j)_{(j=0\cdots7)}$作用在第$k$个采样周期时,对第$(k+1)$个采样周期开始时预测的定子电流矢量。另外也可以预测电流误差矢量,如图11.3a所示

$$(\vec{\Delta}i_{sdq}^j[k+1])_{(j=0\cdots7)}$$

该误差矢量是在同步旋转坐标系(d,q)下表示的。因为这个矢量等于在第k个采样周期时参考定子电流矢量$\vec{i}_{sdq}^*[k]=[i_{sd}^*[k]\quad i_{sq}^*[k]]^T$和在第$k+1$个采样周期开始时预测的定子电流矢量$(\vec{i}_{sdq}^j[k+1]=[i_{sd}^j[k+1]\quad i_{sq}^j[k+1]]^T)_{(j=0\cdots7)}$的差。

利用定子电压矢量的结果$(\vec{V}_{sdq}^j)_{(j=0\cdots7)}$有

$$(\vec{\Delta}i_{sdq}^j[k+1]=\vec{i}_{sdq}^*[k]-\vec{i}_{sdq}^j[k+1])_{(j=0\cdots7)} \tag{11.8}$$

每个电流误差矢量$(\vec{\Delta}i_{sdq}^j[k+1])_{(j=0\cdots7)}$的分量$(\Delta i_{sd}^j[k+1])_{(j=0\cdots7)}$和$(\Delta i_{sq}^j[k+1])_{(j=0\cdots7)}$可以表示为

$$(\Delta i_{sd}^j[k+1]=i_{sd}^*[k]-i_{sd}^j[k+1])_{(j=0\cdots7)} \tag{11.9}$$

$$(\Delta i_{sq}^j[k+1]=i_{sq}^*[k]-i_{sq}^j[k+1])_{(j=0\cdots7)} \tag{11.10}$$

式(11.6)、式(11.9)和式(11.10)可以用于确定电流误差矢量的模

$$(|\vec{\Delta}i_{sdq}^j[k+1]|^2=(\Delta i_{sd}^j[k+1])^2+(\Delta i_{sq}^j[k+1])^2)_{(j=0\cdots7)} \tag{11.11}$$

图11.4所示为预测控制策略的原理,带有可变和受限的开关频率。同步电动机的电角速度ω_{dq}可以通过角度位置θ_{dq}差分得到。电流i_{sd}和i_{sq}与感应EMF的e_{sd}和e_{sq}项,可以利用检测得到定子电流i_{sa}和i_{sb}值、检测得到的位置θ_{dq}以及估计的转速ω_{dq}进行计算得到。预测模块利用式(11.6)、式(11.9)和式(11.10)预测各个电流误差矢量$(\vec{\Delta}i_{sdq}^j[k+1])_{(j=0\cdots7)}$的分量。然后通过一个优化过程选择将要施加的电压矢量。

这个过程可以用来选择开关状态的组合,使得电流误差矢量幅值的二次方值最小。

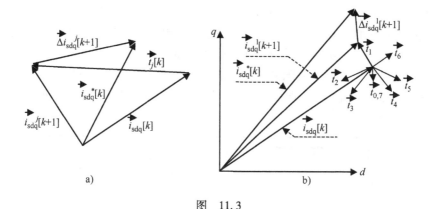

图　11.3

a）电流误差矢量（$\vec{\Delta i}_{\mathrm{sdq}}^{j}[k+1]$）$_{(j=0\cdots7)}$ 预测　b）各种预测选项的例子

$$\operatorname*{Min}_{(j=0\cdots7)}(\,|\,\vec{\Delta i}_{\mathrm{sdq}}^{j}\,|^{2})$$

例如，图 11.3b 中开关状态（$S_{a}S_{b}S_{c}$）设定为（100），因为矢量 V_{sdq}^{1} 可以得到最小的电流误差矢量模的平方值。需要注意的是如果施加零电压矢量可以得到最小的误差结果，则开关状态组合的选择是基于在前一个采样周期中开关的换相状态，其目的是降低开关频率。这种情况下，如果前一采样周期的换相状态属于集合{（000），（001），（010），（100）}，那么所选的零电压矢量为开关状态（000）。如果前一采样周期换相状态属于集合{（011），（101），（110），（111）}，那么所选的零电压矢量为开关状态（111）。

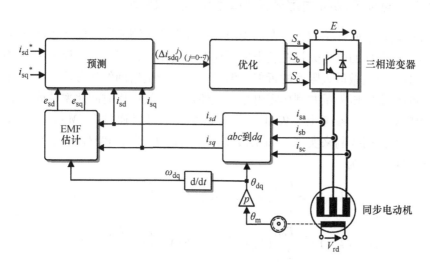

图 11.4　可变、受限开关频率的预测控制的原理

图 11.5 所示为参考电流 i_{sq}^* 阶跃变化之后，定子相电流和定子电流矢量交直轴分量的变化过程。这些曲线给出了可变、受限开关频率的预测控制。i_{sq}^* 的阶跃实现了从 $+I_{sn}$ 到 $-I_{sn}$ 的瞬态变化，其中，I_{sn} 是同步电动机一相定子电流的额定值。这些结果表明可变、受限开关频率的预测控制显示出非常好的动态，类似于开/关控制。还需要注意的是定子电流的 i_{s1}、i_{s2} 和 i_{s3} 的瞬态控制是光滑的，并且没有任何电流尖峰。

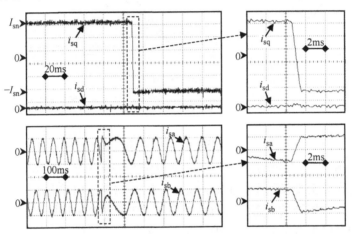

图 11.5　可变、受限开关频率的预测控制的参考电流
i_{sq}^*（从 $+I_{sn}$ 到 $-I_{sn}$）的脉冲响应

11.4.2　同步电动机固定开关频率预测电流控制

如前面章节所介绍的，可变、受限开关频率的预测控制不能产生准确参考电流。假定所选择的电压矢量在整个采样周期都起作用，则该方法保证了检测的电流矢量对参考值做最大限度的近似，但是它不能产生精确的参考值。然而通过应用相邻的两个电压矢量并利用零电压矢量使每个矢量作用时间比率精确确定，就有可能精确地产生参考电流矢量[LIN 07]。这个效果可以通过 PWM 技术利用固定换相频率的预测控制来实现。如果假设采样周期 T_e 等于 PWM 周期 T_{PWM}，则式 (11.4) 可以改写为

$$\begin{cases} i_{sd}[k+1] = \dfrac{T_{MLI}}{L_{sd}}(V_{sd}[k] - e_{sd}[k]) + \left(1 - \dfrac{T_{MLI}}{T_{sd}}\right)i_{sd}[k] \\ i_{sq}[k+1] = \dfrac{T_{MLI}}{L_{sq}}(V_{sq}[k] - e_{sq}[k]) + \left(1 - \dfrac{T_{MLI}}{T_{sq}}\right)i_{sq}[k] \end{cases} \quad (11.12)$$

其中

$$\begin{cases} e_{\mathrm{sd}}[k] = -L_{\mathrm{sq}}\omega_{\mathrm{dq}}[k]i_{\mathrm{sq}}[k] \\ e_{\mathrm{sq}}[k] = L_{\mathrm{sd}}\omega_{\mathrm{dq}}[k]i_{\mathrm{sd}}[k] + M_{\mathrm{sr}}\omega_{\mathrm{dq}}[k]i_{\mathrm{rd}}[k] \end{cases}$$

注意：当使用 PWM 时，可以使用任意 $T_{\mathrm{PWM}}/2$ 的倍数作为采样周期[NAO 07]。

固定开关频率的预测控制的目的是令预测的交直轴分量 $i_{\mathrm{sd}}[k+1]$ 和 $i_{\mathrm{sq}}[k+1]$ 等于参考电流 $i_{\mathrm{sd}}^{*}[k]$ 和 $i_{\mathrm{sq}}^{*}[k]$，如下所示

$$i_{\mathrm{sd}}[k+1] = i_{\mathrm{sd}}^{*}[k] \tag{11.13}$$

$$i_{\mathrm{sq}}[k+1] = i_{\mathrm{sq}}^{*}[k] \tag{11.14}$$

通过对式(11.12)进行反演以满足式(11.13)和式(11.14)，可以得到如下方程：

$$\begin{cases} \left(V_{\mathrm{sd}}^{\mathrm{opt}}[k] = \dfrac{L_{\mathrm{sd}}}{T_{\mathrm{MLI}}} \left(i_{\mathrm{sd}}^{*}[k] - \left(1 - \dfrac{T_{\mathrm{MLI}}}{T_{\mathrm{sd}}} \right) i_{\mathrm{sd}}[k] \right) + e_{\mathrm{sd}}[k] \right) \\ \left(V_{\mathrm{sq}}^{\mathrm{opt}}[k] = \dfrac{L_{\mathrm{sq}}}{T_{\mathrm{MLI}}} \left(i_{\mathrm{sq}}^{*}[k] - \left(1 - \dfrac{T_{\mathrm{MLI}}}{T_{\mathrm{sq}}} \right) i_{\mathrm{sq}}[k] \right) + e_{\mathrm{sq}}[k] \right) \end{cases} \tag{11.15}$$

其中，$V_{\mathrm{sd}}^{\mathrm{opt}}$ 和 $V_{\mathrm{sq}}^{\mathrm{opt}}$ 是为了使定子电流矢量达到参考值，由电压型逆变器输出的经过优化的电压矢量的交直轴分量，该电压矢量是作为平均值输出的。

这样，对于第 k 个开关周期，由式(11.15)所给出交直轴分量的电压矢量在整个 PWM 周期 T_{MLI} 中作用。因此同步电动机的定子电流矢量将在第 k 个开关周期结束时达到其参考值。然而，电压型逆变器是一个离散控制的设备，并且参考电压只能以平均值的形式施加。图 11.6a 所示为在一个 PWM 周期中施加相邻的电压矢量和零电压矢量的例子。图 11.6b 所示为同步电动机定子电流矢量达到其参考值时的演化过程。

图 11.7 所示为固定频率预测控制策略的原理。同步电动机的电角速度 ω_{dq} 通过角度位置 θ_{dq} 微分得到。电流 i_{sd} 和 i_{sq} 与感应 EMF 的 e_{sd} 和 e_{sq} 项可以利用检测得到的定子电流 i_{sa} 和 i_{sb} 值、检测得到的位置 θ_{dq} 以及估计的转速 ω_{dq} 进行计算得到。优化的电压矢量的交直轴分量由感应 EMF 的 e_{sd} 和 e_{sq} 项、电流 i_{sd} 和 i_{sq} 以及参考电流 i_{sd}^{*} 和 i_{sq}^{*} 构成。反 Park 变换(dq 到 abc)利用优化参考电压矢量产生出三相参考值 $V_{\mathrm{sa}}^{\mathrm{opt}}$、$V_{\mathrm{sb}}^{\mathrm{opt}}$ 和 $V_{\mathrm{sc}}^{\mathrm{opt}}$。然后利用 PWM 按照平均值的方式将这些电压施加到同步电动机的每相定子绕组。

图 11.8 所示为定子相电流和定子电流矢量的交直轴分量在固定换相频率的预测控制中参考电流 i_{sq}^{*} 进行阶跃变化时的变化过程。i_{sq}^{*} 的阶跃变化是从 $+I_{\mathrm{sn}}$ 到 $-I_{\mathrm{sn}}$。这些结果表明固定开关频率的预测控制具有比较好的动态特性，从 $+I_{\mathrm{sn}}$ 到 $-I_{\mathrm{sn}}$ 的瞬态过程仅需要 2ms。还需要注意的是在稳态控制时，固定开关频率的预测控制能够得到高质量的电流控制。

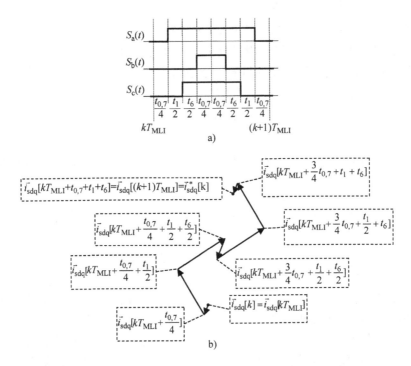

图　11.6

a) PWM 控制换相状态序列例子　　b) 在 (d, q) 平面内的定子电流矢量的相应演化过程

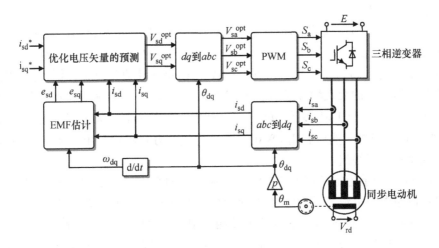

图 11.7　固定频率预测控制原理

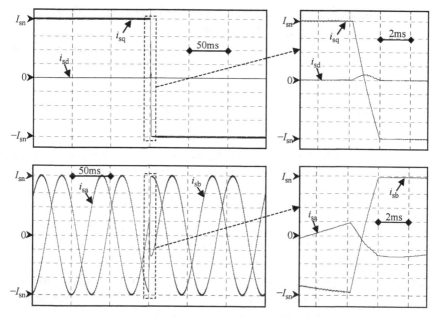

图 11.8 固定开关频率预测控制的参考电流
i_{sq}^*(从 $+I_{sn}$ 到 $-I_{sn}$)的脉冲响应

11.5 总结

本章介绍了同步电动机定子电流矢量的 i_{sd} 和 i_{sq} 分量预测控制的理论基础。对于每种预测控制策略,预测过程可以选择出最适合的电压矢量施加到同步电动机上。

在同步电动机带有可变、受限开关频率预测控制的情况下,在每个采样周期内施加的电压矢量通过预测和优化过程来确定。预测过程首先预测出电压型逆变器,不同电压矢量所产生的电流轨迹。这个预测过程基于同步电动机在同步旋转坐标系(d, q)下的数学模型,其中,d 轴与同步电动机转子绕组磁场轴线平行。

然后通过优化过程选择电压矢量使得参考定子电流矢量和同步电动机定子相电压矢量之间的误差最小。这个情况下,开关状态在整个采样周期均保持不变。其结果是开关频率是变化的,但是限制在其控制算法的采样周期的一半。

固定开关频率的预测控制也是在同步旋转坐标系(d, q)下的预测过程。这个预测过程可以确定一个优化的电压矢量,该电压矢量使得同步电动机定子相电流矢量与参考值一致。然后该优化的电压矢量作为平均值通过 PWM 调制施加在同步电动机定子端。这种情况下开关频率是恒定的,并且等于 PWM 频率。与可变开关频率的预测控制相比，固定开关频率的预测控制在稳态控制时有更高的电流调节品质，其高频谐波成分是可以确定的。

本章所讨论的同步电动机预测控制概念可以简单地拓展到任意一种三相RLE 负载中。

11.6　参考文献

[KEN 00] KENNEL R., LINDER A., "Predictive control of inverter supplied electrical drives" *Proc. IEEE PESC*, vol. 2, p. 761–766, 2000.

[KAZ 02] KAZMIERKOWSKI M.P., KRISHNAN R., BLAABJERG F., *Control in Power Electronics: Selected Problems*, Academic Press, New York, 2002.

[LIN 07] LIN-SHI X., MOREL F., LLOR A.M., ALLARD B., RÉTIF J.M. "Implementation of hybrid control for motor drives", *IEEE Trans. Ind. Electron.*, vol. 54, n°4, p. 1946–1952, 2007.

[NAO 07] NAOUAR M.W., MONMASSON E., NAASSANI A.A., SLAMA-BELKHODJA I., PATIN N., "FPGA-based current controllers for AC machine drives - a review", *IEEE Trans. Ind. Electron.*, vol. 54, n°4, p. 1907–1925, 2007.

第12章 同步电动机的滑模电流控制

12.1 引言

本章介绍直流电动机和同步电动机利用滑模控制理论进行电流控制。这个理论通常与变结构系统相联系。Soviet Union 最早对该系统的原理进行了研究[FIL 60,UTK 77,UTK 78]，随后有很多团队也对此进行了研究，并引导了该理论在多个可能的应用中进一步发展，特别是在电气系统控制领域[BUH 86,BUH 97]。

滑模控制是变结构系统的一个特殊工作模式。这类控制在很长一段时间都受到滑动效应引起的振荡以及功率开关换相频率的限制。然而，利用该技术的优点，特别是考虑到电力电子器件性能的提高，这种控制在电动机控制应用方面变得越来越有效。

本章将开始通过直流电动机滑模电流控制的例子介绍滑模控制的理论基础。

将此应用进行扩展，将考虑同步电动机定子电流 d、q 轴分量的滑模控制。对于这类电流控制，将分析两个逆变器控制策略，即利用一个适合的开关表直接控制，以及利用 PWM 进行直接控制。

12.2 直流电动机的滑模控制

一个直流电动机由两部分组成，即励磁系统产生一个围绕电枢的磁通 Φ_f，以及电枢本身，其控制电压可以用功率变换器控制。

式(12.1)描述了直流电动机电枢端部电压 V_a 与流过电枢电流 i_a 之间的关系

$$V_a = R_a i_a + L_a \frac{\mathrm{d}i_a}{\mathrm{d}t} + k\Phi_f\Omega \tag{12.1}$$

其中，R_a 和 L_a 分别是电枢的电阻和电感；$k\Phi_f\Omega$ 项是感应反电动势，与转速 Ω 和磁链 Φ_f 成正比，其中 k 是与电动机结构相关的常数。

滑模控制变结构系统的基本原理如图 12.1 所示。它显示了四象限斩波器驱动的直流电动机电枢电流的滑模控制。

有不同的结构可以用于直流电动机的滑模电流控制。

在变结构系统中使用滑模控制，三个基本的控制结构可以用来合成不同的指令。考虑如下系统进行控制：

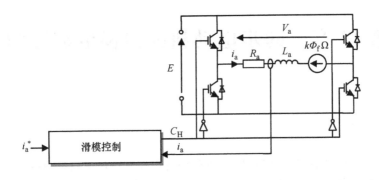

图 12.1　四象限斩波器驱动直流电动机电枢，使用滑模控制

$$\frac{\mathrm{d}x}{\mathrm{d}t} = f(x) + B(x)u \tag{12.2}$$

其中，u 为系统的 m 维输入矢量；x 为系统的 n 维状态矢量；f 为描述系统随时间变化的函数；而 B 为 $n \times m$ 矩阵。

为了建立一个滑模控制结构，首先要定义一个 m 维函数 $S(x)$，即所谓的开关函数

$$S(x) = [S_1(x) \cdots S_m(x)]^{\mathrm{T}} \tag{12.3}$$

其中，$S_i(x)$ 是 $S(x)$ 的第 i 个开关函数。

有多个不同定义开关函数 $S(x)$ 的方法。这个函数为零的点的集合，换句话所有开关函数 $S_i(x)_{(i=1\cdots m)}$ 为零，称为开关面或者滑模面。则滑模指令可以利用已定义好的开关函数 $S(x)$ 来获得。

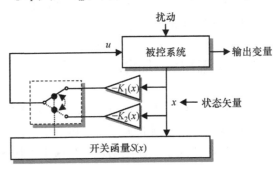

图 12.2　利用反馈状态变化的调节结构

本章各种例子将说明这些开关函数如何被定义，以及滑模控制指令如何产生。

图 12.2 所示为第一种控制结构。根据 $S(x)$ 的符号，控制量 u 由 $u = -K_1(x)$ [当 $S(x) > 0$ 时]，$u = -K_2(x)$（当 $S(x) < 0$ 时）给出。

图 12.3 所示为第二种控制结构，使系统结构通过简单的功率开关换相而改变，例如固态变换器。这个控制结构以"开—关"模式工作，仅利用开关函数 $S(x)$ 的符号信息来决定变换器开关的开通和关断。这种控制类型被称为变换器的直接控制。

这种情况下，开关逻辑由式（12.4）给出

$$u = \begin{cases} u^+ & , \ \text{若} \ S(x) > 0 \\ u^- & , \ \text{若} \ S(x) < 0 \end{cases} \tag{12.4}$$

第三种控制结构如图 12.4 所示。在这种结构中，引入了一个等效控制矢量 u_{eq}。该矢量是用于稳态的输入矢量 u。等效控制矢量伴随吸引控制矢量 u_{att}，其作用是在瞬态中控制系统，使控制的量趋向它们的参考值。

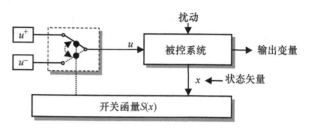

图 12.3　基于开关的控制结构

这类控制称为变换器的间接控制。这种情况下，总的控制矢量 u 等于 u_{eq} 和 u_{att} 的和。该控制通过一个 PWM 调制级应用到系统中。

接下来将介绍图 12.1 所示系统的滑模控制指令合成。

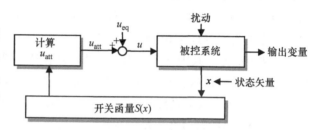

图 12.4　利用等效控制矢量的控制结构

为此仅考虑图 12.3 和图 12.4 所示的控制结构，因为它们是最常用的结构。

12.2.1　直流电动机的直接滑模电流控制

对于图 12.1 所示的系统，将考虑的第一个滑模控制方法是基于变换器的直接控制。这与图 12.3 所示的基于开关的控制结构一致。这种情况下，施加在直流电动机电枢端的电压 V_a 根据参考电流 i_a^* 与检测电流 i_a 之间误差的符号设定为 $-E$ 或 $+E$。这个控制结构可以由式（12.5）描述

$$\frac{\mathrm{d}i_a}{\mathrm{d}t} = \frac{1}{L_a}(-R_a i_a + V_a - k\Phi_f\Omega) = -\frac{R_a}{L_a}i_a - \frac{1}{L_a}(k\Phi_f\Omega) + \frac{1}{L_a}V_a \tag{12.5}$$

其中

$$\begin{aligned} V_a &= +E & , \ \text{若} \ S(i_a) > 0 \\ V_a &= -E & , \ \text{若} \ S(i_a) < 0 \end{aligned} \tag{12.6}$$

并且

$$S(i_a) = i_a^* - i_a \tag{12.7}$$

在图 12.5 中，"sgn"代表符号函数。

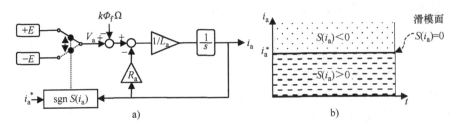

图 12.5

a) 直流电动机电枢直接滑模电流控制框图　b) 通过开关函数 $S(i_a)$ 定义的范围

图 12.5a 所示为直流电动机电枢直接滑模电流控制框图。它是在式(12.5)、式(12.6)和式(12.7)基础上实现的。这种情况下,电流 i_a 代表状态矢量,并且由式(12.7)给出的函数 $S(i_a)$ 代表所选的开关函数。在本例中,开关函数 $S(i_a)$ 等于参考电流 i_a^* 与检测电流 i_a 之间的差。它表示一条直线($i_a = i_a^*$)将平面(i_a, t)分为两个部分,其中 $S(i_a)$ 如图 12.5b 所示取不同的符号。这条直线代表点的集合称为滑模面,尽管直线($i_a = i_a^*$)严格意义上并不代表一个表面。

电压 V_a 代表这个系统的输入矢量。如图 12.5a 所示,输入电压矢量 V_a 按照开关函数 $S(i_a)$ 的符号在 $-E$ 和 $+E$ 之间切换。这样图 12.5a 所示系统可以由如下解析式来描述:

$$\frac{di_a}{dt} = -\frac{R_a}{L_a}i_a - \frac{1}{L_a}(k\Phi_f\Omega) + \frac{1}{L_a}E, \ 若 \ S(i_a) > 0 \quad (12.8)$$

$$\frac{di_a}{dt} = -\frac{R_a}{L_a}i_a - \frac{1}{L_a}(k\Phi_f\Omega) - \frac{1}{L_a}E, \ 若 \ S(i_a) < 0 \quad (12.9)$$

对于给定的参考电流值 i_a^*,图 12.5a 所描述系统中的电流轨迹 i_a 如图 12.6a 所示。该轨迹从初始值为零开始,代表了一个特殊且唯一的到达滑模状态的轨迹。这个运动过程通常由两个阶段组成:

(1)第一阶段代表吸引模态,也称为非滑模状态。在该阶段,轨迹从任意初始点开始(本例中其值为零)并向滑模面运动,在有限的时间内到达滑模面(在本例中,这个时间等于 t_0)。

(2)在这点系统进入了第二个模态,即滑模状态。该阶段电流轨迹保持在滑模面上。

然而需要注意的是该控制结构的模拟控制会导致无限的功率开关的开关频率,这在实际中是不可能做到的。因此,图 12.6a 所示的完美的轨迹在实际中由于斩波器的离散控制是不可能的。这种情况下,当达到滑模面时(在稳态控制时)函数 $S(i_a)$ 不会变为零,并且电流 i_a 在参考值附近振荡,如图 12.6b 所示。

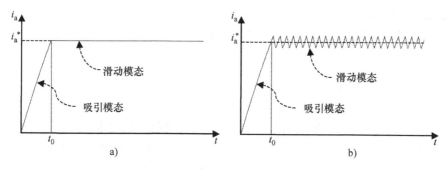

图 12.6　直接滑模控制轨迹特性

a）模拟控制　b）离散控制

通过这个直接滑模控制的例子可以说明一系列变结构系统特性。这些特性有：

1）基于直接滑模控制的控制系统依赖于开关函数 $S(i_a)$ 的符号；

2）直接滑模控制分为两个模态：

①吸引状态；

②滑模状态；

3）直接滑模控制非常适合非连续系统的控制，特别是固态变换器。

12.2.2　直流电动机的非直接滑模电流控制

12.2.2.1　等效控制方法

有很多方法来描述滑模控制中系统轨迹到达滑模面 $[S(x)=0]$ 的过程[UTK78]。本节将介绍 Utkin 所发明的方法，该方法被称为等效控制。该方法描述了系统沿滑模面的动态过程。它通过施加输入量所需的稳态控制值可以保证变量被控制在滑模面上。

对于一个给定系统的控制，构建基于等效控制的控制结构的第一步是找到一个等效的输入矢量 u_{eq}，使被控系统状态轨迹保持在预先定义的滑模面上。一旦等效控制矢量被确定，可以将 u_{eq} 代入状态方程式（12.2）来描述系统的动态。按照 Utkin 的方法，这个等效矢量可以利用如下的不变性条件来确定：

$$\begin{cases} S(x)=0 \\ \dot{S}(x)=0 \end{cases} \tag{12.10}$$

则等效控制（或者电压）变量可以利用不变性条件式（12.10）来确定。这样可以确保被控变量的轨迹限制在滑模面上。然而这个电压在滑模面以外不能保证正确的控制。基于这个原因，必须引入一个额外的条件以保证每个被控变量接近并到达其相关的滑模面。这个新的条件是吸引条件，将在下面一节继续讨论。

12.2.2.2 吸引控制

最常用的一个吸引条件见参考文献[UTK 78]。给定一个开关函数 $S(x)$，必须满足式(12.11)

$$\begin{cases} \dot{S}_i(x) < 0 & , \ \text{若} \ S_i(x) > 0 \\ \dot{S}_i(x) > 0 & , \ \text{若} \ S_i(x) < 0 \end{cases} \quad (i = 1 \cdots m) \qquad (12.11)$$

这个吸引条件可以利用其在直流电动机电流控制的应用来说明，即将吸引条件式(12.11)用于开关函数 $S(i_a)$。如图 12.7 所示，对于一个给定参考值 i_a^*，当 $\dot{S}(i_a)S(i_a) < 0$ 时，电流 i_a 只被吸引到滑模面 $S(i_a) = 0$。

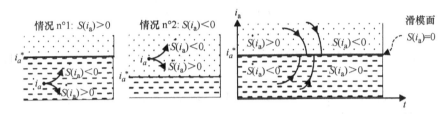

图 12.7　电流 i_a 根据 i_a^* 的符号 $S(i_a)$ 和 $\dot{S}(i_a)$ 的演化

为了更好地管理给定系统在吸引阶段(状态变量轨迹从给定初始点到开始进入滑模阶段的瞬态过程)的动态，使用吸引控制方法是非常有用的。该方法包含对开关函数 $S(x)$ 微分的定义

$$\dot{S}(x) = -Q\text{sgn}(S(x)) - Kg(S(x)) \qquad (12.12)$$

Q 和 K 是 $m \times m$ 对角线矩阵，其所有元素均为正。函数 $\text{sgn}(S)$ 定义为

$$\text{sgn}(S(x)) = [\text{sgn}(S_1(x)) \cdots \text{sgn}(S_m(x))]^T \qquad (12.13)$$

函数 g 定义为

$$g(S(x)) = [g_1(S_1(x)) \cdots g_m(S_m(x))]^T \qquad (12.14)$$

标量函数 $g_{i(i=1\cdots m)}$ 必须满足以下条件：

$$S_i(x)g_i(S_i(x)) > 0, \ \text{若} \ S_i(x) \neq 0 \ (i = 1 \cdots m) \qquad (12.15)$$

可以结合任意给定的函数 $g(S)$ 的表示来确定开关函数 $S(x)$ 的轨迹。

函数 g 可以通过规定吸引模态的动态以及确保它能够从任意给定的初始点移动到滑模面来选择。

则 Q 和 K 系数的选择确定了开关函数 $S(x)$ 的变化速度。

很多不同结构的 $g(S)$ 函数见参考文献[GAO 93]。对于这些结构，需要说明如下：

(1)按照[$g(S) = 0$]恒速吸引：

$$\dot{S}(x) = -Q\mathrm{sgn}(S(x)) \tag{12.16}$$

这个规律使得状态变量轨迹根据 Q 的值以恒定速度趋向滑模面，其 Q 值的选择必须保证避免吸引过慢（即 Q 矩阵太小），也不能引起控制变量大的振荡（即 Q 矩阵太大）。

（2）按照 $[g(S)=S]$ 恒速吸引：

$$\dot{S}(x) = -Q\mathrm{sgn}(S(x)) - KS(x) \tag{12.17}$$

引入 $-KS(x)$ 项意味着状态轨迹被强制趋向滑模面的速度，随 S 的增大而增大。较大的 K 吸引速度更快，同时较小的 Q 值可以降低振荡的风险。

（3）Q 系数为零并且 $[g(S)=|S|^{\alpha}\mathrm{sgn}(S), 0<\alpha<1]$ 的吸引：

$$\dot{S}(x) = -K|S(x)|^{\alpha}\mathrm{sgn}(S) \tag{12.18}$$

这种结构，当状态轨迹远离滑模面时吸引速度较大。

相反，接近滑模面时这个速度会相应减小。更进一步，没有 $Q\mathrm{sgn}(S(x))$ 项意味着一旦到达滑模面，振荡几乎完全消除。

吸引规划的选择可以表示为对吸引张力 u_{att} 的选择。这个张力特别是在瞬态过程中起作用，并且会决定系统在滑模面以外的动态性能。

12.2.2.3 非直接滑模控制

滑模控制律必须同时满足两个条件，一个是不变性；另一个是吸引性。为此，开关函数 $S(x)$ 必须满足由式（12.19）给出的条件，它是条件式（12.10）和式（12.11）的结合

$$\begin{cases} \dot{S}(x) = 0, & 若 S(x)=0 \\ \dot{S}_i(x)<0, & 若 S_i(x)>0(i=1\cdots m) \\ \dot{S}_i(x)>0, & 若 S_i(x)<0 \end{cases} \tag{12.19}$$

这样，式（12.19）所给出的条件确定了一个考虑到这两个不变性和吸引性条件的新的控制律。这个控制律由式（12.20）给出

$$u^* = u_{eq} + u_{att} \tag{12.20}$$

这个控制律由两部分组成：

1）第一部分是等效控制，即使系统留在滑模面上的控制；

2）第二部分是吸引控制，即处理系统在滑模面以外的控制，它也决定了系统从初始点到达滑模面的动态特性。

回到直流电动机电枢电流控制的例子，对于一个恒定的参考电流 i_a^* 开关，函数 $S(i_a)$ 对时间的微分可以写为

$$\frac{\mathrm{d}S(i_a)}{\mathrm{d}t} = -\frac{\mathrm{d}i_a}{\mathrm{d}t} = -\frac{1}{L_a}(V_a - R_a i_a - k\Phi_f\Omega) \tag{12.21}$$

该式表明电枢电流 i_a 的变化与如下参数有关：

1）电流 i_a 的值；

2）施加的电压矢量；

3）反电动势项 $k\Phi_f\Omega$；

4）电枢参数 R_a 和 L_a。

如前所述，为了使电流 i_a 的轨迹保持在滑模面 $S(i_a) = 0$ 上，必须施加一个等效的电压 V_{aeq}。这个必须通过考虑如下不变性条件进行计算：

$$S(i_a) = (i_a^* - i_a) = 0 \text{ 且 } \dot{S}(i_a) = -\frac{di_a}{dt} = 0 \qquad (12.22)$$

四象限斩波器的等效电压 V_{aeq} 必须满足式（12.23）所定义的条件

$$\begin{cases} S(i_a) = (i_a^* - i_a) = 0 \\ \dot{S}(i_a) = 0 \end{cases} \Rightarrow \begin{cases} i_a^* = i_a \\ \dfrac{dS(i_a)}{dt} = -\dfrac{1}{L_a}(V_a^{eq} - R_a i_a - k\Phi_f\Omega) = 0 \end{cases}$$

$$\Rightarrow \begin{cases} V_{aeq} = R_a i_a^* + k\Phi_f\Omega \\ V_{aeq} = R_a i_a + k\Phi_f\Omega \end{cases} \qquad (12.23)$$

式（12.23）定义了模拟等效控制，保证电流 i_a 保持在滑模面上。然而，这个四象限斩波器是离散控制设备，其结果是开关函数的微分 $\dot{S}(i_a)$，永远也不能为零。

另外，式（12.23）所给出的等效电压不能使 i_a 在滑模面之外受到控制。为此，必须要在控制方程中考虑开关函数对时间的微分 $\dot{S}(i_a)$。考虑到利用 PWM 在每个开关周期施加一个与参考电压 V_a^* 相等的电压 V_a 的平均值，可以利用式（12.24）确定参考电压

$$V_a^* = R_a i_a + k\Phi_f\Omega - L_a \frac{dS(i_a)}{dt} = V_{aeq} - L_a \frac{dS(i_a)}{dt} = V_{aeq} + V_{aatt} \qquad (12.24)$$

参考电压 V_a^* 包含两项：第一项是等效参考值 V_{aeq}，第二项（$V_{aatt} = -L_a(dS(i_a)/dt)$）包含了开关函数的时间微分 $\dot{S}(i_a)$，其目的是使控制变量的轨迹趋向滑模面。开关函数的微分的选择要满足吸引条件，通过选择吸引速度恒定并且与吸引电压成比例的结构，与式（12.17）类似，吸引电压 V_{aatt} 可以写为

$$V_{aatt} = -L_a(-q\text{sgn}(S(i_a)) - kS(i_a)) \qquad (12.25)$$

其中，q 和 k 为正实数。

可以利用式（12.23）、式（12.24）和式（12.25）确定所施加的参考电压 V_a^* 的表示方法。该电压如下所示：

$$V_a^* = V_{aeq} + V_{aatt} = R_a i_a^* + k\Phi_f\Omega + L_a(q\text{sgn}(S(i_a)) + kS(i_a)) \qquad (12.26)$$

为了确保电流 i_a 接近它的滑模面 $S(i_a)=0$，吸引条件 $\dot{S}(i_a)S(i_a)<0$ 必须要得到满足。将式（12.26）所表示的参考电压代入，可以得到开关函数 $S(i_a)$ 与开关函数的时间微分 $\dot{S}(i_a)$ 的乘积

$$S(i_a)\dot{S}(i_a) = -S(i_a)\frac{di_a}{dt} = -\frac{1}{L_a}S(i_a)(V_a - k\Phi_f\Omega - R_a i_a)$$

$$= -\frac{1}{L_a}S(i_a)(V_a^* - k\Phi_f\Omega - R_a i_a)$$

$$= -\frac{R_a}{L_a}(S(i_a))^2 - qS(i_a)\mathrm{sgn}(S(i_a)) - k(S(i_a))^2 \quad (12.27)$$

这个乘积 $\dot{S}(i_a)S(i_a)$ 由三个均为负的项组成。因此这个乘积本身也为负。所以不论开关函数 $S(i_a)$ 的符号如何，由式（12.11）所给出的吸引条件均得到满足。

图 12.8 所示为直流电动机非直接滑模电流控制框图。

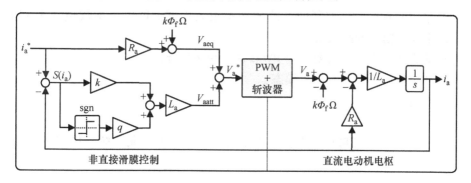

图 12.8　直流电动机电枢的非直接滑模电流控制框图

对于一个参考电流的给定值 i_a^*，由图 12.8 所示的系统所产生的电流 i_a 轨迹如图 12.9a 所示。

与直接滑模控制类似，从一个给定的初始点（本例中起始点等于零）开始，其轨迹由两个阶段组成。第一个阶段对应吸引模态，第二个阶段对应滑动模态。

图 12.9a 为图 12.8 所示系统的模拟控制。然而，假定功率变换器本身的离散特性，并且假定 PWM 的开关频率有限，实际中不可能得到这样的控制结果。

正是由于这样的原因，因此当到达滑模面时，开关函数 $S(i_a)$ 达不到零，并且实际电流围绕参考值振荡，如图 12.9b 所示。这种情况下电流振荡的幅值很大程度上取决于 PWM 开关频率，尽管它们也取决于所选的系数 k 和 q。

通过这个应用可以得出非直接滑模控制的变结构系统的一些特性：

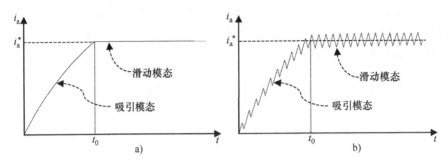

图 12.9　非直接滑模控制轨迹特性

a）模拟控制　b）离散控制

1）采用非直接滑模控制的系统不仅取决于开关函数 $S(i_a)$ 的符号，也取决于它的值；

2）采用非直接滑模控制的系统的动态很大程度上取决于系数矩阵 K 和 Q，以及决定吸引模态的函数结构；

3）非直接滑模控制需要一个 PWM 调制级来配合；

4）非直接滑膜控制有两个模态：

①吸引模态；

②滑动模态；

5）非直接滑模控制原理很容易用于需要非连续的控制系统，例如静止变流器。

12.3　同步电动机的滑模电流控制

本节讨论工作在同步旋转坐标系 (d, q) 下的同步电动机定子电流矢量的滑模控制。描述在参考坐标系下（d 轴与同步电动机转子绕组轴对齐）的同步电动机模型基本数学公式由第 10 章的式（10.33）~式（10.39）给出。图 12.10 所示为在旋转参考坐标系下的参考定子电流矢量及其检测值。

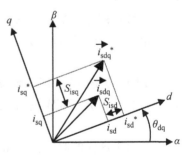

图 12.10　参考值和检测到的定子电流矢量

在图 12.10 中，$\vec{i}_{sdq}$ 和 $\vec{i}_{sdq}^*$ 矢量分别代表了在旋转坐标系 (d, q) 下的检测和参考定子电流矢量。角度 θ_{dq} 代表 d 轴和 α 的相位差。

因为滑模控制的目标是对定子电流的 d 轴和 q 轴分量进行控制，所以两个开关函数 S_{isd} 和

S_{isq}的定义如下：

$$S_{isd} = i_{isd}^* - i_{isd} \qquad (12.28)$$

$$S_{isq} = i_{isq}^* - i_{isq} \qquad (12.29)$$

其中，i_{sd}^*和i_{sq}^*分别是沿d和q轴的定子电流矢量参考值。这两个开关函数定义了两个滑模面$(S_{isd} = 0)$和$(S_{isq} = 0)$。式(12.30)和式(12.31)是电流i_{sd}和i_{sq}轨迹到达它们的滑模面时得到的公式：

$$S_{isd} = 0 \Rightarrow i_{sd} = i_{sd}^* \qquad (12.30)$$

$$S_{isq} = 0 \Rightarrow i_{sq} = i_{sq}^* \qquad (12.31)$$

对于常数参考电流i_{sd}^*和i_{sq}^*，开关函数S_{isd}和S_{isq}的时间微分可以用于分析电流分量i_{sd}和i_{sq}的变化。开关函数S_{isd}的时间微分由式(12.32)给出

$$\frac{\mathrm{d}S_{isd}}{\mathrm{d}t} = -\frac{\mathrm{d}i_{sd}}{\mathrm{d}t} \qquad (12.32)$$

但是式(10.35)表明i_{sd}可以写为

$$i_{sd} = \frac{\Phi_{sd} - M_{sr}i_{rd}}{L_{sd}} \qquad (12.33)$$

如果参考电流i_{sd}^*保持为常数，则i_{sd}分量的时间微分变为

$$\frac{\mathrm{d}i_{sd}}{\mathrm{d}t} = \frac{1}{L_{sd}} \cdot \frac{\mathrm{d}\Phi_{sd}}{\mathrm{d}t} \qquad (12.34)$$

式(10.33)、式(12.32)和式(12.34)可以用于确定开关函数S_{isd}时间微分的表达式

$$\frac{\mathrm{d}S_{isd}}{\mathrm{d}t} = -\frac{1}{L_{sd}} \cdot \frac{\mathrm{d}\Phi_{sd}}{\mathrm{d}t} = -\frac{1}{L_{sd}}(V_{sd} - R_s i_{sd} + \omega_{dq}\Phi_{sq}) \qquad (12.35)$$

式(12.35)描述了定子电流d轴分量的变化，它取决于：

1）同步电动机的转速；

2）施加的电压矢量；

3）电流i_{sd}和磁通Φ_{sq}；

4）同步电动机电阻和直轴电感。

再考虑i_{sq}分量，可以通过对开关函数S_{isq}的时间微分得到。因为假设i_{sq}^*为常数，所以S_{isq}的时间微分为

$$\frac{\mathrm{d}S_{isq}}{\mathrm{d}t} = -\frac{\mathrm{d}i_{sq}}{\mathrm{d}t} \qquad (12.36)$$

式(10.36)说明 i_{sq} 分量为

$$i_{sq} = \frac{\Phi_{sq}}{L_{sq}} \qquad (12.37)$$

因此 i_{sq} 分量的时间微分可以写成

$$\frac{\mathrm{d}i_{sq}}{\mathrm{d}t} = \frac{1}{L_{sq}} \cdot \frac{\mathrm{d}\Phi_{sq}}{\mathrm{d}t} \qquad (12.38)$$

式(10.34)、式(12.36)和式(12.38)可以用于确定开关函数 S_{isq} 时间微分的表达式

$$\frac{\mathrm{d}S_{isq}}{\mathrm{d}t} = -\frac{1}{L_{sq}} \cdot \frac{\mathrm{d}\Phi_{sq}}{\mathrm{d}t} = -\frac{1}{L_{sq}}(V_{sq} - R_s i_{sq} + \omega_{dq}\Phi_{sd}) \qquad (12.39)$$

式(12.39)描述了定子电流矢量 q 轴分量的变化，它取决于：

1)同步电动机的转速；

2)施加的电压矢量；

3)电流 i_{sq} 和磁通 Φ_{sd}；

4)同步电动机电阻和交轴电感。

下面一节将讨论同步电动机在 (d, q) 参考坐标系下定子电流的滑模控制。使用图 12.3 和图 12.4 所示的控制结构。第一种滑模控制为电压型逆变器的直接控制，而第二种是电压型逆变器的非直接控制。

12.3.1 同步电动机[⊖]定子电流矢量直接滑模控制

开关函数 S_{isd} 和 S_{isq} 时间微分的轨迹由式(12.35)和式(12.39)给出，并由图 12.11 表示出来。其轨迹给出了同步电动机两个转动方向(正反转)，并且 $\theta_{dq} = 0$。本节将利用这个轨迹来描述同步电动机定子电流矢量的滑模控制。

图 12.11 可以用来确定逆变器输出电压矢量对定子电流矢量各个分量变化的影响。开关函数时间微分的轨迹与同步电动机的转速有很大关系。特别是开关函数 $\dot{S}_{isd}$ 和 $\dot{S}_{isq}$ 的时间微分轨迹向上或者向下移动取决于转速 ω_{dq} 的符号和值的大小。同时也注意到开关函数时间微分的轨迹会根据定子电流矢量 d 轴和 q 轴分量的值做轻微的改变。

尽管图 12.11 可以用于理解在开关函数时间微分上作用的每个电压矢量的影响，但是它自己不能用来确定一个控制策略保证 i_{sd} 和 i_{sq} 能够被吸引到各自的滑模面。

⊖ 原书为"感应电动机"。——译者注

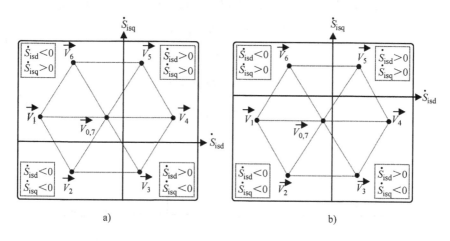

图 12.11　开关函数 S_{isd} 和 S_{isq} 时间微分的轨迹(在 $\theta_{dq}=0$ 并且

转速为额定转速一半的条件下)

a)正向旋转　b)反向旋转

然而,通过利用式(12.11)所给出的吸引条件,就可以推导出以下吸引条件。

(1)为了吸引定子电流矢量的直轴分量到它的滑模面($S_{isd}=0$),必须满足以下条件:

$$S_{isd}\dot{S}_{isd} < 0 \qquad (12.40)$$

式(12.40)说明开关函数 S_{isd} 及其时间微分 $\dot{S}_{isd}$ 的符号必须相反。这种情况下,电流分量 i_{sd} 的动态会根据开关函数时间微分 $\dot{S}_{isd}$ 的绝对值变大而变化得更快。

(2)为了吸引定子电流矢量的交轴分量到它的滑模面($S_{isq}=0$),必须满足以下条件:

$$S_{isq}\dot{S}_{isq} < 0 \qquad (12.41)$$

与前面的情况完全相同,开关函数 S_{isq} 及其时间微分 $\dot{S}_{isq}$ 的符号必须相反。这种情况下,电流分量 i_{sq} 的响应会根据开关函数时间微分 $\dot{S}_{isq}$ 的绝对值变大而变化得更快。

式(12.40)和式(12.41)显示所使用的电压矢量的选择取决于开关函数 S_{isd} 和 S_{isq} 的符号以及它们各自的时间微分值。这解释了为什么定子电流矢量的各分量的校正器输出可以是布尔变量。开关函数 S_{isd} 和 S_{isq} 的符号可以通过图12.12所示的两个符号比较器进行确定。

这两个比较器产生两个由式（12.42）和式（12.43）定义的布尔变量

$$若\ S_{isd} > 0，则\ C_d = 1$$
$$若\ S_{isd} < 0，则\ C_d = 0$$

(12.42)

$$若\ S_{isq} > 0，则\ C_q = 1$$
$$若\ S_{isq} < 0，则\ C_q = 0$$

(12.43)

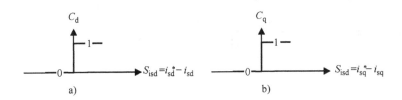

图 12.12　符号比较器的开关特性

a）开关函数 S_{isd}　　b）开关函数 S_{isq}

为了选择需要施加的电压矢量以便保证定子电流矢量的 i_{sd} 和 i_{sq} 分量能够趋向各自的滑模面 $S_{isd} = 0$ 和 $S_{isq} = 0$，必须利用图 12.11 同时分析开关函数 S_{isd} 和 S_{isq} 及它们各自的微分。这必须在 θ_{dq} 所处的每个不同扇区进行，而且要确保满足式（12.40）和式（12.41）的条件。

利用图 12.11 和式（12.40）和式（12.41），将首先分析 $\theta_{dq} = 0$ 的情况。这个分析将确定所施加的电压矢量，该矢量为变量 C_d 和 C_q 的逻辑状态函数。

12.3.1.1　$C_d = 0$ 和 $C_q = 0$ 的情况

式（12.42）和式（12.43）表明信号 C_d 和 C_q 的逻辑状态需要两个开关函数 S_{isd} 和 S_{isq} 必须为负。

为了使电流 i_{sd} 和 i_{sq} 趋向各自的滑模面 $S_{isd} = 0$ 和 $S_{isq} = 0$，其时间微分 $\dot{S}_{isd}$ 和 $\dot{S}_{isq}$ 必须为正。

对于正向转速（$\omega_{dq} > 0$），图 12.11a 说明有两个不同的电压矢量可以使时间微分 $\dot{S}_{isd}$ 和 $\dot{S}_{isq}$ 为正。这两个矢量是 $\vec{V}_5$ 和 $\vec{V}_4$。

对于负向转速（$\omega_{dq} < 0$），图 12.11b 说明只有一个电压矢量可以使时间微分 $\dot{S}_{isd}$ 和 $\dot{S}_{isq}$ 为正。这个矢量是 $\vec{V}_5$。

12.3.1.2　$C_d = 1$ 和 $C_q = 0$ 的情况

式（12.42）和式（12.43）表明信号 C_d 和 C_q 的逻辑状态需要开关函数 S_{isd} 为正并且 S_{isq} 为负。

为了使电流 i_{sd} 和 i_{sq} 趋向各自的滑模面 $S_{isd} = 0$ 和 $S_{isq} = 0$，其时间微分 $\dot{S}_{isd}$ 必须

为负并且 $\dot{S}_{\text{isq}}$ 必须为正。

对于正向转速（$\omega_{dq}>0$），图 12.11a 说明有三个不同的电压矢量可以使时间微分 $\dot{S}_{\text{isd}}$ 为负并且时间微分 $\dot{S}_{\text{isq}}$ 为正。这三个矢量是 $\vec{V}_1$，$\vec{V}_6$ 和 $\vec{V}_{0,7}$。

对于负向转速（$\omega_{dq}<0$），图 12.11b 说明只有一个电压矢量可以使时间微分 $\dot{S}_{\text{isd}}$ 为负并且时间微分 $\dot{S}_{\text{isq}}$ 为正。这个矢量是 $\vec{V}_6$。

12.3.1.3　$C_d=0$ 和 $C_q=1$ 的情况

式（12.42）和式（12.43）表明信号 C_d 和 C_q 的逻辑状态需要开关函数 S_{isd} 为负并且 S_{isq} 为正。

为了使电流 i_{sd} 和 i_{sq} 趋向各自的滑模面 $S_{\text{isd}}=0$ 和 $S_{\text{isq}}=0$，其时间微分 $\dot{S}_{\text{isd}}$ 必须为正并且 $\dot{S}_{\text{isq}}$ 必须为负。

对于正向转速（$\omega_{dq}>0$），图 12.11a 说明只有一个电压矢量可以使时间微分 $\dot{S}_{\text{isd}}$ 为正并且时间微分 $\dot{S}_{\text{isq}}$ 为负。这个矢量是 $\vec{V}_3$。

对于负向转速（$\omega_{dq}<0$），图 12.11b 说明有两个电压矢量可以使时间微分 $\dot{S}_{\text{isd}}$ 为正并且时间微分 $\dot{S}_{\text{isq}}$ 为负。这两个矢量是 $\vec{V}_3$ 和 $\vec{V}_4$。

12.3.1.4　$C_d=1$ 和 $C_q=1$ 的情况

式（12.42）和式（12.43）表明信号 C_d 和 C_q 的逻辑状态需要开关函数 S_{isd} 和 S_{isq} 均为正。

为了使电流 i_{sd} 和 i_{sq} 趋向各自的滑模面 $S_{\text{isd}}=0$ 和 $S_{\text{isq}}=0$，其时间微分 $\dot{S}_{\text{isd}}$ 和 $\dot{S}_{\text{isq}}$ 必须均为负。

对于正向转速（$\omega_{dq}>0$），图 12.11a 说明只有一个电压矢量可以使时间微分 $\dot{S}_{\text{isd}}$ 和 $\dot{S}_{\text{isq}}$ 均为负。这个矢量是 $\vec{V}_2$。

对于负向转速（$\omega_{dq}<0$），图 12.11b 说明有三个电压矢量可以使间微分 $\dot{S}_{\text{isd}}$ 和 $\dot{S}_{\text{isq}}$ 均为负。这三个矢量是 $\vec{V}_1$，$\vec{V}_2$ 和 $\vec{V}_{0,7}$。

对于固定的旋转速度，因为较快的 θ_{dq} 变化导致开关函数 S_{isd} 和 S_{isq} 微分的轨迹构成一个椭圆，其中心是施加电压矢量为零时得到的点。另外，作为对角度 θ_{dq} 变化 $\Delta\theta_{dq}$ 的响应，椭圆也会旋转一个角度 $\Delta\theta_{dq}$。这个旋转围绕同一个点，即施加电压矢量为零时得到的点，如图 12.14 所示。该图显示角度 θ_{dq} 在扇区 0 的情况。

这样，随着有效电压矢量标志的变化产生了一个自然周期性的变化。其结果是考虑角度 θ_{dq} 每 60° 为一个扇区，并且根据角度 θ_{dq} 变化确定每个扇区。因此（α，β）参考坐标平面被分为六个扇区 $i(i=0\cdots5)$，如图 12.13a 所示。这些扇区分配每个有效电压矢量在该扇区的中心。这些扇区确定了角度 θ_{dq} 所落入的区域。因此可以建立一个包含每个转向所作用的电压矢量表。

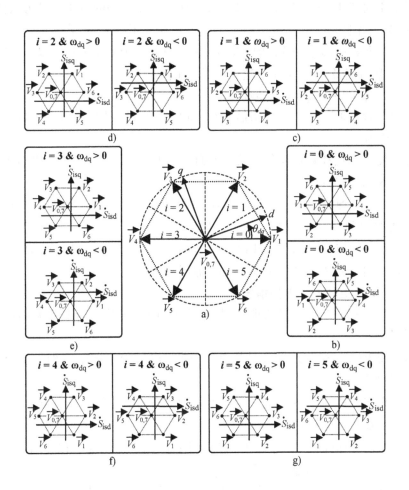

图 12.13

a) d 轴变化轨迹分解成六个扇区 $(i=0\cdots5)$, d 轴在不同扇
区中间时开关函数时间微分的轨迹

b) 扇区 $i=0(\theta_{dq}=0)$ c) 扇区 $i=1(\theta_{dq}=\pi/3)$

d) 扇区 $i=2(\theta_{dq}=2\pi/3)$ e) 扇区 $i=3(\theta_{dq}=\pi)$

f) 扇区 $i=4(\theta_{dq}=4\pi/3)$ g) 扇区 $i=5(\theta_{dq}=5\pi/3)$

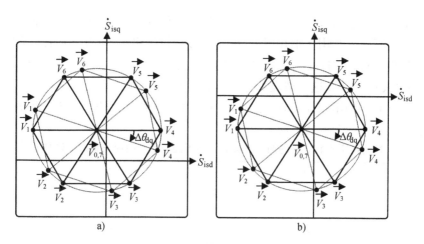

图 12.14　对于变化角度 θ_{dq} 响应的开关函数时间微分的轨迹

a) $\omega_{dq} = 0.5\omega_n$　b) $\omega_{dq} = -0.5\omega_n$

通过对图 12.13 的分析建立了这个开关表，见表 12.1。该表保证了定子电流矢量 d 轴和 q 轴分量的正确控制，并且适合两个旋转方向。它也给出了一个通用的控制规律，使得在每个时间点所施加的电压矢量能够保证定子电流矢量的 d 轴和 q 轴分量趋向它们各自的参考值。然而，这个表的形式不能直接用于控制算法。为此，关键是要根据专门应用所需的规范来改进开关表。

表 12.1　每个转动方向的开关表，用于控制定子电流矢量的 d 轴和 q 轴分量

	C_d	0	1	0	1
	C_q	0	0	1	1
$i=0$	$\omega_{dq}>0$	$\vec{V}_4, \vec{V}_5$	$\vec{V}_1, \vec{V}_6, \vec{V}_{0,7}$	$\vec{V}_3$	$\vec{V}_2$
	$\omega_{dq}<0$	$\vec{V}_5$	$\vec{V}_6$	$\vec{V}_3, \vec{V}_4$	$\vec{V}_1, \vec{V}_2, \vec{V}_{0,7}$
$i=1$	$\omega_{dq}>0$	$\vec{V}_5, \vec{V}_6$	$\vec{V}_1, \vec{V}_2, \vec{V}_{0,7}$	$\vec{V}_4$	$\vec{V}_3$
	$\omega_{dq}<0$	$\vec{V}_6$	$\vec{V}_1$	$\vec{V}_4, \vec{V}_5$	$\vec{V}_2, \vec{V}_3, \vec{V}_{0,7}$
$i=2$	$\omega_{dq}>0$	$\vec{V}_1, \vec{V}_6$	$\vec{V}_2, \vec{V}_3, \vec{V}_{0,7}$	$\vec{V}_5$	$\vec{V}_4$
	$\omega_{dq}<0$	$\vec{V}_1$	$\vec{V}_2$	$\vec{V}_5, \vec{V}_6$	$\vec{V}_3, \vec{V}_4, \vec{V}_{0,7}$
$i=3$	$\omega_{dq}>0$	$\vec{V}_1, \vec{V}_2$	$\vec{V}_3, \vec{V}_4, \vec{V}_{0,7}$	$\vec{V}_6$	$\vec{V}_5$
	$\omega_{dq}<0$	$\vec{V}_2$	$\vec{V}_3$	$\vec{V}_1, \vec{V}_6$	$\vec{V}_4, \vec{V}_5, \vec{V}_{0,7}$
$i=4$	$\omega_{dq}>0$	$\vec{V}_2, \vec{V}_3$	$\vec{V}_4, \vec{V}_5, \vec{V}_{0,7}$	$\vec{V}_1$	$\vec{V}_6$
	$\omega_{dq}<0$	$\vec{V}_3$	$\vec{V}_4$	$\vec{V}_1, \vec{V}_2$	$\vec{V}_5, \vec{V}_6, \vec{V}_{0,7}$
$i=5$	$\omega_{dq}>0$	$\vec{V}_3, \vec{V}_4$	$\vec{V}_5, \vec{V}_6, \vec{V}_{0,7}$	$\vec{V}_2$	$\vec{V}_1$
	$\omega_{dq}<0$	$\vec{V}_4$	$\vec{V}_5$	$\vec{V}_2, \vec{V}_3$	$\vec{V}_1, \vec{V}_6, \vec{V}_{0,7}$

提出一个简单的策略可以同时控制定子电流矢量的 d 轴和 q 轴分量，从而使开关表得到简化。利用 d 轴在扇区 $(i=0)$ 并且当 C_d 和 C_q 均为最大值时为例来说明这个策略。对于正向旋转，矢量 $\vec{V}_2$ 是一个合适的选择。反之，矢量 $\vec{V}_1$、$\vec{V}_2$ 和 $\vec{V}_{0,7}$ 都适合反向旋转。这个情况下，选择矢量 $\vec{V}_2$ 作为开关表的元素，因为它适合两个旋转方向。利用同样的方法选择所有扇区，得到简化的开关表，见表12.2。这个表适合正反两个旋转方向。

表 12.2 适合两个旋转方向的简化开关表，用于控制定子电流矢量的 d 轴和 q 轴分量

C_d	0	1	0	1
C_q	0	0	1	1
$i=0$	$\vec{V}_5$	$\vec{V}_6$	$\vec{V}_3$	$\vec{V}_2$
$i=1$	$\vec{V}_6$	$\vec{V}_1$	$\vec{V}_4$	$\vec{V}_3$
$i=2$	$\vec{V}_1$	$\vec{V}_2$	$\vec{V}_5$	$\vec{V}_4$
$i=3$	$\vec{V}_2$	$\vec{V}_3$	$\vec{V}_6$	$\vec{V}_5$
$i=4$	$\vec{V}_3$	$\vec{V}_4$	$\vec{V}_1$	$\vec{V}_6$
$i=5$	$\vec{V}_4$	$\vec{V}_5$	$\vec{V}_2$	$\vec{V}_1$

在 (d,q) 参考坐标系下的同步电动机定子电流矢量直接滑模控制通用结构如图12.15所示。两个符号比较器用于确定变量 C_d 和 C_q 的逻辑状态。符号比较器的输入是开关函数 S_{isd} 和 S_{isq}。这些函数通过计算在 (d,q) 参考坐标系下的定子电流矢量的参考值和检测值的差来得到。用于控制结构的开关表利用逻辑变量 C_d 和 C_q 与 d 轴所在扇区号来寻址。该扇区号通过检测角度 θ_{dq} 来确定。然后开关表产生用于三相逆变器 S_a、S_b 和 S_c 的开关状态。

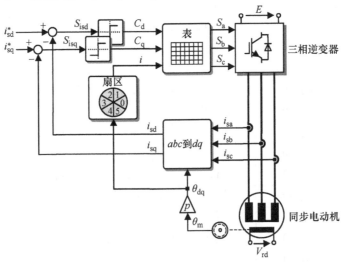

图 12.15 同步电动机定子电流矢量直接滑模控制框图

图 12.16 所示为在直接滑模控制条件下，参考电流 i_{sq}^* 阶跃变化时定子电流 i_{sa}、i_{sb} 和 i_{sc} 以及定子电流矢量交直轴分量的响应曲线。i_{sq}^* 的阶跃变化是在 $-I_{sn}$ 与 $+I_{sn}$ 之间，其中 I_{sn} 为同步电动机定子相电流的额定值。结果表明直接滑模控制对 i_{sq} 分量在两个旋转方向都具有较好的动态特性(每格 2ms)。同时也注意到定子电流 i_{sa}、i_{sb} 和 i_{sc} 没有任何干扰或者电流尖峰。

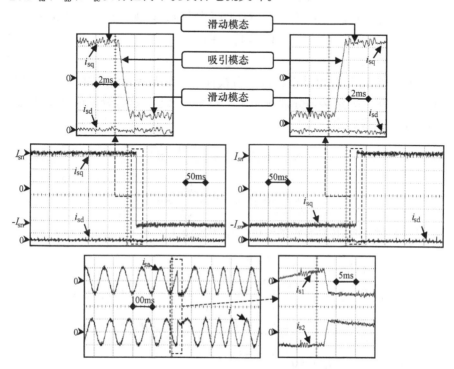

图 12.16　同步电动机定子电流矢量直接滑模控制的参考电流 i_{sq}^* 阶跃响应(从 $-I_{sn}$ 到 $+I_{sn}$ 以及从 $+I_{sn}$ 到 $-I_{sn}$)

12.3.2　同步电动机定子电流矢量非直接滑模控制

同步电动机定子电流矢量非直接滑模控制可以用来确定在 (d, q) 平面的参考电压矢量的交直轴分量。这些分量通过 PWM 调制级施加到同步电动机的定子相端。如 12.2.2.3 节中所提到的，这个控制律必须满足式(12.19)给出的不变和吸引两个条件。不仅如此，该控制律可以通过直流电动机电流滑模控制的例子加以说明。

考虑到 $-\omega_{dq}\Phi_{sd}$ 和 $-\omega_{dq}\Phi_{sq}$ 是由 d 轴和 q 轴反电动势产生的，由式(12.35)和式(12.39)给出的开关函数时间微分 $\dot{S}_{isd}$ 和 $\dot{S}_{isq}$ 表达式，是式(12.21)给出的开

关函数时间微分 $\dot{S}(i_a)$ 的模拟量形式。因此，定子电流矢量交直轴分量的非直接滑模控制可以通过对 d 轴和 q 轴电流直接滑模控制的相同方法来实现。

这样，参考电压矢量 $\vec{V}^*_{sdq}$（在 (d,q) 参考坐标系下）的两个分量 V^*_{sd} 和 V^*_{sq} 每个都包含两个项，如式（12.44）和式（12.45）所给出的。第一项对应等效电压矢量（V_{sdeq} 对应 V^*_{sd} 分量，V_{sqeq} 对应 V^*_{sq} 分量），该项在稳态控制起作用。第二项对应吸引电压矢量（V_{sdatt} 对应 V^*_{sd} 分量，V_{sqatt} 对应 V^*_{sq} 分量），该项在瞬态控制起作用。

$$V^*_{sd} = V_{sdeq} + V_{sdatt} \tag{12.44}$$

$$V^*_{sq} = V_{sqeq} + V_{sqatt} \tag{12.45}$$

为了使电流 i_{sd} 和 i_{sq} 保持在各自的滑模面（$S_{isd} = 0$）和（$S_{isq} = 0$）上，等效电压矢量的 V_{sdeq} 和 V_{sqeq} 分量必须分别施加在 d 轴和 q 轴上。这些分量可以通过观察如下的不变条件来推导出：

$$S_{isd} = 0 \ \text{且} \ \dot{S}_{isd} = -\frac{\mathrm{d}i_{sd}}{\mathrm{d}t} = 0 \tag{12.46}$$

$$S_{isq} = 0 \ \text{且} \ \dot{S}_{isq} = -\frac{\mathrm{d}i_{sq}}{\mathrm{d}t} = 0 \tag{12.47}$$

这两个公式所给出的不变条件可以用于确定 V_{sdeq} 和 V_{sqeq} 分量

$$\begin{cases} S_{isd} = (i^*_{sd} - i_{sd}) = 0 \\ \dot{S}_{isd} = 0 \end{cases} \Rightarrow \begin{cases} i^*_{sd} = i_{sd} \\ \dfrac{\mathrm{d}S_{isd}}{\mathrm{d}t} = -\dfrac{1}{L_{sd}}(V_{sdeq} - R_s i_{sd} + \omega_{dq}\Phi_{sq}) = 0 \end{cases}$$

$$\Rightarrow V_{sdeq} = R_s i_{sd} - \omega_{dq}\Phi_{sq} = R_s i^*_{sd} - \omega_{dq}\Phi_{sq} \tag{12.48}$$

$$\begin{cases} S_{isq} = (i^*_{sq} - i_{sq}) = 0 \\ \dot{S}_{isq} = 0 \end{cases} \Rightarrow \begin{cases} i^*_{sq} = i_{sq} \\ \dfrac{\mathrm{d}S_{isq}}{\mathrm{d}t} = -\dfrac{1}{L_{sq}}(V_{sqeq} - R_s i_{sq} - \omega_{dq}\Phi_{sd}) = 0 \end{cases}$$

$$\Rightarrow V_{sqeq} = R_s i_{sq} + \omega_{dq}\Phi_{sq} = R_s i^*_{sq} + \omega_{dq}\Phi_{sd} \tag{12.49}$$

考虑到控制方程中开关函数的时间微分 $\dot{S}_{isd}$ 和 $\dot{S}_{isq}$，沿 d 轴和 q 轴新的分量 V^*_{sd} 和 V^*_{sq} 可以从式（12.35）和式（12.36）得到

$$V^*_{sd} = R_s i^*_{sd} - \omega_{dq}\Phi_{sq} - L_{sd}\frac{\mathrm{d}S_{isd}}{\mathrm{d}t} = V_{sdeq} + V_{sdatt} \tag{12.50}$$

$$V^*_{sq} = R_s i^*_{sq} + \omega_{dq}\Phi_{sd} - L_{sq}\frac{\mathrm{d}S_{isq}}{\mathrm{d}t} = V_{sqeq} + V_{sqatt} \tag{12.51}$$

式（12.50）和式（12.51）表明对于直轴分量 V^*_{sd}（和交轴分量 V^*_{sq}）的吸引电压 V_{sdatt}（和 V_{sqatt}）包含了开关函数的时间微分 $\dot{S}_{isd}$（和 $\dot{S}_{isq}$）。如果选择恒定转速，则由式（12.17）给出比例控制吸引结构，V_{sdatt} 和 V_{sqatt} 的表达式如下：

$$V_{sdatt} = -L_{sd}(-q_d \mathrm{sgn}(S_{isd}) - k_d S_{isd}) \tag{12.52}$$

$$V_{sqatt} = -L_{sq}(-q_q \mathrm{sgn}(S_{isq}) - k_q S_{isq}) \tag{12.53}$$

其中，q_d、k_d、q_q 和 k_q 是正实数。

式(12.48)~式(12.53)用于确定在$(d,\ q)$参考坐标系下所表示的参考电压矢量的 d 轴和 q 轴分量

$$
\begin{bmatrix} V_{sd}^* \\ V_{sq}^* \end{bmatrix} = \begin{bmatrix} V_{sdeq} \\ V_{sqeq} \end{bmatrix} + \begin{bmatrix} V_{sdatt} \\ V_{sqatt} \end{bmatrix}
$$

$$
= R_s \begin{bmatrix} i_{sd}^* \\ i_{sq}^* \end{bmatrix} + \begin{bmatrix} -\omega_{dq}\Phi_{sq} \\ \omega_{dq}\Phi_{sd} \end{bmatrix} - \begin{bmatrix} L_{sd} & 0 \\ 0 & L_{sq} \end{bmatrix} \left(-\begin{bmatrix} q_d & 0 \\ 0 & q_q \end{bmatrix} \begin{bmatrix} \mathrm{sgn}(S_{isd}) \\ \mathrm{sgn}(S_{isq}) \end{bmatrix} - \right.
$$

$$
\left. \begin{bmatrix} k_d & 0 \\ 0 & k_d \end{bmatrix} \begin{bmatrix} S_{isd} \\ S_{isq} \end{bmatrix} \right) \tag{12.54}
$$

通过将参考电压矢量代入这个公式，可以得到开关函数 S_{isd} 和 S_{isq} 分别与时间微分的乘积

$$S_{isd}\dot{S}_{isd} = -\frac{R_s}{L_{sd}}S_{isd}^2 - q_d S_{isd}\mathrm{sgn}(S_{isd}) - k_d S_{isd}^2 \tag{12.55}$$

$$S_{isq}\dot{S}_{isq} = -\frac{R_s}{L_{sq}}S_{isq}^2 - q_q S_{isq}\mathrm{sgn}(S_{isq}) - k_q S_{isq}^2 \tag{12.56}$$

每个乘积 $S_{isd}\dot{S}_{isd}$ 和 $S_{isq}\dot{S}_{isq}$ 都是三个负的项之和。因此乘积 $S_{isd}\dot{S}_{isd}$ 和 $S_{isq}\dot{S}_{isq}$ 也为负，式(12.11)所给出的吸引条件不论开关函数 S_{isd} 和 S_{isq} 的符号如何都会得到满足。这种情况下，电流 i_{sd} 和 i_{sq} 将趋向各自的滑模面($S_{isd}=0$)和($S_{isq}=0$)。

图12.17 所示为是利用式(12.54)确定参考电压矢量 V_{sd}^* 和 V_{sq}^* 分量的框图。

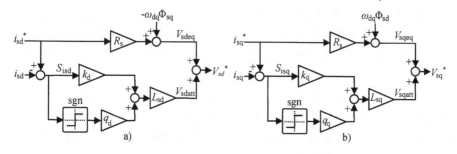

图12.17　参考电压矢量 V_{sd}^* 和 V_{sq}^* 分量的构成

同时也需要注意系数 q_d、k_d、q_q 和 k_q 可以基于以下判据范围进行选择：

(1)参考电压矢量的模必须不能超过 PWM 控制的逆变器所输出的最大幅值。

例如，在正弦波—三角波比较 PWM 时等于 $E/2$，在空间矢量 PWM 时为 $E/\sqrt{3}$，其中 E 为三相逆变器的输入电压。

(2)选择的系数必须对参数的变化具有一定的鲁棒性。选择的系数值越大，在参数变化时系统的鲁棒性越强。

(3)系数的选择必须不会引起太强的电流振荡。系数增大电流的振荡也会增大，这是因为系数的增加会导致参考电压矢量幅值的增加。电压幅值的增加会导致电流动态更加敏感，并导致电流的振荡。

在(d, q)参考坐标系下的同步电动机定子电流矢量非直接滑模控制的通用结构如图 12.18 所示。

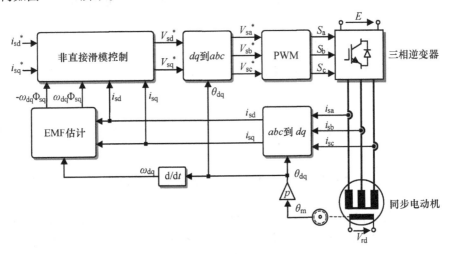

图 12.18　同步电动机定子电流矢量非直接滑模控制

图 12.19a 和 12.19b 所示为参考电压 V_{sd}^* 和 V_{sq}^* 以及单相参考电压 V_{sa}^* 和 V_{sb}^* 的变化。注意这些电压都有振荡成分。这是源自开关函数的符号影响了参考电压的值(见式(12.54))。图 12.19c 所示为通过逆变器供给同步电动机端的单相电压。

图 12.20 所示为从参考电流 i_{sd}^* 等于额定电流，i_{sq}^* 等于零，得到的定子电流 i_{sa} 和 i_{sb} 的变化。这个变化曲线分别为两个不同的载波频率，1.5kHz 和 3kHz。注意采用非直接滑模控制在较低的 PWM 频率下得到的电流比利用直接滑模控制所得到的电流质量要好，尽管后者有更高的采样频率。

图 12.21 所示为参考值 i_{sq}^* 阶跃变化(从 $-I_{sn}$ 到 $+I_{sn}$ 以及从 $+I_{sn}$ 到 $-I_{sn}$)时定子电流矢量的 i_{sd} 和 i_{sq} 分量以及定子电流 i_{sa} 和 i_{sb} 的响应曲线。这些响应曲线说明了在 $-I_{sn}$ 和 $+I_{sn}$ 之间的动态过程不如直接滑模控制所得到的曲线(见图 12.16)。

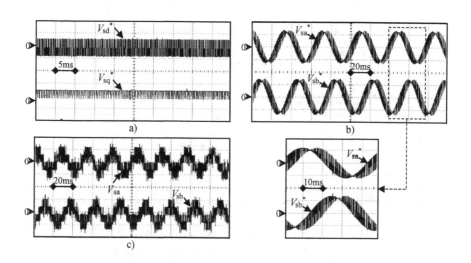

图 12. 19　参考电压变化($i_{sq}^* = I_{sn}$，$i_{sd}^* = 0$)($k_d = 300$，$k_q = 300$，$q_d = 300$，$q_q = 300$)

a)V_{sd}^*和V_{sq}^*的变化　b)V_{sa}^*和V_{sb}^*的变化　c)V_{sa}和V_{sb}的变化

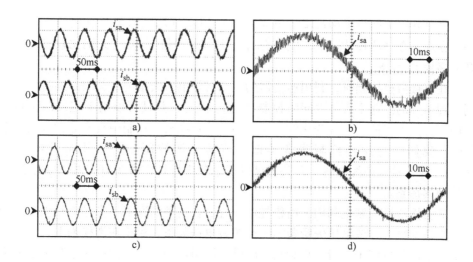

图 12. 20　定子电流的变化($i_{sq}^* = I_{sn}$，$i_{sd}^* = 0$)($k_d = 300$，$q_d = 300$，$k_q = 300$，$q_q = 300$)

a)、b) PWM 频率 = 1. 5kHz　c)、d) PWM 频率 = 3kHz

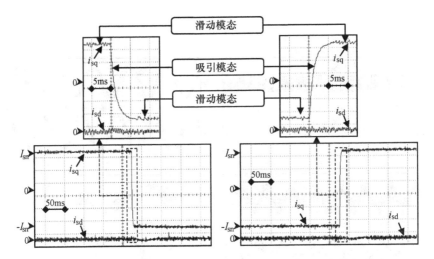

图 12.21　同步电动机定子电流矢量非直接滑模控制，参考电流 i_{sq}^*
阶跃变化（从 $-I_{sn}$ 到 $+I_{sn}$ 以及从 $+I_{sn}$ 到 $-I_{sn}$）的响应

12.4　总结

本章介绍了同步电动机定子电流矢量 i_{sd} 和 i_{sq} 分量直接和非直接滑模控制的基本原理。在这两种情况下，电流 i_{sd} 和 i_{sq} 与其参考值 i_{sd}^* 和 i_{sq}^* 分别比较以便得到开关函数 S_{isd} 和 S_{isq}。

在直接滑模控制时，利用逆变器的六个有效电压矢量的开关表是通过滑模控制原理得到的。这个表可以同时控制电流 i_{sd} 和 i_{sq}，并且可以用于正反两个转动方向。直接滑模控制包含变化的开关频率，并且在瞬态控制中具有非常好的动态特性。我们认为这种控制非常类似于直接转矩控制（Direct Torque Control，DTC）。在直接滑模控制时，开关表可以通过分析得到，而在 DTC 中开关表通过直接观察得到。

非直接滑模控制也利用了滑模控制原理。在这种情况下，参考电压矢量施加在同步电动机上。该电压矢量包括一个等效电压矢量，用于在滑模面上，以及一个吸引电压矢量用于在滑模面以外（在瞬态控制期间）。为了将参考电压施加到同步电动机上，需要 PWM 调制。这时开关频率是恒定的，等于 PWM 频率。非直接滑模控制的动态特性不如直接滑模控制。然而，在稳态时它能够提供更好的电流质量，并可以有效降低电流振荡。

12. 5 参考文献

[BUH 86] BÜHLER H., *Réglage par mode de glissement*, Presses Polytechniques Romandes, Lausanne, Switzerland, 1986.

[BUH 97] BÜHLER H., *Réglage de systèmes d'électronique de puissance*, Presses Polytechniques Romandes, Lausanne, Switzerland, 1997.

[GAO 93] GAO W., HUNG J.C., "Variable structure control of nonlinear systems: a new approach", *IEEE Trans. Ind. Electron.*, vol. 40, n°1, p. 45–55, 1993.

[UTK 77] UTKIN V.I., "Variable structure systems with sliding modes", *IEEE Trans. on AC*, vol. 22, n°2, p. 212–222, 1977.

[UTK 78] UTKIN V.I., *Sliding Modes and Their Application in Variable Structure Systems*, MIR Publishers, Moscow, 1978.

第13章 大带宽与固定开关频率的混合电流控制器

13.1 引言

电力变换器的电流控制是工业电气设备控制中的一个核心问题，在系统中能量管理方面也是非常常见的。

电流源的特性主要依赖于所使用的电流控制技术[KAZ 98]。当代各种技术用于调节电流使之达到给定的参考值。PWM技术所使用的调节器有线性结构（PID或RST控制器等）或者非线性结构（滑模、无源性、状态反馈等）。这些调节器的输出与载波信号进行比较，以此来确定功率开关的换相角度。如果假设调节器的输出值在整个载波信号周期内变化缓慢，那么载波信号的频率决定了开关频率。因此这个容易使用的PWM技术保证了固定的开关频率，并且谐波成分可以精确得知，但是其代价是降低了动态性能。

一个改进电流调节器动态特性的方法是使用另外一类电流调节器，其输出是离散的，以便直接控制功率开关。应用最广泛的这类调节器被称为"滞环"控制器，它既简单又可靠。

这个控制器保证了较好的电流调节而不需要详细了解其模型或者参数。其缺点在于开关频率是变化的，这导致了电流波形中的谐波范围较宽。

许多研究致力于电流调节器，使其带有离散输出并工作在固定频率，而且其动态特性尽可能接近于滞环调节器。其中一个方法是按照电流系统状态函数来改变滞环宽度以便保持固定开关频率。

见参考文献[BOD 01]，作者提出了一种根据在每个开关周期的起始和中间时刻使电流误差信号为零来改变滞环宽度的方法。

类似的方法见参考文献[PAN 02]，作者提出了在标准滞环结构中增加一个第三变量滞环宽度，它可以用于保证固定开关频率，需要注意的是这个技术只能用于在感性负载端可以输出超过两个电平的变换器结构（例如H桥斩波器）。

在参考文献[ROD 97]中，作者提出了利用预测控制来调节电流达到其参考值。该控制算法基于对已给定的功率变换结构只有有限的开关状态。因此如果该系统的模型已知，则根据开关状态函数预测状态变量的变化，然后对电流误差的优化判据进行最小化。同样，这个方法需要考虑功率计算和参数检测，以便能够允许模型中的不确定性。

有另外一个可选的方法(见 14 章)用于设计固定开关频率的电流控制器。在参考文献[HAU 92，PIE 03，LEC 99]中，作者开发出一个反馈环在系统中产生一个给定频率的自持振荡。该频率由描述函数法确定，特别是第一谐波平衡方程，该原理见参考文献[KHA 96]。因此可以看出系统的振荡频率受到变换器参数的影响较小，几乎完全依赖于反馈环的结构。

另外一类带有非线性结构的离散输出电流控制器也可以用于保证固定的开关频率。这些调节器称为峰值电流调节器，其优点是它们可以很自然地产生固定开关频率，这是因为会产生周期性的触发以及/或者禁止信号。有两个缺点限制了它们在电气工程方面的应用，第一个是这些调节器的结构导致了静态误差，第二个是在参数空间的特定区域，系统状态轨迹会形成极限环，产生多周期甚至混沌现象。

许多文献讨论了利用这类调节器当系统参数变化时出现的混沌现象[CAF 05, CHA 96, CHE 00a, CHE 03, IU 03, TSE 95]。如参考文献[RAS 99]中所介绍的，利用一个斜坡补偿可以增加参数空间的范围，在此参数空间中系统能够正常工作。

本章将主要讨论电流控制器采用阈值结构，超过该阈值功率开关的导通状态就要改变。

首先给出利用这种策略的电流控制器的主结构。

在第二部分将讨论研究这种控制器高频特性的各种工具，特别是当系统参数或者负载参数变化时，电流振荡如何变化以及这些变化是否可控。

13.2 离散输出电流调节器的主要类型

13.2.1 引言

在最近 30 年内有大量的离散输出电流调节器被介绍。本节将介绍四种调节器以便给出一个该类电流控制器工作特点较为清晰的介绍。

13.2.2 滞环调节器

这种调节器是在不需要固定开关频率场合应用最广泛的调节器。其工作原理如图 13.1 所示，从这种结构得到的典型波形如图 13.2 所示。当电流误差超过值 $+B_h$ 时，到达第一个滞环阈值，控制量被置为 1，并且保持这个状态直到相同的误差信号降低到第二个滞环阈值以下，即 $-B_h$ 的时候。

这种调节器可以用于大多数种类的固态变换器。它能够带来最好的动态响应和最好的参数鲁棒性(电流控制器不依赖于系统参数)。但是它有一个主要的缺

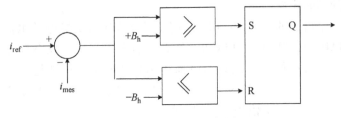

图 13.1　滞环调节器框图

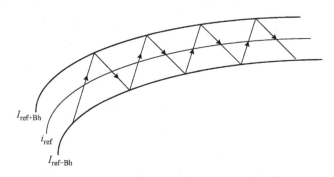

图 13.2　从滞环调节器得到的典型电流波形

点，即逆变器的开关频率是变化的，并且是依赖系统参数的。

这个特点不仅使之很难滤除由功率开关动作所导致的高频电流变化，而且在一些应用中也会导致不可接受的高开关损耗，这会导致功率器件不希望的高温，甚至会损坏设备。

13.2.3　固定频率滞环调节器

滞环调节器的高鲁棒性及其较好的动态性能使人们做出了许多研究和探索，对滞环调节器的内部结构进行改进，使之能够工作在固定的开关频率，同时保持它所需要的特性(参数鲁棒性和动态性能)。通过观察误差信号与滞环调节器上下阈值比较得到的开关指令所产生的频率变化，会想到要根据系统状态函数来改变这些阈值。因此出现了如图 13.3 所示的控制器设计。

为了保证在稳态时的固定开关频率，需要计算滞环宽度。下面考察一个例子，即一个电流连续的降压斩波电路，由一个三相二极管整流的直流电源供电，其结构如图 13.4 所示。

在电流连续模式，感性元件中的电流变化 ΔI_L 可以很容易用输入电压 V_e、输出电压 V_s、开关频率 F 和电感值 L 的函数来表示。可以表示为

$$\Delta I_{\mathrm{L}} = \frac{(V_{\mathrm{e}} - V_{\mathrm{s}})}{L \cdot F} \cdot \left(\frac{V_{\mathrm{s}}}{V_{\mathrm{e}}}\right) \tag{13.1}$$

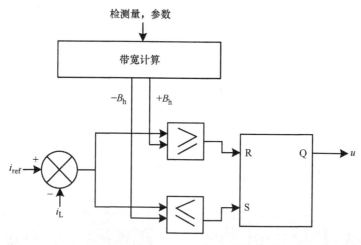

图 13.3 变滞环宽度滞环调节器原理

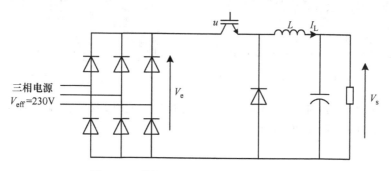

图 13.4 单相整流桥供电的 Buck 变换器

为了保证滞环调节器的开关频率固定，需要滞环宽度 B_{h} 满足

$$B_{\mathrm{h}} = \frac{\Delta I_{\mathrm{L}}}{2} = \frac{(V_{\mathrm{e}} - V_{\mathrm{s}})}{2L \cdot F} \cdot \left(\frac{V_{\mathrm{s}}}{V_{\mathrm{e}}}\right) \tag{13.2}$$

图 13.5 中的结果可以用于比较由固定滞环宽度和变滞环宽度（见图 13.6）调节器所得到的波形，开关频率为 10kHz。固定滞环宽度调节器的滞环宽度可以按照式（13.3）得到

$$B_{\mathrm{h}} = \frac{\Delta I_{\mathrm{L}}}{2} = \frac{(V_{\mathrm{e0}} - V_{\mathrm{s}})}{2L \cdot F} \cdot \left(\frac{V_{\mathrm{s}}}{V_{\mathrm{e0}}}\right)$$

其中

$$V_{e0} = \frac{3V \cdot \sqrt{6}}{\pi} \qquad\qquad (13.3)$$

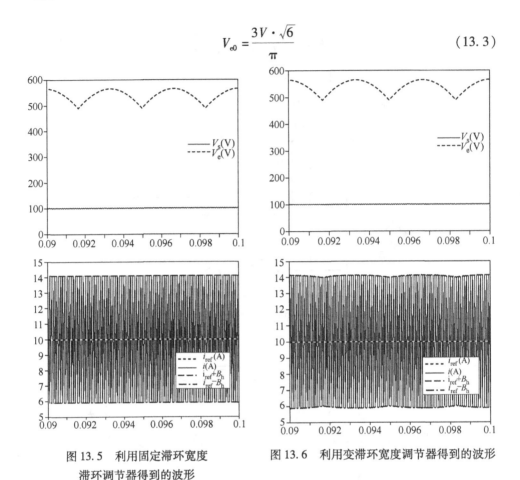

图 13.5 利用固定滞环宽度
滞环调节器得到的波形

图 13.6 利用变滞环宽度调节器得到的波形

可以看出当使用固定开关频率时，由于开关的动作在高频电流波形上调制出一个包络线。

反之，利用固定滞环宽度调节器，电流幅值是固定的，但是开关频率在中心频率附近调制。

13.2.4 开通触发电流调节器

13.2.4.1 原理

在 DC-DC 变换领域已经应用了很多年，开通触发电流调节器用于产生一个固定开关频率，同时也能够为电流环提供出色的动态特性。该方法是一个单宽度滞环控制形式，并且电流环特性如图 13.7 所示。

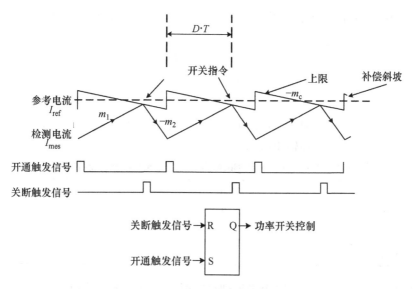

图 13.7　开通触发电流控制器工作原理

　　系统在每个开关周期的起始点开通，然后当电流到达上阈值时，开关被关断直到下一个触发命令。这个阈值是参考电流值，它可以用一个称为"补偿斜坡"的斜坡信号进行改变。这种调节器的主要优点是工作频率固定、容易实现以及其最大电流值被精确控制。相反，从平均值角度来看，这个电流控制器产生了一个固定的电流误差，因为只有电流的最大值得到了控制。

　　这种调节器的另外一个特性是对于大于 0.5 的占空比会产生多重周期甚至混沌的极限环。为了保证调节器正常工作(换句话说为了保证有一个单周期的稳定极限周期)，需要使用一个补偿斜坡，其斜率由电流系统参数的函数计算得到，以便保证调节器在整个给定的占空比范围内都能够正常工作。

13.2.4.2　稳态平均电流值计算

　　为了计算稳态平均电流值，假设在正常工作时变换器有两个不同的工作模态，一个对应功率开关导通，另外一个对应关断。变换器中器件的瞬态电阻、通态压降以及电感的热损耗均假设为零。

　　通过观察图 13.7 中的波形，可以计算出电感电流的平均值作为斜率 m_1、m_2、m_c 和变换器占空比 D 的函数。这样可以得到两个方程

$$I_L = I_{ref} - m_c \cdot \left(D \cdot T - \frac{T}{2} \right) - \frac{1}{2} m_1 \cdot D \cdot T$$

$$I_L = I_{ref} - m_c \cdot \left(D \cdot T - \frac{T}{2} \right) - \frac{1}{2} m_2 \cdot (1 - D) \cdot T$$

(13.4)

无论变换器的特性如何，均可以按照式(13.5)定义电流的上升斜率和下降斜率

$$m_1 = \frac{D'V_{\text{off}}}{L}, \quad m_2 = \frac{DV_{\text{off}}}{L} \tag{13.5}$$

其中

$$V_{\text{off}} = \alpha V_i + \beta V_o, \quad D' = 1 - D \quad \alpha, \beta \in \{0, 1\}$$

V_i 和 V_o 是变换器的输入和输出电压。

表 13.1 Buck、Boost 和 Buck-Boost 变换器的 α 和 β 系数值

变换器	α	β
Buck	1	0
Boost	0	1
Buck-Boost	1	1

式(13.4)和式(13.5)可以用于得到稳态时电感电流的平均值

$$I_{\text{L}} = I_{\text{ref}} - m_{\text{c}} \cdot \left(D \cdot T - \frac{T}{2} \right) - \frac{D' \cdot D \cdot T \cdot V_{\text{off}}}{2L} \tag{13.6}$$

现在考虑在系统的工作点有一个小的扰动。在扰动阶段的量记为 X_{p}，利用 $\hat{x}$ 表示稳态值 X 的变化量。考虑到在正常状态和扰动状态所计算出的平均电流值的差，然后利用一阶泰勒级数，可以得到变换器的一阶模型，有

$$\hat{i}_{\text{L}} = \hat{i}_{\text{ref}} - \left(m_{\text{c}} + \frac{(D' - D) \cdot V_{\text{off}}}{2L} \right) T \cdot \hat{d} - \frac{D \cdot D' \cdot T}{2L} \hat{v}_{\text{off}} \tag{13.7}$$

因此可以用电流误差和电压 V_{off} 变化的函数来描述占空比的变化。见式(13.8)

$$\hat{d} = \frac{2L}{T \cdot V_{\text{off}}} \frac{1}{\left[\left(\frac{2L \cdot m_{\text{c}}}{D' \cdot V_{\text{off}}} + 2 \right) D' - 1 \right]} \left[(\hat{i}_{\text{ref}} - \hat{i}_{\text{L}}) - \frac{D \cdot D' \cdot T}{2 \cdot L} \hat{v}_{\text{off}} \right] \tag{13.8}$$

观察这个公式，显示出稳定性的一个必要条件是式(13.8)的分母必须为正，于是可以得到如下条件：

$$D'_{\text{min}} \geqslant \frac{1}{\left(\frac{2L \cdot m_{\text{c}}}{D' \cdot V_{\text{off}}} + 2 \right)} = \frac{0.5}{1 + \frac{m_{\text{c}}}{m_1}} \tag{13.9}$$

最后这个表达式帮助我们了解了补偿斜坡的影响。当占空比大于 0.5 时，补偿斜坡必须被加入电流参考值中以便确保调节器的正常工作。如果没有斜坡，则这个模型将不稳定。事实上，当条件式(13.9)不满足时，在电流波形中会产生

不规则的成分，这与多重周期和混沌的极限环作用的结果有关(13.3节)。

所给出的这个模型是一个简化模型，可以很好地解释补偿斜坡在这种调节器中的作用。然而该模型比较粗略，并且没有考虑一些相关参数(如串联电阻和非线性影响)，这些参数直接影响电流波形的特性。在13.3节图形化的介绍中会给出电流波形性质的详细分析。

13.2.4.2.1 这个设计的变形

对该调节器所引入的静态误差是可以加以补偿的，有很多种补偿的方法。可以计算出这种控制所产生的静态电流误差，并利用式(13.10)在参考电流中加入一个偏置加以补偿

$$\text{offset} = m_\text{c} \cdot \left(D \cdot T - \frac{T}{2} \right) + \frac{D' \cdot D \cdot T \cdot V_\text{off}}{2L} \tag{13.10}$$

然而这个简便的技术对模型误差和参数波动相当敏感，特别是对电感，其电感值的准确度受电感量级别的变化影响较大。

另外一项技术对参数变化具有较好鲁棒性，含有一个改进的触发电流调节器，其结构如图13.8所示。功率开关指令的产生采用了一个如前所述的相似方法。开关的开通受到一个时钟产生的信号所控制。当变量S达到其上阈值时发出控制指令，该变量由式(13.11)定义

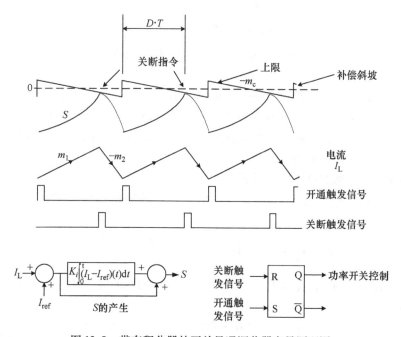

图13.8 带有积分器的开关导通调节器变量原理图

$$s(t) = \left[I_{\mathrm{L}}(t) - I_{\mathrm{ref}}(t) \right] + K_{\mathrm{i}} \cdot \int_0^t \left[I_{\mathrm{L}}(\tau) - I_{\mathrm{ref}}(\tau) \right] \cdot \mathrm{d}\tau \qquad (13.11)$$

如同前面的模型，触发电流调节器电流波形的平滑度与占空比、补偿斜坡的给定值、积分系数有关。可以通过对极限环的分析来研究这个现象，这在 13.3 节中会加以讨论。

13.2.5 关断触发控制器

13.2.5.1 原理

这个控制器的结构与 13.2.4 节中所描述的结构相似，其原理图如图 13.9 所示。与前面的调节器设计不同的是将周期的关断指令发送给功率开关，然后保持非导通状态一直到获得开通指令。当电流到达一个由参考电流以及可能的斜率为 m_{c} 的附加补偿信号下阈值时发出开通指令。对于标准的触发控制器，这种控制器的优点是保证工作在固定频率、容易实现、最小电流值被精确控制。

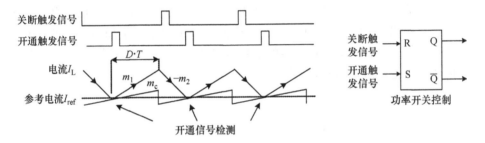

图 13.9 关断触发电流控制器的工作原理

反过来，这个电流控制器的平均值也会引入一个静态电流误差，因为只有最小电流值被控制。这种控制器的另外一个性质是对于占空比小于 0.5 时，会产生多重周期甚至混沌的极限环。为了保证控制器电流的正常工作，需要使用一个类似前面所介绍的补偿斜坡。

13.2.5.2 平均稳态电流值的计算

用于计算的假设与 13.2.4.2 节中的一样，开始电感电流的平均值可以写为

$$I_{\mathrm{L}} = I_{\mathrm{ref}} + m_{\mathrm{c}} \cdot \left(D' \cdot T - \frac{T}{2} \right) + \frac{D' \cdot D \cdot T \cdot V_{\mathrm{off}}}{2L} \qquad (13.12)$$

如果计算没有干扰和有干扰模型的差，则仅保留一阶项，可以得到式 (13.13)

$$\hat{i}_{\mathrm{L}} = \hat{i}_{\mathrm{ref}} + \left(-m_{\mathrm{c}} + \frac{(D' - D) \cdot V_{\mathrm{off}}}{2 \cdot L} \right) T \cdot \hat{d} - \frac{D \cdot D' \cdot T}{2L} \hat{v}_{\mathrm{off}} \qquad (13.13)$$

占空比的变化可以表示为电流误差变化和电压 V_{off} 变化的函数，有

$$\hat{d} = \frac{2L}{T \cdot V_{\text{off}}} \frac{1}{\left[\left(\frac{2L \cdot m_c}{D' \cdot V_{\text{off}}} + 2\right)D - 1\right]}\left[(\hat{i}_{\text{ref}} - \hat{i}_L) + \frac{D \cdot D' \cdot T}{2L}\hat{v}_{\text{off}}\right] \quad (13.14)$$

与前面一样，该调节器的稳定性要求式(13.14)的分母必须为正，于是可以得到如下条件：

$$D_{\min} \geqslant \frac{1}{\left(\frac{2L \cdot m_c}{D' \cdot V_{\text{off}}} + 2\right)} = \frac{0.5}{1 + \frac{m_c}{m_2}} \quad (13.15)$$

当占空比小于0.5时，补偿斜坡必须被加入电流参考值中以便确保调节器的正常工作。如果没有斜坡，则这个平均模型将不稳定，在电流波形中会产生不规则的成分。与前面一样，对调节器高频性质的分析依赖于对极限环的分析，该技术参见13.3节。

13.2.5.2.1　调节器设计的变量

由调节器引入的静态误差是可以被补偿的。前面所介绍的两种方法可以再次使用。在第一种情况中，必须加入电流参考值中的偏置值由式(13.16)给出

$$\text{offset} = -m_c \cdot \left(D' \cdot T - \frac{T}{2}\right) + \frac{D' \cdot D \cdot T \cdot V_{\text{off}}}{2L} \quad (13.16)$$

在利用积分元件的方法中，变量 S 用前面所述的方法精确定义（式(13.11)）。利用积分器得到的典型波形如图13.10所示。

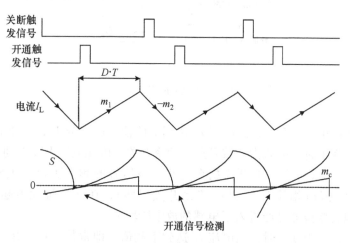

图13.10　带有积分器的关断触发调节器变量原理图

13.2.6　开通或关断触发调节器

13.2.6.1　原理

这个调节器是前面所述的开通和关断触发调节器结构的结合。原理图和这个调解器产生的波形如图 13.11 所示。开通和关断触发信号将一个周期分成两半进行发送，在功率开关导通状态强制其改变。

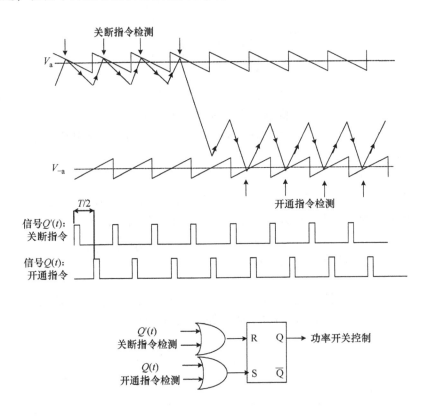

图 13.11　开通或关断触发调节器原理

当占空比小于 0.5 时，当电流 I_L 达到上阈值，即常数 V_a，并由斜率为 $-m_c$ 的补偿斜坡修正时，关断指令被发送给功率开关。因此电流下降直到功率开关收到由外部信号 $Q(t)$ 发出的开通指令为止，该信号的频率决定开关频率。信号 $Q'(t)$ 与信号 $Q(t)$ 相移 $T/2$（其中 T 是开关周期），在这个阶段不起作用（见图 13.11），因为变换器已经进入了电感的放电阶段。

当占空比大于 0.5 时，当电流 I_L 达到下阈值，即常数 $-V_a$，并由斜率为 m_c 的补偿信号修正时，开通指令被发送给功率开关。因此电流上升直到功率开关收

到由外部信号 $Q'(t)$ 发出的关断指令为止。同样 $Q(t)$ 信号对系统状态没有任何影响，因为变换器已经进入了电感的充电阶段。

注：当系统的工作状态以某种方式改变（改变输入或者输出电压，负载状态等）并且导致占空比从小于 0.5 变化到大于 0.5 时，系统将自动地从 $D < 0.5$ 模态（与上阈值相交）转换到 $D > 0.5$ 模态（与下阈值相交），当占空比等于 0.5 时发生转换（见图 3.11）。

通常电平 V_a 和 V_{-a} 是两项之和，第一项是电流参考 I_{ref}，第二项是一个偏置信号 $V_0 (V_a = V_{ref} + V_0,\ V_{-a} = V_{ref} - V_0)$，该信号的值的选择要使电流的变化总是小于 $2V_0$。如果不这样，调节器将如同一个滞环调节器一样工作。不仅如此，两个补偿斜坡用于增加系统的稳定范围（特别是占空比接近 0.5 时），并且有一个 $\pi/2$ 的相位差。相较其他两种调节器，这个调节器工作在固定开关频率，但是从平均值看引入了一个静态误差。然而它有一些优点，即不需要补偿斜坡，除非当系统占空比接近 0.5 时。

13.2.6.1.1 开通或关断触发调节器的变量

由该调节器引入的静态误差也是可以补偿的。前面所介绍的两种方法也可以用于这里。对于第一种，将偏置加入上阈值和下阈值中，电压 V_a 和 V_{-a} 可以表示为

$$V_a = I_{ref} + V_0 + m_c \cdot \left(D \cdot T - \frac{T}{2} \right) + \frac{D' \cdot D \cdot T \cdot V_{off}}{2L} \tag{13.17}$$

$$V_{-a} = I_{ref} - V_0 - m_c \cdot \left(D' \cdot T - \frac{T}{2} \right) - \frac{D' \cdot D \cdot T \cdot V_{off}}{2L} \tag{13.18}$$

对于采用积分器的方法，由式(13.11)给出的变量 S 仍然可应用[LAC 08]。

在 $D < 0.5$ 模态和 $D > 0.5$ 模态时的典型波形与图 13.9 和图 13.11 中的波形一致，除了上下阈值分别是 $V_a = V_0$ 和 $V_{-a} = -V_0$。

从一个模态变换到另外一个模态仍然是发生在占空比为 0.5 时。V_0 值的计算要满足变量 S 的变化范围总是小于 $2V_0$。

13.2.7 混合调制的滞环调节器原理

13.2.7.1 原理

图 13.12 所示为参考文献[ALI 97a]中所描述调节器的第一种设计。这个调节器的原理是产生一个经过调制的电流参考值 $I_{ref,m}$，该信号是在参考信号中加入一个周期为 T，幅值为 A_{tr} 的载波信号，周期 T 为变换器期望的开关频率。然后经过调制的信号 $I_{ref,m}$ 与检测得到的电流进行比较，并得到误差信号接入滞环宽度为 $2B_h$ 的滞环调节器，从而得到开关指令。

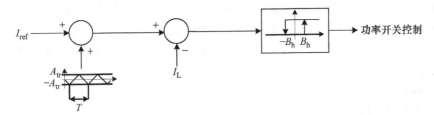

图 13.12　参考文献[ALI 07a]中所介绍的最初版本调节器框图

对稳态波形的一项分析(忽略电感元件中的串联电阻)如图 13.13 所示,可以得到

$$I_{max} = m \cdot t_1 + B_h - A_{tr} + I_{ref} \qquad (13.19)$$

$$I_{min} = m \cdot t_2 - B_h - A_{tr} + I_{ref} \qquad (13.20)$$

其中

$$m = \frac{4A_{tr}}{T}, \quad t_1 + t_2 = D' \cdot T$$

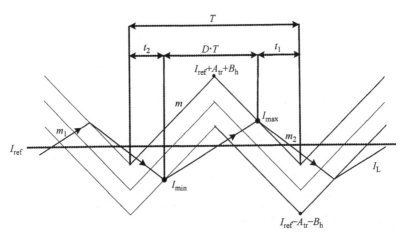

图 13.13　利用调制的滞环调节器得到的稳态典型波形

利用式(13.19]和式(13.20)可以计算出在电感器件中的电流平均值 I_L

$$I_L = I_{ref} - A_{tr} + \frac{m}{2} \cdot D' \cdot T = I_{ref} + A_{tr}(D' - D) \qquad (13.21)$$

该调节器输出的归一化静态误差 $\varepsilon_\infty = (I_{ref} - I_L)/I_{ref}$ 与调节器参数的函数关系为

$$\varepsilon_\infty = \frac{A_{tr}(D'-D)}{I_{ref}} \tag{13.22}$$

因此静态电流误差并不依赖于滞环宽度 B_h 的选择。不仅如此，它也不依赖于变换器的结构。

为了将稳态时的开关频率固定，在每个周期必须只能有两次检测电流和调制参考电流相交。第一次是与滞环控制器的上限相交，第二次是与滞环控制器的下限相交。

对于给定的载波频率，这种调节器中被用来固定功率开关的开关频率的控制器参数是三角波的幅值 A_{tr} 和滞环宽度 B_h。

如果这些参数的选择不正确，则开关频率将大于或小于期望的频率，即载波信号的频率。

控制参数(A_{tr} 和 B_h)选择不当的例子如图 13.14a 和图 13.14b 所示。只有研究电流高频性质才能使得所选的参数值 A_{tr} 和 B_h 确保正确的固定工作频率(见13.3 节)。

13.2.7.1.1 调制的滞环调节变量

为了消除静态误差，可以利用参考文献[ALI 07a]所介绍的方法对调节器结构进行改进，引入一个电流误差积分项[ALI 07b]。

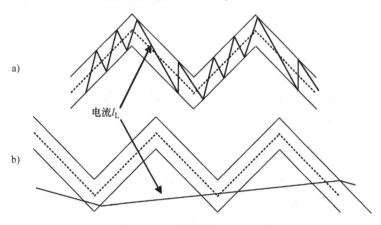

图 13.14 参数选择不当的波形
a) 开关频率比期望值高　b) 开关频率比期望值低

再次考虑式(13.11)所定义的变量 S。信号 $S(t)$ 加入前面所提到的三角载波。得到的调制信号连接到前面所介绍的滞环调节器输入端。

该控制器的整个原理图如图 13.15 所示。滞环宽度可以按照相关负载来选择，滞环宽度的选择更加依赖于对参数变化的抑制。

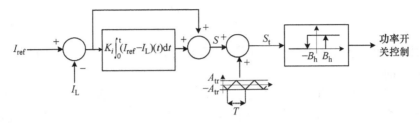

图 13.15　带有积分项的调制滞环调节器原理

13.3　极限环分析工具

13.3.1　动力系统简介；分岔概念

13.3.1.1　定义

本节将介绍一些关于动力系统的数学概念，这有助于对后面所讨论问题的理解。

一个动力系统可以被描述为一个微分方程

$$\frac{\mathrm{d}x}{\mathrm{d}t} \equiv \dot{x} = f(x,\ t,\ \nu),\quad x \in U \subseteq \Re^n,\quad \nu \in V \in \Re^p \tag{13.23}$$

或者描述为一个递推方程

$$x_{k+1} = f(x_k,\ \nu),\quad x_k \in U \subseteq \Re^n,\quad \nu \in V \in \Re^p, k = 1,\ 2,\ \cdots \tag{13.24}$$

其中，$\Re^n$ 和 $\Re^p$ 分别是相空间和参数空间，在下面需要进行定义。

式(13.23)是非自治的，因为它依赖于时间 t。如果函数 f 明确不依赖于时间 t，那么它将是自治的。

在式(13.24)中，变量 t 不是连续变化的，而是由一系列整数 k 组成(离散的时间)。

假设在式(13.23)中，存在且唯一存在条件使其结果满足一个初始条件 $x(t_0) = x_0$，则将给出这样一个解 $x = x(x_0,\ t)$，它随时间连续变化。在坐标空间 $x_1,\ x_2,\ \cdots,\ x_n$ 中，该空间被称为相空间，这个公式代表了一条曲线经过初始点 M_0(其坐标为 x_0)，可以称为相轨迹或者轨道。

式(13.24)代表了点的集合 M_n，其坐标 x_k，$k = 0,\ 1,\ 2,\ \cdots$，在一个相空间 $x_1,\ x_2,\ \cdots,\ x_n$ 中。这个集合称为离散相轨迹，存在且唯一存在条件使其结果与由 $n = 0$ 定义的初始点 x_0 相关。

考虑由式(13.25)表示的自治系统

$$\frac{\mathrm{d}x}{\mathrm{d}t} = \dot{x} = f(x),\quad x \in U \subseteq \Re^n \tag{13.25}$$

13.3.1.1.1 定义1

对于一个初始条件 $x(0) = x_0$，设 $x(x_0, t)$ 是式(13.25)的一个解。定义一个式(13.25)的映射

$$\Phi_t(x_0) = x(x_0, t)$$

$\Phi_t(x_0)$ 有如下特性：

$$\Phi_0(x_0) = x_0$$
$$\Phi_{t+s}(x_0) = \Phi_t(\Phi_s(x_0))$$

如果存在一个序列 $t_n \rightarrow +\infty$ 使 $\lim\limits_{n \rightarrow +\infty} \Phi_{tn} = a$，则边界点 a 就是轨迹 $x = x(x_0, t)$ 的边界点 ω。如果存在一个序列 $t_n \rightarrow +\infty$ 使 $\lim\limits_{n \rightarrow +\infty} \Phi_{tn} = b$，则边界点 b 就是轨迹 $x = x(x_0, t)$ 的边界点 α。

边界点 α（或者 ω）的集合被写为 $\alpha(x)$ 或者 $\omega(x)$。集合 $\alpha(x) \cup \omega(x)$ 称为 $x = x(x_0, t)$ 的极限集合。极限环 α（或者极限环 ω）是闭合轨道 Γ，其中 $\Gamma \subset \alpha(x)$（或者 $\Gamma \subset \omega(x)$）。

13.3.1.1.2 定义2

式(13.25)中的不动点是在相空间的点 x^*，它是将式(13.25)右边设为零得到的。它是稳定的，如果

$$\forall \varepsilon > 0, \exists \delta > 0, \text{那么} \| x(0) - x^* \| < \delta \Rightarrow \| x(t) - x^* \| < \varepsilon \quad (13.26)$$

如果也存在一个 δ_0，$0 < \delta_0 < \delta$，使得

$$\| x(0) - x^* \| < \delta_0 \Rightarrow \lim\limits_{t \rightarrow \infty} x(t) = x^* \quad (13.27)$$

则 x^* 是渐近稳定的。

平衡点的稳定性通常由评价稳定点的雅可比矩阵 f 的特征值来决定。则：

1）如果所有雅可比矩阵 $Df(0)$ 的特征值都有一个负实部，则不动点是渐近稳定的；

2）如果一个或多个特征值是纯虚数并且其他特征值有一个负实部，则不动点是中心点或者一个椭圆点（稳定，但不是渐近的）；

3）如果一个特征值有一个正实部，则不动点是不稳定的；

4）如果 $Df(0)$ 没有特征值是零或者纯虚数，则不动点是一个双曲线点；如果不是这种情况，则是非双曲线点；

5）如果存在 i 和 j 使 $\Re(\lambda_i) < 0$ 并且 $\Re(\lambda_j) > 0$，则不动点是稳定点；

6）如果所有特征值是实数并有相同的符号，则不动点是一个节点。一个稳定的节点是接收源而一个不稳定节点是发送源。

至此已经讨论了连续动力系统的特性。

转移至离散系统，如果雅可比矩阵 $Df(x^*)$ 没有模大于1的特征值，则这些系统稳定，使 x^* 成为双曲线不动点。如果 $Df(x^*)$ 特征值的模等于1，则 x^* 是椭

圆不动点。

雅可比矩阵的特征值是它的弗洛盖乘子(Floquet multipliers)。

13.3.2　动力系统的分岔概念

"分岔"这个词通常都与动力系统轨迹拓扑改变的概念有关，这种改变是对决定它的一个或多个参数变化的响应。本节仅考虑所谓的本地分岔，换句话说，是不动点轨迹的固有行为，可以利用泰勒级数展开。

考虑下面的 2 维动力系统：

$$\dot{x} = f(x, y, v)$$
$$\dot{y} = g(x, y, v) \tag{13.28}$$

设$(x^*, y^*) = (x^*(t_0), y^*(t_0))$是系统 $v = v_0$ 的不动点。这满足前面所介绍的不动点存在条件 $0 = f(x^*, y^*, v_0)$ 和 $0 = g(x^*, y^*, v_0)$。如果不动点对$v > v_0$是稳定的(或者不稳定)并且对 $v < v_0$ 是不稳定的(或者稳定)，则 v_0 是系统的分岔值。

为了使讨论简化，将不对分岔定义做数学证明。在参考文献[CHE 00b]中介绍了连续系统的四种分岔：鞍结分岔、跨临界分岔、叉式分岔、霍普夫分岔。这四种分岔代表不同路径，是平衡点可以作为分岔参数的函数进行演化的路径。

在连续动力系统中引入的这些概念可以转换到离散动力系统中。有三种单参数分岔：鞍结分岔、倍周期分岔和 Neimark-Sacker 分岔。也有一些离散动力系统专有的概念，诸如 p 环。因此有三种方法使离散动力系统中的不动点 x^* 降低或者提高稳定性，如图 13.16 所示。

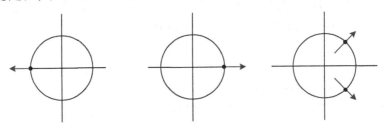

图 13.16　不动点离开单位圆的各种路径

1)当 $Df(x^*)$ 的一个实特征值在值为 -1 的地方进入或者离开单位圆时，倍周期(或者翻转)分岔就会发生；

2)当 $Df(x^*)$ 的一个实特征值在值为 +1 的地方进入或者离开单位圆时，就会发生鞍结分岔；

3)当 $Df(x^*)$ 的两个复特征值同时在值为 $\lambda_{1,2} = e^{\pm i\theta}$ 的地方进入或者离开单位圆时，就会发生 Neimark-Sacker 分岔。

13.3.3 庞加莱截面及分岔图

考虑自治系统式（13.23）并假设存在一个周期为 T 的解 $x(x_0, t_0, t) = \varphi_t(x_0)$，即 $\varphi_{t+T}(x_0) = \varphi_t(x_0)$。

庞加莱截面是一个 $n-1$ 维的超曲面 Σ，它是在 x_0 处矢量场的横切面。设 x 是在 x_0 的相邻 $V \subseteq \Sigma$ 上的点，则庞加莱映射 $P: V \to \Sigma$ 可以定义为

$$x_1 = P(x) = \varphi_\tau(x) \tag{13.29}$$

其中，$\tau = \tau(x)$ 是轨迹从其表面初始点 x 开始到达这个点的时间，如图 13.17 所示。

注：状态轨迹从与庞加莱截面交点开始移动到下一个交点的时间 τ 不是恒定值。在许多静态变换器中的混沌工作中，使用的截面与状态矢量值的采样相关，其周期为 τ。因此系统的特性利用这个给定的时间周期进行检验。则所观测的点的集合构成了一个 n 维子集 R^n。因此这不是严格意义上的庞加莱截面，它应该是一个 $n-1$ 维的面并且不依赖于时间。这个面被称为时间 $-\tau$ 截面或者离散时间映射[ALL 96]，但经常被一些作者当作庞加莱截面[CAF 05, CHE 00b, MAZ 03]。

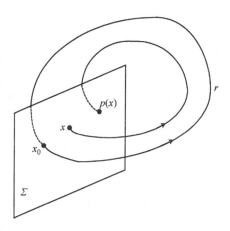

图 13.17　庞加莱截面

一旦定义了庞加莱截面，作为分岔参数函数的环的演化特性可以通过绘制分岔图来形象地表示。

图的横坐标是分岔参数，纵坐标代表系统状态对于给定的通道数下（通常这个数很大）在稳态阶段（假设存在这个阶段）与庞加莱截面相交的点的值。这可以是状态矢量的坐标、它的归一化值或者任何与状态矢量有关的其他特性值。

13.3.4 电气工程应用

13.3.4.1 电流调节器的直流工作模式

本节主要关注静止变换器中功率开关的换相引起的环。假设在一个开关周期内的开关指令是已知的。设 p 为动作序列数，$p-1$ 是能够导致从一个序列转到另外一个序列的状态数。设 T 为功率开关的开关周期，$\alpha_i T$ 为第 i 个序列的状态时间。

现在假设系统的状态变量满足

$$nT \leqslant t \leqslant nT + \alpha_1 T, \quad \dot{x} = A_1 \cdot x + B_1(t) \tag{13.30}$$

$$nT + \left(\sum_{j=1}^{i-1} \alpha_j \right) T \leq t \leq nT + \left(\sum_{j=1}^{i} \alpha_j \right) T$$

$$\dot{x} = A_i \cdot x + B_i(t), 2 \leq i \leq p \tag{13.31}$$

其中

$$S_p = \left(\sum_{j=1}^{p} \alpha_j \right) = 1, x \in \Re^m, B_i(t) \in \Re^m, A_i(t) \in M^{m \times m}, 1 \leq i \leq p, t \geq 0$$

如果假设式(13.30)和式(13.31)在各自的整个区间可积，则可以得到一个从时间 nT 到 $(n+1)T$ 连续状态矢量的解析表达式。可以定义映射：

$$f: \Re^m \times \Re^p \times \Re \rightarrow \Re^m \times \Re$$

这样

$$[x((n+1) \cdot T), (n+1) \cdot T]^{t} = f(x(n \cdot T), \alpha, nT), \tag{13.32}$$

其中

$$\alpha = [\alpha_1, \cdots, \alpha_p]^T$$

如果知道从第 i 个序列到第 $(i+1)$ 个序列的转换遵循以下换相规则：

$$S_i(x(nT), \alpha_1, \cdots, \alpha_i, T) = 0, 1 \leq i \leq p \tag{13.33}$$

则式(13.32)和式(13.33)可以用于定义映射 $P: \Re^m \times \Re \rightarrow \Re^m \times \Re$，这样

$$[x((n+1)T), (n+1)T]^T = P(x(nT), nT) \tag{13.34}$$

如果知道在 $(\alpha_i)_{i=1\cdots p}$ 中的项由 p 个式(13.33)定义，则在大多数情况下，映射 P 不能被显式表示。然而，可以找到一个该映射的雅可比矩阵的显式表达式，它可以用来研究由这个状态轨迹构成的极限环的稳定性。这一结果可以很容易从式(13.32)、式(13.33)、式(13.34)导出。设 (x, α, t) 为满足下式的一个点：

$$[x, t+T]^T = P(x, t) = f(x, \alpha, t)$$

其中，t 趋于无穷。

对映射 f 和 P 一阶泰勒展开得到

$$f(x + dx, \alpha + d\alpha, t + dt) \approx f(x, \alpha, t) + \left(\frac{\partial f}{\partial x} \right)_{x,\alpha,t} \cdot dx + \left(\frac{\partial f}{\partial t} \right)_{x,\alpha,t} \cdot dt + \left(\frac{\partial f}{\partial \alpha} \right)_{x,\alpha,t} \cdot d\alpha \tag{13.35}$$

$$P(x + dx, t + dt) \approx P(x, t) + \left(\frac{\partial P}{\partial x} \right)_{x,\alpha,t} \cdot dx + \left(\frac{\partial P}{\partial t} \right)_{x,\alpha,t} \cdot dt \tag{13.36}$$

但是系统的控制保证

$$\forall i \in \{1 \cdots p\}$$

$$S_i(x + dx, \alpha_1 + d\alpha_1, \cdots, \alpha_i + d\alpha_i, t + dt) = 0$$

$$\Rightarrow 0 = \left(\frac{\partial S_i}{\partial x} \right)_{x,\alpha,t} \cdot dx + \sum_{j=1}^{i} \left(\left(\frac{\partial S_i}{\partial \alpha_j} \right)_{x,\alpha,t} \cdot d\alpha_j \right) + \left(\frac{\partial S_i}{\partial t} \right)_{x,\alpha,t} \cdot dt$$

如果将该公式的每个标志 I 从 1 到 p 改写，则可以得到

$$\mathrm{d}\alpha = -\left(\frac{\partial S}{\partial \alpha}\right)_{x,\alpha,t}^{-1} \cdot \left(\left(\frac{\partial S}{\partial x}\right)_{x,\alpha,t} \cdot \mathrm{d}x + \left(\frac{\partial S}{\partial t}\right)_{x,\alpha,t} \cdot \mathrm{d}t\right) \qquad (13.37)$$

其中

$$S(x,\ \alpha,\ t) = [S_1(x,\ \alpha,\ t)\cdots S_\mathrm{p}(x,\ \alpha,\ t)]^\mathrm{T}$$

注意：矩阵 $\left(\frac{\partial S}{\partial \alpha}\right)_{x,\alpha,t}^{-1}$ 是非奇的，因为 $\left(\frac{\partial S}{\partial \alpha}\right)_{x,\alpha,t}$ 是下三角非零行列式（系统假设有 p 个动作序列）。

通过利用式（13.35）和式（13.37）并使之与式（13.36）比较，映射 P 的雅可比行列式为

$$J_{Px,t} = \left[\left(\frac{\partial f}{\partial x}\right)_{x,\alpha,t} - \left(\frac{\partial f}{\partial \alpha}\right)_{x,\alpha,t} \cdot \left(\frac{\partial S}{\partial \alpha}\right)_{x,\alpha,t}^{-1} \cdot \left(\frac{\partial S}{\partial x}\right)_{x,\alpha,t}\right.$$

$$\left.\left(\frac{\partial f}{\partial t}\right)_{x,\alpha,t} - \left(\frac{\partial f}{\partial \alpha}\right)_{x,\alpha,t} \cdot \left(\frac{\partial S}{\partial \alpha}\right)_{x,\alpha,t}^{-1} \cdot \left(\frac{\partial S}{\partial t}\right)_{x,\alpha,t}\right] \qquad (13.38)$$

可以看出尽管映射 P 没有一个显式函数，但是它也可以得到其雅可比矩阵的解析表达式。这个可以用来确定矢量 x 和 α 的值，通过拉富生—牛顿（Raphson-Newton）算法[TSE 95]，或者当这些特征值非常接近零时利用变步长梯度算法。一旦与稳态状态相关的点被定义，则雅可比矩阵的特征值可以被计算出来，以便研究由轨迹所描述的极限环的稳定性。

交流工作模式的注释　在交流模式下，对映射 P 和雅可比矩阵的了解不足以研究由状态轨迹所描述的环，这里映射 P 依赖于时间的显式。为了分析这个环的稳定性，需要定义一个二阶庞加莱截面[MAZ 03]使这个环的稳定性问题能够转换为不动点稳定性问题。为此，如果设 ω_r 和 ω_s 分别为参考信号和开关的角频率，则可以确定以下三种情况：

1）ω_r/ω_s 是一个整数 k，这样环的稳定性可以利用式（13.38）所确定的雅可比矩阵计算映射 $P^{ok}(x,\ t)$ 的特征值来确定；

2）或者 ω_r 和 ω_s 至少有一个公约数，这样，这个环的稳定性可以利用与之相关的雅可比矩阵计算映射 $P^{ok}(x,\ t)$ 的特征值来确定，其中 $k = \mathrm{LCD}(\omega_s,\ \omega_r)$；

3）如果没有公约数，则稳定性可以用插值的方法研究[KAA86]。

13.3.5　非线性电流调节器中极限环的分析

为了研究功率开关所引起的电流高频特性在系统中常用的状态变量，定义两种不同的状态：DC-DC 变换器，其中电流参考假设为固定值；AC-AC 或者 DC-

272

AC变换器，参考值为交流。

13.3.5.1 直流模式应用

为了研究在稳态阶段环的特性，如13.3.3节和13.3.4节中介绍的，将考虑稳态时状态矢量的特性，其采样周期与开关周期一致（离散时间映射）。假设映射 P 及控制律（确定开关角度指令）是已知的（见11.3节）。在直流模式中，除了映射 P 的时间相关分量，其他分量均不是时间相关显式。当我们画映射 P 的特征值时（称为弗洛盖乘子），由于它的时间相关分量，因此将忽略单位特征值。

13.3.5.1.1 极限环分析的例子

1. 开通或关断触发电流调节器

对于带有积分部分的开通或关断混合调节器（图13.9和图13.11），分岔参数是补偿信号的斜率和积分系数 K_i。通常如前面所见到的，补偿斜坡斜率的增加可以消除多重周期或者混沌极限环的出现。

为了说明，图13.19和图13.20所示为开通和关断触发调节器各自占空比小于或大于0.5的情况。在这里变换器为升压斩波器，如图13.18所示。输入和输出电压假设为理想电压源。

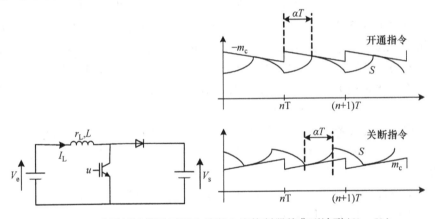

图13.18　升压斩波器及开通和关断电流控制器的典型波形（$V_s > V_e$）

对于补偿信号斜坡斜率分岔参数函数环的演化分析，可以画出与前面两个例子相关参数值的分岔图。

为此，必须知道与这些图相关的庞加莱映射 P 的表达式（12.4节）。

所研究的这个控制器的系统是一个二阶系统（$m=2$）。如果写为

$$y(t) = \int_0^t (I_L - I_{ref})(\tau)\mathrm{d}\tau$$

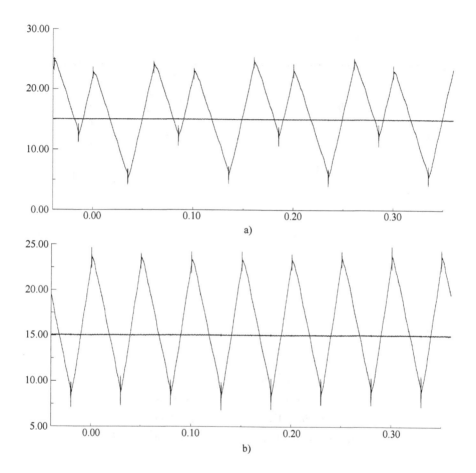

图 13.19　实验结果

$D = 0.4$，$K_i = 20000$，$f_d = 20\text{kHz}$，

$L = 0.1\text{mH}$，$V_s = 100\text{V}$，$m_{c0} = V_s/L$

a) 2 个 T 周期环 $m_c/m_{c0} = 0.025$　b) 单周期环 $m_c/m_{c0} = 0.044$，电流单位为 A，时间单位为 ms

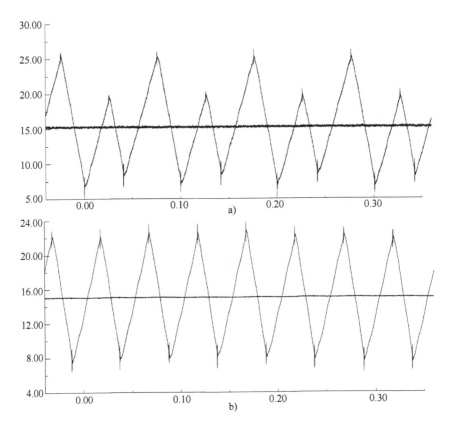

图 13. 20 实验结果

$D = 0.6$, $K_i = 20000$, $f_d = 20\text{kHz}$,

$L = 0.1\text{mH}$, $V_s = 100\text{V}$, $m_{c0} = V_s/L$

a) 2 个 T 周期环 $m_c/m_{c0} = 0.025$ b) 单周期环 $m_c/m_{c0} = 0.044$，电流单位为 A，时间单位为 ms

则它在整个控制序列中满足以下微分方程：

$$nT \leqslant t \leqslant nT + \alpha T$$

$$\frac{\text{d}}{\text{d}t}\begin{bmatrix} I_\text{L} \\ y \end{bmatrix} = \begin{bmatrix} -\dfrac{r_\text{L}}{L} & 0 \\ 1 & 0 \end{bmatrix} \cdot \begin{bmatrix} I_\text{L} \\ y \end{bmatrix} + \begin{bmatrix} \dfrac{V_\text{e}}{L} \\ 0 \end{bmatrix} + \begin{bmatrix} 0 \\ -I_\text{ref} \end{bmatrix} \Leftrightarrow \dot{x} = A_1 \cdot x + B_1 \quad (13.39)$$

$$nT + \alpha T < t \leqslant (n+1)T$$

$$\frac{\text{d}}{\text{d}t}\begin{bmatrix} I_\text{L} \\ y \end{bmatrix} = \begin{bmatrix} -\dfrac{r_\text{L}}{L} & 0 \\ 1 & 0 \end{bmatrix} \cdot \begin{bmatrix} I_\text{L} \\ y \end{bmatrix} + \begin{bmatrix} \dfrac{V_\text{e} - V_\text{s}}{L} \\ 0 \end{bmatrix} + \begin{bmatrix} 0 \\ -I_\text{ref} \end{bmatrix} \Leftrightarrow \dot{x} = A_2 \cdot x + B_2$$

$$(13.40)$$

这两个方法很容易积分并且很容易利用状态矢量在 nT 时刻的值来表示其在 $(n+1)T$ 时刻的值。得到

$$x((n+\alpha)T) = x(nT) \cdot e^{A_1 \cdot \alpha T} + A_1^{-1} \cdot (e^{A_1 \cdot \alpha T} - I) \cdot B_1$$

$$x((n+1)T) = x((n+\alpha)T) \cdot e^{A_2 \cdot (1-\alpha)T} + A_2^{-1} \cdot (e^{A_2 \cdot (1-\alpha)T} - I) \cdot B_2$$

在式(13.32)中定义的映射 f 可以写为如下映射：

$$f(x(nT), \alpha, nT) =$$

$$\left[\begin{array}{c} (X(nT) \cdot e^{A_1 \cdot \alpha T} + A_1^{-1} \cdot (e^{A_1 \cdot \alpha T} - I) B_1) \cdot e^{A_2 \cdot (1-\alpha)T} + A_2^{-1} \cdot (e^{A_2 \cdot (1-\alpha)T} - I) \cdot B_2 \\ nT + T \end{array} \right]$$

$$(13.41)$$

因此用于绘制分岔图的庞加莱映射与式(13.34)所定义的有相同形式。由式(13.33)所定义的控制律给出在变换器中导通宽度 α 可以写为如下形式：

(1)对于开通触发控制器：

$$S(x(nT), \alpha, nT) = [i(t) - i_{\text{ref}}(t)] + K_i(y(nT) +$$

$$\int_{nT}^{nT+\alpha T} [(i(\tau) - i_{\text{ref}}(\tau))] d\tau - c_a(t) \quad (13.42)$$

其中

$$c_a(t) = I_{\text{ref}} + m_c [T/2 - t(\text{mod}(T))]$$

$$nT \leqslant t \leqslant (n+1)T$$

(2)对于关断触发控制器：

$$S(x(nT), \alpha, nT) = [i(t) - i_{\text{ref}}(t)] + K_i(y(nT) + \int_{nT}^{(n+1)T-\alpha T} [(i(\tau)$$

$$) - i_{\text{ref}}(\tau))] d\tau - c_a(t) \quad (13.43)$$

其中

$$c_a(t) = I_{\text{ref}} + m_c [-T/2 + t(\text{mod}(T))]$$

$$nT \leqslant t \leqslant (n+1)T$$

注：控制器开通触发(关断触发)的时间起点是开通(关断)触发信号的上升沿。

如前所述，庞加莱映射 P 没有一个显式表示。然而式(13.38)、式(13.41)、式(13.42)和式(13.43)可以用于得到其雅可比显式表达式。

通过考虑图13.21所示的分岔图可以看出对于所选的这些值，环的特性完全按照分岔参数函数进行改变。T 周期环(按照期望开关频率工作)和多重周期，甚至混沌环(补偿斜率值接近零)都会出现。

为了研究这个环的稳定性，可以通过研究映射 P 的特征值特性来完成分岔图的绘制。尽管把该映射当作庞加莱映射，但并不是严格正确。

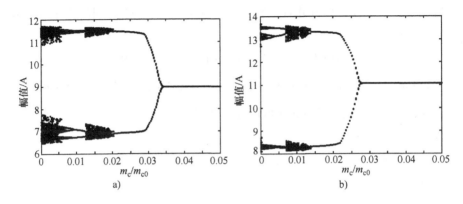

图 13.21　分岔图

$L = 0.1\text{mH}$，$R = 0.0018\Omega$，$K_i = 20000$，$f_d = 20\text{kHz}$

a) $D = 0.4$，$V_e = 60\text{V}$，$V_s = 100\text{V}$　b) $D = 0.6$，$V_e = 40\text{V}$，$V_s = 100\text{V}$，$m_{c0} = V_s/L$

图 13.22 所示为与先前两种情况相关的弗洛盖乘子图。注意所有弗洛盖乘子均在单位圆内，并且它们的曲线趋近点（-1，0）（周期加倍地快速翻转分岔）。当 m_c/m_{c0} 接近 0.033 时，环系数为 0.4，当 m_c/m_{c0} 接近 0.028 时，环系数为 0.6。

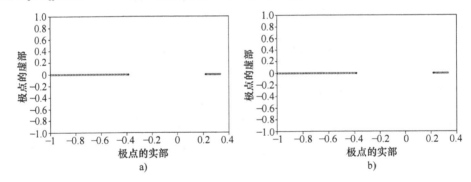

图 13.22　弗洛盖乘子图 m_c/m_{c0} 从 0.035 变化到 0.2

$L = 0.1\text{mH}$，$R = 0.0018\Omega$，$K_i = 20000$，$f_d = 20\text{kHz}$

a) $D = 0.4$，$V_1 = 60\text{V}$，$V_2 = 100\text{V}$　b) $D = 0.6$，$V_1 = 40\text{V}$，$V_2 = 100\text{V}$

2. 调制的滞环电流调节器

这种调节器有三个控制参数，即载波信号的幅值 A_{tr}、滞环宽度 B_h 和积分系数 K_i。

需要考虑的分岔参数是 A_{tr} 和 B_h，系数 K_i 被用于调节该调节器的动态性能。

在正常工作模式下，该调节器有三个可能的开关序列。

时间的起始点定为与三角信号的顶点对齐，如图 13.23 所示。

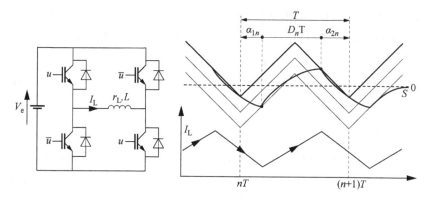

图 13.23 四象限斩波器和利用调制的滞环调节器得到的典型波形

系统状态变量(换句话说，电感中的电流及积分变量)所满足的微分方程如下：

$$t \in [nT, \ nT + \alpha_{1n}T] \rightarrow \dot{x} = \begin{bmatrix} -\dfrac{r}{L} & 0 \\ 1 & 0 \end{bmatrix} \cdot x + \begin{bmatrix} \dfrac{-v_e}{L} \\ -I_{\text{ref}} \end{bmatrix} = A_1 \cdot x + B_1 \quad (13.44)$$

$$t \in [nT + \alpha_{1n}T, \ nT + \alpha_{1n}T + D_nT] \rightarrow \dot{x} = \begin{bmatrix} -\dfrac{r}{L} & 0 \\ 1 & 0 \end{bmatrix} \cdot x + \begin{bmatrix} \dfrac{v_e}{L} \\ -I_{\text{ref}} \end{bmatrix} = A_2 \cdot x + B_2$$

$$(13.45)$$

和

$$t \in [nT + \alpha_{1n}T + D_nT, \ (n+1)T] \rightarrow \dot{x} = \begin{bmatrix} -\dfrac{r}{L} & 0 \\ 1 & 0 \end{bmatrix} \cdot x + \begin{bmatrix} \dfrac{-v_e}{L} \\ -I_{\text{ref}} \end{bmatrix} = A_3 \cdot x + B_3$$

$$(13.46)$$

其中

$$x = \begin{bmatrix} I_L \\ y \end{bmatrix}, y = \int_0^t (I_L - I_{\text{ref}})(\tau)\,\mathrm{d}\tau$$

跟前面的例子一样，这些公式可以很容易在每个周期进行积分，并且很容易利用状态矢量在 nT 时刻的值来表示其在 $(n+1)T$ 时刻的状态矢量。有

$$x((n+\alpha_{1n})T) = x(nT) \cdot \mathrm{e}^{A_1 \cdot \alpha_{1n}T} + A_1^{-1} \cdot (\mathrm{e}^{A_1 \cdot \alpha_{1n}T} - I) \cdot B_1$$

$$x((n+\alpha_{1n}+D_n)T) = x((n+\alpha_{1n})T) \cdot \mathrm{e}^{A_2 \cdot D_nT} + A_2^{-1} \cdot (\mathrm{e}^{A_2 \cdot D_nT} - I) \cdot B_2$$

$$x((n+1)T) = x((n+\alpha_{1n}+D_n)T) \cdot \mathrm{e}^{A_3 \cdot (1-\alpha_{1n}-D_n)T} + A_3^{-1} \cdot (\mathrm{e}^{A_3 \cdot (1-\alpha_{1n}-D_n)T} - I) \cdot B_3$$

$$(13.47)$$

则在 $(n+1)T$ 时刻状态矢量的值将成为 nT 时刻状态矢量的值以及持续时间 $\alpha_{1n}T$ 和 D_nT 的函数。它可以写成与式(13.32)所给出的相同形式

$$x((n+1)T) = f(x(nT), \ \alpha_{1n}T, \ D_nT) \tag{13.48}$$

正如 13.3.5 节一样，α_{1n} 和 D_n 的值是如下所定义的两个显式 S_1 和 S_2 的解：

$$S_1(x(nT), \ \alpha_{1n}, \ nT) = S(nT+\alpha_{1n}T) - S_b(nT+\alpha_{1n}T) = 0 \tag{13.49}$$

$$S_2(x_n, \ \alpha_{1n}, \ D_n, \ nT) = S(nT+\alpha_{1n}T+D_nT) - S_a(nT+\alpha_{1n}T+D_nT) = 0$$

$$\tag{13.50}$$

其中，$S_a(t)$ 和 $S_b(t)$ 是与变量 S 进行比较的上下滞环阈值(见图13.23)。它们可以进行傅里叶展开：

$$\begin{cases} S_a(t) = \dfrac{-8A_{tr}}{\pi^2} \displaystyle\sum_{n=1,3,5\cdots} \dfrac{1}{n^2}\cos(n\omega t) + B_h \\[4mm] S_b(t) = \dfrac{-8A_{tr}}{\pi^2} \displaystyle\sum_{n=1,3,5\cdots} \dfrac{1}{n^2}\cos(n\omega t) - B_h \end{cases} \tag{13.51}$$

式(13.34)所给出的映射 P 因此可以由式(13.48)、式(13.49)和式(13.50)来定义。

图 13.24 所示为两种系统特性的实验结果。图 13.24a 所示为 T 周期轨道电流特性($A_{tr}=8$，$B_h=6$，$F=10\mathrm{kHz}$)，而图 13.24b 所示为多重周期轨道电流特性($A_{tr}=5$，$B_h=6$，$F=10\mathrm{kHz}$)。变换器使用了 H 桥变换器为阻感负载供电。

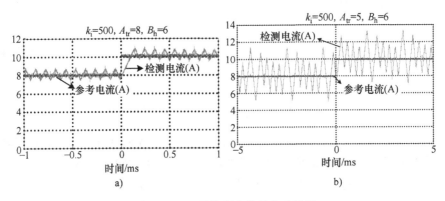

图 13.24　两种控制参数的实验结果

$v_e = 50\mathrm{V}$，$L = 2.3\mathrm{mH}$，$R = 0.01\Omega$

a) $A_{tr}=8$，$B_h=6$，$K_i=500$，$F=10\mathrm{kHz}$；b) $A_{tr}=5$，$B_h=6$，$K_i=500$，$F=10\mathrm{kHz}$

为了分析这些结果，首先画出分岔的 3 维图（积分系数值固定为 $K_i = 500$），如图 13.25 所示。然后可以将 A_{tr} 的值在 0~10 推广，平面部分表示所产生的稳定单周期环。

分岔图（见图 13.25）和图 13.24 所示的实验结果可以结合起来对这些结果进行相互印证。

为了计算弗洛盖乘子，只有式（13.51）中最初的三个谐波被用于计算雅可比矩阵。在这些专门选定的参数中，弗洛盖乘子均为实数。

图 13.26 所示为映射 P 在不同 A_{tr} 值以及 $B_h = 6$ 时弗洛盖乘子的实部演化过程。随着系数 A_{tr} 的取值大于 5.4，它们均在单位圆内。

因此状态轨迹所产生的极限环是 T 周期稳定环。

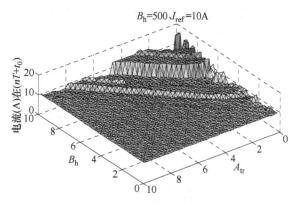

图 13.25 三维分岔图
$F = 10\text{kHz}$，$V_e = 50\text{V}$，$L = 2.3\text{mH}$，$R = 0.01\Omega$

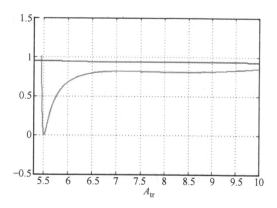

图 13.26 弗洛盖乘子的实部演化
$F = 10\text{kHz}$，$V_e = 50\text{V}$，$L = 2.3\text{mH}$，$R = 0.01\Omega$，
$K_i = 500$，$B_h = 6$ 并且 A_{tr} 取 6 个不同的值

13.3.5.1.2 参数鲁棒性分析

鲁棒性概念总是基于相同的原理：指令策略对外部干扰、参数变化和模型不确定性的敏感性。这里主要关心由状态轨迹所描述的环的特性对负载参数（电感值或电阻值）变化的响应。使用的检验直流模式环稳定性的主要工具是在特定的调节器和系统参数下计算弗洛盖乘子。

1. 开通或者关断触发调节器的鲁棒性研究

这里研究的变换器是一个升压斩波器，在连续导通模式工作见 13.3.5.1.1 节的介绍（见图 13.18）。通过一个例子考虑电感的变化情况（例如由于匝间短路产生的）。

图 13.27 所示为弗洛盖乘子和电流平均值在稳态时随着电感从 50%~150% 变化的演化过程。系数 m_c/m_{c0} 固定为 0.1，而参考电流固定为 15A。可以看出不

280

论电感取什么值，弗洛盖乘子均保持在单位圆内。因此状态轨迹总是 T 周期稳定环。平均电流准确地保持在 15A。这些都说明尽管电感变化很大，但电流调节器仍然准确工作。

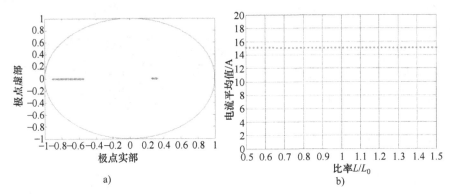

图 13.27 演化

$m_c/m_{c0} = 0.1$，$K_i = 20000$，$L_0 = 0.1\text{mH}$，$R = 0.018\Omega$，$f_s = 20\text{kHz}$，$I_{ref} = 15\text{A}$

a) 弗洛盖乘子　b) 当电感变化从 $50\% \sim 150\%$ 时平均电流值

2. 调制的滞环调节器参数鲁棒性研究

这里利用图 13.23 中的 H 桥变换器，由固定的 50V 直流电压源进行供电。为了研究其鲁棒性，选取 (A_{tr}, B_h) 等于 $(8, 6)$，并将负载参数固定为 $L_0 = 2.3\text{mH}$，$R_0 = 0.01\Omega$。得到的分岔图如图 13.28 所示。得到的表面是一个平面，说明该环是 T 周期稳定环。

通过计算所有负载参数的庞加莱映射特征值的结果证实了这一点，如图 13.29 所示。

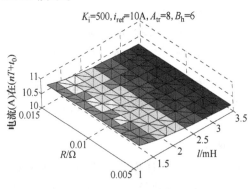

图 13.28 分岔图
$F = 10\text{kHz}$，$A_{tr} = 8$，$B_h = 6$，$v_1 = v_2 = 50\text{V}$，$e = 0$，$l = 2.3\text{mH}$，$R = 0.01\Omega$，

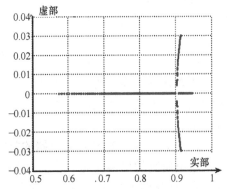

图 13.29 弗洛盖乘子随负载变化图
$F = 10\text{kHz}$，$A_{tr} = 8$，$B_h = 6$，$v_1 = v_2 = 50\text{V}$，$e = 0$，$l = 2.3\text{mH}$，

$$K_i = 500, \quad i_{ref} = 10A \qquad\qquad R = 0.01\Omega, \quad K_i = 500, \quad i_{ref} = 10A$$

13.4 总结

本章讨论了非线性电流调节器利用滞环在固定频率或变化频率进行工作。这些调节器可以用于 DC-DC、AC-DC、DC-AC 变换器结构。利用电流调节器工作在滞环类控制结构所输出固定频率下显示出对动态特性与参数鲁棒性的折中是非常有用的。然而，这些调节器的高频特性非常依赖于调节器和系统的参数。为了研究由功率开关所引起的高频电流变化，需要利用极限环进行分析。

13.5 参考文献

[ALI 07a] ALI-SHAMSI NEJAD M., PIERFEDERICI S., MARTIN J.P., MEIBODY-TABAR F., "Modeling and design of non-linear hybrid current controller suitable for high dynamic current loops", *European Physical Journal Applied Physics*, vol. 39, p. 51–65, 2007.

[ALI 07b] ALI-SHAMSI NEJAD M., PIERFEDERICI S., MARTIN J.P., MEIBODY-TABAR F., "Study of an hybrid current controller suitable for DC/DC or DC/AC applications", *IEEE Transaction on Power Electronics*, vol. 22, p. 2176–2186, 2007.

[ALL 96] ALLIGOOD K.T., SAUER T.D., YORKE J.A., *Chaos an Introduction to Dynamical Systems*, Springer-Verlag, New York, 1996.

[BOD 01] BODE G.H., HOLMES D.G., "Load independent hysteresis current control of a three level single phase inverter with constant switching frequency", *IEEE PESC 2001, 32nd Annual Power Electronics Specialists Conference*, Vancouver, 17–21 2001.

[CAF 05] CAFAGNA D., GRASSI G., "Experimental study of dynamic behaviors and routes to chaos in DC-DC boost converters", *Chaos Solitons and Fractals 2005*, p. 499-507, Elsevier, Paris, 2005.

[CHA 96] CHAN W.C.Y., TSE C.K., "Studies of routes to chaos for current-programmed DC/DC converters", *IEEE PESC 96*, New York, USA, 1996.

[CHE 00a] CHEN J.H., CHAU K.T., CHAN C.C., "Analysis of chaos in current-mode-controlled DC drive systems", *IEEE Transactions on Industrial Electronics*, vol. 47, n° 1, 2000.

[CHE 00b] CHEN G., MOIOLA J.L., WANG H.O., "Bifurcation control: theories, methods, and applications", *International Journal of Bifurcation and Chaos*, vol. 10, n° 3, p. 511–548, 2000.

[CHE 03] CHENG K.W.E., LIU M., WU J., "Chaos study and parameter-space analysis of the DC-DC buck-boost converter", *IEE Proc. Electr. Power Applications*, vol. 150, n° 2, 2003.

[HAU 92] Hautier J.P., "A pulse width modulation with synchronized self-oscillations of power electronic converter", *Report of the Academy of Sciences Paris*, t. 314, series II, p. 1407–12, 1992.

[IU 03] Iu H.H.C., Robert B., "Control of chaos in a PWM current-mode H-bridge inverter using time-delayed feedback", *IEEE Trans. on Circuits and Systems*, vol. 50, n° 8, 2003.

[KAA 86] Kaas-Petersen C., "Computation of quasiperiodic solution of force dissipative systems", *J. Comput. Phys.*, vol. 58, p. 395–408, 1986.

[KAZ 98] Kazmierkowski M.P., Malesani L., "Current control techniques for three-phase voltage-source PWM converters: A Survey", *IEEE Transactions on Industrial Electronics*, vol. 45, n° 5, p. 691–703, 1998.

[KHA 96] Khalil H., *Nonlinear Systems*, 2nd edition, Upper Saddle River, Prentice-Hall, Englewood Cliffs, NJ, 1996.

[LAC 08] Lachichi A., Pierfedirici S., Martin J.P., Davat B., "Study of a hybrid fixed frequency current controller suitable for DC/DC applications", *IEEE Transactions on Power Electronics*, vol. 23, n° 3, 2008.

[LEC 99] Lecaire J.C., Siala S., Saillard J., Le Doeuf R., "A new pulse modulation for voltage supply inverter's current control", *EPE99*, Lausanne, Switzerland, 1999.

[MAZ 03] Mazumder S.K., Nayfeh A.H., Boroyevich D., "An investigation into the fast- and slow-scale instabilities of a single phase bidirectional boost converter", *IEEE Tran. on Power Electronics*, vol. 18, n° 4, p. 1063–1069, 2003.

[PAN 02] Pan C.T., Huang Y.S., Jong T.L., "A constant hysteresis band current controller with fixed switching frequency", *ISIE 2002*, vol. 3, p. 1021–1024, 2002.

[PIE 03] Pierquin J., Robyns B., Hautier J.P., "Self-oscillating current controllers: Principles and applications", *EPE 2003*, Toulouse, France, 2003.

[RAS 99] Ras A., Guinjoan F., "Ramp-synchronized, sliding-mode hybrid control of buck converter", *EPE '99*, Lausanne, Switzerland, 1999.

[ROD 97] Rodriguez J., Pontt J., Silva C.A., Correa P., Lezana P., Cortès P., Ammann U., "Predictive current control of a voltage source inverter", *IEEE Transaction on Industrial Electronics*, vol. 54, n° 1, 2007.

[TSE 95] Tse H.C., Chan W.C.Y., "Instability and chaos in a current-mode controlled Cuk converter", *IEEE PESC 1995 26th Annual IEEE Power Electronics Specialists Conference*, vol. 1, p. 608–613, Atlanta, USA, 1995.

第14章 利用自振荡电流
控制器的电流控制

14.1 引言

PWM 技术被用来进行变换器的输出电流或者电压控制以驱动电气负载[SEI88]。这些电气负载可能是直流电动机，单相或者三相交流电动机。所有情况下，变换器输出侧负载或者滤波器均为感性元件。利用 PWM 控制技术，可以控制从变换器输出的感性电流。

当需要高性能控制时，负载电流控制环考虑到动态特性、鲁棒性等，最好利用模拟控制，这是由于其所提供的快速响应。这个性能可以利用滞环调节器得到[BOS 90,ELS 94,MAL 97]。然而，变换器的开关频率很难控制并且一定不能超过变换器的最高频率，否则功率开关容易被损坏。

为了限制这个频率，发明了各种解决方案。滞环宽度可以用于这类电流控制[BOS 90,MAL 97]。尽管如此，开关频率的控制仍然依赖于系统的参数，有时并不完全知道。

为了实现高性能控制，同时控制功率开关的最高频率而不需要详细的负载参数，参考文献[LEC 99]研究出了一个新的电流控制技术和脉冲产生方法。其性能非常引人注目：动态性能好，最大开关频率得到控制，负载参数影响很小，电流谐波畸变很小，并且非常稳定。下面所要介绍的内容见参考文献[LEC 97,LEC 02a,LEC 07a]。

14.2 自振荡电流控制器工作原理

14.2.1 两用的局部环

图 14.1 所示为最小系统[LEC 99a]。变换器输出一个信号 $u(t)$ 给感性负载，负载的传递函数记为 $F_1(p)$，经过负载的电流利用跨阻为 R_T 的电流传感器检测。反馈信号经过一个二阶低通滤波器，其传递函数记为 $F_2(p)$，其输出信号与参考信号在误差检测模块中进行比较。这个误差的符号改变变换器的输出状态。如果误差为负，则变换器输出稳定的负电压。

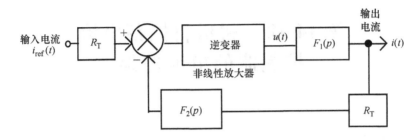

图 14.1 局部电流控制环

下一节将展示这个设备既可以用于控制变换器中功率开关的最高开关频率，也可以控制提供给感性负载的输出电流。有两个模式同时工作：第一个模式工作在高频并且与反馈结构相关，像振荡器一样工作；第二个模式工作在低频也与反馈结构相关，包含有一个比较器，以及与参考值的比较，称为反馈系统或者闭环系统。

14.2.2　开关频率控制的局部控制环

图 14.2 与前面的结构相似，但是功率变换器由一个线性放大器代替[LEC 99a]。

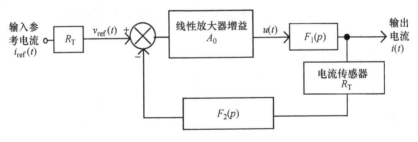

图 14.2　局部电流控制环

低频信号的闭环用在系统的输入，也用于正反馈，使之进入一个振荡模式。传递函数的选择要使得这个模式自动出现。为了使之发生，需要传递函数 $F_2(p)$ 是一个二阶低通滤波器，因为传递函数 $F_1(p)$ 代表一阶低通滤波器。

如果假设放大器的放大倍数是正的，则环路中其他串联的线性部分的相移必须为零。因为误差检测器在反馈信号中引入了 $180°$ 的相移，在振荡频率下滤波器 F_1 和 F_2 之间必须引入 $-180°$ 相移。因为这个频率与滤波器 F_1 的特征频率相比相当高，在振荡频率下这个滤波器产生一个接近 $-90°$ 的相移。为了实现期望的振荡，需要滤波器 F_2 来引入一个接近 $-90°$ 的相移。为了引入这个相移，一个二阶低通滤波器是理想选择。不仅如此，这样的滤波器只有一个信号振荡频率能够通过。这些情况下，结构对正弦波振荡来说比较简单，其中放大器系数在振荡频率下当参考信号为零时被记为 A_0，如图 14.3 所示。

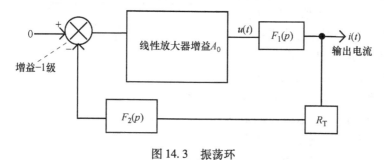

图 14.3　振荡环

振荡频率可以利用比较熟悉的模拟电子正弦振荡器工具来确定。这个工具是 Heinrich Georg Barkhausen（1881—1956）建立的。将误差检测器用 -1 增益代替。传递函数 $F_1(p)$ 和 $F_2(p)$ 由式（14.1）给出

$$F_1(p) = \frac{I(p)}{U(p)} = \frac{1}{R + Lp} = \frac{1}{R} \cdot \frac{1}{1 + \tau_1 p} \tag{14.1}$$

$$F_2(p) = \frac{1}{1 + \dfrac{2\xi p}{\omega_0} + \dfrac{p^2}{\omega_0^2}} \tag{14.2}$$

整个反馈环的传递函数 $F(p)$，从放大器输入到误差检测器输出，等于如下公式，该表达式必须满足 Barkhausen 准则：

$$F(j\omega) = \frac{V_{er}}{V_e} = -A_0 \cdot \frac{R_T}{R} \cdot \frac{1}{1 + \tau_1 j\omega} \cdot \frac{1}{1 + \dfrac{2\xi j\omega}{\omega_0} - \dfrac{\omega^2}{\omega_0^2}} \tag{14.3}$$

由于 $F(j\omega)$ 的分子是实数，其分母可以用来确定振荡频率。这种情况下，足够设置分母的虚部到零以满足第一 Barkhausen 准则。分母的表达式为

$$D(j\omega) = \frac{1}{\omega_0^2}(\omega_0^2 - (2\xi\omega_0\tau_1 + 1)\omega^2) + j\frac{\omega}{\omega_0}\left(\omega_0\tau_1\left(1 - \frac{\omega^2}{\omega_0^2}\right) + 2\xi\right) \tag{14.4}$$

这样，如果虚部被设为零，则可以很容易确定振荡频率，记为 f_{osc}。这些可以由式（14.5）说明，在所关心的应用中[LEC 99a]，其中乘积 $\omega_0\tau_1$ 远大于 10

$$\frac{f_{osc}}{f_0} = \sqrt{1 + \frac{2\xi}{\omega_0\tau_1}} = \sqrt{1 + 2\xi \cdot \frac{f_1}{f_0}} \tag{14.5}$$

让频率特性 f_1 与负载的时间常数产生联系，产生了另外一个图，如图 14.4 所示。基于振动频率 f_{osc} 与滤波器 F_2 固有频率 f_0 的比值。F_1 传递函数的截止频率（如同电动机控制中的值）多数为几百 Hz，而 f_0 是几千 Hz。因此，振荡频率对决定振荡频率的负载和滤波器 F_2 的参数不敏感。现在通过设定函数 $F(j\omega)$ 在振荡频率时为 1，或者利用第二 Barkhusen 准则，在相同频率时放大器增益 A_0 可以确定[LEC 99a]：

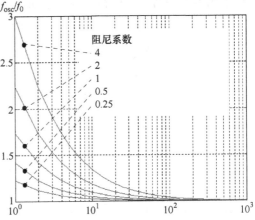

图 14.4　滤波器振荡频率与滤波器 F_2 固有频率的比值作为角频率 ω_0 和滤波器 F_1 时间常数的乘积的函数即为阻尼系数的函数

$$A_0 = 2\xi \cdot \frac{R}{R_T} \left(\omega_0 \tau_1 + \frac{1}{\omega_0 \tau_1} + 2\xi \right)$$

$$\approx 2\xi \cdot \frac{R}{R_T} \cdot \omega_0 \tau_1 \qquad (14.6)$$

将式(14.3)和式(14.6)相结合，控制环的函数 $F(j\omega)$ 现在满足如下方程：

$$F(j\omega) = \cfrac{-2\xi \cdot \left(\omega_0 \tau_1 + \cfrac{1}{\omega_0 \tau_1} + 2\xi \right)}{\cfrac{1}{\omega_0^2}\left(\omega_0^2 - (2\xi\omega_0\tau_1 + 1)\omega^2\right) + j\cfrac{\omega}{\omega_0}\left(\omega_0\tau_1\left(1 - \cfrac{\omega^2}{\omega_0^2}\right) + 2\xi\right)} \qquad (14.7)$$

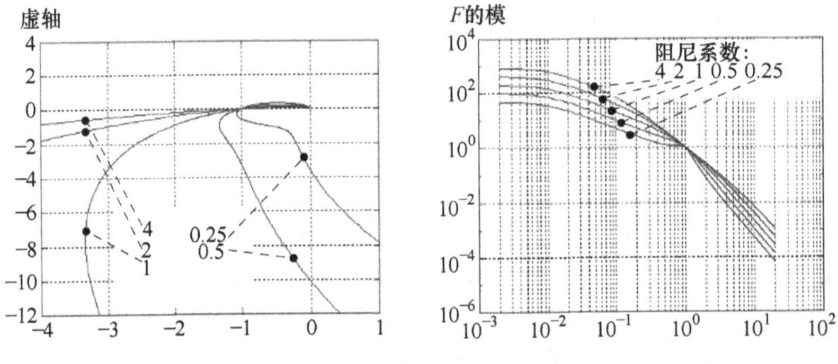

图 14.5　传递的函数 $F(j\omega)$ 奈奎斯特图以及 $F(j\omega)$ 的模作为固有频率的函数，$\omega_0\tau_1$ 等于 100，以及作为阻尼系数的函数

现在忽略误差检测器，$-F(j\omega)$ 的奈奎斯特图的下部表明曲线是在振荡频率处穿过临界点 -1。如果线性放大器有一个自动增益控制或者如果用非线性放大器代替线性放大器，则增益 A_0 会自动满足。后者在输入信号较小时会提供较大

的增益，而输入信号较大时会饱和。$F(j\omega)$ 模的图表明它在振荡频率处的单位增益反映了第二 Barkhusen 准则。

14.2.3 具备低频电流控制环

这样设备就可以进行电流控制，其中继电器型功率变换器在低频时有一个等效的增益。用于确定这个增益的方法已经被参考文献 [LEC 05] 采用。原理图中将"振荡部分"改为触发器、内部反馈环并引入一个载波 $c(t)$，如图 14.6 所示。

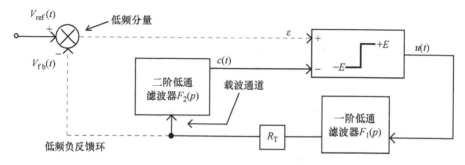

图 14.6　具有独立载波的振荡环

使用带有独立载波的控制环，其结构看起来像一个闭环系统，其中误差是与载波进行比较的。输入误差检测器的低频参考和反馈信号记为 $V_{ref}(t)$ 和 $V_{fb}(t)$，这样检测器产生低频误差给输出级。这与一个比较器结合输出一个方波信号，在电压 $+E$ 和 $-E$ 之间变化。为了简化，假设开关频率是稳定的并且等于滤波器 F_2 的固有频率，认为载波是正弦波，根据低通滤波器 F_1 和 F_2，载波可以直接通过到非线性部分，参考信号 (电流) 的低频部分给到误差检测器。

非线性继电器型放大器的增益可以由输出信号 $u(t)$ 的平均值 $<u(t)>$ 与输入的误差信号 ε 的比给出，其值假设是一个常数，并在高开关频率下给出。这个增益是正负输出电压的函数，也是占空比 α 的函数

$$G = \frac{\langle u(t) \rangle}{\varepsilon} \tag{14.8}$$

对于开关周期 T 和占空比 α，输出电压 $u(t)$ 对时间 βT 为负的，其中该时间加上 αT 等于整个周期 T。它可以表示为

$$\langle u(t) \rangle = -E \cdot (2\beta - 1) = E \cdot (2\alpha - 1) \tag{14.9}$$

信号 $u(t)$ 的一次谐波分量记为 $u_1(t)$。假设通过非线性部分反馈的载波信号是这个分量的函数，只是因为低通滤波器 F_1 和 F_2 的作用。通过 $F_1(j\omega_{osc})$ 然后是 R_T 再然后是 $F_2(j\omega_{osc})$ 之后得到的传递函数 $H(j\omega_{osc})$，可以确定载波 $c(t)$ 的幅值 C_0。进一步因为振荡频率 f_{osc} 非常接近通滤波器 F_2 的固有频率 f_0，$H(j\omega_{osc})$ 的

模可以由 $H(j\omega_0)$ 的模代替。因此可以写出信号 $u_1(t)$ 和 $H(j\omega_0)$ 模的表达式

$$u_1(t) = \frac{4E}{\pi} \cdot \sin(\pi\alpha) \cdot \sin(\omega_0 t + \phi) \tag{14.10}$$

$$\| H(j\omega_0) \| = \| F_1(j\omega_0) \| \cdot R_T \cdot \| F_2(j\omega_0) \| = \frac{R_T}{L \cdot \omega_0 \cdot 2\xi} \tag{14.11}$$

式(14.10)和式(14.11)可以用于确定载波幅值 C_0。如果这样做，会发现幅值和载波 $c(t)$ 可以用如下公式表示：

$$C_0 = \frac{4E}{\pi} \cdot \sin(\pi\alpha) \cdot \frac{R_T}{2\xi \cdot L \cdot \omega_0} \tag{14.12}$$

$$c(t) = C_0 \cdot \cos(\omega_0 t) \tag{14.13}$$

对于占空比 α，载波 $c(t)$ 与误差信号在等于 βT 一半的 t 时刻相交，其中 T 是开关周期。误差 ε 可以由式(14.14)给出

$$\varepsilon = c\left(\frac{\beta T}{2}\right) = \frac{4E}{\pi} \cdot \frac{R_T}{2\xi \cdot L \cdot \omega_0} \cdot \sin(\pi\alpha) \cdot \cos(\pi\beta) \tag{14.14}$$

然后可以利用式(14.8)、式(14.9)以及式(14.14)得到非线性继电器式放大器的增益

$$G(\alpha) = \frac{(1 - 2\alpha) \cdot \omega_0 \cdot L \cdot \xi \cdot \pi}{\sin(2\pi\alpha) \cdot R_T} \tag{14.15}$$

如果对占空比为 50% 的 $\sin(2\pi\alpha)$ 利用泰勒—杨展开[PIC 98]，也可以得到 $G(\alpha)$ 的最小增益 G_{min}

$$G_{min} = \frac{L \cdot \omega_0 \cdot \xi}{R_T} \tag{14.16}$$

在占空比 50% 附近，增益 $G(\alpha)$ 为一个"碗"形。其最小值为占空比在 50% 处，在两边都会增加。在占空比 50% 附近整个范围，被保持"碗"形并且增益会大于或等于 G_{min}。$G(\alpha)$ 的最小值 G_{min} 可以用于计算系统在闭环模式下的增益。

需要注意的是这个非线性放大器的最小增益在低频模型中也可以用两个更深入的方法确定。通过使用由 Cypkin 开发的电动机控制方面的自动化工具[HYU 01]并且其工作与功率器件仿真相关[OLI 06a]，增益 $G(\alpha)$ 可以被找到然后确定其最小值。不仅如此，利用另外一个方法[BOI 99]只能够找到等效最小增益但是其方法非常简单。在控制系统包含一个非线性继电器形元件没有任何滞环的情况下，最小等效增益可以简单地利用式(14.17)确定[BOI 99]。

$$G_{\text{eq-min}} = \cfrac{1}{2\sum\limits_{k \in N}(-1)^k \text{Re}[H(jk2\pi \cdot f_{\text{osc}})]} \tag{14.17}$$

首先假设开关频率，然后是振荡频率 f_{osc}，假设它们接近（因此可以等于）二阶滤波器 F_2 固有频率 f_0。这样结合传递函数 $H(j\omega_0)$ 在振荡频率处为实数的事实并且假设线圈的电阻可以被忽略，使得利用式(14.17)可以直接确定继电器在低频时的最小等效增益：

$$G_{\text{eq-min}} \approx \cfrac{1}{2\sum\limits_{k \in N}(-1)^k \text{Re}[H(jk2\pi \cdot f_0)]} = \cfrac{1}{-2H(j \cdot 2\pi \cdot f_0)} = \cfrac{L\omega_0\xi}{R_T}$$

$$\tag{14.18}$$

利用上面最后一个方法得到的增益 $G_{\text{eq-min}}$ 确认了增益 $G(\alpha)$ 的最小值 $G_{\min}$。然而前面两个方法给出了放大器增益作为占空比函数的更多信息。

本节所讨论的这些不同方法给出了继电器式放大器的 $G_{\min}$ 值或者 $G(\alpha)$ 作为占空比的函数。非线性放大器，没有滞环的继电器式放大器，可以被其等效线性模型所代替，使其更容易确定校正器的参数，该校正器将被引入更加复杂的控制系统。

这样等效增益可以用于优化一个电压源，该电压源由多个电流源围绕一个核心构成[LEC 07]。这个电压源可以输出的最大功率是所使用模块数的函数，每个模块都使用自振荡电流控制(SOCC)。这些功率模块是一个并联结构。核心的线性模型将全局电流输出，全局电流是考虑到每个电流源子模块中的非线性放大器的等效增益得到的。一个外环作为这个 DC-AC 变换器的输出电压调节。电压调节利用简单的比例积分微分(PID)校正器，每个参数可以用线性模型确定。

14.2.4 调节器的稳定性

对于一个功率变换器，本质上是非线性的，控制环的线性部分可以表示为一阶滤波器 F_1、电流传感器 R_T 和二阶滤波器 F_2 传递函数的乘积，这个乘积得到传递函数 $H(p)$ 等于

$$H(p) = \cfrac{R_T}{R} \cdot \cfrac{1}{1 + \left(\tau_1 + \cfrac{2\xi}{\omega_0}\right)p + \left(\cfrac{2\xi\tau_1}{\omega_0} + \cfrac{1}{\omega_0^2}\right)p^2 + \cfrac{\tau_1}{\omega_0^2}p^3} \tag{14.19}$$

在 G. Schmidt 和 Preusche 关于继电器系统的研究中[GIL 88]，他们证明了这个系统在多种条件下的稳定性。首先，其线性部分的传递函数必须可以写为如下形式：

$$H(p) = \frac{b_0 + b_1 p}{a_0 + a_1 p + a_2 p^2 + a_3 p^3} \qquad (14.20)$$

如果可以这样，则下面的条件必须得到满足[GIL 88]：

$$a_0 \geqslant 0, \ a_1 \geqslant 0, \ a_2 \geqslant 0, \ a_3 \geqslant 0$$
$$a_1 a_2 - a_0 a_3 > 0 \qquad (14.21)$$

在 SOCC 中，式(14.20)中的系数 a_0、a_1、a_2 和 a_3，以及式(14.19)是正的，并且式(14.21)中的集合也满足：

$$a_1 a_2 - a_0 a_3 = \left(\tau_1 + \frac{2\xi}{\omega_0} \right) \left(\frac{2\xi\tau_1}{\omega_0} + \frac{1}{\omega_0^2} \right) - \frac{\tau_1}{\omega_0^2}$$

$$a_1 a_2 - a_0 a_3 = \frac{2\xi}{\omega_0} \left(\tau_1^2 + \frac{2\xi\tau_1}{\omega_0} + \frac{1}{\omega_0^2} \right) > 0 \qquad (14.22)$$

因此，带有继电器形功率部分的变换器，采用 SOCC 的电流和开关频率控制是稳定的。

14.3 SOCC 的改进

14.3.1 静态误差的降低

当负载电感很小或有反电动势出现，或者直流母线电压很低时，静态误差就很可观。为了观察这个现象，可以尝试产生一个正弦电流峰值为 16A，频率为 200Hz，负载为 (R, L) 5mH15Ω，使用一个固有频率为 10kHz 的滤波器 F_2（巴特沃斯滤波器），一个电流传感器跨阻为 1V/A，电压 E 为 300V。为了降低静态误差到观测不出来的程度，简单地需要增加前向通道的低频增益。为此，在前向通道加入了一个滤波器 F_3。使用这样滤波器的 SOCC 原理图如图 14.7 所示。

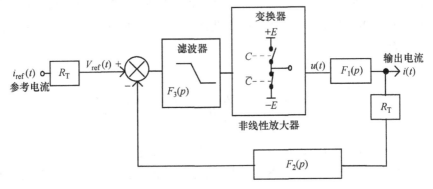

图 14.7 静态误差校正器模块

这个校正器滤波器的传递函数为

$$F_3(p) = \frac{\tau_3}{\tau_2} \cdot \frac{1 + \tau_2 \cdot p}{1 + \tau_3 \cdot p} = 5 \times 6 \frac{1 + 68 \times 10^{-6} p}{1 + 381 \times 10^{-6} p} \qquad (14.23)$$

选择时间常数使前向通道的增益不会对高频影响太大(包括开关频率)。这个频率下传递函数 F_3 的值非常接近 1。其波特图如图 14.8 所示。

前向通道中的相移在高频时几乎不变。在低频时,滤波器 F_3 的增益为 15dB。这产生了足够的前向通道增益的增加,使得在实际当中没有可以观测到的静态误差。波特图显示出滤波器 F_3 对前面所列的控制环参数线性部分的影响,为此滤波器 F_2 的固有频率 f_0 等于 10kHz,如图 14.9 所示。

对于传递函数 $H(j\omega) F_3(j\omega)$,代表控制环的全部线性部分,在频率接近 f_0 的地方相移再次为零。利用前面所列的参数,正弦电流控制在 16A 以及 200Hz 没有任何可以观测到的静态误差。电流在参考信号上下振荡,如图 14.10 所示。

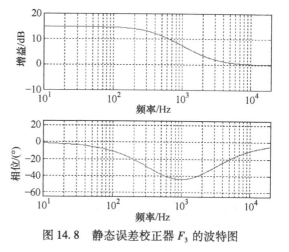

图 14.8　静态误差校正器 F_3 的波特图

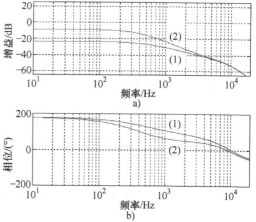

图 14.9　滤波器 F_3 对控制环的线性部分的影响
a) 没有 F_3　b) 有 F_3

14.3.2　开关频率控制

最早实现 SOCC 的是利用二
阶低通滤波器 F_2 与开关电容结合的控制器[LEC 99a, LEC 99b, LEC 99c],如图 14.11 所示。

它可以稳定运行甚至在固有频率 f_0 变化时也可以。其目的是能够评估该频率对调制器特性和性能的影响。第一个 SOCC 的原理图显示有一个输入控制频率 f_0。控制信号是一个稳态电压,也可以是一个调制的信号。

在这个最初的 SOCC 调制器的设计中,输入短路的带宽被限制以避免任何混叠效应。平滑滤波器限制低频误差带宽到 72kHz。这个防混叠滤波器与

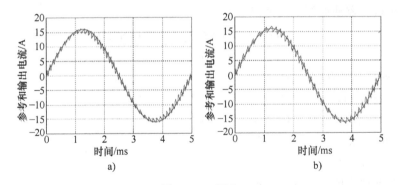

图 14.10　调节

a）没有校正滤波器 F_3　b）有校正滤波器 F_3

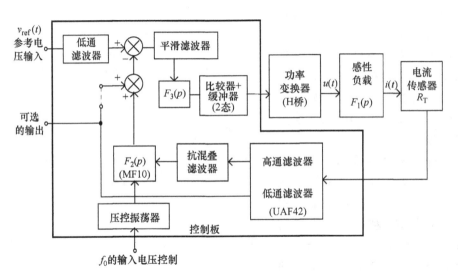

图 14.11　利用开关电容滤波器的调制器

MF10CCN 开关电容滤波器相结合，限制通过它的信号带宽到 77kHz。在所选的开关频率变化范围内，前向相移滤波器抵消有防混叠滤波器引入的相位延迟。压控振荡器使开关电容滤波器 F_2 的时钟频率被选定，因此二阶滤波器的固有频率 f_0 用来控制反馈环节的振荡频率。

利用通用有源滤波器 UAF42 组成的高通和低通滤波器将电流传感器的信号分为高于和低于 980Hz 的两部分。这个选择意味着开关电容滤波器 MF10CCN 不对变换器输出电流的直流分量进行处理。这阻止了开关电容滤波器明显的偏置电压。

最初的 SOCC 设计被修改以便将低成本的板子用于生产，其中 f_0 不能改变。

这种情况下，开关电容滤波器利用一个 Sallen-Key 结构的传统仪用放大器构成的二阶巴特沃斯低通滤波器代替。尽管很复杂，但第一个调制器在早期的实验研究中提供了很好的灵活性，并且可以进行详细的理论结果验证[LEC 00,LEC 02b]。

14.3.3 初步设计的变化

滤波器 F_2 用于控制开关频率，既可以置于前向通道也可以置于反馈通道[LEC 97]。SOCC 有两个不同的设计结构。它们的性能基本相似。将滤波器 F_2 置于前向通道的理由是它可以利用电子器件进行搭建或者利用其他器件。当使用无源滤波器时，频率 f_0 可以非常高而不用考虑放大器在高频工作时的问题。

在电动机控制时，电流控制在一个相当低的频率，系统的性能不会受到滤波器 F_2 位置的限制，因为 SOCC 固有频率的选择在 10～30kHz。

14.4 SOCC 的特性

14.4.1 开关频率

如前所述，SOCC 通过在反馈环中引起的振荡来控制功率开关的瞬时换相频率。通过对一个产生 200Hz 正弦波装置的仿真[LEC 02b]，观察纹波的瞬时演化过程说明频率的变化。所有频率只要含有纹波其成分都是一样变化的。

图 14.12 所示为变换器输出的不同电流成分的频率演化。如果滤波器 F_2 的固有频率调整到 10kHz，则开关频率被调制。不仅如此，尽管对所选参数开关频率显著降低，但频率值仍然被限制在一个比较高的值，并接近滤波器 F_2 的固有频率。

研究一个固定参考信号下的纹波，使每个传递给误差检测器的反馈信号的基本表达式被确定[LEC 99a,LEC 00]。这些基本表达式可以用来确定瞬时开关频率[LEC 99a]。这样就可以建立起开关频率作为给定的变换器输入电压所需电流函数的静态特性。也可以说明通过选择合适的滤波器 F_2 的参数，可以对最大开关频率进行很好的控制。

因此，作为直接控制的电流以及变换器输入电压的函数，建立一个表示归一化开关频率的 3 维图。这表明最大开关频率被限制在非常接近滤波器 F_2 的固有频率 f_0 处[LEC 02b]。因此开关频率可以按照需求进行精确限制，而且振荡频率与滤波器 F_2 固有频率 f_0 的比率接近 1，并且满足从线性放大器中得到的表达式。另外，开关频率也可以低于这个值。在这个情况下，不会损坏功率变换器。为了使频率显著低于这个值，参考电流必须高，而变换器的输入电压必须低，如图 14.13 所示。

294

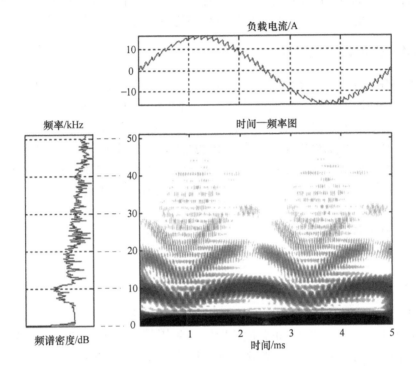

图 14.12　开关(振荡)频率的演化

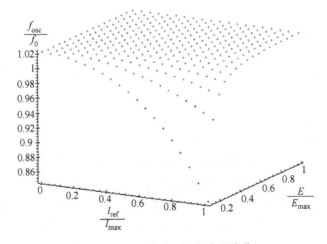

图 14.13　开关(振荡)频率的演化

14.4.2 线性度

为了评估调制器的线性度,可以将变换器的输出电流与参考电流相比较。可以看出线圈电流准确地跟踪参考电流。考察一个例子有如下条件:$L = 5\text{mH}$, $R = 15\Omega$, $\xi = 0.707$, $f_0 = 10\text{kHz}$, $E = 300\text{V}$, $I = 16\text{A}$, $f_s = 20\text{kHz}$,发现当输出中不考虑自振荡影响时低频输出电流分量和参考信号遵循一个线性关系[LEC 99a],如图14.14所示。

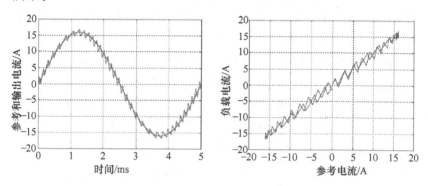

图 14.14 采用静态误差校正器滤波器 F_3 的线性度

14.4.3 谐波畸变

对于上述参数,变换器输出的电流频谱可以确定。这个频谱反映出存在幅值非常低的低频谐波,至少比基波幅值低40dB。本例通过比较有无滤波器 F_3 的情况,可以看出滤波器的好处,如图14.15所示。

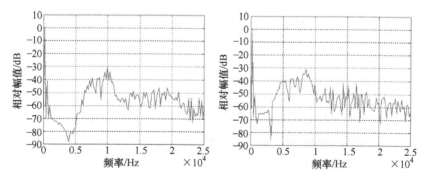

图 14.15 引入滤波器 F_3 之前与之后的频谱

滤波器 F_3 增加了前向通道的低频增益,本例中为15dB,就如同一个线性系统谐波频谱因其出现而得到衰减。

14.5　SOCC 概念的拓展

14.5.1　自振荡电压控制

14.5.1.1　自振荡电压控制带有阻性负载的 SOCC 原理应用

SOCC 的原理是在闭环系统内部引入自激振荡。高频成分显然会影响出现在该结构中的振荡器。在下文中，将相同的原理应用在带有输出由 LC 滤波的 DC-AC 功率变换器的电压调节器中。一个电压检测电路加在电容两端。经过分压反馈给自振荡电压控制器（SOVC）。图 14.16 所示为一个电阻负载的原理图[LEC 02c]。

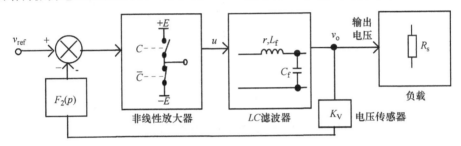

图 14.16　负载电压控制环

负载可以是感性负载或者一些更复杂的负载，但是为了使讨论得到简化，将仅考虑阻性负载。用传递函数 $F_{1R}(p)$ 表示 LC 滤波器的输出电压 $v_0(t)$ 与电压变换器桥臂输出端电压 $u(t)$ 之比。其表达式为

$$F_{1R}(p) = \frac{V_0(p)}{U(p)} = \frac{R_s}{r + R_s + (r.R_sC_f + L_f)p + R_sL_fC_fp^2} \tag{14.24}$$

其中

$$\omega_{0LC} = \frac{1}{\sqrt{L_fC_f}} \tag{14.25}$$

参数 r，L_f，C_f 和 R_s 代表可以忽略的线圈电阻、电感、平波滤波器电容和负载电阻。传递函数 $F_{1R}(p)$ 的表达式可以被简化，因为线圈电阻非常小。该式变为

$$F_{1R}(p) \approx \frac{1}{1 + \frac{L_f}{R_s}p + \frac{p^2}{\omega_{0LC}^2}} \tag{14.26}$$

对于一个 SOCC，传递函数 $F_1(p)$ 是一阶的。因为 SOVC 的传递函数 $F_{1R}(p)$

是二阶的，所以需要 $F_2(p)$ 滤波器有一个新的传递函数，可以写出 $F_{2\text{sovc}}(p)$

$$F_{2\text{SOVC}}(p) = \frac{1 + \dfrac{p}{K \cdot \omega_{0LC}}}{1 + \dfrac{2\xi p}{\omega_0} + \dfrac{p^2}{\omega_0^2}} = \frac{1 + \dfrac{2\xi p}{\omega_0} G_{\text{HFPB}}}{1 + \dfrac{2\xi p}{\omega_0} + \dfrac{p^2}{\omega_0^2}} \quad (14.27)$$

其中，分子可以用于补偿新传递函数 $F_{1R}(p)$ 中过度的相移，其超过的量是知道的，因为它依赖于平滑滤波器的选择。这个传递函数可以利用低通滤波器和带通滤波器实现，其输出信号经过一个增益为 G_{HFBP} 的放大器。实际上，利用通用有源滤波器 UAF42 可以使低通滤波器和带通滤波器的分母相同。如果在电压调节中这么做，环路线性部分 $H(p)$ 的传递函数记为 $H_{\text{SOVC}}(p)$

$$H_{\text{SOVC}}(p) = F_{1R}(p) \cdot K_V \cdot F_{2\text{SOVC}}(p) \quad (14.28)$$

按照前面的分析，这个公式也可以写为如下形式：

$$H_{\text{SOVC}}(p) = \frac{R_s \cdot K_V \cdot \left(1 + \dfrac{p}{K \cdot \omega_{0LC}}\right) \cdot \left(1 - \dfrac{p}{K \cdot \omega_{0LC}}\right)}{\text{Den}[H_{\text{SOVC}}(p)]} \quad (14.29)$$

其中

$$
\begin{aligned}
\text{Den}[H_{\text{SOVC}}(p)] = {} & (R_s) + \left(\frac{R_s 2\xi}{\omega_0} + L_f - \frac{R_s}{K \cdot \omega_{0LC}}\right)p \\
& + \left(R_s L_f C_f + \frac{R_s}{\omega_0^2} + \frac{L_f 2\xi}{\omega_0} - \left(\frac{R_s 2\xi}{\omega_0} + L_f\right)\frac{1}{K \cdot \omega_{0LC}}\right)p^2 \\
& + \left(R_s L_f C_f \frac{2\xi}{\omega_0} + \frac{L_f}{\omega_0^2} - \left(R_s L_f C_f + \frac{R_s}{\omega_0^2} + \frac{L_f 2\xi}{\omega_0}\right)\frac{1}{K \cdot \omega_{0LC}}\right)p^3 \\
& + \left(\frac{R_s L_f C_f}{\omega_0^2} - \left(R_s L_f C_f \frac{2\xi}{\omega_0} + \frac{L_f}{\omega_0^2}\right)\frac{1}{K \cdot \omega_{0LC}}\right)p^4 - \left(\frac{R_s L_f C_f}{\omega_0^2} \frac{1}{K \cdot \omega_{0LC}}\right)p^5
\end{aligned}
$$

$$(14.30)$$

跟 SOCC 一样，如果将 $\text{Den}[H_{\text{SOVC}}(j\omega)]$ 的虚部设为零，则可以确定 SOVD 反馈环的振荡频率。这个振荡频率满足一个复数表达式[LEC 02c]。不过可以看出它非常接近 f_0。

为了说明这个，选择以下参数：

$L_f = 3\text{mH}$，$r = 0\Omega$，$C_f = 10\mu\text{F}$，$f_0 = 10\text{kHz}$，$\xi = 0.707$，$R_s = 170\Omega$、54Ω 或 27Ω。采用这些值波特图显示了 F_{1R} 的相移，在最高频率时相移接近 $-180°$，如

图 14.17 所示。

相反，$-H_{SOVC}(j\omega)$ 的波特图显示接近滤波器 F_{2SOVC} 的固有频率 f_0 时相移为零，该频率为 10kHz。该图还显示了反馈环的振荡频率结果，如图 14.18 所示。

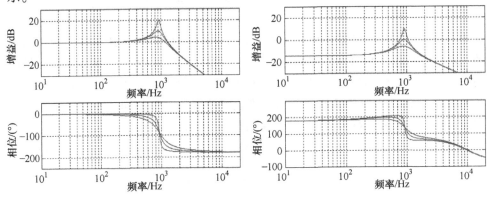

图 14.17　传递函数 $F_{1R}(j\omega)$ 在不同负载电阻值时的波特图　　　图 14.18　传递函数 $-H_{SOVC}(j\omega)$ 在不同负载电阻值时的波特图

这些图显示负载电阻变化的影响很小。

对于三个截然不同的电阻值，振荡频率都保持接近 f_0。

14.5.1.2　在感性负载中 SOCC 到 SOVC 原理的应用

在利用功率变换器对电动机进行控制的领域，负载通常为感性的。到目前为止，只考虑阻性负载以便容易理解。如果现在考虑一个感性负载，则传递函数 $F_1(p)$ 变为 $F_{1L}(p)$[LEC 02c]

$$F_{1L}(p) = \frac{1 + \dfrac{L_s}{R_s}p}{1 + \dfrac{L_f + L_s}{R_s}p + L_f C_f p^2 + \dfrac{L_s}{R_s}L_f C_f p^3} \tag{14.31}$$

这是一个三阶低通滤波器。然而如果频率高于几百 Hz，则它可以简化为一个近似的二阶低通滤波器形式的表达式，记为 F_{1HF}

$$F_{1HF}(p) = \frac{L_s}{L_f + L_s} \cdot \frac{1}{1 + \dfrac{R_s L_f C_f}{L_f + L_s}p + \dfrac{L_s L_f C_f}{L_f + L_s}p^2} \tag{14.32}$$

这个近似传递函数由 SOCC 工作原理转换为这个情况下的 SOVC 组成。

平滑滤波器的自振荡频率只是轻微地依赖于感性负载特性，由式 (14.33) 表示：

$$\omega_{\text{0LC. ind. load}} = \sqrt{\frac{L_f + L_s}{L_s L_f C_f}} = \omega_{\text{0LC}} \sqrt{\frac{L_f + L_s}{L_s}} \quad (14.33)$$

图 14.19 利用波特图比较了传递函数 $F_{1L}(p)$ 和简化的 $F_{1HF}(p)$，表明这两个非常相似。

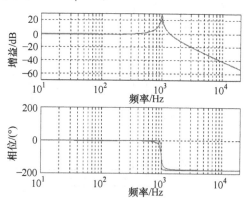

14.5.1.3 SOVC 与阻性负载的实验

为了说明 SOVC 的性能，任意波形发生器产生一个可编程的参考波形，由变换器输出。施加给直流母线的电压为 100V。负载电阻为 41Ω。示波器捕获的图形说明了 SOVC 追踪参考的性能[LEC 02c]，如图 14.20 所示。在这个实验中，峰值电压达到

图 14.19　传递函数 $F_{1L}(p)$ 和 $F_{1HF}(p)$ 的波特图

了 85V，电流 4A。为了说明问题，也进行了开路实验，甚至取消了负载，即滤波单元的吸收元件，系统也是稳定的(见图 14.20)。

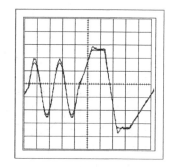 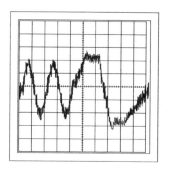

图 14.20　通过 SOVC 跟踪一个任意信号：
参考电压与变换器输出电压，电感电流

14.5.2　三相 SOCC

SOCC 的原理也可以用于为三相负载供电的功率变换器的电流调节[LEC 99a]，也可以用于多相变换器[LEC 97]。三相情况的原理图如图 14.21 所示，其中三相调制器是独立的。

这个情况下，每个 SOCC 控制变换器的一相电流。对于中点浮动的负载，另外两相影响浮动中点的电位并被看作是干扰源[LEC 99a]。

单个 SOCC 证明了其抗干扰的能力，甚至当为变换器供电的直流母线电压较低时，电流仍然为正弦，因此三相 SOCC 能够调节三相电流。所得到的仿真和实

300

验说明了其输出参考电流的结果非常完美，如图 14.22 所示。

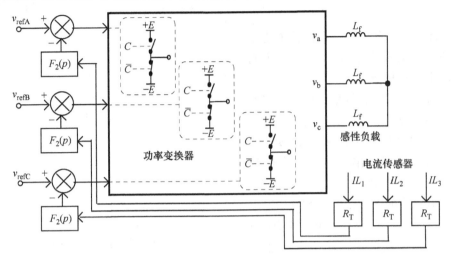

图 14.21　三相 SOCC 的三相负载调节环

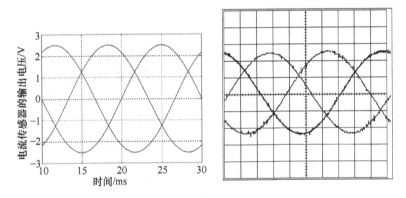

图 14.22　仿真和检测得到的三相电流

14.5.3　三相 SOVC

单相 SOVC 的原理可以扩展到三相 SOVC。其原理图由三个并联 SOVC 系统构成，同样负载中点浮动[LEC03]，如图 14.23 所示。

对于给定的相及其调节的输出电压而言，其他两个负载电压也可以当成扰动并被三相 SOVC 系统很有效地消除[LEC 03]。在开路和负载条件下，调节效果都很好。测试所用的参数如下：$f_0 = 20\text{kHz}$，$\xi = 0.707$，$G_{\text{HFBP}} = 10$，$L_\text{f} = 2.2\text{mH}$，$C_\text{f} = 4.7\mu\text{F}$，$K_\text{V} = 0.05$，$f_\text{s} = 200\text{Hz}$，$U = 50\text{V}$，$f_{0\text{LC}} = 904\text{Hz}$，$R_\text{S} = 2400\Omega$ 或者 18Ω，E

=62.5V 直流母线电压（125V）。在输出电压的每半个周期中，因为变换器的输入直流母线电压值很低，每个 SOVC 终止自振荡。这个可以从输出电流反映出。尽管如此，输出电压仍然保持了极高的质量，如图 14.24 和图 14.25 所示。

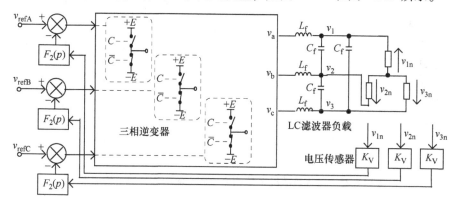

图 14.23　三相 SOVC 的三个负载电压控制环

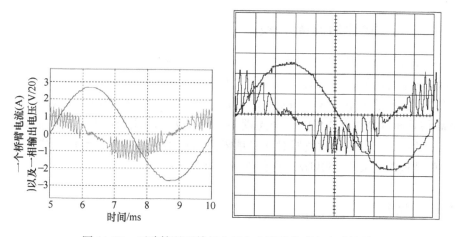

图 14.24　开路情况下单相电压和电流的仿真与实验结果

各种测试表明三相 SOVC 在跟踪准确度和鲁棒性方面具有非常高的性能。即使在开路状态，SOVC 也可以进行稳定的电压控制。

14.5.4　高功率有源负载的模拟

以上介绍了如何将 SOCC 设计扩展到了 SOVC 的设计[LEC 02c]。这两种自振荡控制器都在高功率工业应用中得到使用以模拟有源负载[GIN 05]。对于这样的应用，原始的 SOVC 设计进行改进以便控制高功率变换器更大的动态能力。这种情况

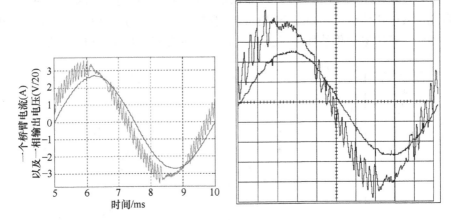

图 14.25　接入负载况下单相电压和电流的仿真与实验结果

下，需要几千赫兹带宽，并在带宽的最大频率处将相移限制在 10°，并且能够成功做到这一点[OLI 06a, OLI 06b, OLI 08]。

14.5.5　检测电路的模-数转换器

SOCC 原理也可以用于功率变换器的高压检测电路[LEC 05]。这个检测中反馈控制是非常有用的，需要电气绝缘。前面介绍过的调制处理可以用于一位的模-数转换。这种情况下，SOCC 的滤波器 F_1 采用简单的 RC 滤波器形式。产生的 PWM 信号通过检测电路中的一个光耦隔离器发送。利用与所介绍的调制器反馈环一样的一个一阶低通滤波器对从光耦隔离器输出的信号进行解调[LEC 05]。检测电路的结构带宽大于 150kHz，动态范围超过 80dB。

14.6　总结

在电动机控制中，需要不断提高性能。因此，功率变换器的反馈环和控制器件必须得到改进。为了满足这个需求，很多 PWM 以及电流或电压调节技术被研发。很多特殊的性能要求(有很好的理由)，包括电动机模拟器，导致许多新的控制方法被开发出来。

为了这个目的，一个新的电流控制系统被发明出来并进行了研究。出现了 SOCC 和 SOVC，现在已经在工业领域得到了应用。在这些调器中所使用的方法运用到了 SOCC 和 SOVC 环中。

该技术在系统的跟踪准确度、带宽和稳定性方面得到了非常高的性能。尽管该技术多用于 SOCC 和 SOVC，但它也可以扩展到其他应用中。这样的例子是信号的模-数转换。为了这个目的，带有电气绝缘的高压检测板被开发出来，这些也可以用于功率变换器中。

14.7 参考文献

[BOI 99] BOIKO I., "Input-output analysis of limit relay feedback control system", *American Control Conference*, San Diego, California, USA, 1999.

[BOS 90] BOSE B.K., "An adaptative hysteresis-band current control technique of voltage-fed PWM inverter for machine drive system", *IEEE Transactions on Industrial Electronics*, vol. 37, n° 5, 1990.

[ELS 94] EL-SAYED I.F., "A powerful and efficient hysteresis PWM controlled inverter", *EPE Journal*, vol. 4, 1994.

[GIL 77] GILLE J.C., *Introduction aux systèmes non linéaires*, Dunod University, Bordas, Paris, 1977.

[GIL 88] GILLES J.C., DECAULNE P., PELEGRIN M., *Systèmes asservis non linéaires*, Dunod, Paris, 1988.

[GIN 05] GINOT N., LE CLAIRE J.C., LORON J.C., "Active loads for hardware in the loop emulation of electrotechnical bodies", *IECON'05*, Raleigh, North Carolina, USA, 2005.

[HYU 01] HYUEL J.F., Commande en courant des machines à courant alternatif, PhD thesis, University of Nantes, France, 2001.

[LEC 97] LE CLAIRE J.C., SIALA S., SAILLARD J., LE DOEUFF R., Procédé et dispositif de commutateurs pour régulation par modulation d'impulsions à fréquence commandable, French patent n° 9708548, 1997, publication n° 2765746, 1999.

[LEC 99a] LE CLAIRE J.C., Circuits spécifiques pour commande de machines à courants alternatifs, PhD thesis, University of Nantes, France, 1999.

[LEC 99b] LE CLAIRE J.C., SIALA S., SAILLARD J., LE DOEUFF R., "A new pulse modulation for voltage supply inverter's current control", *ELECTRIMACS 99*, Lisbon, Portugal, 1999.

[LEC 99c] LE CLAIRE J.C., SIALA S., SAILLARD J., LE DOEUFF R., "An original pulse modulation for current control", *EPE'99*, Lausanne, Switzerland, 1999.

[LEC 00] LE CLAIRE J.C., SIALA S., SAILLARD J., LE DOEUFF R., "Novel analog modulator for PWM control of alternative currents", *Revue internationale de génie électrique*, vol. 3, n° 1, p. 109–131, Hermès, Paris, 2000.

[LEC 02a] LE CLAIRE J.C. *et al.*, Method and device for controlling switches in a control system with variable structure with controllable frequency, US patent n° 6376935B1, 2002.

[LEC 02b] LE CLAIRE J.C., SIALA S., SAILLARD J., LE DOEUFF R., "Une nouvelle modulation d'impulsions pour le contrôle en courant d'un convertisseur de puissance", *Revue internationale de génie électrique*, vol. 5, n° 1, p. 163–181, Hermes, Paris, 2002.

[LEC 02c] LE CLAIRE J.C., "A new resonant voltage controller for fast AC voltage regulation of a single-phase DC/AC power converter", *PCC 2002*, Osaka, Japan, 2002.

[LEC 03] LE CLAIRE J.C., MOREAU R., GINOT N., "A resonant voltage controller for fast regulation of a three-phase voltage source", *EPE 2003*, Toulouse, France, 2003.

[LEC 05] LE CLAIRE J.C., MENAGER L., OLIVIER J.C., GINOT N., "Isolation amplifier for high voltage measurement using a resonant control loop", *EPE 2005*, Dresden, Germany, 2005.

[LEC 07a] LE CLAIRE J.C., SAILLARD J., SIALA S., LE DOEUFF R., Procédé et dispositif de commande de commutateurs dans un système de commande à structure variable/Process and device for a control switch in a variable structure command system and control frequency, CA patent n° 2295846, 2007.

[LEC 07b] LE CLAIRE J.C., LEMBROUCK, "A simple feedback for parallel operation of current controlled inverters involved in UPS", *EPE 2007*, Aalborg, Denmark, 2007.

[MAL 97] MALESANI L., "High-performance hysteresis modulation technique for active filters", *IEEE Transactions on Power Electronics*, vol. 12, n° 5, 1997.

[OLI 06a] OLIVIER J.C., Modélisation et conception d'un modulateur auto-oscillant adapté à l'émulation d'organe de puissance, PhD thesis, University of Nantes, France, 2006.

[OLI 06b] OLIVIER J.C., LE CLAIRE J.C., LORON J.C., GINOT N., "A self oscillating voltage controller for applications with high bandwidth", *IECON'06*, Paris, France, 2006.

[OLI 08] OLIVIER J.C., LE CLAIRE J.C., LORON J.C., "An efficient switching limitation process applied to high dynamic voltage supply", *IEEE Transaction on Power Electronics*, vol. 23, n° 1, p. 153–162, 2008.

[PIC 98] PICHON J., *Calcul des limites*, Ellipses, Paris, 1986.

[SEI 88] SEIXAS P., Commande numérique d'une machine synchrone autopilotée, PhD thesis, INP, Toulouse, 1988.

第 15 章 利用谐振校正器的电流与电压控制策略：固定频率应用

15.1 引言

在电力电子领域，利用一个静止变流器进行交流电控制是一个常见的挑战，并有非常广泛的应用(速度控制、有源滤波、不间断电源等)。

在理论上这个问题可以解决，即需要使用一种技术，使控制环在工作频率的增益无穷大。

实际上，有两类电气量的控制技术被开发出来[HAU 99b]，可以通过直接控制(幅值或者瞬态电压控制、建立滑模)确定静止变流器的开关角，或者使用非直接控制(持续时间或者瞬态平均值控制)。

对于第一类控制技术，非线性器件(例如滞环)直接确定开关序列，使之作为控制量参考值与实际值之差的函数。但是在这类控制策略中通常会遇到在整个开关频谱中失去控制的问题，这使得该技术通常被限制在低功率设备中(例如伺服电动机控制)。

至于第二类控制技术，是从变换器输出电压的瞬时期望值经过调制得到开关角度(在非线性自动装置中会用到分段线性化概念)。在一个开关周期内的电压或电流的平均值控制，通常可以利用一个标准的线性校正器[通常为比例积分(PI)校正器]确保其控制与调制方式或者线性化操作无关。对交流控制使用 PI 校正器的限制是众所周知的，这种情况下，要求好的动态性能使延迟最小，从而经常会导致对噪声和参数变化的过度敏感。

这个问题使得会专门用到谐振校正器，本章会进行讨论。基于谐振效应，谐振校正器产生一个控制环，在某特殊频率下具有一个无穷增益的模，这样在特殊频率下，任何非线性影响或者干扰的影响被完全消除。这种校正器的一般形式由式(15.1)给出

$$C(s) = \frac{N(s)}{D(s)(\omega_0^2 + s^2)} \tag{15.1}$$

这个传递函数的行为像一个谐振电路，具有角频率 ω_0 以及一个很高的增益。事实上谐振校正器是在高频率下采用标准的校正器，使用一个重积分。为此，在

谐振频率处可以观察到相同的动态特性，就像正弦信号在一个无穷小频率被重积分作用(消除任何延迟误差)。

许多研究以及文章介绍了这种校正器的工作原理、相关设计技术以及跟踪和调节性能[HAU 99a, WUL 00]。该校正器有广泛的应用领域，从同步电动机控制[DEG 00]和异步电动机控制[PIE 02]到电网的功率控制，分别得到研究。

本章将依次考虑使用谐振校正器的交流电流和电压控制，并给出两个例子，即固定频率电网和孤岛电网的发电系统。这些应用中的电源在21世纪有了很大发展，如变速风力发电机、太阳能发电、小的变速水电站及从飞机发动机发展而来的微型涡轮燃气发电等。

这里考虑两个情况使得能够说明两种谐振校正器的设计方法，即Kessler对称优化方法和广义浮动时间方法。

15.2　电流控制利用谐振校正器

15.2.1　利用Kessler对称优化控制

15.2.1.1　概述

一个单相感性负载的交流控制的框图如图15.1所示。

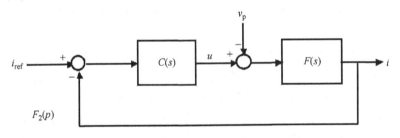

C(s)：谐振校正器　　F(s)：负载传递函数
u,i：电压和电流　　v_p：扰动电压

图15.1　感性负载的电流控制

相关的谐振校正器的传递函数见式(15.2)

$$C(s) = \frac{K(1 + \tau_1 s)(1 + \tau_2 s)}{(\omega_0^2 + s^2)} \tag{15.2}$$

这里所给出的控制策略是Kessler对称优化方法谐振校正器的一个扩展，广泛地用于电流控制环(开关电源、电动机控制等)[KES 58, BER 95]。这个控制方法因其

鲁棒性而广为人知。其目的是得到一个如下形式的开环系统方程:

$$H_{BO}(s) = \frac{\omega_c^2(2s + \omega_c)}{s^2(s + 2\omega_c)}, \qquad \omega_c = \frac{1}{2\tau_\Sigma} \tag{15.3}$$

其中,τ_Σ 代表系统的最小时间常数,它总是限制稳定性。当在闭环模式时,有意选择使传递函数在原点处稳定。因此这个设计引入一个极点

$$(s + \omega_c)(s^2 + \omega_c s + \omega_c^2)$$

作为其特征多项式(巴特沃斯多项式)。

该方法也特别适合含有两个明显不同时间常数的系统。这个情况是在电流控制环中,其频域与电气负载的时间常数以及功率变换器换相相关,它们两个是完全分开的。这样考虑一个 RL(电阻和电感)型负载,变换器/负载系统的传递函数经常被写为如下形式:

$$F(s) = \frac{i}{u} = \frac{G}{(1 + \tau_e s)(1 + \tau_s s)} \tag{15.4}$$

其中,τ_e 代表负载的电气时间常数;τ_s 为控制环和变换器开关频率引入的平均延时[BER 95];G 为系统的静态增益。

做出对主极点补偿的选择(慢极点,它限制了负载中可以变化的电流的速度)。因此假设在式(15.2)中 $\tau_1 = \tau_e$。将式(15.2)和式(15.4)合并,开环系统 H_{OL} 的传递函数因此可以变为

$$H_{OL}(s) = C(s)F(s) = \frac{KG(1 + \tau_2 s)}{(\omega_0^2 + s^2)(1 + \tau_s s)} \tag{15.5}$$

该表达式可以与期望产生对称优化的式(15.3)的开环传递函数进行比较:$(\omega_0^2 + s^2)$ 项代表了重积分,而系统的最小时间常数与变换器引入的时间常数一致$(\tau_\Sigma = \tau_s)$。

令式(15.5)与式(15.3)相等,这个控制方法[BER 95]对 K 和 τ_2 做如下选择:

$$\tau_2 = 4\tau_s, \qquad K = \frac{1}{8G\tau_s^2} \tag{15.6}$$

值得注意的是,K、τ_1 和 τ_2 的选择与角频率 ω_0 无关(这简化了变换器的实时控制),所介绍的控制策略可以考虑变换器的动态模型,并且经常需要引入稳定性限制。

15.2.1.2 性能

本节的目标是控制一个 $50Hz(\omega_0 = 3.14rad/s)$ 正弦电流,在负载中其参数为

$R = 50\Omega$ 且 $L = 0.2H$。RL 负载由单相电压型逆变器（H 桥）供电，开关频率为 1500Hz。直流母线电压 E 为 150V。

为了评估其调节特性，在系统中加入一个扰动 v_p 代表 EMF。这些扰动量经常在电气工程系统中广泛存在，而且在电流控制频率附近，其幅值接近控制电压。

这样，对于一个感性负载的调节行为通过考虑扰动信号 v_p 进行分析，选择该扰动信号的频率等于参考电流 ω_0，并且其最大幅值固定等于幅值端部的最大电流。

系统响应就跟踪和调节方面进行了展示，如图 15.2 所示。其结果在该校正器的速度和鲁棒性方面显示了较好的性能：跟踪参考信号的响应时间大约为四分之一周期（见图 15.2a），而干扰的影响几乎看不到（见图 15.2b）。

$$\begin{cases} 0 \leqslant t < 0.01 & \rightarrow i_{ref} = 0 \\ 0.01 \leqslant t < 0.01 & \rightarrow i_{ref} = \sin(\omega_0 t) \end{cases}$$

跟踪传递函数 $H_p(s)$ 和调节传递函数 $H_r(s)$ 与控制策略有关

$$H_p(s) = \frac{i(s)}{i_{ref}(s)} = \frac{H_{BO}(s)}{1 + H_{BO}(s)}$$

$$H_r(s) = \frac{i(s)}{v_p(s)} = \frac{F(s)}{1 + H_{BO}(s)} \tag{15.7}$$

它们相关的波特图如图 15.3 所示。

通过研究 $H_p(s)$ 增益曲线和相角曲线，可以给出该校正器控制环参量的先验判断：在谐振角频率增益确实为单位值并且相移为零。

同样，$H_r(s)$ 的增益曲线显示在 ω_0 附近显著降低，说明干扰在这个角频率值附近被有效消除。

15.2.2　功率控制应用：风力发电机案例

15.2.2.1　系统介绍

本节将考虑谐振校正器的一个特殊应用领域：从一个变速风力涡轮产生电能通过电压型逆变器向电网供电的功率控制，如图 15.4 所示。

该系统有一个发电机（同步或者异步），其转矩和速度通过三相电压逆变器控制。在电网侧，由一个电压型逆变器、一个电感、一个变压器组成的系统输出有功和无功，其控制是要研究的重点。这包括变压器电网侧的电流控制，并且需要一个变压器模型适应合成校正信号。

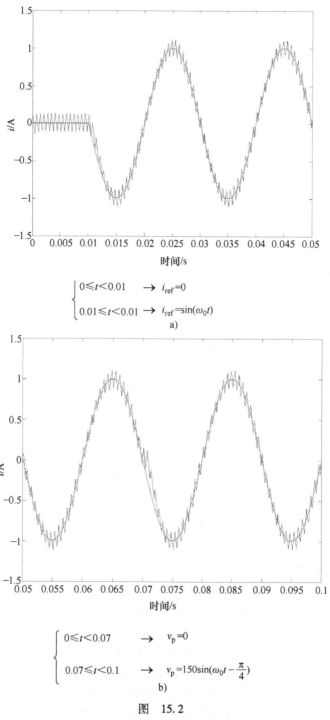

$$\begin{cases} 0 \leqslant t < 0.01 & \to \quad i_{ref}=0 \\ 0.01 \leqslant t < 0.01 & \to \quad i_{ref}=\sin(\omega_0 t) \end{cases}$$

a)

$$\begin{cases} 0 \leqslant t < 0.07 & \to \quad v_p=0 \\ 0.07 \leqslant t < 0.1 & \to \quad v_p=150\sin(\omega_0 t - \frac{\pi}{4}) \end{cases}$$

b)

图　15.2

a) 谐振校正器的性能，跟踪响应　b) 谐振校正器的性能，调节响应

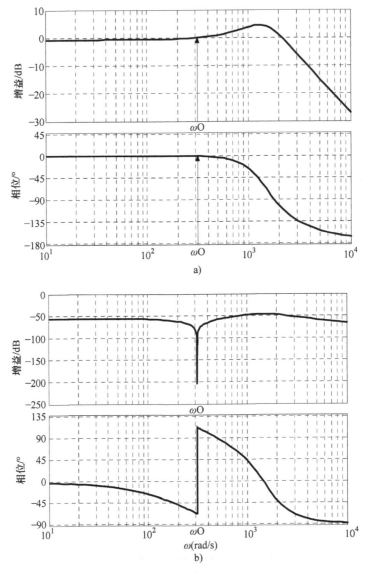

图 15.3 谐振校正器性能波特图

负载：$R = 50\Omega$

$L = 0.2H$，$\tau_\mathrm{e} = 4\mathrm{ms}$

电源：单相电压型逆变器，

$E = 150V$，$F_\mathrm{s} = 1500Hz$，$\tau_\mathrm{s} = 33\mathrm{ms}$

a）跟踪传递函数   b）调节传递函数

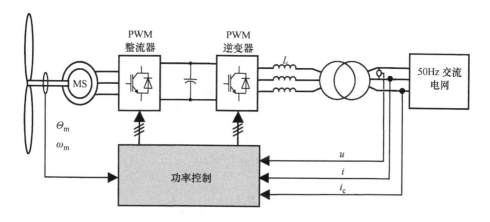

图 15.4　风力发电原理框图

15.2.2.2　逆变器—变压器系统的动态模型

用于控制策略的变压器模型如图 15.5 所示。这是一个标准模型，带有分布式漏感，其参数被严格定义[ESS 00]。

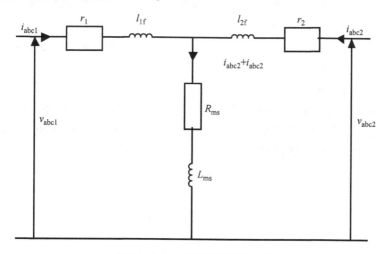

图 15.5　电网变压器等效电路

这里 r_1 和 r_2 分别是一次侧和二次侧绕组的电阻；R_{ms} 和 L_{ms} 分别是励磁电阻和励磁电感；l_{1f} 和 l_{2f} 分别是变压器一次侧和二次侧的分布漏感。

图 15.5 可以用来推导出一个模型，其电压可以在静止两相参考坐标系(α, β)下表示

$$v_{\alpha 1} = R_{1\mathrm{eq}}i_{\alpha 1} + \sigma L_1 \frac{\mathrm{d}i_{\alpha 1}}{\mathrm{d}t} + e_{\alpha 2}$$

$$v_{\beta 1} = R_{1\mathrm{eq}}i_{\beta 1} + \sigma L_1 \frac{\mathrm{d}i_{\beta 1}}{\mathrm{d}t} + e_{\beta 2} \tag{15.8}$$

其中，$R_{1\mathrm{eq}}$ 和 σL_1 代表一次侧的全部电阻和电感（由本章附录定义，见 15.5 节）；$e_{\alpha 2}$ 和 $e_{\beta 2}$ 是一次侧和二次侧之间的耦合项，是等效 EMF，表示为

$$e_{\alpha 2} = a_1 i_{\alpha 2} + a_2 v_{\alpha 2}$$

$$e_{\beta 2} = a_1 i_{\beta 2} + a_2 v_{\beta 2}$$

其中

$$a_1 = \frac{(R_{\mathrm{ms}}L_2 - R_2 L_{\mathrm{ms}})}{L_2}, \quad a_2 = \frac{L_{\mathrm{ms}}}{L_2} \tag{15.9}$$

众所周知这些耦合量在电流控制中需要专门处理。这个问题经常使用多变量控制方法或者至少使用"动态解耦"来解决。

另外，如果使用单变量控制，则耦合项的频率(50Hz 电网)使之难以利用 PI 类型的校正器。这个分析解释了为什么要做特殊的变换(Park 变换)，在一个旋转参考坐标系下给出模型公式。这样，模型量在稳态时变为恒值，使之可以很容易地通过标准的校正器控制。

在下文中，将展示通过谐振校正器使之能够避免采用旋转参考坐标系或者计算解耦项的电流环鲁棒性。

15.2.2.3 控制策略

控制策略的目的是控制输送到电网的有功功率(P)和无功功率(Q)。

电压的测量在变压器副边绕组进行以避免在高压侧(10kV)测量的问题。

从参考功率(P_{ref}, Q_{ref})到参考电流($i_{\alpha 1\mathrm{ref}}$, $i_{\beta 1\mathrm{ref}}$)的变换如下所示：

$$i_{\alpha 1\mathrm{ref}} = \frac{P_{\mathrm{ref}}v_{\alpha 1} - Q_{\mathrm{ref}}v_{\beta 1}}{v_{\alpha 1}^2 + v_{\beta 1}^2}$$

$$i_{\beta 1\mathrm{ref}} = \frac{P_{\mathrm{ref}}v_{\beta 1} - Q_{\mathrm{ref}}v_{\alpha 1}}{v_{\alpha 1}^2 + v_{\beta 1}^2} \tag{15.10}$$

按照式(15.8)，在(α, β)参考坐标系中相关联的电流和电压的关系如下：

$$i_{\alpha 1} = F(s)(v_{\alpha 1} - e_{\alpha 2})$$

$$i_{\beta 1} = F(s)(v_{\beta 1} - e_{\beta 2}) \tag{15.11}$$

其中，$F(s)$ 与式(15.4)完全一样，换句话说

$$F(s) = \frac{G}{(1 + \tau_e s)(1 + \tau_s s)} \tag{15.12}$$

其中

$$\tau_e = \frac{\sigma L_1}{R_{1eq}}$$

τ_s 代表变换器引入的延迟时间。

因此在 15.2.1 节中给出的控制方法完全可以使用。

15.2.2.4 结果

15.2.2.4.1 功率控制性能

控制结构与图 15.6 所示,它由高速处理技术实现(DSP 板,其采样周期 T_s = 0.4ms)。变压器参数在本章的附录中给出。逆变器的开关频率为 2kHz(τ_s = 0.25ms),相电感(L_i = 3mH)加在逆变器和变压器之间以便降低电流纹波。这些电感的影响通过等效电感($\sigma L_1 + L_i$)在控制中加以考虑。测试包括一个有功斜坡(0～1kW)以及参考无功为零。实验结果如图 15.7 所示。

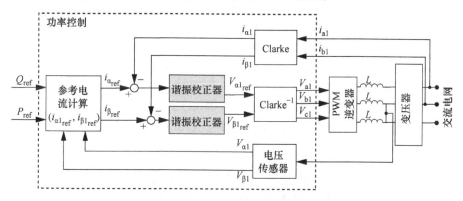

图 15.6　有功和无功功率的控制策略

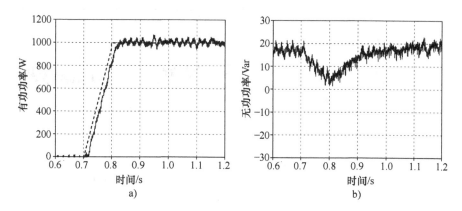

图 15.7　谐振校正器性能:实验结果

a) 有功功率　b) 无功功率

314

无功功率对参考值有一个显著的差（见图 15.7b）。这个差异是由测量电压/电流（下标为 mes）以及它们参考值（下标为 ref）之间的不同相移引起的。图 15.8a 所示的这些差异是由控制环中的各种延迟（测量、采样和 PWM）引起的。这些相移可以表示为

$$i(s) = i_{ref}(s)\,e^{-\frac{\delta_1}{\omega}s}$$

$$v_{mes}(s) = v(s)\,e^{-\frac{\delta_2}{\omega}s}$$

（15.13）

参考电流 i_{ref} 和它的实际电流 i 之间的相移 δ_1 为

$$\delta_1 = \omega\left(\tau_s + \frac{T_e}{2}\right) = 0.14\,rad$$

（15.14）

参考电压 v_{ref} 和它的实际电流 v 之间的相移 δ_2 为

$$\delta_2 = \omega\left(T_{sensor} + \frac{T_e}{2}\right) = 0.08\,rad$$

（15.15）

其中，T_{sensor} 代表电压传感器和测量滤波（0.05ms）引入的相移。

为了考虑这些各种延迟，参考电压利用式（15.16）进行校正

$$v_{cor} = v_{mes}\,e^{(\delta_1+\delta_2)s}$$

（15.16）

这个校正效果如图 15.8b 所示，尽管有功功率的瞬态影响还是能够观察到（耦合的功率控制环），但是其无功功率的平均值几乎等于零。

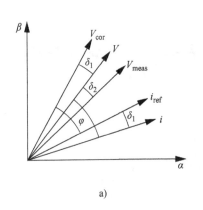

a)

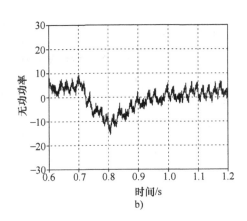

b)

图 15.8　无功功率校正

a）原理　b）结果

15.2.2.4.2 电流控制性能

本节介绍使用谐振校正器的目的，即容易实现（不需要旋转变换）、没有跟踪误差、具有鲁棒性等。图 15.9a 所示为在有功功率斜坡阶段的电流 $i_{\alpha 1}$：在闭环控制时，该校正器跟随指令信号的性能水平。

为了评估响应电网扰动的性能，对频率偏差 0.2Hz 时的性能进行了评估。在 50Hz 和 49.8Hz 时对有功功率信号的跟踪完全相同。只有无功功率对这个变化有一点轻微影响（见图 15.9b），因为该平均值不再为零。

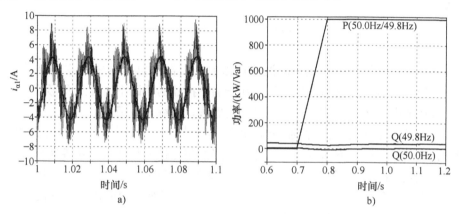

图 15.9　电流控制
a）电流　b）有功和无功功率

15.3　电压控制策略

15.3.1　引言

与风电场（见图 15.10）相关的主要问题是不能对电网的配电起到任何辅助作用（电压控制、频率控制、孤岛模式下工作的能力）。事实上它们不参加任何辅助工作，当然从电气观点看它们非常适合作为被动发电装置。从而将电压和频率控制归为标准的交流发电系统。因此它们对电网的穿透率必须限制，以便使得在正常条件下保证网络稳定[ACK 07，ERI 05]。

一些研究表明可以在消费者所需求的变量和电力电子接口工作频率之间建立一个联系（就像标准交流发电机所自然存在的联系一样）[DAV 07，LEC 04b]。通过追求与标准交流发电一样的特性，我们希望在将来能使这种电源在电网中有更高的穿透率，并且也使它们能够在孤岛模式下运行。孤岛运行需要这种电源必须能够作为电压源工作。

本节将讨论图 15.10 所示的由 PWM 功率变换器和 LCL（电感、电容和电感）

316

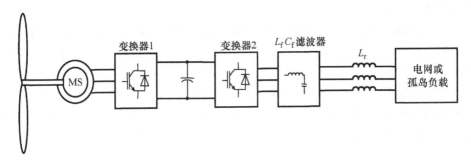

图 15.10　变速风力发电机

滤波器组成系统的电压控制。滤波器可以使逆变器输出电压中的主要谐波被消除，以便获得接近正弦的输出电压。在谐振变换器的帮助下，在三角形接法的电容端合成的电压将被调节，其结果是不需要假设负载是平衡的。

这种校正器非常适合控制交流量[GUI 07,HAU 99a,LEC 03,PIE 05,WUL 00]，并且在跟踪、调节，尤其是鲁棒性方面有很好的性能。好的跟踪性能是通过快速控制响应速度实现的(也就是当参考值变化时)。调节性能使之能够在受到干扰时保持调节的量与参考值一致。鲁棒性是指用于描述过程(该过程所使用的模型可能随时间变化但是校正器基本对这些变化不敏感，所获取的过程参数用于校正器)的参数变化或者改变时，校正器仍然能够保持其性能。

设置这个谐振校正器的固有频率为 50Hz。它的固有量使之能够获得接近完美的三相正弦电压源。被调节的电压量是其有效值、频率和相位。这个控制方法能够注入一个有功功率，控制电网接入点的电压，以及同时控制孤岛电网时的电压和频率。

15.3.2　功率控制原理

图 15.10 中的变换器的输出滤波器可以用图 15.11 所示的电路来代表。

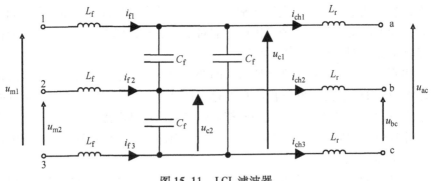

图 15.11　LCL 滤波器

图 15.11 中的符号定义如下：

1）u_{m1} 和 u_{m2} 为逆变器输出的调制电压，单位为 V；

2）u_{c1} 和 u_{c2} 为电容端电压，单位为 V；

3）i_{f1}、i_{f2} 和 i_{f3} 为限流电感 L_f 中的电流，单位为 A；

4）i_{ch1}、i_{ch2} 和 i_{ch3} 为负载电流，单位为 A；

5）L_f 为变换器侧的限流电感，单位为 H；

6）C_f 为电容值，单位为 F；

7）u_{ac} 和 u_{bc} 为电网的线电压或者负载端电压，单位为 V；

8）L_r 为附加电感、变压器电感或者电网电感，单位为 H；

这个 LCL 滤波器利用单相等效电路建模如图 15.12 所示。

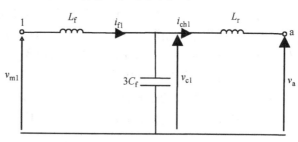

图 15.12　单相等效 *LCL* 电路

如果电容端电压可以被很好调节，则变换器—LC 滤波器组合可以被当做作图 15.13 所示的电压源。

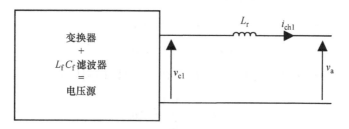

图 15.13　功率变换器结构和 *LCL* 滤波器

图 15.13 可以用于推导出如图 15.14 所示的 PQ 图。

图 15.14 中的符号定义如下：

1）V_{sg} 为单相电压 v_a 的有效值，单位为 V；

2）V_c 为单相电压 v_{c1} 的有效值，单位为 V；

3）I_{ch} 为电流 i_{ch1} 的有效值，单位为 A；

4）δ 为电压 v_a 和 v_{c1} 之间的相

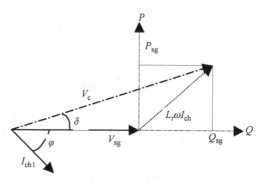

图 15.14　系统的 PQ 图

移，单位为 rad；

5）ω 为电压角频率单位为 rad/s。

通过电感的有功功率（P_{sg}）和无功功率（Q_{sg}）可以写为

$$P_{sg} = \frac{3V_c V_{sg}}{L_r \omega} \times \sin\delta \qquad (15.17)$$

$$Q_{sg} = \frac{3V_{sg}}{L_r \omega} \times (V_c \cos\delta - V_{sg}) \qquad (15.18)$$

传输的有功功率控制（为恒定的参考值 P_{sg-ref}）通过控制角度 δ，即控制 v_c 和 v_{sg} 之间的相移来实现（见图 15.14）。输出电压（v_{sg}）通过控制等效 EMF（v_c）被保持在额定值，即控制变换器输出的相应无功功率。

两个控制部分（有功和无功功率）相互独立是基于一个假设：假设角度 δ 保持较小的值。这个假设的正确性依赖于 P_{sg} 与 δ 之间比例常数值的大小，也就是功率的显著变化引起角度变化较小。当式（15.17）中的比值

$$\frac{3V_c V_{sg}}{L_r \omega}$$

与注入功率 P_{sg} 相比非常大时假设才满足。

这样如果 δ 较小，则可以认为小的角度近似为

$$\sin\delta \approx \delta \quad \text{和} \quad \cos\delta \approx 1$$

将这个假设代入式（15.17）和式（15.18），可以得到如下表达式：

$$P_{sg} = \frac{3V_c V_{sg}}{L_r \omega} \times \delta \qquad (15.19)$$

$$Q_{sg} = \frac{3V_{sg}}{L_r \omega} \times (V_c - V_{sg}) \qquad (15.20)$$

在连接点注入的功率和电压的值分别依赖于角度 δ 和加在电容两端电压的有效值 V_c。

15.3.3　电容端的电压控制

控制系统的目标是控制发电机作为电压源工作，以便在孤岛电网运行时能够为负载提供正确的电能。为此，电容器两端的电压 v_{c1} 和 v_{c2} 必须被调节。

参考电压被获取：

1）当并入电网时，从并网有功功率的参考值，系统在电网接入点的期望电压以及电网频率得到；

2）在孤岛电网时，从需要输出的特定电压和频率得到。

图 15.15 所示为所介绍的电网接口控制的主要原理框图。$C(s)$ 是谐振校正器的穿透率。

连接电容端电压和变换器输出电压之间的传递函数（见图 15.12）如下：

$$u_{\text{c1ou2}} = \frac{1}{1 + 3R_f C_f s + 3L_f C_f s^2} u_{\text{m1ou2}} \tag{15.21}$$

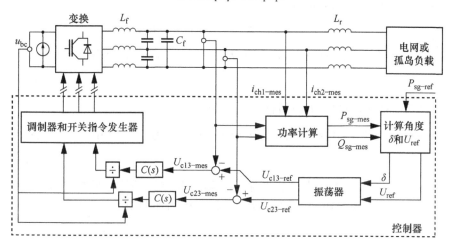

图 15.15　电网接口的控制原理

因为电容端的电压是交流，所以选择谐振校正器。这将使三角形接法的 $L_f C_f$ 滤波器的电容端电压得到控制。因此该控制策略不需要假设负载是平衡的。对于一个二阶传递函数，校正器有如下形式：

$$C(s) = \frac{C_0 + C_1 s + C_2 s^2 + C_3 s^3}{(D_0 + D_1 s)(s^2 + \omega_p^2)} \tag{15.22}$$

式中　ω_p——被控制量的角频率，单位为 rad/s；

C_0，C_1，C_2，C_3，D_0，D_1——校正器参数。

控制环可以表示为图 15.16 所示的形式。

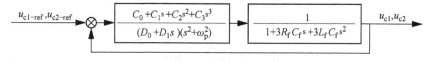

图 15.16　控制环

确定谐振校正器系数的方法为通过选择传递函数的实部来设定校正器传递函

数的极点位置。这个方法称为广义浮动时间方法[LEC 04]。通过将闭环系统传递函数的分母作为一个多项式 $\Delta_p(s)$ 来确定系数。

开环传递函数为

$$\mathrm{FT}_{\mathrm{bo}}(s) = \frac{C_0 + C_1 s + C_2 s^2 + C_3 s^3}{(D_0 + D_1 s)(s^2 + \omega_p^2)} \frac{1}{1 + 3R_f C_f s + 3L_f C_f s^2} \qquad (15.23)$$

因此，闭环传递函数可以写为

$$\mathrm{FT}_{\mathrm{bf}}(s) = \frac{C_0 + C_1 s + C_2 s^2 + C_3 s^3}{C_0 + C_1 s + C_2 s^2 + C_3 s^3 + (D_0 + D_1 s)(s^2 + \omega_p^2)(1 + 3R_f C_f s + 3L_f C_f s^2)}$$

$$(15.24)$$

因此闭环传递函数的五阶特征多项式为

$$\Delta(s) = C_0 + C_1 s + C_2 s^2 + C_3 s^3 + (D_0 + D_1 s)(s^2 + \omega_p^2)(1 + 3R_f C_f s + 3L_f C_f s^2)$$

$$(15.25)$$

通过解 BEZOUT 等式来计算谐振校正器，令该闭环传递函数多项式等于一个相同阶数的标准形多项式，这样在闭环模态中施加期望的动态响应

$$\Delta_p(s) = (s + P + \mathrm{j}\omega_p)(s + P - \mathrm{j}\omega_p)(s + P)(s + P + \mathrm{j}\omega_n)(s + P - \mathrm{j}\omega_n)$$

$$(15.26)$$

其中，P 代表这个(负)极点的实部，而 ω_n 为 $R_f L_f C_f$ 滤波器穿透率的复数根的虚部。

对式(15.25)和式(15.26)进行整理，可以得到

$$\begin{aligned}
\Delta(s) = {} & (C_0 + D_0 \omega_p^2) + (C_1 + D_1 \omega_p^2 + D_0 \omega_p^2 3 R_f C_f) s \\
& + (C_2 + D_0 + D_1 \omega_p^2 3 R_f C_f + D_0 \omega_p^2 3 L_f C_f) s^2 \\
& + (C_3 + D_1 + D_0 3 R_f C_f + D_1 \omega_p^2 3 L_f C_f) s^3 \\
& + (D_1 3 R_f C_f + D_0 3 L_f C_f) s^4 + D_1 3 L_f C_f s^5 \qquad (15.27)
\end{aligned}$$

$$\begin{aligned}
\Delta_p(s) = {} & P^5 + P^3(\omega_p^2 + \omega_n^2) + P\omega_p^2\omega_n^2 + (5P^4 + 3P^2(\omega_p^2 + \omega_n^2) + \omega_p^2\omega_n^2) s \\
& + (10P^3 + 3P(\omega_p^2 + \omega_n^2)) s^2 + (\omega_n^2 + \omega_p^2 + 10P^2) s^3 + 5Ps^4 + s^5 \quad (15.28)
\end{aligned}$$

将式(15.17)式(15.28)相对应得到

$$D_0 = \left(5P - \frac{R_f}{L_f}\right) \bigg/ 3L_f C_f \qquad (15.29)$$

$$D_1 = \frac{1}{3L_f C_f} \qquad (15.30)$$

$$C_0 = P^5 + P^3(\omega_p^2 + \omega_n^2) + P\omega_p^2\omega_n^2 - \omega_p^2 D_0 \tag{15.31}$$

$$C_1 = 5P^4 + 3P^2(\omega_p^2 + \omega_n^2) + \omega_p^2\omega_n^2 - 3R_f C_f \omega_p^2 D_0 - \omega_p^2 D_1 \tag{15.32}$$

$$C_2 = 10P^3 + 3P(\omega_p^2 + \omega_n^2) - D_0 - 3L_f C_f \omega_p^2 D_0 - 3R_f C_f \omega_p^2 D_1 \tag{15.33}$$

$$C_3 = 10P^2 + (\omega_p^2 + \omega_n^2) - D_1 - 3L_f C_f \omega_p^2 D_1 - 3R_f C_f \omega_p^2 D_0 \tag{15.34}$$

P 为极点实部的值，它确定了稳定的裕度。

计算谐振校正器参数的这个方法能够按照需求配置传递函数极点位置。然后它可以避免不稳定区域并且选择一个预先设定的稳定裕度。必须选择 P 符合图 15.17 所示的三个限制区域[HAU 97]，噪声与系统限、阻尼限和代表稳定裕度的限。

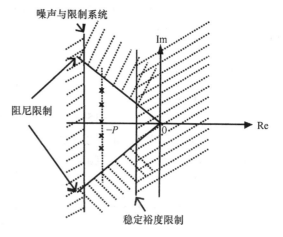

图 15.17 校正器极点必须
所处的区域的边界

15.3.4 参考电压的确定

线电压的参考值利用单相参考电压表达式确定式（15.35）~式（15.37）

$$v_{c1-ref} = V_{ref}\sqrt{2}\sin(2\pi f_{sg-ref}t + \delta_{ref}) \tag{15.35}$$

$$v_{c2-ref} = V_{ref}\sqrt{2}\sin\left(2\pi f_{sg-ref}t - \frac{2\pi}{3} + \delta_{ref}\right) \tag{15.36}$$

$$v_{c3-ref} = V_{ref}\sqrt{2}\sin\left(2\pi f_{sg-ref}t - \frac{4\pi}{3} + \delta_{ref}\right) \tag{15.37}$$

其中

$$u_{c1-ref} = v_{c1-ref} - v_{c3-ref} \tag{15.38}$$

$$u_{c2-ref} = v_{c2-ref} - v_{c3-ref} \tag{15.39}$$

因此可以得到

$$u_{c1-ref} = U_{ref}\sin\left(\omega_{sg-ref}t - \frac{\pi}{6} + \delta_{ref}\right) \tag{15.40}$$

$$u_{c2-ref} = U_{ref}\sin\left(\omega_{sg-ref}t - \frac{\pi}{2} + \delta_{ref}\right) \tag{15.41}$$

被确定的参数为 V_{ref} 有效值和传输角 δ_{ref}，频率 f_{sg-ref} 为电网频率。参考值 V_{ref}

使发电系统与电网接入点的电压得到控制，而 δ_{ref} 可以用于控制发电系统注入电网的有功功率。

15.3.5 功率控制

可以通过指定瞬时的不同角频率给 V_c 矢量以调节 δ 到期望值（该角度可以通过计算参考功率 P_{sg-ref} 得到）来改变输出的有功功率 P_{sg}。可以得到[BOR 01,COE 02,DEB 07,TUL 00]

$$\frac{\mathrm{d}\delta}{\mathrm{d}t} = \omega_{sg} - \omega_{network}$$

$$= 2\pi\ (f_{sg} - f_{network})$$

$$= 2\pi\Delta f \qquad (15.42)$$

为了建立频率变化 Δf 和有功功率变化 ΔP_{sg} 之间的关系，引入了频率和有功功率之间的比例关系，与经典发电系统中的下垂控制类似，如图 15.18 所示。

从图 15.18 中可以发现

$$\Delta f = k\Delta P_{sg} = k\ (P_{sg-ref} - P_{sg})$$

$$(15.43)$$

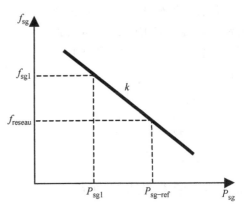

图 15.18　频率和有功功率之间的比例关系

将式（15.43）代入式（15.42），得到

$$\frac{\mathrm{d}\delta}{\mathrm{d}t} = 2\pi\ (f_{sg} - f_{réseau})\ = 2\pi k\ (P_{sg-ref} - P_{sg}) \qquad (15.44)$$

利用式（15.44），可以确定用于发电系统输出有功功率控制的框图，如图 15.19 所示。

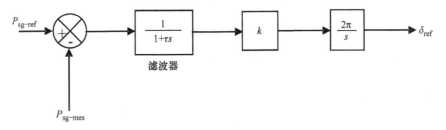

图 15.19　有功功率调节框图

注：在控制环中设置了一个滤波器，为了滤除 100Hz 的交流成分，这个交流成分是对瞬时有功功率检测得到的（在不平衡负载中的非零波动功率），因为控制

环需要一个平均有功功率与参考值进行比较。

令 δ_{ref} 和 δ_{real} 相等，也就等价于忽略了谐振校正器的响应时间和静态误差，可以利用式（15.19）并且假设 $V_{\mathrm{c}} \approx V_{\mathrm{sg}}$，得到 $P_{\mathrm{sg-mes}}$ 的表达式

$$P_{\mathrm{sg-mes}} = \frac{3V_{\mathrm{sg}}^2}{L_{\mathrm{r}}\omega_0} \times \delta_{\mathrm{ref}} \tag{15.45}$$

其中，ω_0 为归一化电网角频率，单位为 rad/s。

根据式（15.45），框图 15.19 变为图 15.20。

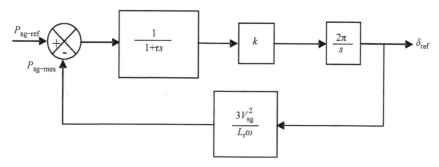

图 15.20 有功功率控制

如果系统的闭环传递函数

$$\frac{P_{\mathrm{sg}}}{P_{\mathrm{sg-ref}}} = \frac{1}{1 + \dfrac{L_{\mathrm{r}}\omega}{6V_{\mathrm{sg}}^2\pi k}s + \dfrac{L_{\mathrm{r}}\omega\tau}{6V_{\mathrm{sg}}^2\pi k}s^2} \tag{15.46}$$

那么必须将其改写为下面的传统形式，其中，ξ 代表阻尼系数；ω_{n} 为系统额定角频率

$$H(s) = \frac{1}{1 + \dfrac{2\xi}{\omega_{\mathrm{n}}}s + \dfrac{1}{\omega_{\mathrm{n}}^2}s^2} \tag{15.47}$$

利用式（15.48），即将相应时间 t_{r} 与额定角频率和阻尼系数相结合

$$t_{\mathrm{r}} = \frac{3}{\xi\omega_{\mathrm{n}}} \tag{15.48}$$

可以将系数 k 和时间常数 τ 作为 L_{r}、ξ 和 t_{r} 的函数

$$k = \frac{L_{\mathrm{r}}\omega}{4\pi V_{\mathrm{sg}}^2\xi^2 t_{\mathrm{r}}}$$

$$\tau = \frac{t_r}{6} \tag{15.49}$$

注：获取的 τ 的值必须大于 10ms 以便在滤除 100Hz 交流分量时更加有效。

15.3.6 电压控制

在小角度近似情况下，在有效电压 V_c、电压 V_{sg} 以及变换器通过电感 L_r 输出的无功功率之间有一个简单关系，可以由式（15.50）确定

$$V_c = V_{sg} + \frac{L_r \omega}{3 V_{sg}} \times Q_{sg} \tag{15.50}$$

首先从这个公式可以推导出一个简单的控制律，包含控制有效值 V_{ref}，式（15.35）~式（15.37），利用无功功率输出得到固定的电压指令 V_{sg} 记为 V_{sg-nom}，即发电系统在接入点的期望额定电压。

$$V_{ref} = V_{sg-nom} + \frac{L_r \omega}{3 V_{sg-nom}} \times Q_{sg-mes} \tag{15.51}$$

15.3.7 仿真

本节将说明当接入电网时接口的运行情况，条件是在一个孤岛电网带平衡负载和在一个孤岛电网带非平衡负载，利用 Matlab-Simulink 软件进行数字仿真。

在第一个仿真中，对于一个无穷大电网和一个孤岛电网带有平衡负载，将演示发电系统的参考功率（P_{sg-ref}），发电系统的输出功率（P_{sg}），系统发出电压的频率（f_{sg}），角度（δ），变换器的输出电流（i_{ch1} 和 i_{ch2}），电容器的端电压（u_{c1} 和 u_{c2}），以及参考电压（u_{c1-ref} 和 u_{c2-ref}）。

在第二个仿真中，对于一个孤岛电网带有非平衡负载，将展示发电系统的输出功率（P_{sg}），变换器的输出电流（i_{f1} 和 i_{f2}），滤波器的输出电流（i_{ch1} 和 i_{ch2}），电容器的端电压（u_{c1} 和 u_{c2}），以及参考电压（u_{c1-ref} 和 u_{c2-ref}）。

15.3.7.1 对于一个无穷大电网和一个孤岛电网带有平衡负载

仿真时长为 60s：0 ~ 40s 并网，然后 40 ~ 60s 离网，作为孤岛运行带有 200kW ~ 50kVar 的平衡负载。参考功率 P_{sg-ref} 在 0 ~ 20s 调节为 600kW，然后 20 ~ 60s 为 500kW，如图 15.21 所示。电压的参考频率 f_{sg-ref} 调节为 50Hz。发电系统输出功率 P_{sg} 当并网时跟踪该参考值，然后在 $t = 40s$ 工作在孤岛状态时，由负载决定系统功率输出，如图 15.22 所示。当并网时根据参考功率 P_{sg-ref} 的改变，发电系统的频率 f_{sg} 在 50Hz 附近变化，如图 15.23 所示。

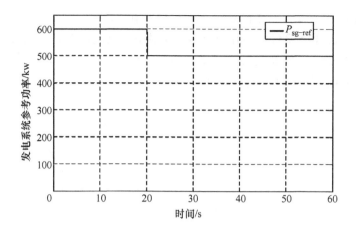

图 15.21　发电系统的参考功率 $P_{\text{sg-ref}}$

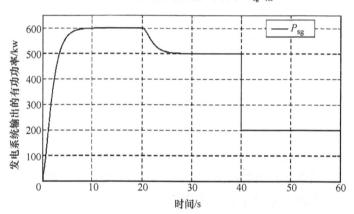

图 15.22　发电系统的有功功率输出 P_{sg}

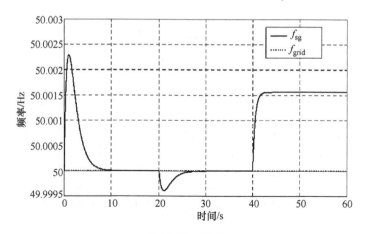

图 15.23　频率

相反，当处于孤岛工作模式时，不再稳定在 50Hz，因为 $P_{sg-ref} > P_{sg}$（下垂曲线特性）（见图 15.23）。当并网时角度 δ 很小，也随每次 P_{sg-ref} 的改变而变化，如图 15.24 所示。在孤岛运行模式下，角度 δ 向无穷大移动，因为它不再受控（电感 L_r 下游电压是由上游电压决定的）。

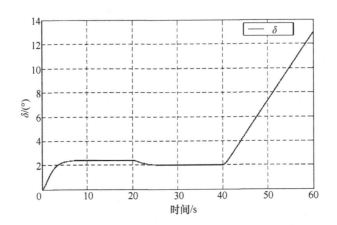

图 15.24　角度 δ

图 15.25、图 15.26、图 15.27 和图 15.28 所示为变换器的输出电流 i_{f1} 和 i_{f2}，滤波器 $L_f C_f$ 的输出电流 i_{ch1} 和 i_{ch2}，电容器的端电压 u_{c1} 和 u_{c2}，以及参考电压 u_{c1-ref} 和 u_{c2-ref}。当工作在孤岛状态时系统可以为负载提供功率。该工作模式仅在发电系统与储能系统合作时才能实现[LEC 04a]。

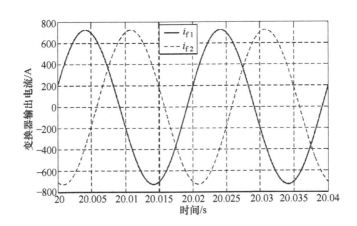

图 15.25　电流 i_{f1} 和 i_{f2}

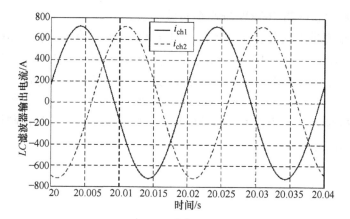

图 15.26　电流 i_{ch1} 和 i_{ch2}

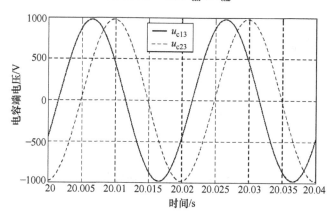

图 15.27　电压 u_{c1} 和 u_{c2}

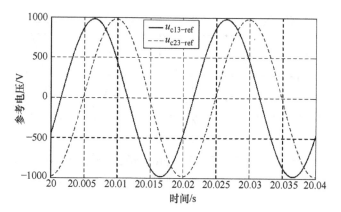

图 15.28　电压 u_{c1-ref} 和 u_{c2-ref}

15.3.7.2 孤岛运行带200kW非平衡负载

仿真与前面带平衡负载孤岛运行一样（40~60s），包括 P_{sg-ref} 如图15.21 和 15.29 所示，频率 f_{sg} 如图15.23 所示，以及角度 δ 如图15.24 所示。相反，变换器的输出电流 i_{f1} 和 i_{f2} 如图15.30 所示，以及滤波器 LC 的输出电流 i_{ch1} 和 i_{ch2} 如图15.31 所示，是不平衡的。然而电容器的电压如图15.32 所示，仍然跟踪其参考值如图15.33 所示，因为在电容器端的合成电压是受控的，而且控制策略并不是基于负载平衡的假设。

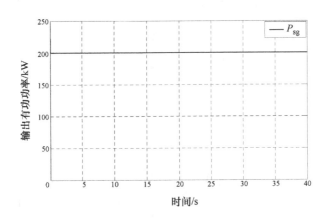

图 15.29　系统输出有功功率 P_{sg}

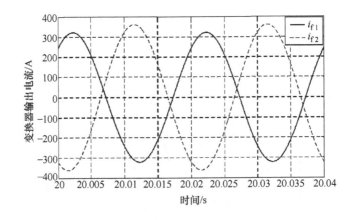

图 15.30　电流 i_{f1} 和 i_{f2}

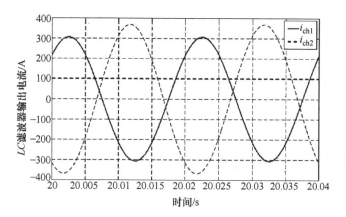

图 15. 31 电流 i_{ch1} 和 i_{ch2}

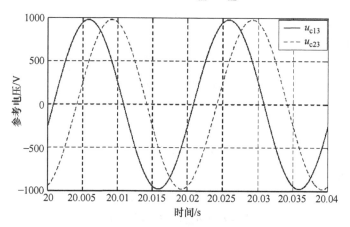

图 15. 32 电压 u_{c1} 和 u_{c2}

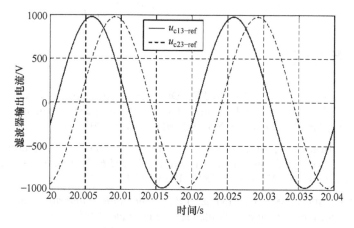

图 15. 33 电压 $u_{\text{c1-ref}}$ 和 $u_{\text{c2-ref}}$

15.4 总结

本章讨论了两种设计谐振校正器的方法用于固定频率能源发电系统的电流和电压控制。

当应用于风力发电时，这些方法的性能通过实验和数字仿真做了说明。

15.5 附录：变压器参数

一次侧绕组

$$r_1 = 2.45\text{m}\Omega$$

$$l_{1f} = 0.012\text{mH}$$

二次侧绕组

$$r_2 = 2.45\text{m}\Omega$$

$$l_{2f} = 0.012\text{mH}$$

励磁阻抗

$$R_{\text{ms}} = 1.69\Omega$$

$$L_{\text{ms}} = 21.8\text{m}\Omega$$

等效电路

$$R_1 = r_1 + R_{\text{ms}}, \quad L_1 = l_{1f} + L_{\text{ms}}$$

$$R_2 = r_2 + R_{\text{ms}}, \quad L_2 = l_{2f} + L_{\text{ms}}$$

$$R_{1\text{eq}} = \frac{(R_1 L_2 - R_{\text{ms}} L_{\text{ms}})}{L_2}, \quad \sigma = 1 - \frac{L_{\text{ms}}^2}{L_1 L_2}$$

15.6 参考文献

[ACK 07] ACKERMAN T., ABBAD J.R., DUDURYCH I.M., ERLICH I., HOLTTINEN H., RUNGE KRISTOFFERSEN J., SORENSEN P.E., "European balancing Act", *IEEE Power & Energy Magazine*, November/December 2007.

[BOR 01] BORUP U., BLAABJERG F., ENJETI P.N., "Sharing of nonlinear load in parallel–connected three-phase converters", *IEEE Transactions on Industry Applications*, vol. 37, n° 6, p. 1817–1823, 2001.

[BER 95] BERGMANN C., LOUIS J.P., *Commande numérique des machines*, Techniques de l'Ingénieur, Traité Génie électrique, 1995.

[COE 02] Coelho E.A.A., Cortizo P.C., Garcia P.F.D., "Small-signal stability for parallel-connected inverters in stand alone AC supply systems", *IEEE Transactions on Industrial Applications*, vol. 38, n° 2, p. 533–542, 2002.

[DAV 07] Davigny A., Participation aux services système de fermes d'éoliennes à vitesse variable intégrant du stockage inertiel d'énergie, Electrical engineering thesis, Lille University of Science and Technology, Villeneuve d'Asq, France, 2007.

[DEB 07] De Brabandere K., Bolsens B., Van den Keybus J., Woyte A., Driesen J., Belmans R., "A voltage and frequency droop control method for parallel inverters", *IEEE Transactions on Power Electronics*, vol. 22, n° 4, p. 1107–1115, 2007.

[DEG 00] Degobert P., Hautier J.P., "Torque control of permanent magnet synchronous motors in Concordia's reference frame with resonating currents controllers", *Proceedings of ICEM'00*, Espoo, Finland, 2000.

[ERI 05] Borre Eriksen P., Ackermann T., Abildgaard H., Smith P., Winter W., Garcia J.R., "System operation with high wind penetration", *IEEE Power & Energy Magazine*, November/December 2005.

[ESS 00] Esselin M., Robyns B., Berthereau F., Hautier J.P., "Resonant controller based power control of an inverter-transformer association in a wind generator", *Electromotion*, vol. 7, p. 185–190, 2000.

[GUI 07] Guillaud X., Degobert P., Teodorescu R., "Use of resonant controller for grid-connected converters in case of large frequency fluctuations", *EPE 2007, 12th European Conference On Power Electronics and Applications*, Aalborg, Denmark, 2007.

[HAU 97] Hautier J.P., Caron J.P., *Systèmes automatiques, commande des processus*, t. 2, Ellipses, Paris, 1997.

[HAU 99a] Hautier J.P., Guillaud X., Vandecasteele F., Wulveryck M., "Contrôle de grandeurs alternatives par des correcteurs résonnants", *Revue internationale de génie électrique*, vol. 2, n° 2, 1999.

[HAU 99b] Hautier J.P., Caron J.P., *Convertisseurs statique : méthodologie causale de modélisation et de commande*, Technip, Paris, 1999.

[KES 58] Kessler C., *Das Symmetrische Optimum, Regelungstechnik*, vol. 6, p. 395-400 et 432–436, 1958.

[LEC 03] Leclercq L., Ansel A., Robyns B., "Autonomous high power variable speed wind generator system", *Proceedings of EPE 2003*, Toulouse, France, 2003.

[LEC 04a] Leclercq L., Davigny A., Ansel A., Robyns B., "Grid connected or islanded operation of variable speed wind generators associated with flywheel energy storage systems", *Proceedings of the 11th International Power Electronics and Motion Control Conference, EPE-PEMC 2004*, Riga, Latvia, 2004.

332

[LEC 04b] LECLERCQ L., Apport du stockage inertiel associé à des éoliennes dans un réseau électrique en vue d'assurer des services systèmes, Electrical engineering thesis, Lille University of Science and Technology, Villeneuve d'Ascq, France, 2004.

[PIE 02] PIERQUIN J., BOUSCAYROL A., DEGOBERT P., HAUTIER J.P., ROBYNS B., "Torque control of an induction machine based on resonant current controllers", *ICEM 02*, Bruges, Belgium, 2002.

[PIE 05] PIERQUIN J., ROBYNS B., "Variable speed wind generator network interface power control based on resonant controller", *Electromotion 2005*, Lausanne, Switzerland, 27–29 2005.

[TUL 00] TULADHAR A., JIN H., UNGER T., MAUCH K., "Control of parallel inverters in distributed AC power systems with consideration of line impedance effect", *IEEE Transactions on Industrial Applications*, vol. 36, n° 1, p. 131–137, 2000.

[WUL 00] WULVERYCK M., Contrôle de courants alternatifs par correcteur résonnant multifréquentiel, Electrical engineering thesis, USTL, Lille, France, 2000.

第16章 多电平变换器的电流控制策略

16.1 引言

在最近的十多年间，现代社会对能源不断增长的需求导致了电力电子的急速增长。其在不同领域获得广泛应用，其电能的功率范围非常大。增长的主要方面为电能变换的结构，必须能够处理巨大的功率，同时要不断提高效率。

这些电能变换结构所处理的功率等级的增长可以通过增加供电电压、增加电流或者同时增加两者来实现。然而从效率的角度来看，增加电压更经常被采用。电压和/或电流的增加受到这些变换器结构核心功率开关的限制。

与此同时，功率半导体的演化也沿着相同的方向进行。历年来，新器件的出现都伴随着容量和性能的增加。相反，通过并联多个芯片或器件(更大的硅片面积)增加电流是合理可行的，相对应的，电压的增加需要硅片的厚度增加而不是表面积，这不可避免地导致这些新器件性能的损失。

这样，给定一种器件，其静态和动态特性不会比该器件在更高的工作电压更好。

新型变换器结构的主要目标是通过将电压和/或电流分配给若干个小体积但是具有更好的性能的器件来处理给定级别的输出功率。通过使用高性能的器件，可以提高整个系统的整体效率。

这种变换器结构使用多个功率器件进行串联或者并联，并在多个器件中进行负载电压的分配，提高性能。特别是输出信号的波形变为多电平并且可获取的频率增加，该频率限制了输出滤波器的参数。随着器件数目的增加，控制策略的复杂程度也会增加。

但是，更多的器件也意味着更多的自由度。这样尽管这个复杂度最初表现为一个问题，但是对它所提供新的可能状态的详细分析迅速使之成为一个优点。

本章，首先要讨论多电平变换器结构，然后将讨论本章的主要目标，即多电平变换器的控制。最后将回顾过去若干年所出现的各种策略以及它们的优缺点。

16.2　多电平变换器拓扑

在专门讨论多电平变换器电流控制之前，需要首先简要回顾一下能够用于获取多电平波形的各种拓扑。并不试图实现一个详尽的回顾（因为变换器的结构方面不是本章的主要议题），本节将介绍用于速度控制的"多电平驱动器"的主要结构。在这个应用领域，其技术参数包括数十千伏的电压等级，功率可达 10MW。对于当代半导体（指 2010 年），如果不用多个器件串联，则不可能工作在如此高电压等级。

回顾完可以使用的主要拓扑种类，本节将更深入讨论飞跨电容多电平结构的优缺点。

16.2.1　多电平结构的主要种类

16.2.1.1　变换器的级联（例如：H 桥）

第一种构成多电平的方法是简单地使用多个简单的变换器相结合[COR 02, HAM 97, HIL 99, OSM 99, TEO 02, TOL 99]。这里多个单相变换器串联使用，一个全桥配置如图 16.1 所示。

输出电压由每个相关变换器输出电压之和给出。在本例中，每个单元变换器可以给出三个输出电平（E，0，$-E$）。因此复合结构可以输出五个电平（$2E$，E，0，$-E$，$-2E$），其中冗余项是该设计所固有的。

尽管这个拓扑工作简单可靠，但是它有个主要的缺点，即需要电压源 V_{DC} 必须相互隔离，从而需要使用相当昂贵的变压器。尽管有这样的缺点，但因为可以对变压器进行优化设计，所以在工业上仍有应用[HIL 99]。

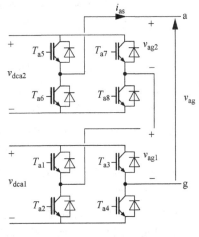

图 16.1　级联变换器

16.2.1.2　输入电源组合：中点钳位变换器

另外一个选择是直接改变变换器电路的拓扑来代替组合的单元变换器。本节将考虑的一种可能是将直流母线进行分配并且引入一个开关器件使之能够输出所需的电平，如图 16.2 所示。

与上述方法相对应的，在工业中广泛应用的一个结构是中点钳位（Neutral Point Clamped，NPC）变换器[NAB 81]以及更复杂的结构，诸如有源 NPC（Active NPC，ANPC）[BRU 01, BRU 05]或者五电平 ANPC[MEI 06]。

图 16.3 中所示为这种变换器最常用的结构，这可以用于得到三个输出电平，并且可以降低每个功率开关的电压，应力为整个系统电压应力的一半。

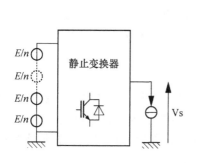

图 16.2　直流母线分配

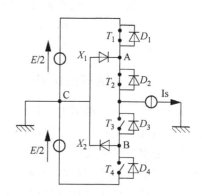

图 16.3　NPC 变换器

两个二极管被用于保证每个功率开关上电压应力的降低。最新的拓扑，例如 ANPC，通过优化一定的开关顺序使其可以优化电路的损耗分配[BRU 01,BRU 05]。

需要注意的是这个拓扑非常难于推广，一部分原因是钳位电路比三电平还复杂；另一部分原因是所使用的两个以上电源的平衡问题。

16.2.1.3　浮动电源的结合：多单元变换器或者交叉单元

与 NPC 中将输入电压进行分配不同，多单元拓扑利用浮动电源(电源不与参考地相连)以便得到需要的电平范围。唯一的条件是流经浮动电源的电流必须是交流，这样使得在一个开关周期内电压的平均值稳定。该结构的框图如图 16.4 所示。

图 16.5 所示为多单元三电平变换器。浮动电源电压是直流母线电压的一半。因此每个开关上电压将为直流母线电压的一半。

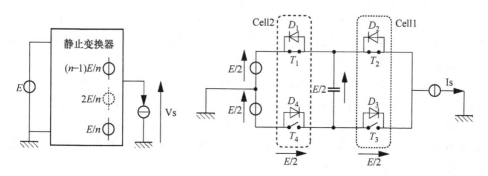

图 16.4　使用浮动电源

图 16.5　三电平多单元变换器

该拓扑的优点之一是中间电平的产生有两个不同的方法。这个特性意味着如果发出适当的指令，则输出频率可以加倍。这个特性非常重要，因为它可以极大地降低变换器输出所需滤波元件的尺寸。

另外一个优点是该拓扑可以用很简单直接的方法进行推广。也就是说可以很容易推广到四、五或者更多电平，仅需要串联更多的开关单元即可。

16.2.2 多单元结构的优缺点

简单回顾一下标准多电平拓扑，每种变换器都有很多突出特点。这里的目标不是给出最好的拓扑，而是要简单地给出一个多单元结构的各种优缺点的介绍，因为接下来将要转入介绍适合这种拓扑的各种控制策略。同时也会看到该拓扑的一些缺点将对所构成的控制架构产生很重要的影响。

这个多单元的主要优点是引入了状态数的冗余：多个不同的状态可以产生完全相同的输出电压。这个冗余可以用于降低变换器输出所表现的频率(f_a)，它大于每个分立开关的换相频率(f_{dec})，并且直接与串联单元个数成比例

$$f_a = n \times f_{dec}$$

为了得到这些改善，同时也带来了若干缺点。第一，对比 NPC 拓扑，在整个低频调制周期工作，这将导致轻微的开关损耗的增加（但是在不同开关间损耗分配更好）。第二个缺点与电平数的增加有关，可以看出随着电平数的增加，靠近电源的电容两端的电压也将增加并且接近电源电压

$$V_c = \frac{(n-1)}{n}E$$

对于超过 6kV 的供电电压，该电容的结构设计将非常困难。

然而最大的问题是浮动电源，它的确定与任何特定的电平无关。为了保证变换器的正确运行，这些电压必须保持其初始值，换句话说，必须保持输入电压的一个特定的分数。不仅如此，这些电压必须在变换器的静态和动态时保持平衡。因此当考虑对这样一个变换器进行控制时，需要考虑这个问题以便能够在控制设计的整体约束条件中体现。

在一定条件下，可以引入辅助电路以便改善这些浮动电压的平衡。许多研究确定了这种电路的使用条件以及电路元件设计规范。这个辅助电流的使用常常局限于浮动电压的开环控制并且在需要高动态控制场合，因此这个解决方案仍然很难得到应用。为此，本章随后内容将主要关注这些浮动电压（通常指飞跨电容电压）的闭环控制策略。

16.2.3　高功率多单元拓扑的演化：层叠式多单元变换器

我们讨论多电平拓扑，并且特别考虑多单元拓扑时，一定要讨论一个新的拓扑，该拓扑是近几年才出现的，称为层叠式多单元变换器（Stacked Multicell Converter，SMC）。这样结合了每个家族的特性，即减少了半导体开关的数量（例如在 NPC 中，在低频调制周期使用了部分元件）并通过该拓扑的冗余状态增加了输出实际频率（飞跨电容原理）。

图 16.6 所示为五电平两层 SMC 拓扑。两层中每层含有一个相关联的两单元和一个浮动电压。加入两个开关单元（TA/TB 和 T2A/T2B）并且对其进行低频驱动，以便在每半个低频调制周期有效。

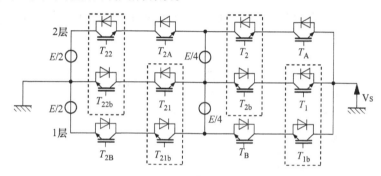

图 16.6　电平层叠式多单元变换器

利用 SMC 代替标准多单元变换器的主要优点是在飞跨电容储能方面。对于一个给定的应用，可以考虑一个多单元结构带有 N 个单元并且有两层带有 N 个三端单元，每个变换器需要符合相同的性能规范。如果开关频率和输入电压都相同，则电容的数值必须在每个情况下都相同。然而在 SMC 中有两倍的电容，但是电容上只有一半电压，这说明它们只储存了一半能量。不仅如此，SMC 的每个单元只有一半时间开关动作，因此与多单元变换器相比，开关频率理论上可以加倍而不会产生额外的损耗，而多单元变换器的电容减半。这两个系数结合到一起，说明在 SMC 结构中储存的实际能量是多单元变换器的四分之一。

对于一个恒定的电压，所存储的能量与电平数成正比，当使用较高电平数时 SMC 的优点非常明显。最后，由于半导体器件电压能力的限制，最高电压需要利用较多的单元来获得。这种情况下，SMC 结构的性能更好。

就其控制来说，SMC 拓扑需要与多单元结构类似的控制，可以在一个相当简单的控制系统中实现。因此，所有在标准多单元变换器中可以利用的控制策略也都可以很容易扩展到 SMC 拓扑中。

16.3　控制自由度的建模与分析

16.3.1　瞬态建模

平均值法在电力电子建模与控制中广泛应用。多单元变换器(不论是简单多单元还是 SMC)当然也适用。

首先需要从有关的电路方程(基尔霍夫定律)建立变换器的瞬态模型。状态变量(没有输入滤波器)通常是变换器输出电感电流和所选拓扑中飞跨电容的电压。

为了说明该模型,将举一个简单的多单元变换器的例子,有三个交叉单元,如图 16.7 所示。

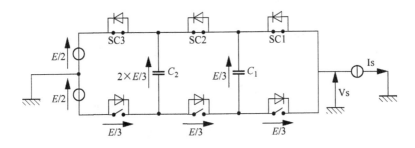

图 16.7　四电平多单元变换器

从相关电路方程开始,很容易得到代表式(16.1)所给出结构的工作状态的状态空间。状态矢量包含两个浮动电压(v_{c1},v_{c2})和输出电流(i_1)。每个指令 SC_i 代表每个开关单元中功率开关的状态。

$$\begin{cases} \dot{x}_1 = \dot{v}_{c1} = -\dfrac{1}{C_1} \times x_3 \times (SC_1 - SC_2) \\[3mm] \dot{x}_2 = \dot{v}_{c2} = -\dfrac{1}{C_2} \times x_3 \times (SC_2 - SC_3) \\[3mm] \dot{x}_3 = \dot{i}_1 = -\dfrac{r}{L} \times x_3 + \dfrac{1}{L} \times (x_1 \times SC_1 + x_2 \times SC_2 + E \times SC_3) \end{cases} \quad (16.1)$$

这些公式表现出了非线性特性。在前面两个公式中,状态 x_3(输出电流)与一个参考值相乘。进一步,可以得到状态变量之间很强的相关性:电压的变化直接取决于输出电流,同样输出电流受到电压改变的影响。

此外,可以看出飞跨电容电压的变化直接与两个控制信号的差相关联。

16.3.2 平均值模型

基于该结构的瞬态表示，可以将一个开关周期的平均值代替每个状态变量。得到的模型将给出状态变量的平均变化[GAT 98]。

用 u_1、I_1、V_{c1} 和 V_{c2} 代表 SC_1、i_1、v_{c1} 和 v_{c2} 一个开关周期的平均值。因此可以得到一个新的状态模型见式(16.2)

$$\begin{cases} \dot{x}_1 = \dot{V}_{c1} = -\dfrac{1}{C_1} \times x_3 \times (u_1 - u_2) \\[2mm] \dot{x}_2 = \dot{V}_{c2} = -\dfrac{1}{C_2} \times x_3 \times (u_2 - u_3) \\[2mm] \dot{x}_3 = \dot{I}_1 = -\dfrac{r}{L_1} \times x_3 + \dfrac{1}{L} \times (x_1 \times u_1 + x_2 \times u_2 + E \times u_3) \end{cases} \tag{16.2}$$

可以看出这个模型与前面的模型差别非常小，除了在一个开关周期之内的影响不能够表示。注意如果每个单元占空比(u_1，u_2，u_3)都相等，那么飞跨电容上的电压的平均值将不会变化。而电压和电流之间的耦合函数跟瞬态模型一样。

16.4 可用于控制算法的自由度分析

16.4.1 开环 PWM 调制

可以为该结构定义一个简单的 PWM 调制策略。考虑图 16.7 中一些开环波形。为了利用相同占空比驱动这三个单元，使用相互相差 $2\pi/3$ 的序列[GAT 98]。在这种条件下，可以得到如下波形，包含四个明显不同的电平并且所表现出的频率为开关频率的三倍，如图 16.8 所示。

16.4.2 拓扑的自由度

如前所观察的，变换器模型包含三个控制信号，与这个拓扑中的三个开关单元的状态相关联。具有足够时间分辨率的控制信号必须在一个开关周期内发送来实现可接受的控制精度。

对于这三个瞬态控制信号，在一个开关周期内取平均并控制三个占空比，如图 16.9 和图 16.10 所示。这种情况下需要使用一个 PWM 调制器(见第 9 章)。

三个占空比的产生所需的时间限制显著降低。每个开关周期更新两次就足够了。至于 PWM 发生模块，它也承受相同的限制，即它必须在开关周期内产生具有足够时间精度的信号。

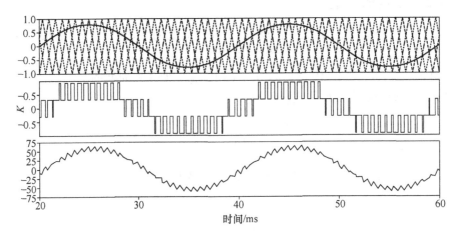

图 16.8 四电平飞跨电容波形

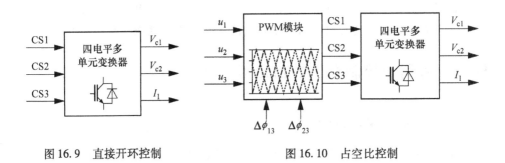

图 16.9 直接开环控制　　　　图 16.10 占空比控制

不仅如此，正如在前一节所观察到的，有两个额外的输入，即每个控制信号之间的相差。尽管初始值为

$$\Delta\phi_{12} = \Delta\phi_{12} = \frac{2\pi}{3}$$

但为了得到优化的波形，这些输入可以被控制以便能够改变变换器的内部状态。

16.4.3　指令规则的目标

明确规定随后要研究的指令规则的目标是非常重要的。必须控制的第一个量是提供给负载的输出电流。这个量必须跟随一个固定的或者正弦参考值，该值与所使用的结构种类相关(斩波器或者逆变器)。

第二个目标(如非特殊需求，不是必需的，是不太重要的目标)是限制浮动电压到一个特殊输入电压的分数值。如果这个电压稳定，则这些参考值因此也能够恒定。在四电平多单元逆变器中，这两个电压需要分别为 $E/3$ 和 $2E/3$。

作为本章重点，也必须考虑这个拓扑的特殊问题，即飞跨电容电压进行瞬态控制以便确保变换器的正确运行。再次提醒，调节这些电压以便保证在该电路中功率开关上的输入电压准确分配是非常重要的。

16.5　控制策略分类

本节将应用一个标准分类。首先要区别直接和间接控制。根据定义，直接控制直接发送指令给开关单元的功率开关。这些指令可以由比较得到，就像滞环控制。这种控制策略的原理图如图 16.11 所示。

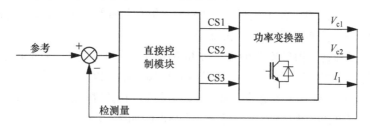

图 16.11　直接控制原理

也可以使用间接控制策略，如图 16.12 所示。这个原理利用产生控制指令的 PWM 模块很好地建立。

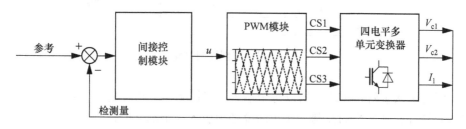

图 16.12　间接控制原理

与直接控制相比，该控制策略的优点是它很自然地保证了静止变流器的固定操作频率。这个方法的主要缺点是会使动态性能轻微恶化，因为控制环采样频率与开关频率一致。

控制律可以按照是否用于三相系统来分类。当然可以开发一个单相应用的控制律然后将它扩展到三相系统中。另外一个选择是直接将系统按照三相系统对待。这个方法的优点是直接将三相系统中的各种自由度和冗余整合到设计中。

16.6 单相桥臂非直接控制策略

16.6.1 解耦控制原理

这里将首先讨论在调节控制之前先对初始系统进行解耦。当定义模型时，注意到在状态变量间有很强的耦合。

回到四电平飞跨电容的例子，有三个变量需要控制：两个浮动电压 V_{c1} 和 V_{c2} 以及负载电流 I_1。有5个自由度可以用于 PWM 模块的控制（见图 16.10）：三个占空比和两个相位差。为了生成开关序列，将选定相差等于 $2\pi/3$。这样就剩下三个自由度用于控制系统的三个状态变量。

下一个目标就是做些安排使输入变量对且只对一个状态变量起作用，该变量不是前面所给出的模型中的变量。从式(16.2)模型中可以看出一个单输入变量（占空比）将影响至少两个状态变量。因此计划进行适当的解耦使得能够确定新的输入 v，其特点是它们仅作用单个状态变量。控制框图如图 16.13 所示。

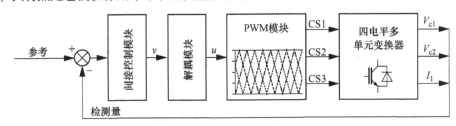

图 16.13　解耦控制原理

因为引入了解耦模块，所以每个输入 v 仅控制一个状态变量。必须保证每个状态变量都受到适当的控制，换句话说必须引入三个独立的控制环。

由于模型的非线性，因此建议用两个不同的方法来设计这个线性模块。第一个方法是在给定的工作点附近对模型线性化。得到线性模型之后，可以应用独立控制的原理。

另外一个方法是使用可以用于非线性系统的严格输入/输出线性化原理，该原理可以用相关形式来描述。这个方法的优点是不需要预先进行线性化。

16.6.2 线性和非线性控制

利用式(16.2)所表示的模型，考虑如下输入矢量：

$$U = \begin{bmatrix} \alpha_1 & \alpha_2 & u_3 \end{bmatrix}^{\mathrm{T}}$$

其中

$$\alpha_k = u_{k+1} - u_k$$

因此可以得到状态表达式

$$\dot{X} = A_1 \times X + B_1(X) \times U \tag{16.3}$$

其中

$$A_1 = \begin{bmatrix} 0 & 0 & 0 \\ 0 & 0 & 0 \\ 0 & 0 & -\dfrac{r}{L} \end{bmatrix}$$

以及

$$B_1(X) = \begin{bmatrix} \dfrac{x_3}{C_1} & 0 & 0 \\ 0 & \dfrac{x_3}{C_2} & 0 \\ \dfrac{-x_1}{L} & \dfrac{-x_2}{L} & \dfrac{E}{L} \end{bmatrix}$$

根据已知，因为矩阵 B_1 依赖于状态 X，所以得到一个非线性状态模型。因此需要在工作点附近对系统进行线性化

$$X_0 = \begin{bmatrix} V_{C10} & V_{C20} & I_{L0} \end{bmatrix}^{\mathrm{T}} = \begin{bmatrix} x_{10} & x_{20} & x_{30} \end{bmatrix}^{\mathrm{T}}$$

这给出了小信号模型见式(16.4)

$$\delta\dot{X} = A_2 \times \delta X + B_2 \times \delta U \tag{16.4}$$

经过扩展，矩阵 A_2 等于矩阵 A_1。矩阵 B_2 可以通过将在线性点 X_0 处的状态矢量代入 $B_1(X)$ 得到。

因此有

$$A_2 = \begin{bmatrix} 0 & 0 & 0 \\ 0 & 0 & 0 \\ 0 & 0 & -\dfrac{r}{L} \end{bmatrix}$$

以及

$$B_2(X) = \begin{bmatrix} \dfrac{x_{30}}{C_1} & 0 & 0 \\ 0 & \dfrac{x_{30}}{C_2} & 0 \\ \dfrac{-x_{10}}{L} & \dfrac{-x_{20}}{L} & \dfrac{E}{L} \end{bmatrix}$$

利用式(16.4)所给出的线性系统,将状态反馈(矩阵 R_1)和前馈补偿(矩阵 L_1)相结合,如图 16.14 所示。

这样得到新的代表状态的线性系统

$$\dot{X} = \bar{A} \times X + \bar{B} \times X \qquad (16.5)$$

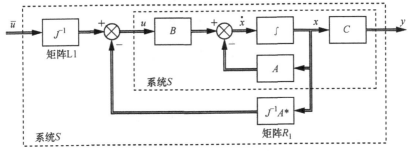

图 16.14 无相互作用控制原理

计算 L_1 和 $R_1^{[TAC\,98]}$,得到一个解耦的系统如图 16.15 所示。每个状态变量由且仅由一个输入得到。

利用这个解耦系统,仅需要增加一个标准的状态反馈以便确定调节的动态性能。因此可以得到如图 16.16 所示的结构。

该方法所得到的结果非常令人满意,如图 16.17 所示,并且使输出电流和浮动电压的各自目标控制没有任何相互作用。然而该图也表明电流没有像期望的那样表现为一阶系统。这个问题是线性化的结果。这个问题是当变换器最初起动时,在额定工作点附近进行线性化不合适,这

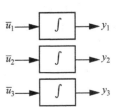

图 16.15 无相互作用控制的解耦系统

导致了无法精确解耦。需要注意的是这样的起动过程是理论上的(实际上输入电压的变化要受到输入滤波器的限制)。有兴趣的读者可以见参考文献[TAC 98],其中讨论了许多可能的降低电流超调的方法。

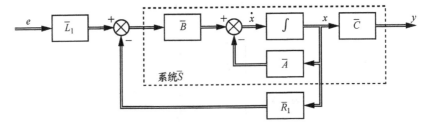

图 16.16 增强动态的无相互作用控制的解耦系统

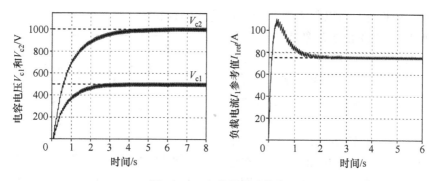

图 16.17　变换器起动仿真

16.6.3　利用严格输入/输出线性化解耦

如前面一节所述，无相互作用控制的主要缺点是它需要在工作点附近进行线性化。当作为斩波器工作时，工作点仅作轻微的变化。相反，当作为逆变器工作时，电流按正弦变化并且使得其很难在整个工作范围实现完全解耦。考虑式(16.2)给出的模型，使之可以改写成非线性系统的形式

$$\dot{X} = f(X) + g(X)U \tag{16.6}$$

其中

$$f(X) = \begin{bmatrix} 0 \\ 0 \\ -\dfrac{r}{L}x_3 \end{bmatrix}$$

以及

$$g(X) = \begin{bmatrix} -\dfrac{x_3}{C_1} & \dfrac{x_3}{C_1} & 0 \\ 0 & -\dfrac{x_3}{C_2} & \dfrac{x_3}{C_2} \\ \dfrac{x_1}{L} & \dfrac{x_2-x_1}{L} & \dfrac{E-x_2}{L} \end{bmatrix}$$

将公式变换成这个形式，可以利用精确输入/输出线性化，包括定义一个非线性状态反馈(矩阵 $\alpha(X)$ 和 $\beta(X)$)使输入与输出之间精确解耦。利用李导数计算这两个矩阵[GAT 98]。解耦原理图，如图 16.18 所示。

与图 16.15 中一样，在新的输入 v 与输出 y 之间有一个积分关系。因此每个状态变量需要一个线性控制环组成一个完整系统，如图 16.19 所示。因为系统函

346

数包含一个积分，所以仅需要一个简单的比例校正器。然而因为其参数可以变化，所以该解耦系统更像是一个一阶系统，因此可以使用 IP 或者 PI 校正器。IP 结构是一个可选的解决方案，因为它能够使动态性能固定与积分作用无关。

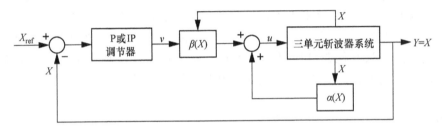

图 16.18　精确输入/输出线性化解耦

在一个斩波器中应用该控制策略得到的实验结果如图 16.20 所示，在变换器起动之前母线电压已经就绪。图 16.20 显示了飞跨电容上电压非常好的动态响应，并且说明了在功率开关之间较好的电压分配。为了响应较大的负载变化（图 16.20 的下图），电流很好地跟随参考值的变化。需要注意的是在负载阶跃变化时，输入母线电压变化较小并且这些变化完全反映到飞跨电容的电压上。

图 16.19　精确输入/输出线性化解耦以及线性 PI 或者 IP 校正器

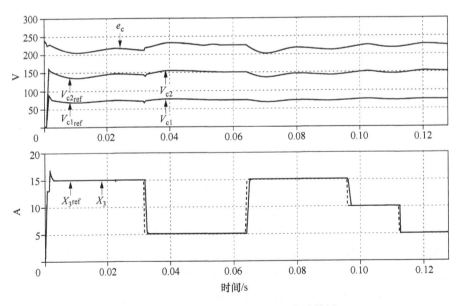

图 16.20　精确输入/输出线性化实验结果

然而如果是以逆变器工作,则当进行解耦时就会产生一个奇异性问题。

如果仔细考虑矩阵 $\beta(X)$,则可以看出负载电流出现在分母中。这意味着对于一个非常小的电流不能进行解耦计算,因为这样会导致参考值饱和。这个奇异性的出现的原因是当电流太小时对飞跨电容电压无法进行控制,因为它们的变化直接与电流大小成正比。该奇异性迫使利用过零检测,并对这种情况进行特殊处理的策略进行额外控制。当应用该处理方法时,其结果是很积极的并且与已给出的结果没有显著的区别[GAT 98]。

对奇异问题的处理导致了另外一个调节器结构的出现,是在这里介绍的基础上变化而来的。在参考文献[GAT 98,PIN 99]中,利用部分解耦来避免奇异问题并且取得了令人满意的结果。

16.6.4 利用指令信号之间相移的控制

当考虑多单元结构自由度时,发现指令信号的相位可以用做输入变量。如果回到四电平变换器,则有三个状态变量必须驱动,因此必须利用三个输入。

因此给出一个控制策略,即利用共同的占空比给三个开关单元,以及两个相差。该方法得到以下开环系统框图,如图 16.21 所示。

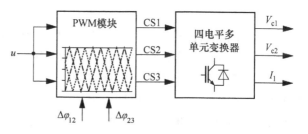

图 16.21 使用相差的控制框图

占空比用于控制输出电流。可以使用基于先前给出的模型的标准线性调节。则剩余的两个自由度(相关相位差)将会用来控制两个飞跨电容电压。

为了描述系统对这两个输入的响应特性,将使用变换器的谐波模型[DAV 97],这里暂不对该模型介绍。该模型给出了一个非线性状态空间表示,可以用如下形式表示:

$$\dot{X}_v = A(u,\ \Delta\phi)X_v + B(u,\ \Delta\phi)E \tag{16.7}$$

其中

$$X_v = \begin{bmatrix} V_{c1} \\ V_{c2} \end{bmatrix}$$

是状态矢量,u 为三个单元的占空比,并且

$$\Delta\phi = \begin{bmatrix} \Delta\phi_{12} \\ \Delta\phi_{23} \end{bmatrix}$$

是三个单元的相差矢量。

348

为了利用这个高度非线性模型控制这个状态矢量，提出了一种逆控制策略。其原理是利用系统的模糊逻辑来实现逆变换，代表变换器的逆模型。首先将变量 $\dot{X}_v$ 作为两个输入之间相位差的函数。这产生了两个曲面图如图16.22所示。

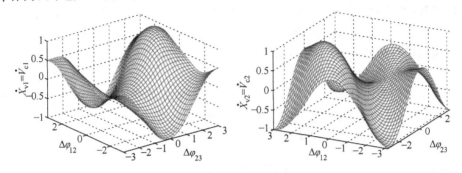

图16.22　变量 $\dot{X}_{v1} = \dot{V}_{c1}$ 以及 $\dot{X}_{v2} = \dot{V}_{c2}$
为输入相差的函数（归一化）

这两个图可以合并为一个图，参数为所使用的各自相差的函数。其合并结果如图16.23所示，状态矢量中的变量作为两相坐标的函数。

然后模糊逻辑系统用于表示逆模型并使电压得到调节。这个模糊逻辑系统的学习过程的结果是由式(16.8)给出的 SF 非线性函数，将相位输入该系统可以得到期望的变量

$$\Delta\varphi = \begin{bmatrix} \Delta\varphi_{12} \\ \Delta\varphi_{23} \end{bmatrix} = SF(\dot{X}_{vref})$$

(16.8)

完整的调节系统框图如图16.24所示，其中第一个环利用共同占空比使输出电流得到调节，第二个环利用逆变换原理控制两个飞跨电容电压。

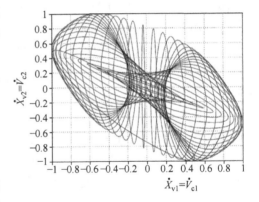

图16.23　变量 $\dot{X}_v = [\dot{V}_{c1}\ \dot{V}_{c2}]^T$

仿真结果如图16.25所示，表明系统得到了很好的控制。特别是浮动电压准确跟踪了输入电压变化。这个情况下这些变化是由于 LC 型输入滤波器带来的。

尽管存在很多问题，这种控制方式仍然工作良好。针对某个负载的模型逆变换仅适用于这种负载。因此图16.23中所示的图形会根据负载的变化而变化，并会引起逆系统的问题。在参考文献[GAT 97]中提出了许多解决方案，特别是引

入一个精心选择的输出滤波器。然而对这种控制的讨论仍然停留在设想阶段，因为在数字环境中实现具有挑战性。

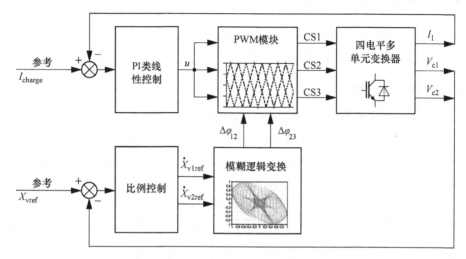

图 16.24　逆控制的完整框图

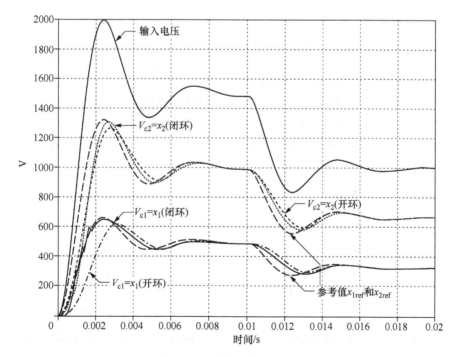

图 16.25　逆控制的仿真结果

16.7 单相桥臂直接控制策略

在这一节中，我们将讨论直接控制策略，也就是说，一个直接交互功率开关的控制不必通过一个中间的脉宽调制模块。

16.7.1 滑模控制

对多单元变换器状态变量的调节需要多维控制。如同前面所见到的，需要调节结构中的输出电流以及内部电容电压。然而这两个目标优先考虑电压。这些指定的电压必须限制作用在功率开关上的电压应力，电压应力对变换器的寿命有不利影响。

接下来将介绍采用 D. Pinon[PIN 97] 提出的滑模控制的控制率。为了降低讨论的复杂性，将要讨论的例子是一个三电平变换器。本节要讨论的变换器框图如图 16.26 所示。变换器的模型见式(16.2)。因此状态矢量包含两个量 $X = \begin{bmatrix} v_1 \\ i \end{bmatrix}$。

滑模控制也包含在"幅值"控制中并且通常利用变换器的瞬态模型。

对于这种控制，假设控制的输入只有两种状态之一，正或者负。变结构系统原理是由 V. Utkin 在 1970 年建立的[UTK 78]。

首先定义开关函数 $s(X)$，通过符号函数可以确定给系统指令的值。每个使开关函数为零的值组成了开关面(第 12 章)。

代表调节误差的平面如图 16.27 所示，通过系统所具有的两种截然不同的工作模式，可以得到一个简单的工作原理。首先是"吸引模态"，使其接近开关面而不做任何换相。第二个模态是"滑动模态"，使系统保持在滑模面附近最终达到平衡点。

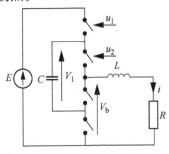

图 16.26 三电平变换器电路图

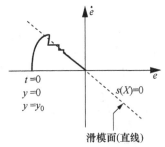

图 16.27 三电平变换器误差平面

这样滑模面将状态空间分为两个区域，代表该系统的两个不同结构。在它的轨迹的末端，开关频率无限高并且系统滑向平衡点。

为了利用这个原理控制一个多单元变换器，必须首先定义一个开关函数。为了得到该函数，通常使用李雅普诺夫判据，使系统保证稳定性。通常选择如下开关函数：

$$V(x) = (X - X_{\text{ref}})^{\text{T}} Q (X - X_{\text{ref}}) \tag{16.9}$$

其中，Q 为正定矩阵。

如果李雅普诺夫方程导数为负，则系统闭环模态是稳定的。通过这个计算得到一个控制律控制变换器的指令保证导数值保持为负数。这样得到所选的开关函数[PIN 97]

$$\begin{cases} s_1(X) = \dfrac{2I_{\text{ref}}}{E}(v_1 - E) - (i - i_{\text{ref}}) \\[3mm] s_2(X) = -\dfrac{2I_{\text{ref}}}{E}(v_1 - E) - (i - i_{\text{ref}}) \end{cases} \tag{16.10}$$

这种控制所得到的结果如图 16.28 所示。给定的工作点是 $E = 800\text{V}$ 并且 $i = 30\text{A}$。参考电流在 $t = 4\text{ms}$，$t = 8\text{ms}$ 以及 $t = 10\text{ms}$ 的时候发生变化。输入在 $t = 15\text{ms}$ 时从 $E = 800\text{V}$ 变化到 600V。所有这些干扰，仿真结果显示出了非常好的性能，特别是对参考值几乎完美的跟随。

然而必须强调几个对这些初步较好结果产生负作用的问题。第一个负面问题是在变换器的稳态。尽管平均值对参考值跟踪得比较准确，但是对结果仔细检查发现各个开关单元之间的相差不准确。输出波形与该结构固有的可能性相比还不够理想。

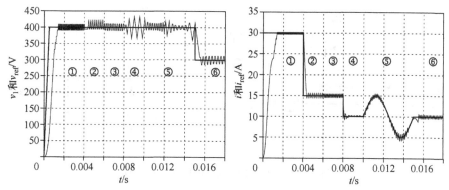

图 16.28　滑模控制仿真结果

第二个负面问题是功率开关的频率。在初步结果中没有任何东西保证开关频率保持恒定。相反，它变化非常大并且在一定程度上是由工作点来决定的。

为了避免这些主要问题，可以加入一个与经典 PWM 调制器相关的 PI 校正器，如图 16.29 所示。

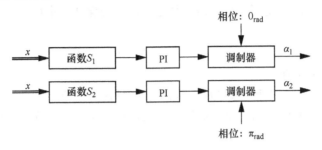

图 16.29　滑模控制的改进

这个情况下系统工作在一个固定频率并且输出电压具有较好的均匀性。这个改进带来的代价就是使得变换器的动态性能稍微下降，一定程度上是由于增加了一个 PI 校正器，其动态特性比开关频率要慢。

然而这个解决方案很有趣，可以相当简单地在实际当中实现。

16.7.2　电流控制模式

这种控制目前在开关电源中得到了应用，其主要优点是可以保证功率开关的固定换相频率。然而这种控制也引入了静态误差（第 13 章）。图 16.30 所示为两电平变换器的工作原理。

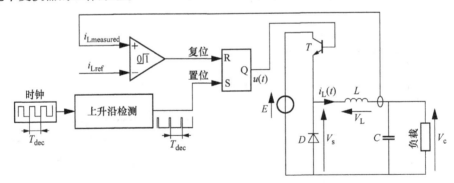

图 16.30　两电平电流控制模式工作原理

开关频率由时钟信号固定。时钟信号的每个上升沿触发半导体 T 导通。电感端的电压 V_L 变为正，使电感电流 i_L 增加。当电流 i_L 达到参考值时，即 i_{Lref}，半导体 T 的控制信号变为零。一旦半导体 T 关断，V_s 变为零并且 i_L 降低直到下一个时钟信号的上升沿到来。电压 V_s 有两个先验自由度：可以选择晶体管开始开通的时刻和关断的时刻。这两个自由度中的第一个用于确定功率开关的开关频率。第二个可以用于控制电流 i_L 的峰值。

对这种控制的研究表明它需要在参考信号中增加一个补偿斜坡以便避免出现输出电流的双周期(第13章)。这种控制所得到的动态性能非常好,接近滞环控制的结果。

可以将该方法推广到多电平变换器中,特别是多单元变换器。为此,它需要不是一个而是两个斜坡。与参考值比较的结果不再直接控制功率开关而是选择期望(离散的)的输出电平。将完整的系统在图16.31中给出,是带有三个开关单元的逆变器。方框1首先用于确定输出电平。与两电平情形相同,第一个开关操作是按照固定频率进行的。第二个开关动作是根据与加入参考信号中的其中一个斜坡比较结果进行的。

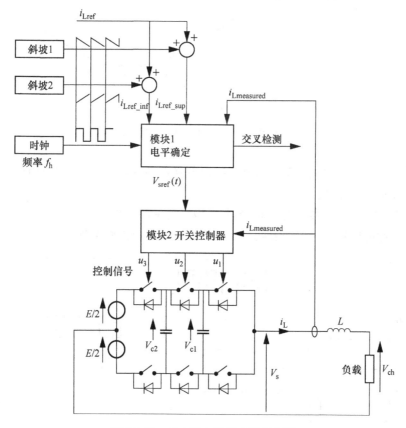

图 16.31　多电平电流模式控制框图

第二部分,在图中由方框2表示,其任务是选择最佳的开关配置,依据输入的期望值、电压等级以及拓扑中冗余状态的利用。这些冗余态用于对飞跨电容电压的动态平衡。方框2的输出将直接控制功率开关。

对这两个模块大量可能性的管理[AIM 03]，为了指定某一状态使系统相当复杂，但是这得到了非常令人鼓舞的结果。

图 16.32 所示为正弦波参考信号的仿真结果。

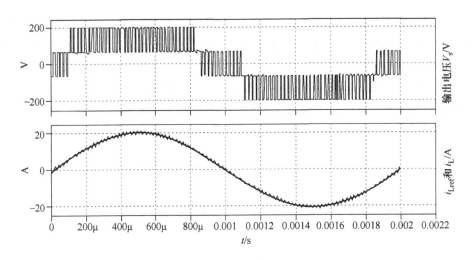

图 16.32　电流模式仿真结果

电流调节非常完美，并且对该系统对变换器各种参数敏感性的研究表明它具有较高级别的鲁棒性。

图 16.33 所示为参考电流指令从 − 20A 到 + 20A 再回到初始状态的阶跃变化。动态性能优越并且仅需要两个开关周期控制量就能够准确跟踪。

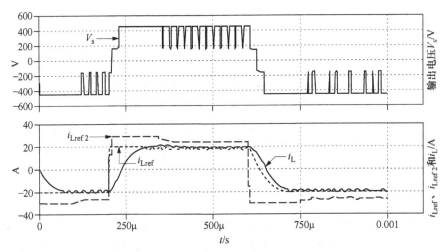

图 16.33　电流模式控制的动态测试

这种电流模式控制是多单元逆变器理想的控制模式。可以很容易在一个小的 FPGA（现场可编程门阵列）中实现[AIM 03]。

到目前为止，所讨论的所有控制策略都用于单相系统。将它们扩展到三相逆变器是相当容易的。

然而，这种情况下，当控制策略被选定并且三相系统中可用的自由度没有被使用时，三相系统的特性并没有被考虑。

为了解决这个问题，接下来的小节讨论一系列控制策略直接应用三相方法。尽管这样使设计非常复杂，但是其好处是无法忽略的。

16.8　控制策略，三相方法

本节将讨论几种控制策略用于三相系统的多单元变换器。

有多种三相负载（电动机、电网等），并且离开负载无法讨论逆变器的控制。为此本节不讨论感应电动机的控制作为例子，将会讨论各种三相方法中可用的自由度以及从中可以得到的增益。感兴趣的读者可以根据各种参考资料得到进一步的详细信息。

16.8.1　三相系统两电平逆变器特点

简单回顾一下三相系统[MON 95]，图 16.34 所示为一个三相负载，由一个两电平逆变器供电。假设负载的中性点，通常无法接触，没有连接到直流母线中点。

该电路可以用于获得负载端三相电压随时间变化的公式。一个康科迪亚型三相/两相变换可以用于获得图 16.35 所示系统中可得到的各种电压矢量（第 2 章）。

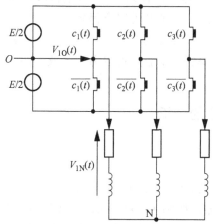

图 16.34　两电平逆变器向三相负载供电

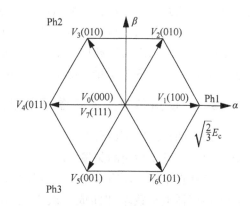

图 16.35　在 (α, β) 坐标系下两电平逆变器可获得的电压矢量

由这些矢量定义一个六边形,其顶点代表可能的逆变器状态。在该六边形中,任意一个矢量可以由组成其所在扇区的两个状态来获得。必须利用在这两个状态上面的投影计算这两个矢量的分别作用时间。

在两电平时,可以获得七个不同矢量。六边形的顶点仅由逆变器的一个开关组合得到。相反,中心点可以由逆变器的两种不同组合得到。

16.8.2 三相 N 电平系统特点

在三相 N 电平逆变器系统中[BEN 03, MAR 00],可能的开关组合迅速增加。

以图 16.36 为例,可以用于代表一个三相多单元逆变器,带有 N 电平和($N-1$)交叉单元。

定义 N_{snp} 为相序数,代表六边形中可得到的点的数目。同时也定义 N_{vt} 为可能的电压矢量数。

对于三相两电平系统,发现相序 $N_{snp} = 8$ 并且不同的电压矢量 $N_{vt} = 7$。总的来说可以用如下公式表示:

$$\begin{cases} N_{snp} = N^3 \\ N_{vt} = 3 \times N \times (N-1) + 1 \end{cases} \tag{16.11}$$

图 16.37 清楚地表明随着电平数从 2 增加到 7,相序数和电压矢量数快速增加。

可以观察出相序数比电压矢量数增加迅速。这个可以简单地解释为相序数中的冗余。这个结论可以说明逆变器中多个不同的序列最终输出完全一样的电压矢量。接下来将看到冗余可以用于优化系统的性能。

图 16.38 所示为 $N=3$ 和 $N=4$ 在(α, β)平面的图形表示。这里再次考虑了前面提到的冗余。这样,外部六边形的点只能由一种开关组合得到。

第一个内部六边形的点可以利用两个不同的相序得到。当 $N=4$ 时,在最内部的六边形上的点可以利用三个不同的相序得到。中心点可以由三个或者四个不同方式得到,这取决于是三电平还是四电平。

16.8.3 使用多单元逆变器可用自由度的分析

增加的自由度可以分为不同的三类[BEN 03]。

16.8.3.1 可以利用的矢量(I 类)

这些自由度是所有多电平逆变器拓扑所共有的。可用的电压矢量数如前所述随着逆变器电平数增加而成二次方关系增加,如图 16.37 所示。这样能够到达(α, β)平面内额外的点。这些自由度提供了一个从可用电压矢量中选择的电压矢量,对逆变器负载做更好的控制。

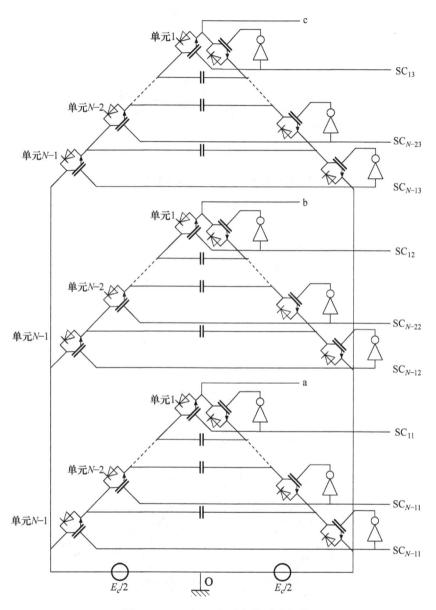

图 16.36　三相 N 电平多单元逆变器

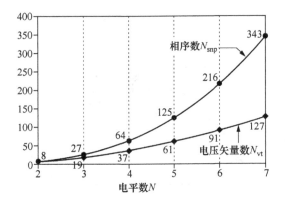

图 16.37 相序数和电压矢量数与电平数的函数关系

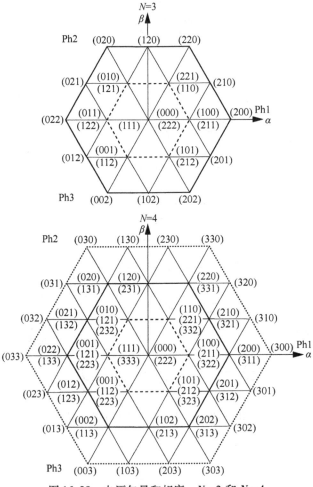

图 16.38 电压矢量和相序，$N=3$ 和 $N=4$

16.8.3.2 相序中的冗余（Ⅱ类）

一个电压可以利用多个相电平的序列获得。这个自由度也是所有多电平逆变器所共有的。对于一个 N 电平逆变器，根据一个电压矢量在 (α, β) 平面的位置，这个矢量可以利用一个或者多个相电平序列得到。这样如图 16.38 所示，对于 N 电平逆变器，如果电压矢量在 (α, β) 平面的外部六边形，那么每个矢量只能由一个相电平序列得到。如果属于第二个六边形，则它可以利用两个相电平序列得到，以此类推。零矢量在 (α, β) 平面的原点，可以利用 $N-1$ 个相电平序列得到。

因此多电平逆变器提供的冗余可以为控制带来好处。这样，就像与逆变器负载有关变量的控制决定了在 (α, β) 平面的点的选择，相电平序列的选择可以通过不同的方式取得。例如，在一个确定的控制策略中，这个选择的做出要能够使逆变器的平均开关频率固定。其他利用这些自由度不同目标的判据可能是：它也可能选择相电平序列解决共模电压问题。

16.8.3.3 相冗余（Ⅲ类）

这个自由度对多单元逆变器和 SMC 逆变器来说非常特殊。这些多电平逆变器拓扑使其能够利用多个不同的桥臂产生给定的相电平。这样，在 p 个单元组成的多单元逆变器中一相的输出时（N 电平需要 $p = N-1$），可以有 p 个可能的相输出 E_c/p 电平。这个自由度定义了飞跨电容上电流的方向，可以用来实现飞跨电容的主动平衡。

16.8.4 多电平逆变器自由度应用范例

正如之前所描述的，根据应用的不同（电动机控制，电网控制等）在多电平变换器中有很多自由度可以被利用。接下来将给出一个感应电动机控制的应用范例。

第一个介绍的是直接控制策略，也是基于转矩和定子磁链的滞环调节[MAR00,MAR02]。通常，转矩和定子磁链是两个需要调节的变量，并且它们调节的重要程度相同。调节必须满足如下要求和标准：

1）保证转矩冲击响应时间最短；

2）保证转矩和磁链调节稳定；

3）对于给定的滞环宽度在稳态时转矩和定子磁链的变化最小，逆变器的开关频率最小。

因此直接控制策略如图 16.39 所示，将特别适合大容量应用，多电平逆变器的使用也将得到说明。

第一级如图 16.40 所示，用于选择逆变器的电压矢量，并且根据转矩和定子磁链的瞬时控制使Ⅰ类自由度得到应用。电压矢量的选择由变量 Q_{k+1} 确定。

360

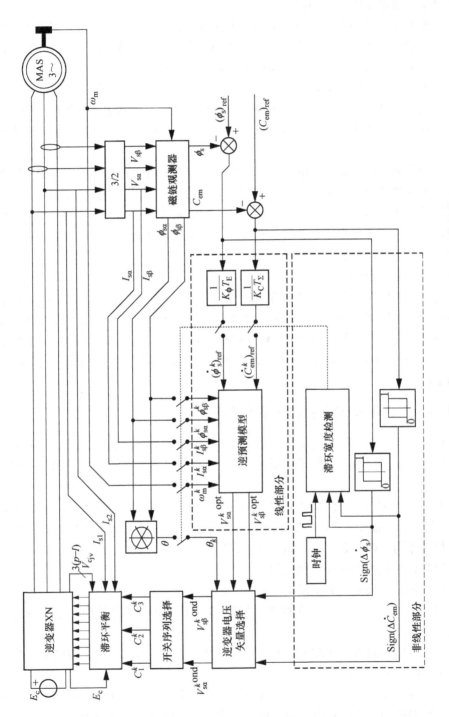

图16.39 基于滞环调节的多单元逆变器DTC策略总体结构

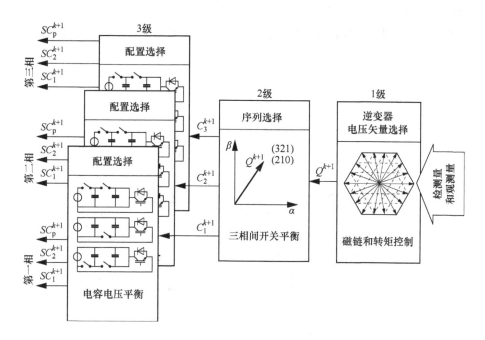

图 16.40　三级 CoDiFI 策略，用于多单元逆变器为感应电动机供电的直接转矩控制

然后这个矢量作为参考值传给"相电平序列选择"模块，该模块组成了算法的第二级，其中Ⅱ类自由度用于平衡在逆变器的三相中开关动作的次数。

最后，三相电平参考值传给三个"桥臂配置选择"模块，产生实际的半导体控制信号。第三级包括Ⅲ类自由度的应用，并且主要控制飞跨电容电压的稳定。

16.9　多单元变换器特点：需要观测器

尽管不是本章的重点，但仍需要提醒的是在一个给定的工业应用中，多单元变换器（标准的或者 SMC）需要检测端电压，该电压称为"飞跨电压"，因为它们没有固定的参考电平。

这种构想不是非常有前途的，因为在该拓扑中所需的传感器直接随电平数的增加而增加。另外，由于非常高的电平电压（几千伏），测量电路会迅速变得非常复杂。检测所有电压以及各种电压之间的隔离问题成为了一种限制，因此必须采用其他技术来完成这些量的非直接检测。

为了主动控制这些电压而不增加额外的电压检测装置，需要开发观测器或者再现器[BEN 01,GAT 98,LIE 06]。不考虑细节，想象其可能性，利用每个桥臂输出电流检测和控制指令来重构变换器内部的各种电压[GAT 98,LIE 06]。

通常来讲如果不增加任何电压传感器，则可以利用图16.41所示的观测策略来实现。

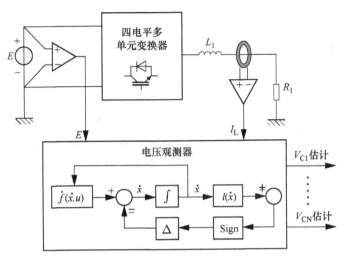

图16.41 内部电压观测器原理图

这个情况下，内部电压的不平衡直接影响到每个桥臂的输出电流。这个影响与主电流相比很小，并且其频率等于开关频率。因此观测器必须能够提取出这个信息以便使其输出值收敛到它们的估计值。

许多研究[BEN 01,LIE 06]表明了滑模观测器的可行性。其结果非常具有说服力，而且并不难实现利用这些估计量主动调节内部电压。

16.10 总结与展望

本章给出了各种多电平结构，特别是交叉单元的多单元拓扑。这些结构用于改进高电压应用（几千伏）以及高功率应用（几兆瓦）的电能质量。这些改进主要是因为将输入电压分开，所以可以使用低耐压高性能的器件。也在一定程度上因为这些结构的固有特性，比如每相所表现输出频率的加倍。

显然，与传统两电平变换器相比，这个拓扑很复杂而且这个结构的控制方面也具有更多挑战。因为在交叉多单元变换器中的电压分割是利用浮动电源实现的，因此需要保证这些电源的稳定性以便保证变换器的寿命更长。

在标准的控制环上（检测输出电压和电流），进一步的控制准则必须加入，比如控制内部电压到一个指定的电平以及实现调制的优化。这些新的目标因此增加了系统需要控制的级数，要考虑该系统的非线性特性，包括连续的和离散的量以及在各个状态变量之间的耦合。

在最近十年间，该领域的研究产生了大量关于这些结构控制的成果，主要几种在本章进行了讨论。各种解决方案给出了可行的结果，并且不需要对各个性能进行严格的比较，事实上它们之间通常比较类似。选择什么样的方案取决于该方案是否适合需要的工业应用。因为每个标准不同，所以很难给出一个具体的表来描述统一的解决方案。然而，在本章引用的研究工作中，可以找到不同应用的选择标准。

在本章结尾需要注意，而且很重要一点是这类结构需要一个观测器，它在调节器中是很关键的一个部分。选择一个适合控制律的观测器会带来挑战。

同时也要说明这些结构表明它们需要高性能的嵌入式数字控制，通常比较复杂。如果没有拓扑的发展与嵌入式控制的结合，那么许多这类结构是无法应用的。

作为本章多单元逆变器控制的总结并给出未来的展望，可以考虑将现有的控制策略在这类结构中加以应用。

与通常所说的不同，在该领域还存在许多工作要做。举几个例子，可以问这样一些问题，SOCC策略（第14章）如何才能在多单元变换器中得到应用？有哪些好处？是否能够保证产生优化的波形？仍然回到控制方面的主题，可以想象采用新的固定频率滞环控制策略（第13章）。

如何将这种控制用于一个多单元结构？是否能够保证利用这样一个方法对所有状态量进行适当的调节？这些所有没有回答的问题希望在不久的将来能得到答案。

16.11　参考文献

[AIM 03] AIMÉ M., Evaluation et optimisation de la bande passante des convertisseurs statiques : application aux convertisseurs multicellulaires, Thesis, Institut national polytechnique de Toulouse, France, 2003.

[BEN 01] BANSAID R., Observateurs des tensions aux bornes des capacités flottantes pour les convertisseurs multicellulaires séries, PhD thesis, Institut national polytechnique de Toulouse, France, 2001.

[BEN 03] BENANI A., Minimisation des courants de mode commun dans les variateurs de vitesse asynchrones alimentés par onduleurs de tension multicellulaire, PhD thesis, Institut national polytechnique de Toulouse, France, 2003.

[BRU 01] BRUCKNER T., BEMET S., "Loss balancing in three-level voltage source inverters applying active NPC switches", *Power Electronics Specialists Conference, 2001, PESC. 2001 IEEE 32nd Annual*, vol. 2, n° 1, p. 1135–1140, 2001.

[BRU 03] BRUCKNER T., HOLMES D.G., "Optimal pulse width modulation for three-level inverters", *Power Electronics Specialist Conference, 2003, PESC '03. 2003 IEEE 34th Annual*, vol. 1, n° 2, p. 165–170, 2003.

[BRU 05] BRUCKNER T., BERNET S., GULDNER H., "The active NPC converter and its loss-balancing control", *Industrial Electronics, IEEE Transactions on*, vol. 52, n° 3, p. 855–868, 2005.

[CAR 94] CARPITA M., "Sliding mode controlled inverter with switching optimisation techniques", *EPE Journal*, vol. 4, n° 3, p. 30–35, 1994.

[COR 02] CORZINE K., FAMILIANT Y., "A new cascaded multilevel H-bridge drive", *Power, IEEE Transactions on Power Electronics*, vol. 17, n° 1, p. 125–131, 2002.

[CYP 62] CYPKIN J.Z., *Théorie des asservissements par plus-ou-moins*, Dunod, Paris, 1962.

[DAV 97] DAVANCENS P., MEYNARD T., "Etude des convertisseurs multicellulaires parallèles : I. Modélisation", *Journal de physique III*, 1997.

[DON 00] DONZEL A., Analyse géométrique et commande active sous observateur d'un onduleur triphasé à structure multicellulaire série, PhD thesis, Institut national polytechnique de Grenoble, France, 2000.

[FOS 93] FOSSARD A., NORMAND-CYROT D., *Systèmes non linéaires*, Masson, Paris, 1993.

[GAT 98] GATEAU G., Contribution à la commande des convertisseurs multicellulaires, commande non linéaire et commande floue, PhD thesis, Institut national polytechnique de Toulouse, France, 1998.

[HAM 97] HAMMOND P., "A new approach to enhance power quality for medium voltage ac drives", *IEEE Trans. Ind. Applicat.*, vol. 33, p. 202–208, 1997.

[HIL 99] HILL W.A., HARBOURT C.D., "Performance of medium voltage multi-level inverters", *Industry Applications Conference, 1999. Thirty-Fourth IAS Annual Meeting. Conference Record of the 1999 IEEE*, vol. 2, n° 1, p. 1186–1192, 1999.

[LIE 06] LIENHARDT A.M., Etude de la Commande et de l'observation d'une nouvelle structure de conversion d'énergie de type SMC (convertisseur multicellulaire superposé), PhD thesis, Institut national polytechnique de Toulouse, France, 2006.

[LIE 07] LIENHARDT A.M., GATEAU G., MEYNARD T.A., "Digital sliding-mode observer implementation using FPGA", *IEEE Transactions on Industrial Electronics*, vol. 54, n° 4, p. 1865–1875, 2007.

[MAR 00] MARTINS C.A., Contrôle direct du couple d'une machine asynchrone alimentée par un convertisseur multiniveau à fréquence imposée, PhD thesis, Institut national polytechnique de Toulouse, France, 2000.

[MAR 02] MARTINS C.A., ROBOAM X., MEYNARD T.A., CARVALHO A.S., "Switching frequency imposition and ripple reduction in DTC drives by using a multilevel converter", *IEEE Transactions on, Power Electronics*, vol. 17, n° 2,

p. 286–297, 2002.

[MEI 06] MEILI J., PONNALURI S., SERPA L., STEIMER P., KOLAR K., JOHANN W., "Optimized pulse patterns for the 5-level ANPC converter for high speed high power applications", *IEEE Industrial Electronics, IECON 2006 - 32nd Annual Conference on Industrial Electronics*, vol. 1, n° 2, p. 2587–2592, 2006.

[NAB 81] NABAE A., TAKAHASHI I., AKAGI H., "A new neutral-point-clamped PWM inverter", *IEEE Trans. Ind. Appl.*, vol. 17, n° 5, p. 518–523, 1981.

[NIJ 91] NIJMEIJER H., VAN DER SCHAFT A., *Nonlinear Dynamical Control Systems*, Springer-Verlag, London, 1991.

[OSM 99] OSMAN R.H., "A medium-voltage drive utilizing series-cell multilevel topology for outstanding power quality", *Industry Applications Conference, 1999. Thirty-Fourth IAS Annual Meeting, Conference Record of the 1999 IEEE*, vol. 4, n° 3, p. 2662–2669, 1999.

[OUK 94] OUKAOUR A., BARBOT J., PIOUFLE B., "Nonlinear control of a variable frequency DC-DC converter", *Proc IEEE Conf on Control Applications*, vol. 1, p. 499–500, Glasgow, Scotland, 1994.

[PIN 99] PINON D., FADEL M., MEYNARD T., "Sliding Mode controls for a two-cell chopper", *Proceedings of EPE*, Toulouse, France, 1999.

[ROD 02] RODRIGUEZ J., JIH-SHENG L., FANG ZHENG P., "Multilevel inverters: a survey of topologies, controls, and applications", *Industrial Electronics, IEEE Transactions on*, vol. 49, n° 4, p. 724–738, 2002.

[SIR 89] SIRA-RAMIREZ H., ILIC-SPONG M., "Exact linearization in switched-mode DC to DC power converters", *Int. J. Control.*, 50(2), 511–524, 1989.

[SLO 89] SLOTINE J., LI W., *Applied Nonlinear Control*, Prentice-Hall International, 1989.

[TAC 98] TACHON O., Commande découplante linéaire des convertisseurs multicellulaires série, modélisation, synthèse et expérimentation, PhD thesis, Institut national polytechnique de Toulouse, France, 1998.

[TEO 02] TEODORESCU R., BLAABJERG F., PEDERSEN J.K., CENGELCI E., ENJETI P.N., "Multilevel inverter by cascading industrial VSI", *IEEE Transactions on Industrial Electronics,* vol. 49, n° 4, p. 832–838, 2002.

[TOL 99] TOLBERT L.M., PENG F.Z., HABETLER T.G., "Multilevel converters for large electric drives", *IEEE Transactions on Industry Applications,* vol. 35, n° 1, p. 36–44, 1999.

[UTK 78] UTKIN V.I., *Sliding Modes in Control and Optimisation*, Springer-Verlag, Berlin, Germany, 1978.

[WES 94] WESTERHOLT E., Commande non linéaire d'une machine asynchrone. Filtrage étendu du vecteur d'état, contrôle de la vitesse sans capteur mécanique, PhD thesis, Institut national polytechnique de Toulouse, France, 1994.

参 编 人 员

Arnaud DAVIGNY
L2EP
HEI
Lille
France

Daniel DEPERNET
FEMTO ST
UTBM
Belfort
France

Guillaume GATEAU
LAPLACE
ENSEEIHT
Toulouse
France

Xavier KESTELYN
L2EP
ENSAM
Lille
France

Francis LABRIQUE
LEI
UCL

Louvain-la-Neuve
Belgium

Vincent LANFRANCHI
LEC
UTC
Compiègne
France

Jean-Claude LE CLAIRE
IREENA
Polytech Nantes
Saint-Nazaire
France

Christophe LESBROUSSART
SEIBO
Passel
France

Jean-Paul LOUIS
SATIE
ENS
Cachan
France

Jean-Philippe MARTIN

GREEN
ENSEM
Nancy
France

Farid MEIBODY-TABAR
GREEN
ENSEM
Nancy
France

Thierry MEYNARD
LAPLACE
ENSEEIHT
Toulouse
France

Eric MONMASSON
SATIE
University of Cergy-Pontoise
France

Ahmad Ammar NAASSANI
SATIE
University of Alep
Syria

Mohamed Wissem NAOUAR
LSE
ENIT
Tunis
Tunisia

Nicolas PATIN
LEC

UTC
Compiègne
France

Serge PIERFEDERICI
GREEN
ENSEM
Nancy
France

Joseph PIERQUIN
Millipore
Strasbourg
France

Bertrand REVOL
SATIE
ENS
Cachan
France

Benoît ROBYNS
L2EP
HEI
Lille
France

Ilhem SLAMA-BELKHODJA
LSE
ENIT
Tunis
Tunisia

Eric SEMAIL
L2EP

368

ENSAM
Lille
France

Jean-Paul VILAIN

LEC
UTC
Compiègne
France

图书在版编目（CIP）数据

电力电子变换器：PWM 策略与电流控制技术/（法）
孟麦森（Monmasson，E.）主编；冬雷译 . —北京：
机械工业出版社，2016.3（2024.1 重印）
（国际电气工程先进技术译丛）
书名原文：Power Electronic Converters：PWM
Strategies and Current Control Techniques
ISBN 978-7-111-52721-3

Ⅰ . ①电…　Ⅱ . ①孟…②冬…　Ⅲ . ①变换器
Ⅳ . ①TM624

中国版本图书馆 CIP 数据核字（2016）第 016244 号

机械工业出版社（北京市百万庄大街22号　邮政编码 100037）
策划编辑：江婧婧　责任编辑：翟天睿
责任印制：李　昂　责任校对：陈秀丽
北京中科印刷有限公司印刷
2024 年 1 月第 1 版·第 6 次印刷
169mm×239mm·24 印张·467 千字
标准书号：ISBN 978-7-111-52721-3
定价：99.00 元

电话服务　　　　　　　　　　网络服务
服务咨询热线：010-88361066　机工官网：www.cmpbook.com
读者购书热线：010-68326294　机工官博：weibo.com/cmp1952
　　　　　　　010-88379203　金书网：www.golden-book.com
封面无防伪标均为盗版　　　　教育服务网：www.cmpedu.com